Stark in... 5

Mathematik

Dein Mathematikbuch auf einen Blick!

In deinem Mathematikbuch sind viele verschiedene Zeichen und Seiten.
Hier kannst du sehen, was sie bedeuten.

Wortspeicher und **Merkkästen** enthalten die wichtigsten Informationen.
Du kannst sie in dein Merkheft übertragen.

Wortspeicher heben Wörter und ihre Bedeutung hervor.

Wortspeicher

Addieren	**Summand**	+	**Summand**	=	**Summe**
	200	+	400	=	600

Merkkästen enthalten Regeln und Formeln.

Merke

Kleine Flächen werden in **Quadratzentimeter** angegeben.
Ein Quadrat mit der Seitenlänge 1 cm hat den Flächeninhalt 1 cm^2 (Quadratzentimeter).

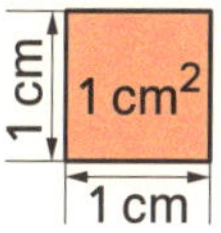

In **Beispielkästen** wird eine Aufgabe vorgerechnet.
Die anderen Aufgaben kannst du genauso lösen und in dein Heft schreiben.

Beispiel

a)	3	4	5	·	4
		1	3	8	0

Diese **Zeichen** findest du oft bei der Überschrift oder links neben den Aufgaben:

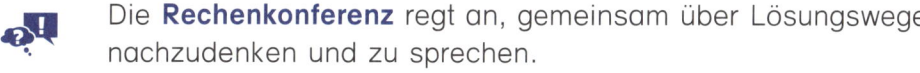

Die **Rechenkonferenz** regt an, gemeinsam über Lösungswege nachzudenken und zu sprechen.

Partnerarbeit: Aufgaben mit diesem Zeichen sollen gemeinsam mit einer Partnerin oder einem Partner bearbeitet werden.

Gruppenarbeit: Dieses Zeichen regt zur Arbeit in einer Lerngruppe an.

Die **Lupe** kennzeichnet Aufgaben, in denen Fehler zu finden sind.

Die **Leiter** kennzeichnet leichte oder vorbereitende Aufgaben.

Der **Stern** kennzeichnet schwere Aufgaben.

Bei Aufgaben mit diesem Zeichen werden **digitale Medien** genutzt.

westermann

Stark in... 5

Mathematik

ERWEITERTE AUSGABE

Stark in Mathematik 5

Erweiterte Ausgabe

Herausgegeben und bearbeitet von

Ludwig Augustin, Prof. Dr. Eugen Peter Bauhoff, Rolf Breiter, Kathrin Dieterich, Heinz Fehrmann, Andrea Gotsche-Drötboom, Susanne Port, sowie Walter Kaub, Prof. Dr. Andreas Kittel, Sybille Stefener

Zusatzmaterialien zu Stark in Mathematik 5 Erweiterte Ausgabe:

Für Lehrerinnen und Lehrer:

Lösungen	978-3-14-126198-1
BiBox – Einzellizenz für Lehrerinnen und Lehrer (Dauerlizenz)	WEB-14-126211
BiBox – Kollegiumslizenz für Lehrerinnen und Lehrer (Dauerlizenz)	WEB-14-126218
BiBox – Kollegiumslizenz für Lehrerinnen und Lehrer (1 Schuljahr)	WEB-14-107470
BiBox – Klassenlizenz Premium (1 Schuljahr)	WEB-14-109103
BiBox – Klassensatz PrintPlus (1 Schuljahr)	WEB-14-119756
Online-Diagnose zu Stark in Mathematik 5 Erweiterte Ausgabe	www.onlinediagnose.de

Für Schülerinnen und Schüler:

Arbeitsheft 5	978-3-14-126205-6
BiBox – Einzellizenz für Schülerinnen und Schüler (1 Schuljahr)	WEB-14-126232

Das digitale Schulbuch und digitale Unterrichtsmaterialien für Schülerinnen und Schüler und für Lehrkräfte finden Sie in der BiBox - dem digitalen Unterrichtssystem passend zum Lehrwerk.
Mehr Informationen über aktuelle Lizenzen finden Sie auf www.bibox.schule.

westermann GRUPPE

Druck A[1] / Jahr 2022
Alle Drucke der Serie A sind im Unterricht parallel verwendbar.

Redaktion: Anton Berg, Jessica Bader
Illustrationen: Hans-Jürgen Feldhaus, Münster
Zeichnungen: Michael Wojczak, Braunschweig
Umschlaggestaltung und Layout: Janssen Kahlert Design & Kommunikation GmbH, Hannover
Druck und Bindung: Westermann Druck GmbH, Georg-Westermann-Allee 66, 38104 Braunschweig

ISBN 978-3-14-**126191**-2

Inhalt

Inhalt

In der neuen Klasse

In diesem Kapitel ...

... vergleichst du Zahlen.

... rundest du Zahlen.

... übst du das Kopfrechnen.

... löst du Sachaufgaben.

Meine Klasse

1 Ilka hat in einer Strichliste notiert, wie viele Jungen und Mädchen aller 5. Klassen an Arbeitsgemeinschaften teilnehmen.
Übertrage die Strichliste in dein Heft.
Ergänze die Zahlen.

Fußball:	卌 卌 卌 IIII	19
Kochen:	卌 卌 III	
Badminton:	卌 I	
Chor:	卌 II	

2 Timo hat eine Strichliste für das Alter in der Klasse 5a angefangen.

10 Jahre:	卌 IIII
11 Jahre:	
12 Jahre:	

a) Vervollständige die Strichliste in deinem Heft.

b) Zeichne das vollständige Säulen diagramm für das Alter in dein Heft.

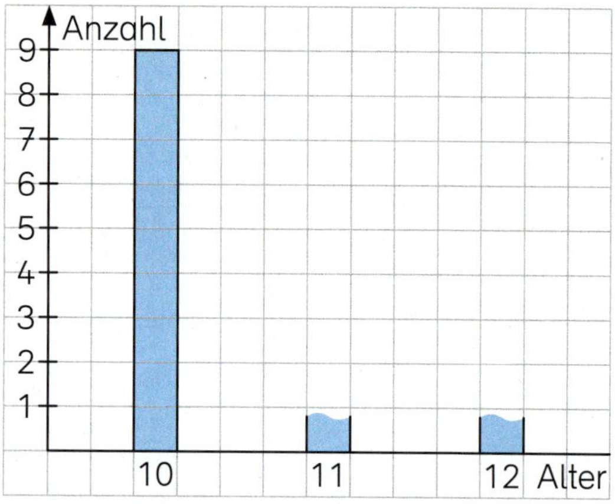

3 Elena hat ein Säulendiagramm zu den Hobbys der Schülerinnen und Schüler in der Klasse 5a gezeichnet. Lies im Säulendiagramm ab, wie viele Kinder die Hobbys ausüben.
Erstelle dazu eine Liste in deinem Heft.

Fußball:	6
Tanzen:	
PC:	
Lesen:	

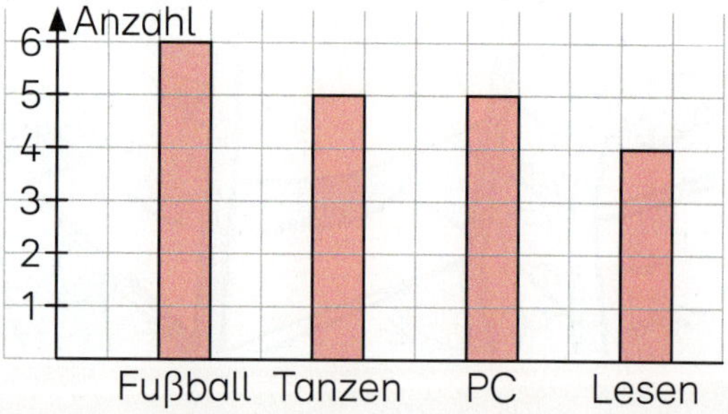

Meine Schule

1 Das Balkendiagramm zeigt die Anzahl der Schülerinnen und Schüler und der Lehrerinnen und Lehrer an der Mühlenweg-Schule.
Trage die Zahlen in eine Liste ein.

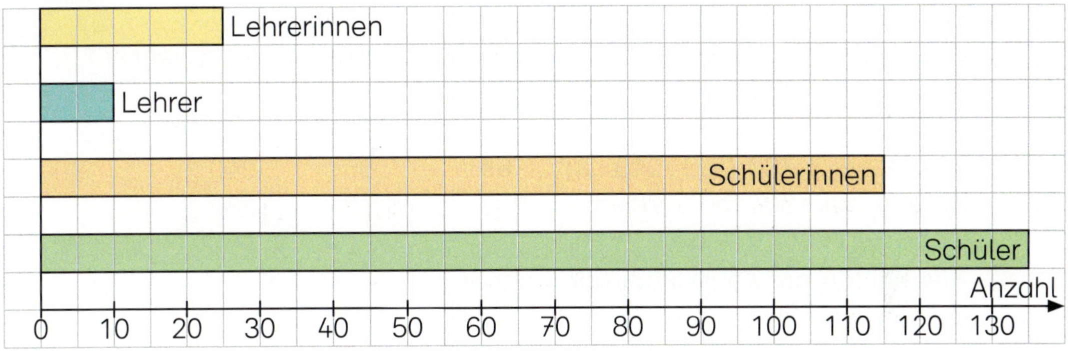

2 Die Schülerinnen und Schüler der 5. und 6. Klassen haben eine Umfrage zum Thema *Welches ist dein Lieblingsfach?* durchgeführt.
Zeichne dazu ein Balkendiagramm.

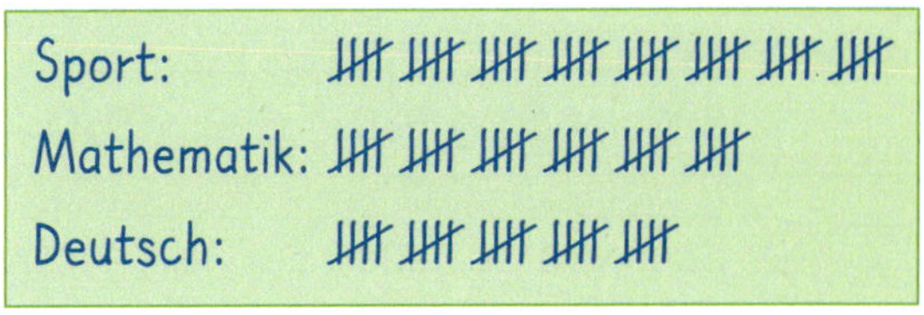

3 Überlegt euch ein Thema für eine Umfrage an eurer Schule. Führt die Umfrage durch. Stellt die Ergebnisse in einem Balkendiagramm oder in einem Säulendiagramm dar.

Wortspeicher

Strichliste

Säulendiagramm

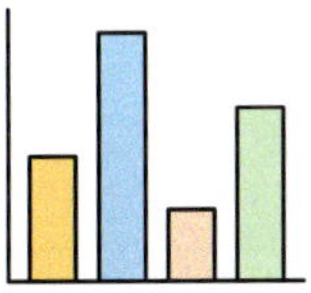

Balkendiagramm

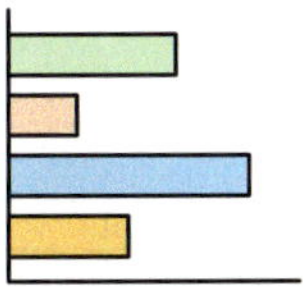

Übungen am Zahlenstrahl

1 Bei welchen Zahlen sind die Läuferinnen und Läufer?

2 Wie heißen die Zahlen bei den Fahnen?
Zwischen welchen Hundertern liegen die Zahlen?

Beispiel
A: 300 | **350** | 400

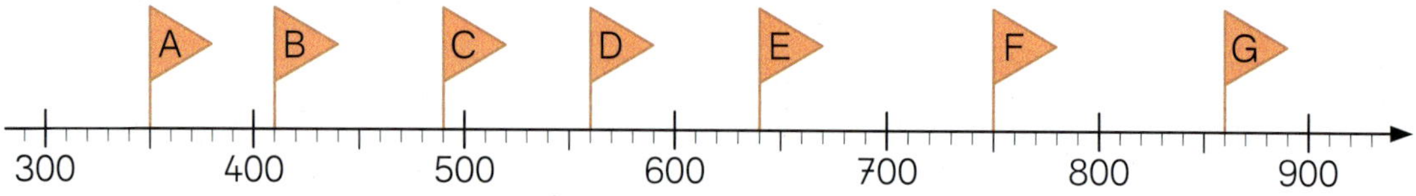

3 Schreibe zu jeder Zahl die Nachbarhunderter auf.
Unterstreiche den Hunderter, der am nächsten bei der Zahl liegt.

Beispiel
a) 300 | 340 | 400

a) 340	560	730	870	980	430
b) 972	301	567	569	640	999
c) 111	780	213	65	85	940
d) 248	824	284	842	620	260

4 Wie heißen die Zahlen bei den Fahnen?
Zwischen welchen Zehnern liegen die Zahlen?

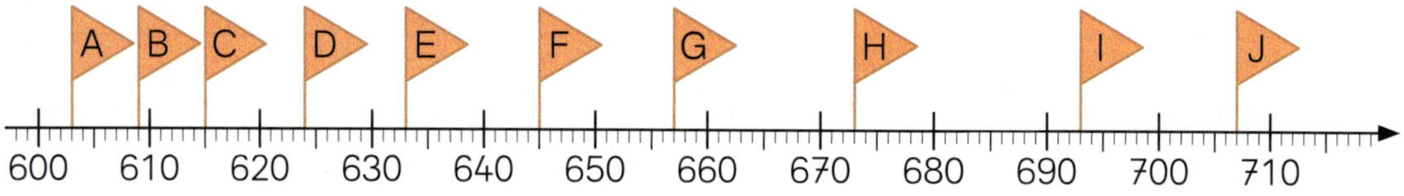

5 Schreibe zu jeder Zahl die Nachbarzehner auf.
Unterstreiche den Zehner, der am nächsten bei der Zahl liegt.

Beispiel
a) 620 | 624 | 630

a) 624	666	673	689	681	637
b) 341	301	567	569	66	999
c) 208	538	759	904	826	743
d) 114	336	633	366	663	632

☆ **6** Wie heißt die Zahl in der Mitte?

a)

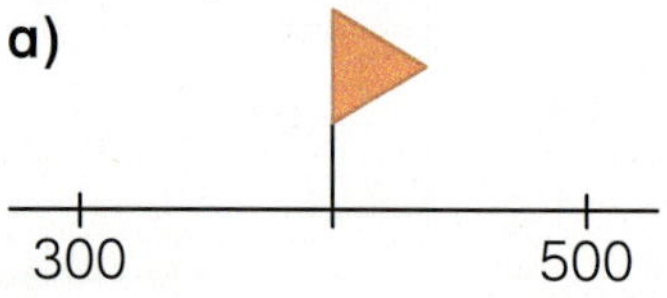

b)

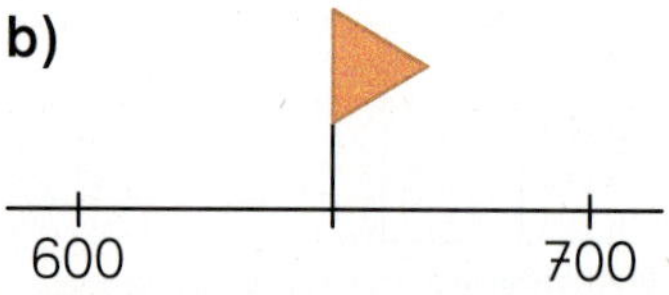

c)

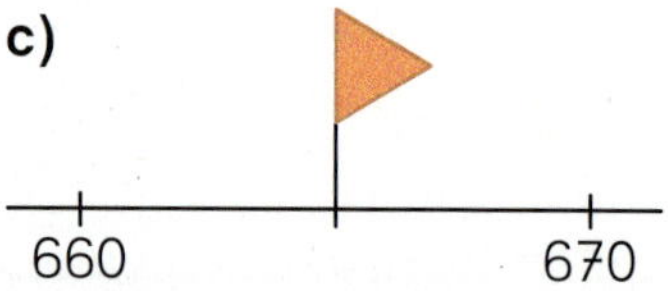

Übungen am Zahlenstrahl

1 Schreibe zu jeder Zahl Vorgänger und Nachfolger auf.

Beispiel: 341 | 342 | 343

342 567 684 703 789 800 901 999

2 Setze die Zahlenreihe fort.

a)

100	200	■	■	■	■	■	■	■	1000

b)

230	240	■	■	■	■	■	■	■	320

c)

470	490	■	■	■	■	■	■	■	650

d)

950	850	■	■	■	■	■	■	■	50

e)

730	710	■	■	■	■	■	■	■	550

3 In welchen Schritten wird gezählt? Schreibe die Zahlenreihe in dein Heft.

a)

■	150	160	■	■	■	200	■	■	■

b)

■	■	315	■	325	■	■	■	■	■

c)

■	450	■	■	600	■	■	■	■	■

4 Erfinde Aufgaben mit Zahlenreihen für deine Partnerin oder deinen Partner.

5 Kleiner, größer oder gleich? Setze ein: <, > oder =

a)	b)	c)	d)
200 ■ 100	320 ■ 440	546 ■ 610	78 ■ 187
300 ■ 600	450 ■ 460	588 ■ 590	432 ■ 324
200 ■ 200	320 ■ 290	509 ■ 509	801 ■ 810
900 ■ 700	580 ■ 850	905 ■ 590	737 ■ 737
500 ■ 800	220 ■ 220	1 000 ■ 988	615 ■ 650

6 Bilde 6 verschiedene Zahlen.
Ordne sie nach der Größe.
Beginne mit der kleinsten Zahl.

a)

b)

Zahlen runden

Merke

Runden auf Hunderter

Welcher Hunderter liegt der Zahl am nächsten?
Beim Runden auf Hunderter entscheidet die Zehnerstelle.

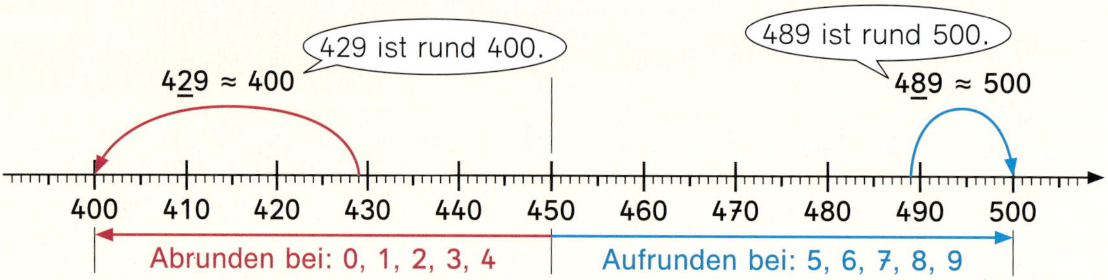

1 Runde auf Hunderter.

a)	**b)**	**c)**	**d)**	**e)**
310	318	240	160	999
340	335	260	480	449
360	356	213	423	450
370	371	251	451	951
390	387	277	638	884

Beispiel
a) 310 ≈ 300

2 Ordne die Flüsse nach der Länge und runde auf Hunderter.

Mosel	545 km
Ruhr	214 km
Weser	440 km
Wupper	105 km
Isar	263 km
Spree	403 km
Neckar	367 km
Iller	147 km
Werra	292 km

☆ **3** Marie rundet eine Zahl auf Hunderter und erhält 700. Welche Zahl kann es gewesen sein? Schreibe vier Beispiele in dein Heft.

Zahlen runden

Merke

Runden auf Zehner

Welcher Zehner liegt der Zahl am nächsten?
Beim Runden auf Zehner entscheidet die Einerstelle.

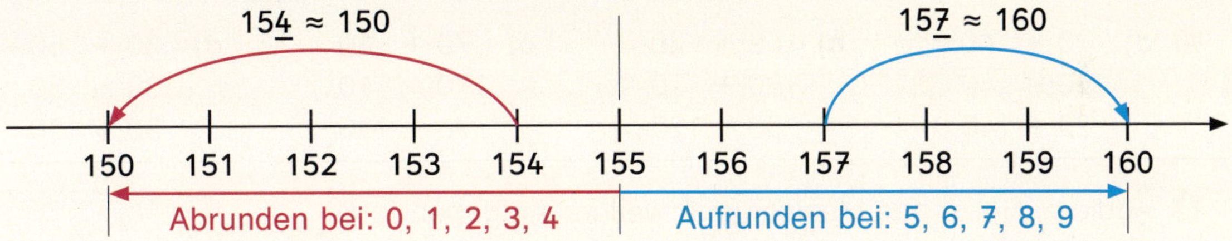

1 Runde auf Zehner.

a) 34	**b)** 271	**c)** 345	**d)** 456	**e)** 406	**f)** 494
35	278	366	582	904	596
98	567	423	780	103	997

2 Bei welchen Zahlen ist das Runden sinnvoll? Begründet.

a)

b)

c)

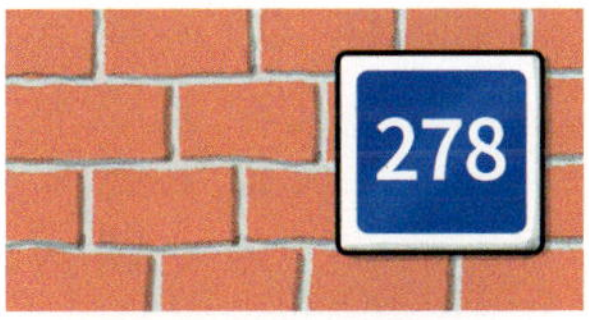

d)

e)

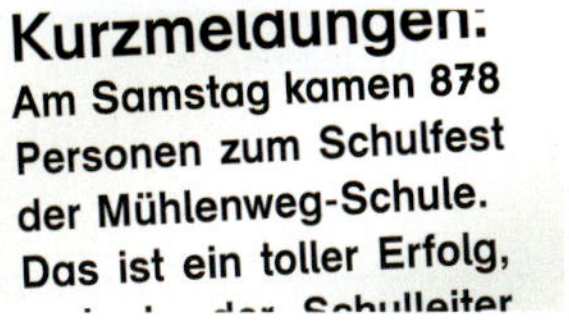
Kurzmeldungen:
Am Samstag kamen 878 Personen zum Schulfest der Mühlenweg-Schule. Das ist ein toller Erfolg,

f)

3 Hier wurden beim Runden einige Fehler gemacht. Schreibe auf und berichtige.

a) Runden auf Zehner: 14 ≈ 20; 314 ≈ 310; 344 ≈ 300; 185 ≈ 200; 305 ≈ 310

b) Runden auf Hunderter: 144 ≈ 140; 777 ≈ 800; 549 ≈ 600; 445 ≈ 400; 785 ≈ 800

☆ **4** Charif rundet eine Zahl auf Zehner und erhält 350. Welche Zahl kann Charif gerundet haben? Schreibe zehn Möglichkeiten auf.

Addieren

1 Wer hat gewonnen?

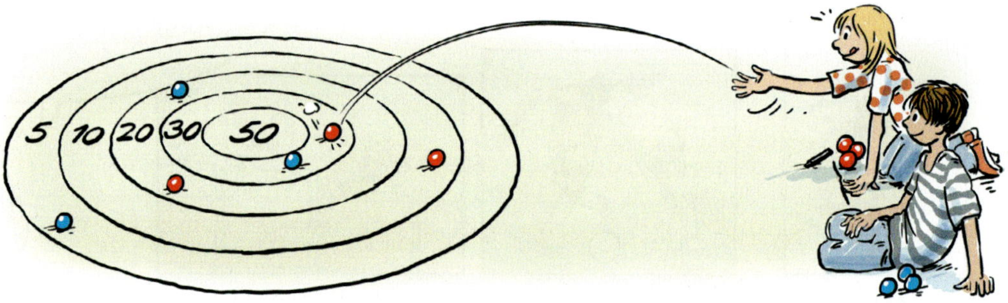

2 Was fällt dir auf? Erkläre es deinem Partner. Schreibt selbst solche Aufgaben.

a)	b)	c)	d)
5 + 2	4 + 4	3 + 6	7 + 1
50 + 20	40 + 40	30 + 60	70 + 10
500 + 200	400 + 400	300 + 600	700 + 100

3

a)	b)	c)	d)
20 + 40	50 + 20	70 + 10	30 + 50
120 + 40	150 + 20	170 + 10	130 + 50
20 + 140	50 + 120	70 + 110	30 + 150

4 Addiere. Setze das Muster um 2 weitere Aufgaben fort.

a)	b)	c)	☆ d)
80 + 10	60 + 30	200 + 120	150 + 400
180 + 10	160 + 30	200 + 140	140 + 500
280 + 10	260 + 30	200 + 160	130 + 600

5

a)

340	+	8	30	57

b)

510	+	9	70	83

c)

907	+	2	60	61

d)

703	+	5	50	94

6

a)	b)	c)
100 + ■ = 300	170 + ■ = 200	195 + ■ = 200
200 + ■ = 700	240 + ■ = 300	275 + ■ = 300
400 + ■ = 900	350 + ■ = 400	689 + ■ = 700
300 + ■ = 500	730 + ■ = 800	701 + ■ = 800

7 Ergänze zum nächsten Hunderter.

a)	b)	c)	d)	e)
270	680	530	210	540
276	685	531	219	543

Beispiel
a) 270 + 30 = 300

8 Die Summe der Zahlen in zwei nebeneinander liegenden Steinen steht im Stein darüber.

a)

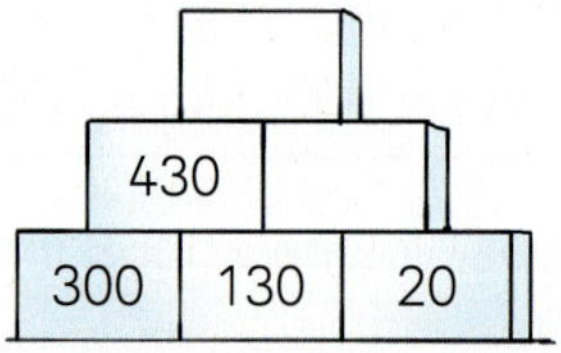

b)

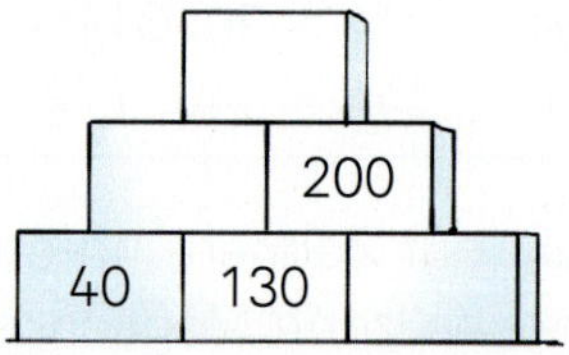

☆ c)

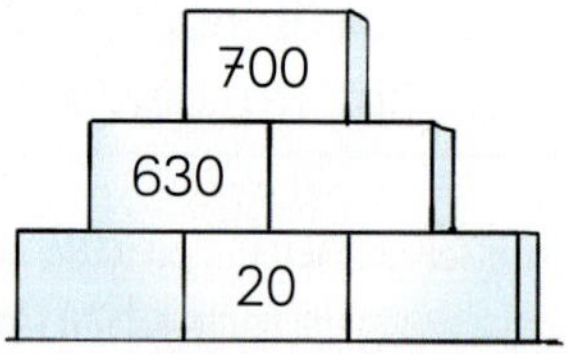

Addieren

1 a) 28 + 6 = ■
28 + 2 = 30
30 + 4 = ■

b) 56 + 5 = ■
56 + 4 = 60
60 + ■ = ■

c) 35 + 7 = ■
35 + ■ = 40
40 + ■ = ■

d) 47 + 8 = ■
47 + ■ = ■
■ + ■ = ■

2 a) 27 + 4
55 + 9
39 + 5

b) 38 + 6
46 + 5
65 + 7

c) 53 + 9
87 + 4
44 + 8

d) 74 + 6
23 + 8
86 + 9

e) 87 + 7
66 + 6
12 + 9

3 Erklärt die Rechenwege.

4 a) 380 + 40
280 + 60
150 + 70

b) 570 + 80
460 + 50
350 + 60

c) 490 + 40
580 + 70
890 + 30

d) 750 + 80
480 + 50
680 + 70

e) 820 + 90
770 + 70
290 + 90

5 Addiere. Setze das Muster um 2 weitere Aufgaben fort.

a) 310 + 90
320 + 80
330 + 70

b) 170 + 30
175 + 25
180 + 20

c) 55 + 145
45 + 155
35 + 165

☆ d) 15 + 285
35 + 265
55 + 245

☆ e) 395 + 5
375 + 25
355 + 45

6 Die Zahlen in jedem Stockwerk haben als Summe die Zahl im Dach.

Beispiel
a) 500 + 300 = 800

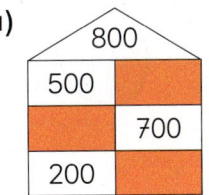

a) Dach: 800

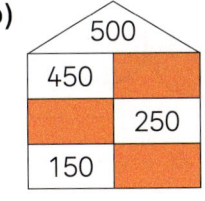

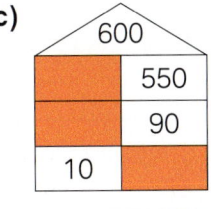

500	
	700
200	

b) Dach: 500

450	
	250
150	

c) Dach: 600

	550
	90
10	

d) Dach: 310

10	
	100
	200

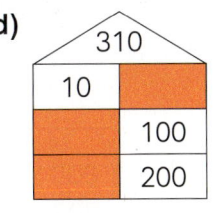

7 Fasse Summanden geschickt zusammen.

Beispiel
a) 60 + 40 + 70 = 170

a) 60 + 70 + 40
30 + 50 + 70
40 + 20 + 80

b) 50 + 250 + 300
70 + 340 + 60
90 + 710 + 100

Wortspeicher

Addieren	**Summand**	+	**Summand**	=	**Summe**
	200	+	400	=	600

Subtrahieren

1 Abwärts

- Jeder hat zu Beginn 50 Punkte.
- Es wird abwechselnd gewürfelt.
- Die gewürfelte Zahl wird subtrahiert.
- Wer zuerst bei 0 ankommt, hat gewonnen.

Probiert das Spiel aus. Ihr könnt auch andere Startzahlen als 50 festlegen.

2 Was fällt dir auf? Erkläre es deinem Partner. Schreibt selbst solche Aufgaben.

a)	b)	c)	d)
7 − 3	9 − 4	5 − 2	8 − 5
70 − 30	90 − 40	50 − 20	80 − 50
700 − 300	900 − 400	500 − 200	800 − 500

3

a)	b)	c)	d)
50 − 30	90 − 20	60 − 40	80 − 50
150 − 30	190 − 20	160 − 40	180 − 50
150 − 130	190 − 120	160 − 140	180 − 150

4 Subtrahiere. Setze das Muster um 2 weitere Aufgaben fort.

a)	b)	c)	☆ d)
60 − 30	70 − 50	200 − 20	400 − 350
160 − 30	170 − 50	200 − 40	500 − 450
260 − 30	270 − 50	200 − 60	600 − 550

5

a)

580	−	7	70	69

b)

900	−	3	80	83

c)

796	−	4	60	66

d)

387	−	3	20	24

6 a)

b)

c)

7

a)	b)	c)
800 − ■ = 600	650 − ■ = 600	400 − ■ = 397
700 − ■ = 300	870 − ■ = 800	700 − ■ = 685
500 − ■ = 300	420 − ■ = 400	500 − ■ = 445
900 − ■ = 400	710 − ■ = 700	800 − ■ = 705

8 Die Summe der Zahlen in zwei nebeneinander liegenden Steinen steht im Stein darüber.

a)

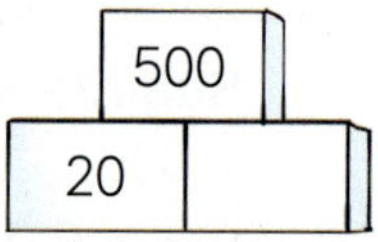

b)

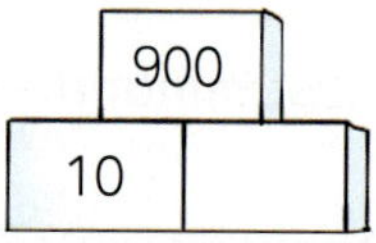

c)

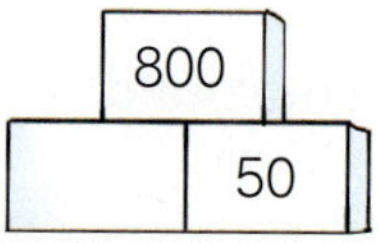

d)

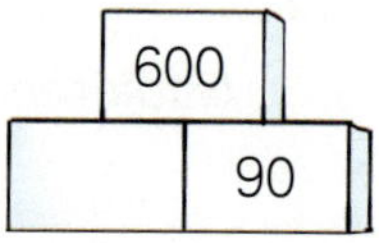

Subtrahieren

1 a) 35 − 9 = ■
35 − 5 = 30
30 − 4 = ■

b) 52 − 4 = ■
52 − 2 = 50
50 − ■ = ■

c) 26 − 7 = ■
26 − ■ = 20
20 − ■ = ■

d) 63 − 8 = ■
63 − ■ = ■
■ − ■ = ■

2 a) 53 − 5
61 − 3
34 − 5

b) 34 − 6
25 − 7
62 − 8

c) 72 − 4
96 − 9
81 − 7

d) 44 − 7
87 − 8
23 − 6

e) 91 − 7
43 − 6
72 − 3

3 Erklärt die Rechenwege.

4 a) 310 − 40
430 − 50
570 − 60

b) 510 − 80
320 − 40
600 − 60

c) 410 − 40
560 − 50
830 − 60

d) 840 − 30
520 − 50
630 − 40

e) 910 − 90
730 − 80
670 − 60

5 Subtrahiere. Setze das Muster um 2 weitere Aufgaben fort.

a) 190 − 90
180 − 80
170 − 70

b) 950 − 400
850 − 400
750 − 400

c) 410 − 110
430 − 130
450 − 150

☆ d) 125 − 25
150 − 50
175 − 75

6 a) 800 − 1
800 − 10
800 − 100

b) 500 − 3
500 − 30
500 − 300

c) 350 − 5
350 − 50
350 − 150

d) 470 − 2
470 − 20
470 − 120

☆ **7** a)

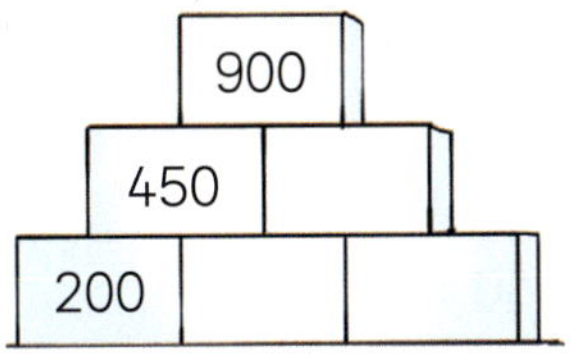

b)

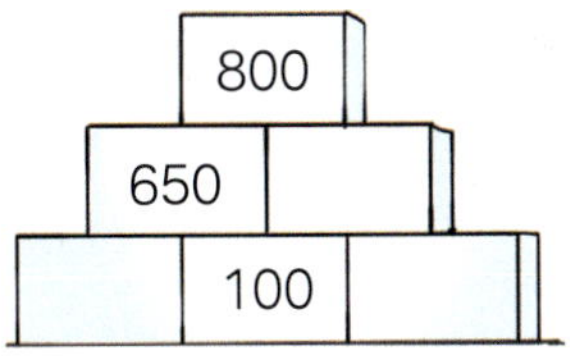

c)

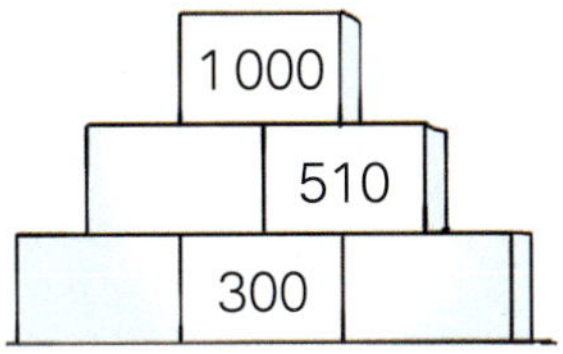

8 Rechne geschickt.

a) 140 − 50 − 40
390 − 10 − 90
270 − 70 − 50

b) 430 − 150 − 30
660 − 110 − 60
530 − 130 − 50

Beispiel
a) 140 − 40 − 50 = 50

Wortspeicher

Subtrahieren	**Minuend**	−	**Subtrahend**	=	**Differenz**
	900	−	200	=	700

Halbschriftliches Addieren

1 **a)** 27 + 25 = ■
27 + 20 = ■
■ + 5 = ■

b) 59 + 34 = ■
59 + 30 = ■
■ + 4 = ■

c) 46 + 27 = ■
46 + 20 = ■
■ + 7 = ■

d) 68 + 14 = ■
68 + 10 = ■
■ + 4 = ■

2 **a)** 38 + 23
57 + 14
69 + 22
46 + 37

b) 46 + 27
68 + 15
74 + 12
55 + 28

c) 45 + 36
69 + 24
32 + 49
74 + 17

d) 39 + 43
77 + 16
45 + 36
69 + 29

e) 83 + 14
27 + 18
58 + 34
47 + 27

3 Jan, Tom und Paula addieren die gleichen Summanden. Erklärt die Rechenwege.

240 + 190 = □
240 + 100 = 340
340 + 90 = 430
240 + 190 = □
240 + 90 = 330
330 + 100 = 430
240 + 190 = □
240 + 200 = 440
340 − 10 = 430

4 **a)** 180 + 160
290 + 130
320 + 150

b) 280 + 110
350 + 250
180 + 570

c) 350 + 180
480 + 130
390 + 250

d) 190 + 230
630 + 170
250 + 170

5 Berechne die Summe.

a)

b)

c)

6 **Verflixte 1**

- Würfelt abwechselnd mit 3 Würfeln gleichzeitig.
- Die Würfelbilder von 2 bis 6 zählen zehnfach (20; 30; 40; 50; 60). Wenn die 1 gewürfelt wird, gibt es für diesen Wurf **keine Punkte**.
- Addiert jedes Mal die Punkte und schreibt sie auf. Addiert die weiteren Ergebnisse.
- Gewonnen hat, wer zuerst *mehr als 500 Punkte* erreicht.

Halbschriftliches Subtrahieren

1 a) 43 − 24 = □
43 − 20 = □
□ − 4 = □

b) 64 − 36 = □
64 − 30 = □
□ − 6 = □

c) 76 − 28 = □
76 − 20 = □
□ − 8 = □

d) 52 − 15 = □
52 − 10 = □
□ − 5 = □

2

a)	b)	c)	d)	e)
46 − 27	75 − 28	53 − 36	26 − 17	92 − 35
63 − 35	56 − 38	81 − 24	73 − 34	85 − 23
85 − 46	94 − 47	77 − 35	33 − 15	48 − 19
37 − 18	85 − 37	43 − 17	67 − 28	34 − 16

3 David, Jonas und Amira berechnen die gleiche Differenz. Erklärt die Rechenwege.

4

a)	b)	c)	d)
360 − 190	490 − 250	550 − 140	870 − 230
530 − 110	530 − 260	610 − 310	740 − 210
210 − 160	690 − 470	500 − 330	920 − 150

5 Wie viel Euro bekommen die Kunden zurück?

a)

b)

c)

6 Klaus hat schon 580 Punkte gesammelt. Er bekommt noch 140 Punkte dazu.
Wie viele Punkte fehlen zum Hauptpreis?

7 a) Berechne die Differenz der Zahlen 720 und 470.

b) Berechne die Summe der Zahlen 480 und 170.

c) Subtrahiere 230 von der Summe der Zahlen 390 und 140.

Multiplizieren und Dividieren

1 Wie viele Blumen sind es?

a) 

$3 \cdot 5 = ■$

b) 

$■ \cdot ■ = ■$

2 Multipliziere.

a)	b)	c)	d)	e)	f)
$3 \cdot 2$	$5 \cdot 3$	$5 \cdot 5$	$6 \cdot 4$	$5 \cdot 7$	$6 \cdot 7$
$7 \cdot 2$	$4 \cdot 3$	$7 \cdot 5$	$6 \cdot 6$	$3 \cdot 8$	$3 \cdot 8$
$7 \cdot 4$	$9 \cdot 3$	$8 \cdot 5$	$8 \cdot 9$	$7 \cdot 7$	$9 \cdot 6$

3 Welche dieser Zahlen gehören zur angegebenen Reihe? Notiere.

12 14 18 24 26 32 42 48 49 54 56 63 64

a) 4er-Reihe **b)** 6er-Reihe **c)** 8er-Reihe **d)** 7er-Reihe

4 Schreibe wie im Beispiel.

a) 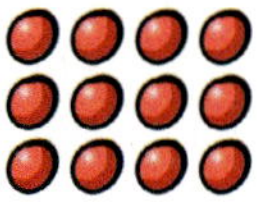

b) 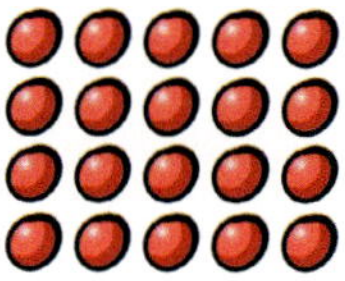

c) 

d) 

Beispiel

a) $3 \cdot 4 = 12$
$4 \cdot 3 = 12$
$12 : 4 = 3$
$12 : 3 = 4$

5 Dividiere.

a)	b)	c)	d)	e)	f)
$30 : 5$	$12 : 3$	$20 : 4$	$81 : 9$	$72 : 8$	$36 : 6$
$10 : 5$	$18 : 3$	$28 : 4$	$40 : 8$	$56 : 7$	$49 : 7$
$45 : 5$	$27 : 3$	$36 : 4$	$35 : 7$	$63 : 9$	$48 : 8$

6 Verdoppele. **a)** 5 7 6 8 2 **b)** 4 3 1 9 10

7 Halbiere. **a)** 6 10 2 12 8 **b)** 14 4 16 18 20

8 Notiere die Aufgabe. Berechne das Ergebnis.

a) Das Doppelte der Zahl ist 16.

b) Die Hälfte der Zahl ist 7.

c) Die Zahl ist um 1 größer als das Doppelte von 9.

9

a)	b)	c)	d)
$7 \cdot 1 = ■$	$4 \cdot ■ = 4$	$5 : 1 = ■$	$■ : 7 = 1$
$0 \cdot 8 = ■$	$9 \cdot ■ = 0$	$0 : 5 = ■$	$■ : 6 = 0$

Wortspeicher

Verdoppeln
$2 \cdot 5 = 10$ 10 ist das **Doppelte** von 5.

Halbieren
$10 : 2 = 5$ 5 ist die **Hälfte** von 10.

Multiplizieren und Dividieren

1 Wie viel Euro sind es?

2 **a)** 2 · 3, 2 · 30 **b)** 2 · 6, 2 · 60 **c)** 4 · 6, 4 · 60 **d)** 3 · 5, 3 · 50 **e)** 4 · 8, 4 · 80 **f)** 5 · 7, 5 · 70

3 **a)** 2 · 20, 5 · 20, 7 · 20 **b)** 3 · 30, 5 · 30, 8 · 30 **c)** 8 · 20, 7 · 80, 5 · 60 **d)** 6 · 40, 5 · 80, 2 · 60 **e)** 40 · 4, 70 · 6, 80 · 3 **f)** 30 · 3, 70 · 2, 80 · 4

4 **a)**

3	6	8	·	70	80	40

b)

20	50	70	·	6	9	5

5 **a)** 2 · 2, 2 · 20, 2 · 200 **b)** 2 · 3, 2 · 30, 2 · 300 **c)** 2 · 5, 2 · 50, 2 · 500 **d)** 3 · 3, 3 · 30, 3 · 300 **e)** 3 · 2, 3 · 20, 3 · 200

6 **a)** 4 · 200, 2 · 300, 1 · 700 **b)** 6 · 100, 2 · 400, 3 · 100 **c)** 400 · 1, 300 · 3, 500 · 2 **d)** 200 · 4, 900 · 1, 100 · 8 **e)** 300 · 2, 600 · 1, 900 · 0

7 In jedem Stockwerk ist das Produkt der beiden Faktoren die Zahl unter dem Dach. Ergänze die fehlenden Zahlen in deinem Heft.

a)

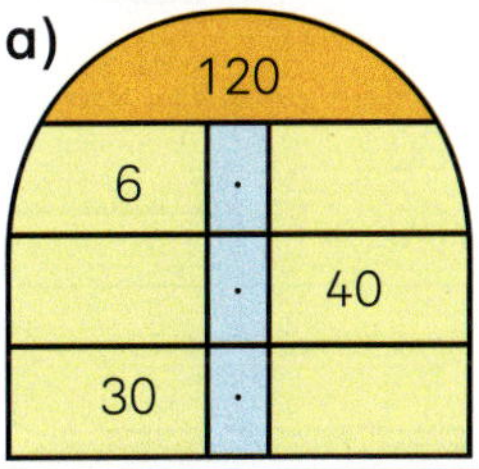

b)

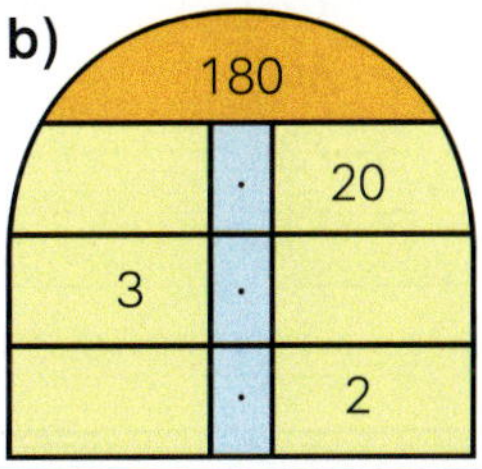

c)

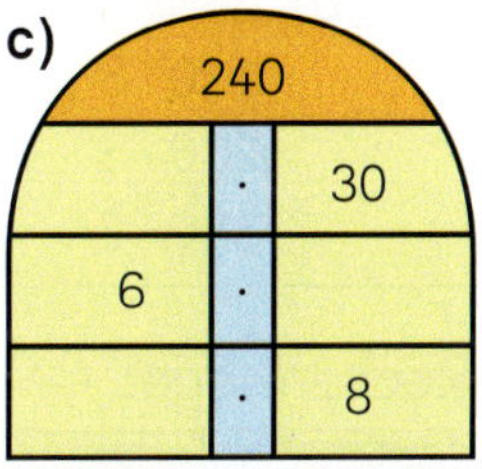

Beispiel

a) 6 · 20 = 120
■ · 40 = 120
30 · ■ = 120

8 **a)** 12 : 2, 120 : 2, 120 : 20 **b)** 35 : 5, 350 : 5, 350 : 50 **c)** 45 : 9, 450 : 9, 450 : 90 **d)** 32 : 8, 320 : 8, 320 : 80 **e)** 42 : 7, 420 : 7, 420 : 70

9 **a)** 160 : 2, 320 : 40, 540 : 6 **b)** 150 : 30, 240 : 6, 300 : 50 **c)** 160 : 40, 240 : 30, 180 : 60 **d)** 120 : 6, 280 : 40, 810 : 9 **e)** 400 : 8, 540 : 9, 350 : 70

Wortspeicher

Multiplizieren

Faktor	·	Faktor	=	Produkt
5	·	4	=	20

Dividieren

Dividend	:	Divisor	=	Quotient
20	:	5	=	4

Halbschriftliches Multiplizieren

1 Wie viel Euro sind es?

a) 3 · 12 € = ▢ €

b) 3 · 23 € = ▢ €

c) 3 · 52 € = ▢ €

2

a)	**b)**	**c)**	**d)**
2 · 14	3 · 21	4 · 14	2 · 46
2 · 22	2 · 42	4 · 23	5 · 23
2 · 33	3 · 32	4 · 26	7 · 32
3 · 13	4 · 11	4 · 45	9 · 56

Beispiel

a) 2 · 14 = ▢
2 · 10 = 20
2 · 4 = 8

3 Das Ferienheim Hochberg hat 12 Zimmer. In jedem Zimmer stehen 7 Betten.
Wie viele Betten sind es insgesamt?

4

a)	**b)**	**c)**	**d)**	**e)**
14 · 3	17 · 4	24 · 4	16 · 4	16 · 5
18 · 2	19 · 3	17 · 3	18 · 5	12 · 7

5 Multipliziere. Setze das Muster um 2 weitere Aufgaben fort.

a)	**b)**	**c)**	**d)**	**e)**
11 · 5	12 · 7	24 · 4	32 · 7	45 · 8
12 · 5	13 · 7	25 · 4	33 · 7	46 · 8
13 · 5	14 · 7	26 · 4	34 · 7	47 · 8

6

a)	**b)**	**c)**	☆ **d)**
320 · 3	210 · 4	3 · 120	2 · 460
140 · 2	110 · 5	2 · 340	3 · 270
220 · 4	230 · 3	3 · 130	4 · 180
330 · 3	340 · 2	7 · 110	3 · 290

Beispiel

a) 320 · 3 = ▢
300 · 3 = 900
20 · 3 = 60

7 Erklärt die Rechenwege.

8 Wähle deinen Rechenweg.

a)	**b)**	**c)**	☆ **d)**	☆ **e)**
5 · 14	3 · 13	4 · 24	5 · 120	4 · 130
5 · 18	6 · 17	5 · 48	5 · 180	6 · 190
5 · 12	5 · 13	6 · 66	5 · 140	5 · 110

So baust du einen Rechenschieber:

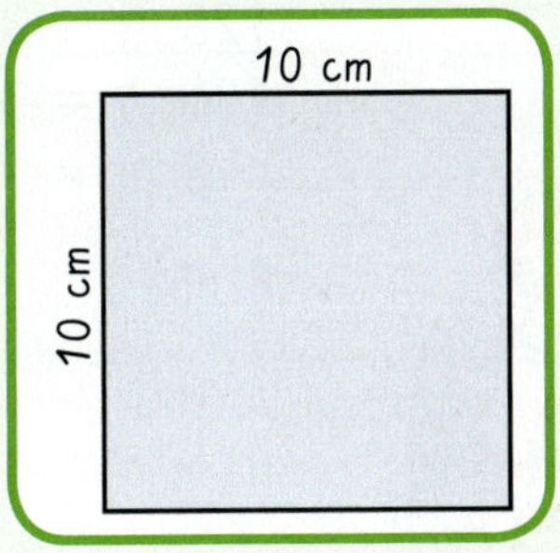

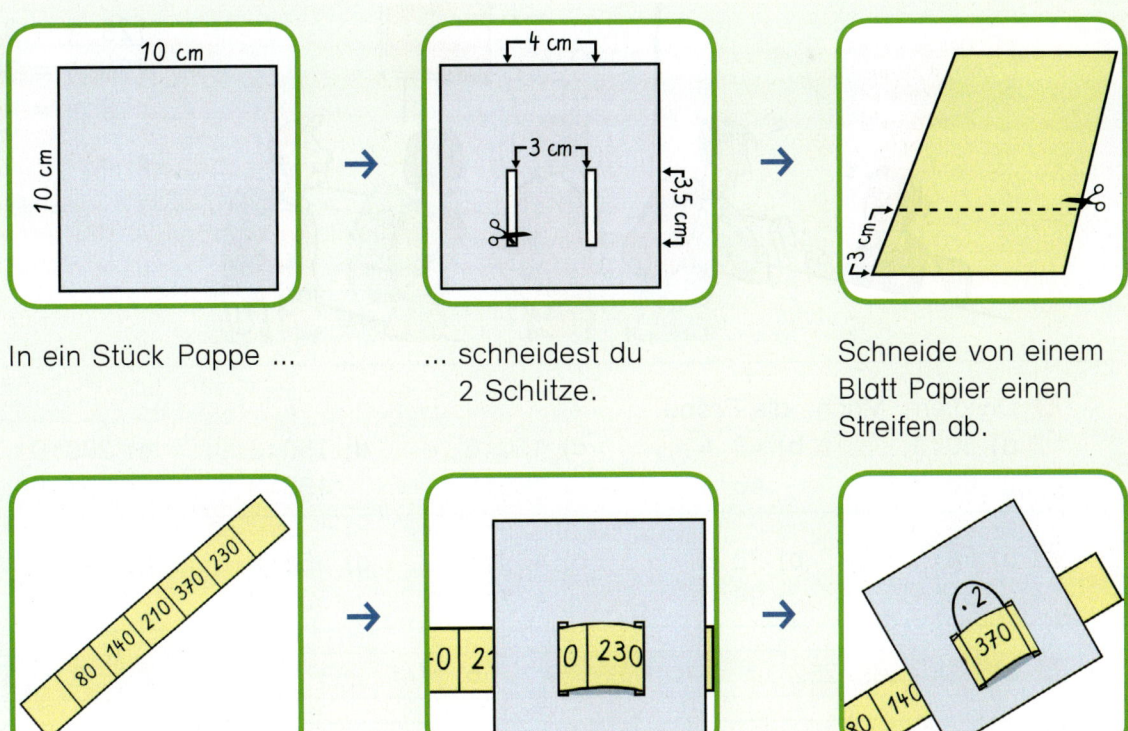

In ein Stück Pappe ...

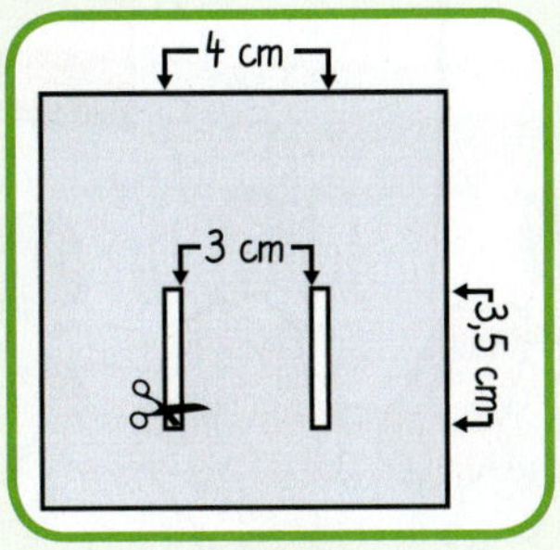

... schneidest du 2 Schlitze.

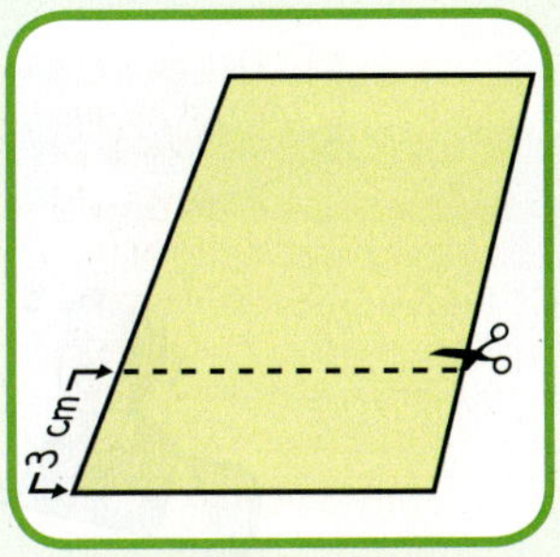

Schneide von einem Blatt Papier einen Streifen ab.

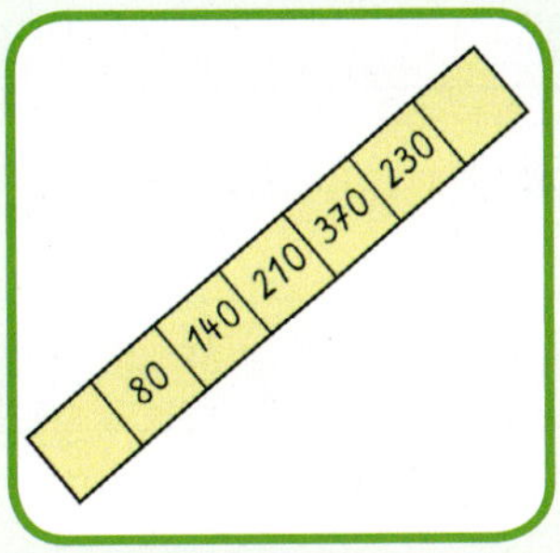

Teile den Streifen ein und schreibe 5 Zahlen auf die Felder.

Schiebe den Streifen durch die Schlitze.

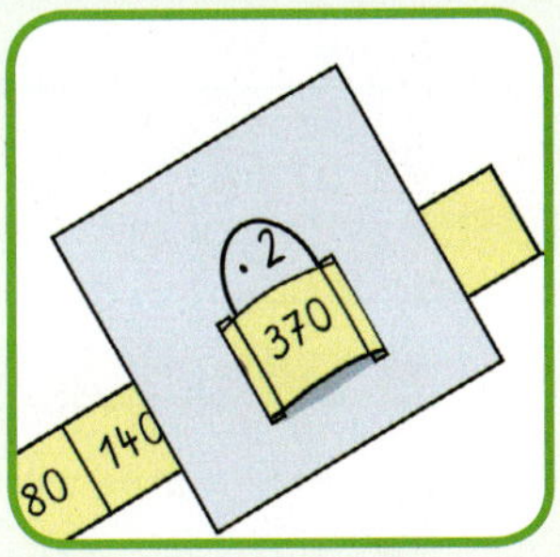

Schreibe auf die Pappe eine Zahl, mit der multipliziert wird.

1 Verwende auch diese Streifen für den Rechenschieber.

a)

	450	180	270	390	410	

b)

	120	430	290	160	360	

c)

	320	170	420	240	150	

2 Baue auch diese Rechenschieber.

a) · 5

	110	80	270	90	150	

b) · 3

	300	270	330	190	290	

c) · 4

	210	180	190	240	230	

3

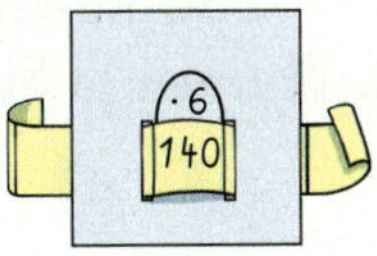

Verwende diese Streifen für beide Rechenschieber.

a)

	40	110	140	80	90	

b)

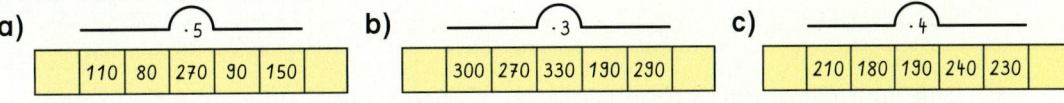

	60	120	50	130	70	

4 Ali hat einen seltsamen Rechenschieber gebaut. Bei allen Aufgaben ist 0 das Ergebnis. Mit welcher Zahl wird bei Alis Rechenschieber multipliziert?

Halbschriftliches Dividieren

1 Erklärt die Rechnung. Vervollständigt die Probe.

$128 : 4 = 32$
$120 : 4 = 30$
$8 : 4 = 2$

Probe:
$32 \cdot 4 =$ ■

2 Dividiere. Mache die Probe.

a)	b)	c)	d)	e)
60 : 3	40 : 4	150 : 5	180 : 3	270 : 9
66 : 3	48 : 4	165 : 5	198 : 3	297 : 9

3

a)	b)	c)	d)	e)
48 : 4	72 : 6	459 : 9	568 : 8	427 : 7
56 : 4	96 : 6	477 : 9	592 : 8	455 : 7

4

a)

84	168	252	:	4	6	7

b)

144	288	576	:	6	8	9

5 Dividiere. Mache die Probe.

a)	b)	c)	d)	e)
504 : 9	608 : 8	201 : 3	553 : 7	112 : 4
408 : 6	511 : 7	312 : 4	516 : 6	522 : 6
201 : 3	308 : 4	704 : 8	612 : 9	312 : 8

6 In einer Gärtnerei werden 70 Tulpen zu Sträußen gebunden.
In jedem Strauß sind 6 Tulpen.
Wie viele Sträuße werden gebunden?
Wie viele Tulpen bleiben übrig?
Erklärt die Rechnung.
Vervollständigt die Probe.

$70 : 6 = 11$ R 4
$60 : 6 = 10$
$10 : 6 = 1$ R 4

Probe:
$11 \cdot 6 + 4 =$ ■

7 Wie viele Sträuße werden gebunden? Wie viele Blumen bleiben übrig?

a)

b)

c)

☆ **8** Bei einigen Aufgaben bleibt ein Rest. Mache die Probe.

a)	b)	c)	d)	e)
65 : 6	81 : 3	458 : 9	496 : 6	752 : 8
39 : 3	94 : 4	567 : 8	477 : 5	888 : 9
98 : 9	80 : 7	636 : 7	335 : 4	222 : 3

Vermischte Übungen

1 Wie viele Kisten können insgesamt geladen werden?

2 Jeder der 6 Lastwagen fährt am Tag 140 km.
Wie viel Kilometer fahren die 6 Lastwagen insgesamt an einem Tag?

3

a)	b)	c)	d)	e)
13 · 3	120 · 4	24 · 3	8 · 61	7 · 48
24 · 2	210 · 3	54 · 4	4 · 72	6 · 84
33 · 3	130 · 2	77 · 5	6 · 63	8 · 68

4 Wie oft muss der Lieferwagen fahren?

a)

b)

5 Lege die Ziffernkarten auf die Felder.
Es gibt mehrere Möglichkeiten.

a) Wie viele verschiedene Aufgaben findest du?
Rechne diese Aufgaben.

b) Welche Aufgabe hat das kleinste Ergebnis?

c) Welche Aufgabe hat das größte Ergebnis?

6 Hier sind andere Ziffernkarten. Rechne wie in Aufgabe 5.

a) 7 5 3 **b)** 6 7 4 **c)** 0 9 8

7 Wo wurden Fehler gemacht? Berichtige in deinem Heft.

a)
34 · 6 = 420
30 · 6 = 180
4 · 6 = 24

b)
32 · 5 = 160
30 · 5 = 150
2 · 5 = 10

c)
26 · 7 = 56
2 · 7 = 14
6 · 7 = 42

d)
4 · 38 = 54
4 · 3 = 12
4 · 8 = 32

Sachaufgaben

1 Wie viel Euro müssen die Kunden bezahlen?

a)

b)

c)

d)

e)

f)

---

2 Herr Lau kauft einen Stuhl und einen Schirm.

a) Wie viel Euro muss Herr Lau bezahlen?

b) Herr Lau bezahlt mit einem 200-€-Schein. Wie viel Euro bekommt er zurück?

---

3 Für ihr Café kauft Frau Mey 4 Schirme und 5 Stühle.

a) Wie viel Euro muss sie bezahlen?

b) Frau Mey bezahlt mit fünf 100-€-Scheinen. Wie viel Euro bekommt sie zurück?

☆ **4** Frau Parzani hat 400 € dabei. Sie möchte eine Bank und eine Liege kaufen. Kann sie außerdem noch 2 Schirme bezahlen?

☆ **5** Frau El Rebaki bezahlt an der Kasse 159 €. Welche zwei Artikel hat sie gekauft?

---

6 Welche Aufgabe passt zum Text? Rechne aus. Schreibe einen Antwortsatz.

Um 17 Uhr bezahlt Herr Özkan an der Kasse 96 € für 2 Tische.
Wie viel Euro kostet ein Tisch?

17 + 96	96 : 2	96 − 7	2 · 96	96 + 96

Willkommen zum Schulfest

1

2

3

4

5 In der Halle stehen die Stühle in 6 Reihen.
Jede Reihe hat 29 Plätze.
Wie viele Plätze sind es insgesamt?

6 Die Zirkusgruppe tritt zweimal auf.
Die erste Vorstellung hat 170 Besucher.
Zur zweiten Vorstellung kommen 150 Besucher.
Wie viele Besucher sehen die Zirkusgruppe?

7 Welche Aufgabe passt zum Text?
Schreibe Frage, Rechnung und Antwort auf.
Zum Schmücken der Halle werden 7 Pakete mit je 75 Luftballons gekauft.

$7 + 75 = \blacksquare$ $\quad$ $7 \cdot 75 = \blacksquare$ $\quad$ $75 - 7 = \blacksquare$

☆ 8 Welche Fragen kannst du beantworten? Schreibe einen Antwortsatz.

Vor 16 Uhr wurden 45 Waffeln verkauft. Danach wurden doppelt so viele Waffeln verkauft.

- Wie viele Waffeln wurden nach 16 Uhr verkauft?
- Wie viele Waffeln wurden insgesamt verkauft?
- Wie viele Brezeln wurden nach 16 Uhr verkauft?

Rechenterme

1 **a)** Zu jedem Einkauf gehört ein Rechenausdruck (Term). Ordnet zu.
b) Berechnet für jeden Term den Wert.

A $3 \cdot 4 + 3$ | B $2 \cdot 4 + 12 + 2$ | C $3 \cdot 4 + 20$ | D $3 \cdot 2 + 12$

2 Frau Brennheuer kauft sechs Ordner, einen Zirkel und einen Farbkasten. Wie viel Euro bezahlt sie? Notiere einen Term. Berechne den Wert des Terms. Schreibe einen Antwortsatz.

3 Berechne den Wert des Terms.

a)	b)	c)	d)	☆ e)
$5 \cdot 9 + 13$	$7 \cdot 8 - 33$	$18 : 3 + 27$	$54 : 9 - 4$	$46 : 2 + 38$
$3 \cdot 8 + 22$	$6 \cdot 6 - 14$	$35 : 7 + 48$	$64 : 8 - 4$	$36 : 2 + 47$

4 Zu jedem Text gehört ein Term. Ordne zu. Dann berechne den Wert des Terms.

a)

A	Die Summe von 12 und 6.
B	Die Produkt von 12 und 6.
C	Die Differenz von 12 und 6.
D	Die Quotient von 12 und 6.

$12 \cdot 6$ | $12 : 6$ | $12 - 6$ | $12 + 6$

b)

A	Subtrahiere 10 von 100.
B	Multipliziere 10 und 100.
C	Addiere 100 und 10.
D	Dividiere 100 durch 10.

$10 \cdot 100$ | $100 + 10$ | $100 - 10$ | $100 : 10$

1 Ordnet die Terme zu. Was bedeuten die Klammern?

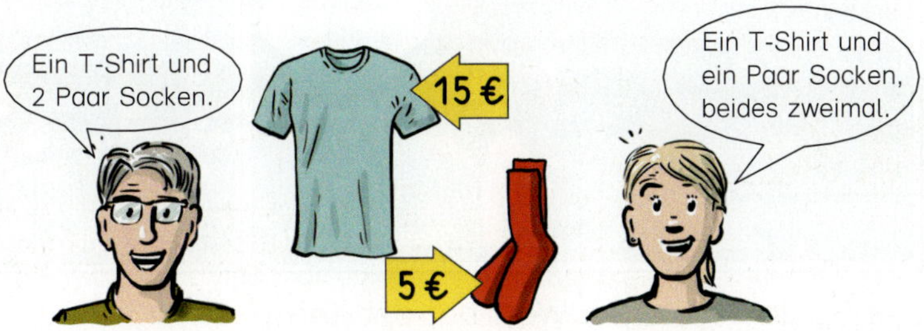

A $15 + 5 \cdot 2 =$
$15 + 10 = 25$

B $(15 + 5) \cdot 2 =$
$20 \cdot 2 = 40$

Merke

Punktrechnung ($\cdot$ und $:$) geht vor Strichrechnung ($+$ und $-$).
Was in Klammern steht, wird zuerst berechnet.

2 **a)** $8 + 3 \cdot 2$; $9 - 2 \cdot 4$ **b)** $9 - 6 : 3$; $4 + 8 : 2$ **c)** $3 \cdot 5 + 4$; $8 : 2 + 2$

Beispiel
$8 + 3 \cdot 2 =$
$8 + 6 = \square$

3 **a)** $(18 + 2) \cdot 5$; $(12 + 3) \cdot 2$ **b)** $(19 - 7) \cdot 2$; $(17 - 6) \cdot 3$ **c)** $4 \cdot (5 + 6)$; $7 \cdot (2 + 3)$ **d)** $12 : (2 + 4)$; $18 : (9 - 3)$

4 Vergleiche die Ergebnisse.
a) $7 + 3 \cdot 4$; $(7 + 3) \cdot 4$ **b)** $12 - 4 \cdot 2$; $(12 - 4) \cdot 2$ **c)** $14 + 6 : 2$; $(14 + 6) : 2$ **d)** $5 \cdot 2 + 9$; $5 \cdot (2 + 9)$

5 **a)** $9 \cdot 3 + 2 \cdot 5$; $8 \cdot 4 + 5 \cdot 6$ **b)** $12 : 2 + 2 \cdot 4$; $15 : 3 + 2 \cdot 3$ **c)** $20 : 2 - 3 \cdot 2$; $10 \cdot 3 - 9 : 3$

Beispiel
$9 \cdot 3 + 2 \cdot 5 =$
$27 + 10 = \square$

6 Wo wurden Fehler gemacht? Berichtige in deinem Heft.

a) $10 + 2 \cdot 5 =$	**b)** $16 - 6 \cdot 2 =$	**c)** $(7 + 4) \cdot 3 =$
$12 \cdot 5 = 60$	$10 \cdot 2 = 20$	$11 \cdot 3 = 33$
d) $4 \cdot 2 + 18 =$	**e)** $12 + 2 \cdot 3 =$	**f)** $7 \cdot (8 - 4) =$
$4 \cdot 20 = 80$	$12 + 6 = 18$	$56 - 4 = 52$

☆ **7** Welche Term passt zum Text? Rechne. Schreibe einen Antwortsatz.

Samira kauft 2 T-Shirts für je 14 € und Turnschuhe für 52 €.

$(52 + 2) \cdot 14$ | $(52 + 14) \cdot 2$ | $52 + 2 \cdot 14$ | $2 \cdot (14 + 52)$

☆ **8** Notiere den Term. Berechne den Wert.

- Multipliziere die Summe von 2 und 3 mit 7.
- Multipliziere die Summe von 7 und 2 mit 3.
- Dividiere die Summe von 7 und 2 durch 3.

Rechenterme

1

a) Welchen Term meint Stella? Welchen Wert hat der Term?
b) Findet zu den anderen Termen einen Text. Berechnet den Wert.
c) Notiert vier Terme mit den Zahlen 20 und 5. Findet einen Text dazu. Rechnet aus.

2 Notiere den Text zum Term. Berechne den Wert.

a) $6 \cdot 3$ **b)** $17 + 7$ **c)** $24 : 4$ **d)** $25 - 6$ ☆**e)** $(5 + 3) \cdot 6$ ☆**f)** $8 \cdot 5 - 20$

3 Summe, Differenz, Produkt oder Quotient? Was wird berechnet? Berechne den Wert des Terms.

a) $9 - 5$; $7 \cdot 3$ **b)** $7 + 12$; $8 : 2$ **c)** $18 : 3$; $11 \cdot 4$ **d)** $8 \cdot 9$; $9 + 5$ **e)** $17 + 7$; $35 : 7$

Beispiel
$9 - 5 =$ ■
Differenz

4 Die Steine werden Schicht für Schicht aufeinander gesetzt. Für die Anzahl der Schichten wird der Platzhalter x gewählt. Erklärt die Tabelle.

Anzahl der Schichten x	Höhe der Mauer in cm $10 \cdot x$
1	10
2	20
3	■
4	■

5 **a)** Übertrage die Tabelle aus Aufgabe 4 in dein Heft und setze sie fort bis $x = 12$.
b) Die Mauer ist 110 cm hoch. Entnimm deiner Tabelle die Anzahl der Schichten.

6 Bei einer anderen Mauer ist jede Schicht 30 cm hoch.
a) Erstelle eine Tabelle und bestimme die Höhe der Mauer für bis zu 10 Schichten.
☆**b)** Auf die Mauer wird ein 40 cm hohes Gitter gesetzt. Damit ist die Mauer insgesamt 280 cm hoch. Wie viele Schichten wurden aufeinander gesetzt?

7 Übertrage die Tabelle in dein Heft und vervollständige sie.

x	$2 \cdot x$	$5 \cdot x$	$3 + x$	$10 - x$	$x + 9$	$2 \cdot x + 5$	$5 \cdot x - 2$
1	■	■	■	■	■	■	■
3	■	■	■	■	■	■	■
5	■	■	■	■	■	■	■

Wiederholen und Üben

1 Wie heißen die Zahlen bei den Fahnen?

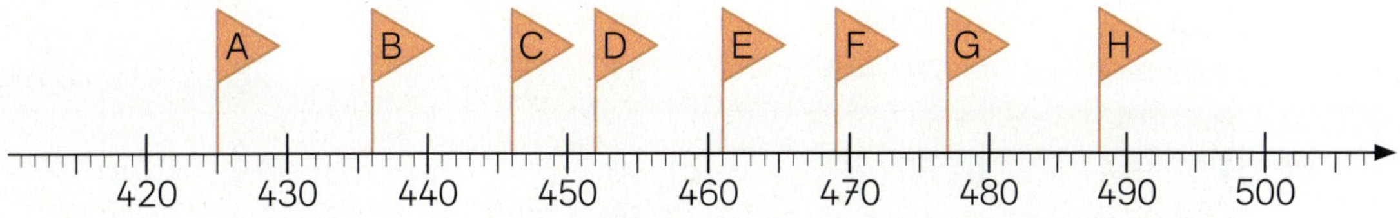

2

a) Runde auf Zehner.	73	99	123	567	708	903	897	978
b) Runde auf Hunderter.	134	263	337	579	618	751	849	907

3

a)	**b)**	**c)**	**d)**	**e)**
35 + 8	28 + 6	23 + 19	64 − 5	44 − 16
62 + 9	76 + 5	57 + 24	31 − 3	56 − 27
43 + 4	64 + 7	83 + 16	76 − 8	51 − 14

4 Addiere oder subtrahiere. Setze das Muster um 2 weitere Aufgaben fort.

a)	**b)**	**c)**	**d)**
210 + 40	450 + 90	680 − 60	500 − 350
220 + 50	460 + 80	670 − 50	500 − 300
230 + 60	470 + 70	660 − 40	500 − 250

☆ **5** **a)**

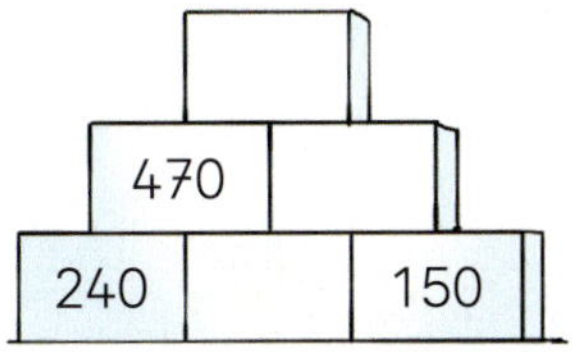

b)

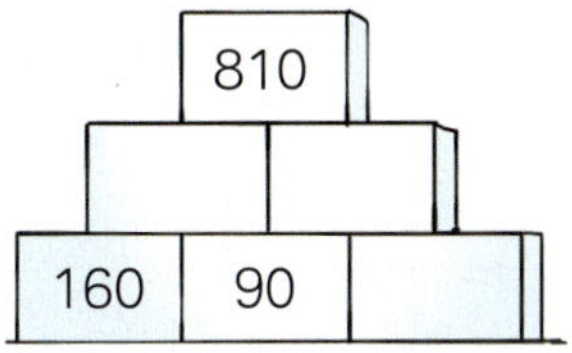

c)

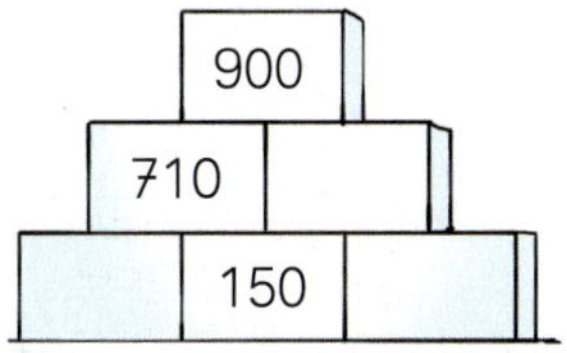

6

a)	**b)**	**c)**	**d)**	**e)**
7 · 40	3 · 70	4 · 12	48 · 2	3 · 130
5 · 60	9 · 80	2 · 13	26 · 3	2 · 340
8 · 50	6 · 20	3 · 33	53 · 7	2 · 220

7

a)	**b)**	**c)**	**d)**	**e)**
150 : 5	490 : 7	66 : 3	56 : 4	297 : 9
180 : 3	180 : 6	48 : 4	72 : 6	198 : 3
120 : 2	250 : 5	55 : 5	96 : 8	352 : 4

8 Rechne. Schreibe einen Antwortsatz.

Alles klar?

In der neuen Klasse

Ich kann …

… Zahlen darstellen.

… Zahlen vergleichen.

… Zahlen runden.

… im Kopf addieren und subtrahieren.

… im Kopf multiplizieren und dividieren.

… Rechenterme nutzen.

… Sachaufgaben lösen.

Bleib fit!

1

a) 13 + 5	**b)** 43 + 8	**c)** 24 + 13	**d)** 17 + 24	**e)** 59 + 33
94 + 3	55 + 7	63 + 26	29 + 32	77 + 17
42 + 7	76 + 9	32 + 37	48 + 23	28 + 63

2

a) 17 − 4	**b)** 52 − 7	**c)** 69 − 15	**d)** 53 − 19	**e)** 91 − 38
99 − 7	45 − 6	79 − 22	46 − 28	44 − 17
25 − 3	94 − 8	86 − 34	64 − 36	73 − 49

3 Schreibe zu jeder Zahl die Nachbarzehner auf.
Unterstreiche den Zehner, der am nächsten bei der Zahl liegt.

Beispiel
a) 530 | 536 | <u>540</u>

a) 536	814	431	967	546	354	743
b) 307	563	636	428	777	601	299

4

a) 200 + 6	**b)** 320 + 19	**c)** 632 + 40	**d)** 983 + 12	**e)** 425 + 17
100 + 7	560 + 36	535 + 50	226 + 23	836 + 28
700 + 1	740 + 48	724 + 70	145 + 51	729 + 39

5

a) 300 − 1	**b)** 987 − 40	**c)** 550 − 15	**d)** 238 − 24	**e)** 745 − 17
500 − 5	195 − 70	420 − 27	186 − 53	267 − 29
700 − 3	547 − 30	390 − 48	574 − 42	383 − 45

6 Setze die Zahlenreihe fort.

a)	370	375	■	■	■	■	■	■	■	■	420
b)	793	796	■	■	■	■	■	■	■	■	823
c)	425	420	■	■	■	■	■	■	■	■	375

7

a) 2 · 7	**b)** 7 · 5	**c)** 6 · 4	**d)** 6 · 9	**e)** 4 · 9
5 · 4	8 · 2	5 · 5	7 · 8	6 · 7
6 · 2	0 · 7	8 · 3	9 · 7	8 · 8

8

a) 10 : 2	**b)** 16 : 4	**c)** 20 : 5	**d)** 15 : 3	**e)** 28 : 4
18 : 2	20 : 4	40 : 5	27 : 3	18 : 9
8 : 2	12 : 4	25 : 5	12 : 3	30 : 6

9

a) ■ · 5 = 15	**b)** ■ · 5 = 35	**c)** 5 · ■ = 45	**d)** 2 · ■ = 12
■ · 2 = 14	■ · 9 = 81	7 · ■ = 49	5 · ■ = 30

10 Schreibe Frage, Rechnung und Antwort auf.

a) Auf dem Parkplatz stehen 46 Autos. Am Abend kommen 9 Autos hinzu.
b) Vor dem Kino können 35 Autos parken. 27 Autos stehen schon da.
c) Vor dem Supermarkt stehen 53 Autos. 7 Autos fahren weg.

Große Zahlen

In diesem Kapitel ...

... lernst du das Schätzen von Anzahlen.

... lernst du das Lesen und Schreiben großer Zahlen.

... vergleichst und ordnest du große Zahlen.

... rundest du große Zahlen.

1 Wie heißt die Zahl?

a) 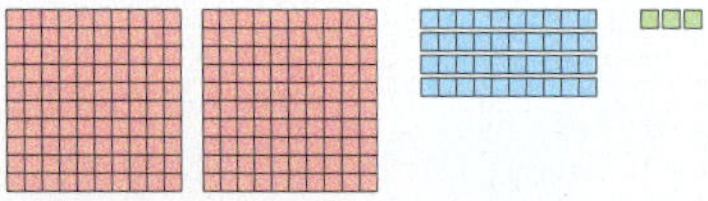

b) 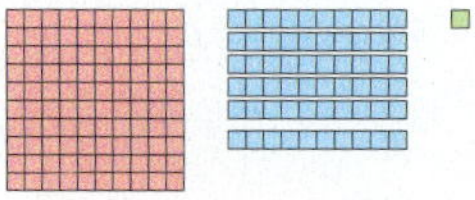

c) 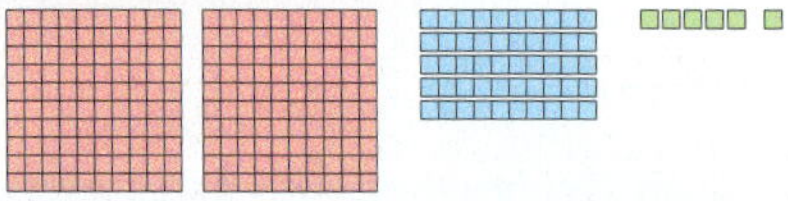

d) 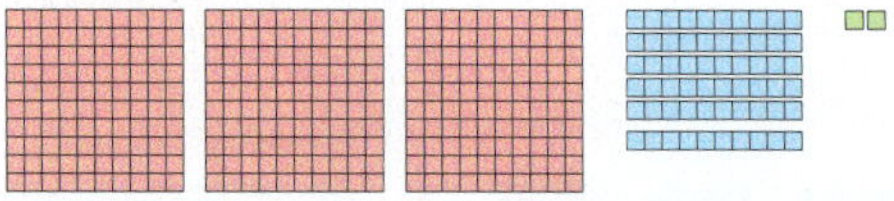

Beispiel
a) 2H 4Z 3E = 243

2 Wie heißen die Zahlen?

a) 2H 4Z 1E
1H 8Z 9E

b) 5H 5Z 3E
7H 3Z 5E

c) 8H 7Z
3H 6E

d) 9Z 2E
4H 1E

e) 2H 2E
2H 2Z

3 Zerlege in Hunderter, Zehner und Einer.

a) 571
239
447

b) 132
864
359

c) 205
170
604

d) 858
109
220

Beispiel
a) 571 = 500 + 70 + 1

4 Lies die Zahlen. Notiere wie im Beispiel.

a) 416 278 199 353 881

b) 305 909 520 67 410

Beispiel
a)

	H	Z	E
416	4	1	6

5 Welche Zahl ist es?

a) Die Zahl hat 5 Hunderter, 2 Zehner und 3 Einer.

b) Die Zahl hat 6 Zehner und 8 Einer.

c) Die Zahl hat 7 Hunderter und 4 Einer.

6 Bilde Zahlen. Schreibe alle sechs Möglichkeiten auf.

a)

b)

Beispiel
a)

H	Z	E	Zahl
3	0	7	307
0	7	3	73

7 Kleiner, größer oder gleich? Setze ein: <, > oder =

a) 60 ■ 52
26 ■ 60
39 ■ 93
70 ■ 17

b) 300 ■ 230
430 ■ 430
381 ■ 375
402 ■ 422

c) 153 ■ 135
300 ■ 30
234 ■ 240
899 ■ 899

d) 118 ■ 181
670 ■ 607
926 ■ 960
430 ■ 423

8 Ordne die Zahlen nach der Größe. Beginne mit der kleinsten Zahl.

a) 250 500 300 450 350

b) 168 186 274 247 318 183

1 Wie heißen die Zahlen bei den Fahnen?

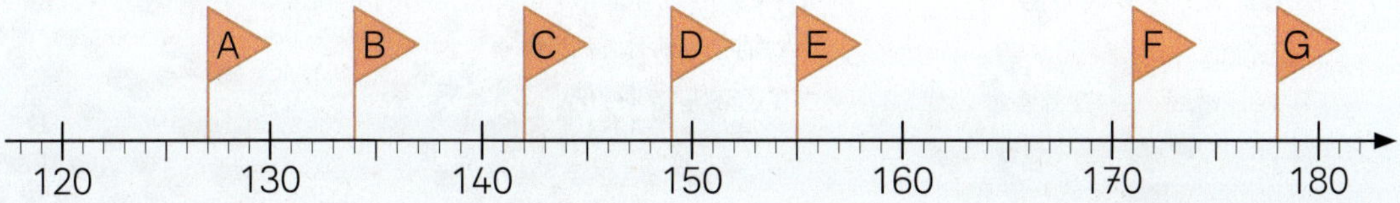

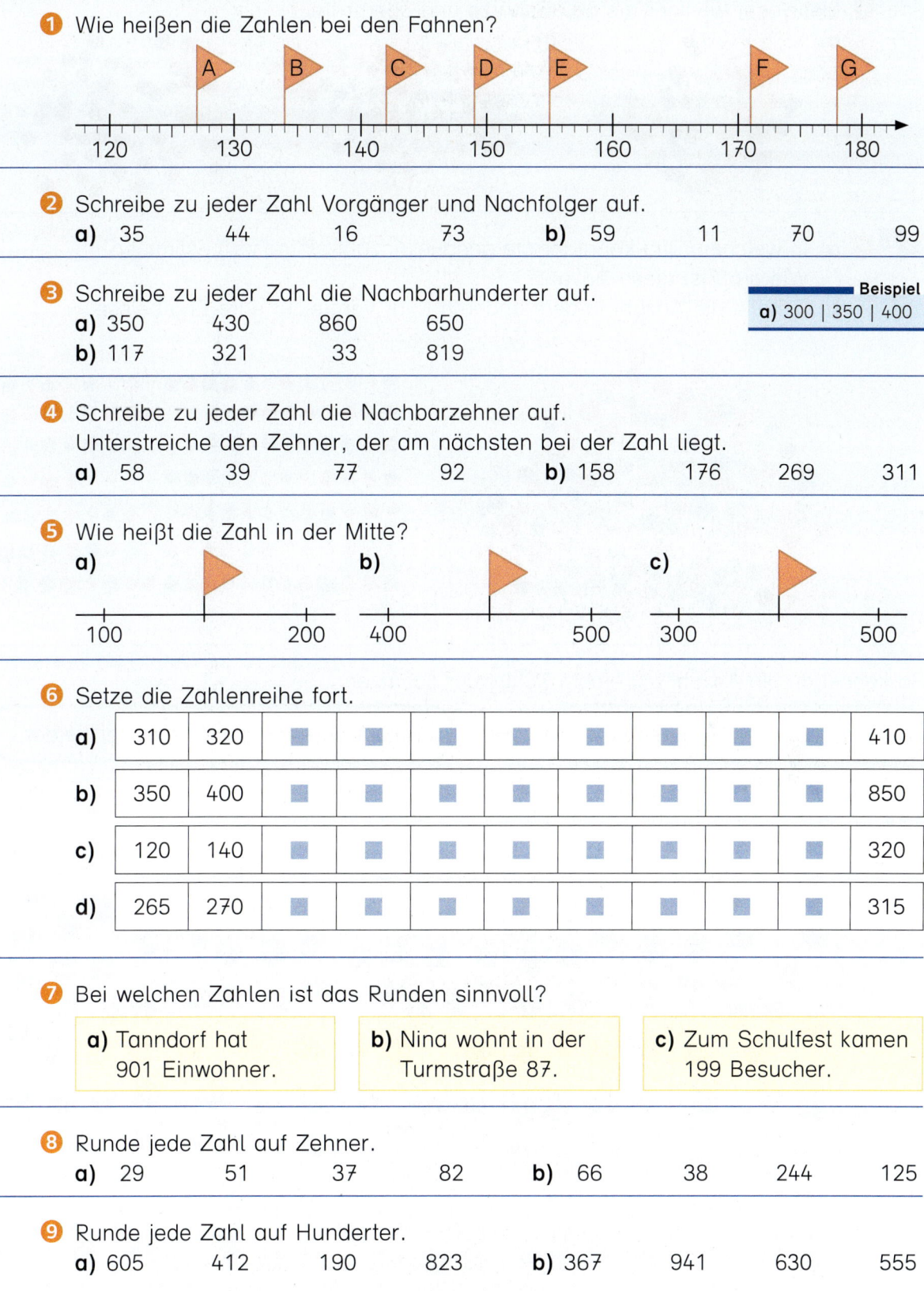

2 Schreibe zu jeder Zahl Vorgänger und Nachfolger auf.

a) 35 44 16 73 **b)** 59 11 70 99

3 Schreibe zu jeder Zahl die Nachbarhunderter auf.

a) 350 430 860 650

b) 117 321 33 819

Beispiel
a) 300 | 350 | 400

4 Schreibe zu jeder Zahl die Nachbarzehner auf.
Unterstreiche den Zehner, der am nächsten bei der Zahl liegt.

a) 58 39 77 92 **b)** 158 176 269 311

5 Wie heißt die Zahl in der Mitte?

a)

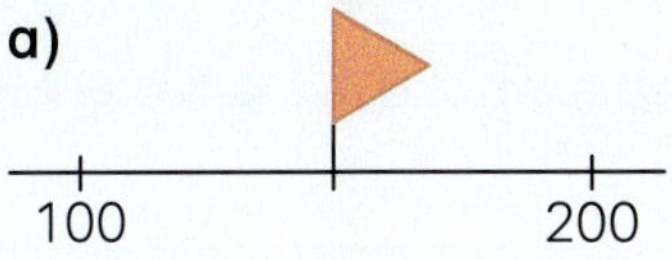

b)

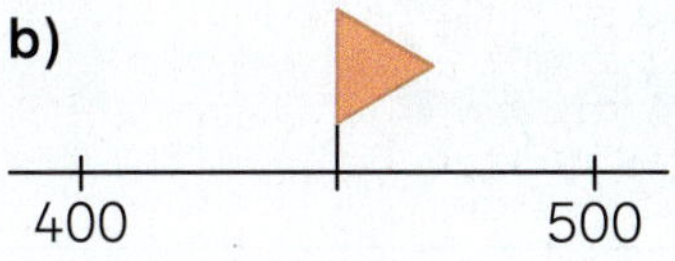

c)

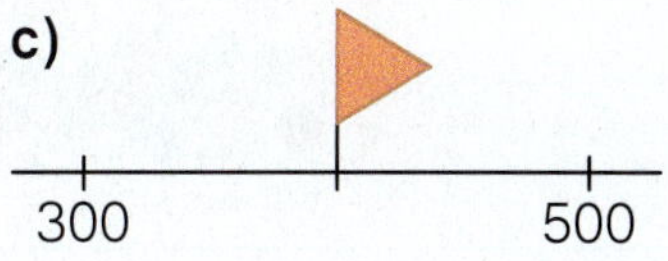

6 Setze die Zahlenreihe fort.

a)	310	320	■	■	■	■	■	■	■	■	410
b)	350	400	■	■	■	■	■	■	■	■	850
c)	120	140	■	■	■	■	■	■	■	■	320
d)	265	270	■	■	■	■	■	■	■	■	315

7 Bei welchen Zahlen ist das Runden sinnvoll?

a) Tanndorf hat 901 Einwohner.

b) Nina wohnt in der Turmstraße 87.

c) Zum Schulfest kamen 199 Besucher.

8 Runde jede Zahl auf Zehner.

a) 29 51 37 82 **b)** 66 38 244 125

9 Runde jede Zahl auf Hunderter.

a) 605 412 190 823 **b)** 367 941 630 555

Schätzen von Anzahlen

1 Mehr oder weniger als 50? Schätze und überprüfe.

a)

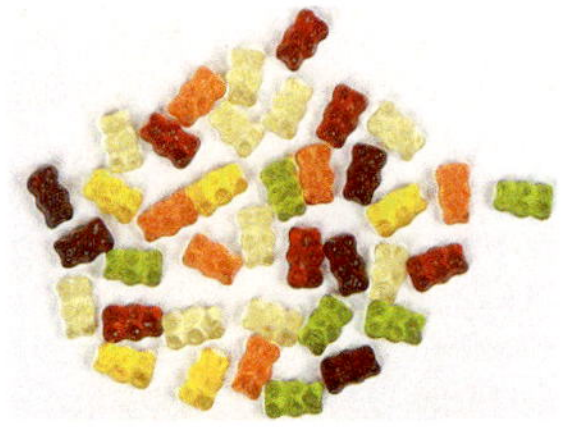

b)

c)

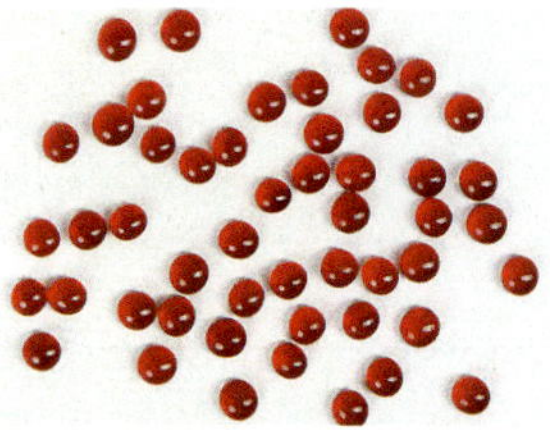

2 a) In welchem Bild könnt ihr die genaue Anzahl einfacher bestimmen? Wie groß ist diese Anzahl?

b) Schätzt die Anzahl in dem anderen Bild. Vergleicht eure Ergebnisse.

So kannst du die Anzahl mit einem Zählraster schätzen:

Zähle die Dinge in einem Feld. → Multipliziere mit der Anzahl der Felder.

3 Schätzt die Anzahl. Wählt zum Zählen unterschiedliche Felder. Vergleicht eure Ergebnisse.

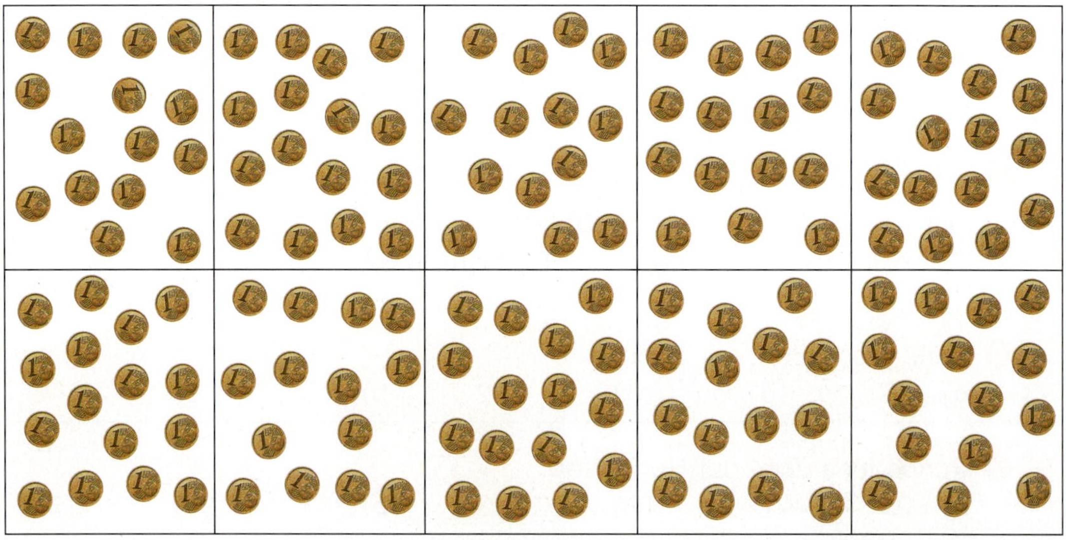

Schätzen von Anzahlen

1 Schätze die Anzahl mit dem Zählraster.

a)

b)

c)

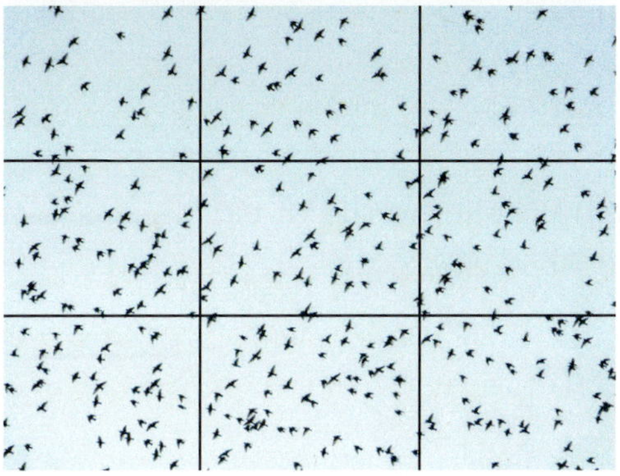

d)

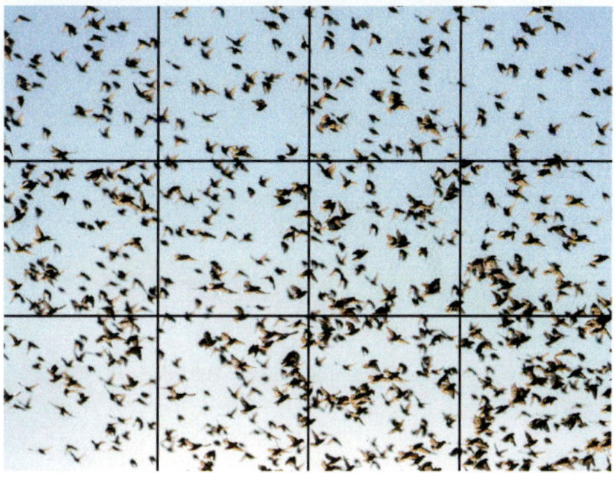

2 a) Nehmt eine Seite aus einem Jugendbuch. Wählt fünf Zeilen aus und zählt, wie oft darin der Buchstabe E oder e vorkommt.

b) Schätzt, wie oft der Buchstabe E oder e auf der gewählten Seite vorkommt. Erklärt, wie ihr vorgeht.

c) Schätzt, wie oft der Buchstabe E oder e in dem Jugendbuch vorkommt. Erklärt.

3 Wählt verschiedene Seiten aus dem Jugendbuch. Schätzt wie in Aufgabe 2, wie oft der Buchstabe N oder n in dem Jugendbuch vorkommt.
Vergleicht eure Ergebnisse.

4 Füllt Gläser mit vielen kleinen Gegenständen.
Wer schätzt die Anzahl am besten?

Große Zahlen darstellen

1 Ordne zu.

a) 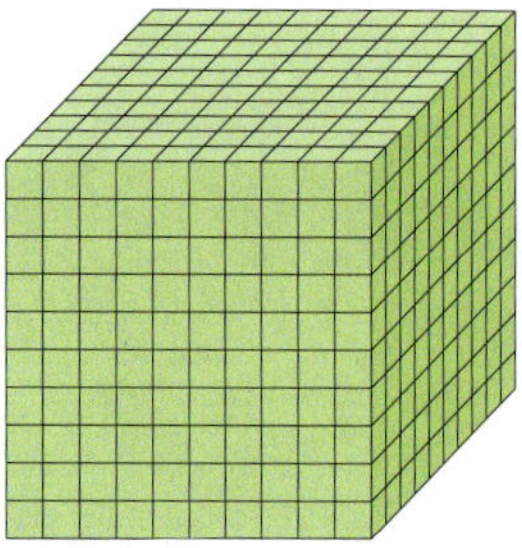

b) 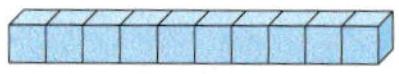

c) 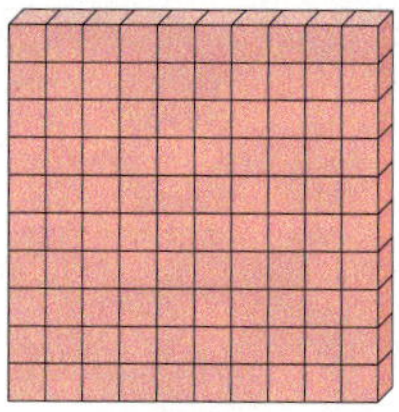

d) 

e) 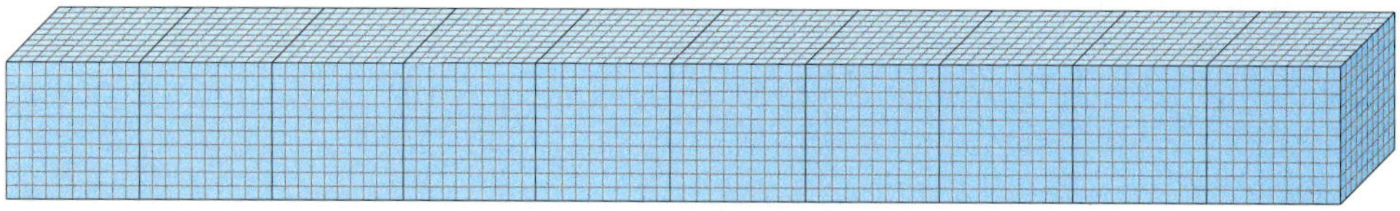

- Einer (E)
- Zehner (Z)
- Hunderter (H)
- Tausender (T)
- Zehntausender (ZT)

2 Wie heißen die Zahlen? Trage in eine Stellenwerttafel ein.

a) 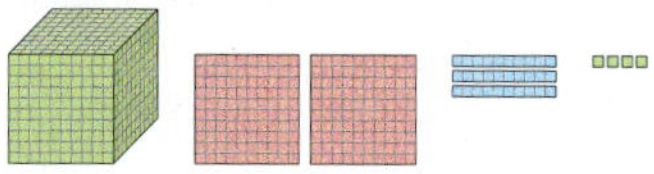

b) 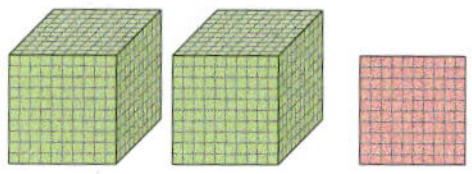

c) 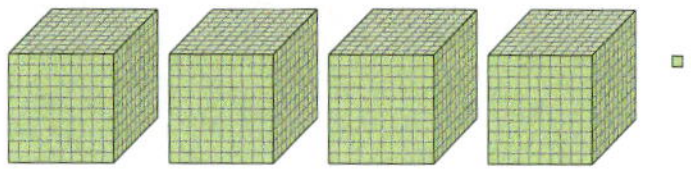

d) 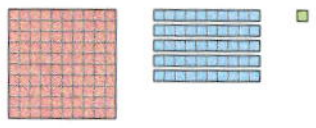

Beispiel

	T	H	Z	E	Zahl
a)	1	2	3	4	1234

3 Wie heißen die Zahlen? Trage in eine Stellenwerttafel ein.

a) 8T 3H 7Z 5E
4T 5H 2Z 1E
5T 1H 1Z 7E

b) 1T 9H 7Z 5E
6T 3H 3Z 6E
4T 2H 9Z 7E

c) 5T 2Z 6E
7T 2H 5E
3T 1Z 2E

d) 4T 9E
6T 2Z
5H 6Z

4 Die Stellenwerttafel wird erweitert.
Trage ein.

Beispiel

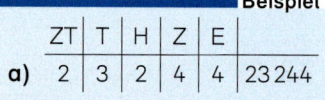

	ZT	T	H	Z	E	
a)	2	3	2	4	4	23244

a) 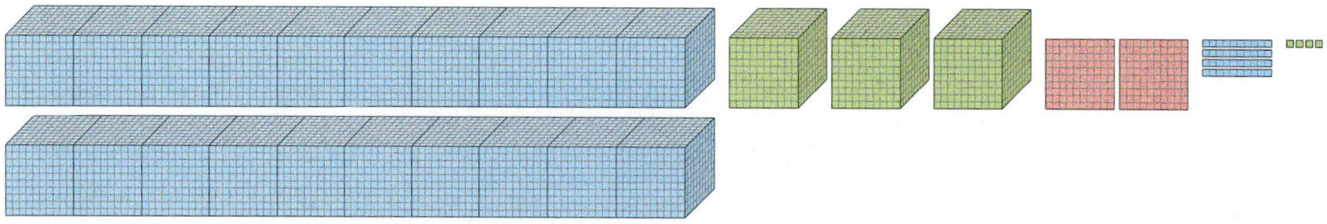

b) 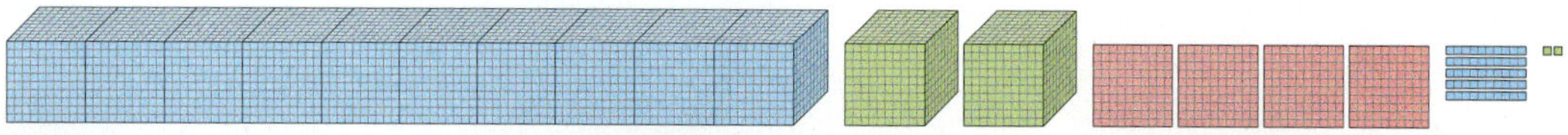

5 Wie heißen die Zahlen? Trage in eine Stellenwerttafel ein.

a) 1ZT 3T 4H 5Z 2E
4ZT 1T 5H 2Z 9E
5ZT 5T 1H 1Z 1E

b) 2ZT 5H 6Z
7ZT 8T 9E
6ZT 7Z 8E

c) 7ZT 2T
3ZT 1H
2ZT 7E

Große Zahlen darstellen

1 Die Stellenwerttafel wird erweitert.
10 Zehntausender = 1 Hunderttausender
Trage die Zahlen in eine Stellenwerttafel ein.

a) 1HT 3ZT 4T 5H 2Z 1E
4HT 2ZT 1T 3H 4Z 6E

Beispiel

	HT	ZT	T	H	Z	E	Zahl
a)	1	3	4	5	2	1	134 521

b) 5HT 3T 4H 6Z 1E
8HT 1ZT 3H 5E

c) 1HT 3ZT
6ZT 7T

d) 6ZT 4H 6Z
1HT 1ZT 3H 5E

2 Trage in eine Stellenwerttafel ein. Lies die Zahlen deiner Partnerin vor.

a) 245 625
348 003

b) 531 042
99 027

c) 704 063
38 924

d) 781 210
15 304

3 In dieser Stellenwerttafel gibt es noch mehr Spalten.
Schreibe die Zahlen in dein Heft. Bilde Dreiergruppen.

Beispiel
a) 765 243 178 023

	Milliarden			Millionen			Tausender					
	HMrd.	ZMrd.	Mrd.	HMio.	ZMio.	Mio.	HT	ZT	T	H	Z	E
a)	7	6	5	2	4	3	1	7	8	0	2	3
b)		4	9	0	6	8	4	3	7	2	1	6
c)			2	5	0	3	0	7	8	9	2	0

4 Trage in eine Stellenwerttafel ein. Lies die Zahlen deinem Partner vor.

a) 5 672 334
4 056 780

b) 12 023 546
49 200 075

c) 238 607 223
6 504 308

d) 5 423 890 007
501 490 801

5 Schreibe die Zahlen mit Ziffern.

a)
- dreihundertvierzig
- siebentausendachthundert
- drei Millionen sechstausend

b)
- neununddreißigtausendvierhundertfünf
- achthundertviertausendsiebenundzwanzig
- drei Milliarden fünfhundertzwölf Millionen

6 Schreibe in Wortform. Lies die Zahlen deinem Partner vor.

a) 3 412
328

b) 2 500 000
8 750 000

c) 48 000 000
12 300 000

d) 250 000 000
7 370 000 000

Wortspeicher

10 Einer (E) = 1 Zehner (Z)
10 Zehner (Z) = 1 Hunderter (H)
10 Hunderter (H) = 1 Tausender (T)
10 Tausender (T) = 1 Zehntausender (ZT)
10 Zehntausender (ZT) = 1 Hunderttausender (HT)
10 Hunderttausender (HT) = 1 Million (Mio.)

Wortspeicher

1 Million = 1 000 000
1 Mio. = 1 000 Tsd.

1 Milliarde = 1 000 000 000
1 Mrd. = 1 000 Mio.

Übungen am Zahlenstrahl

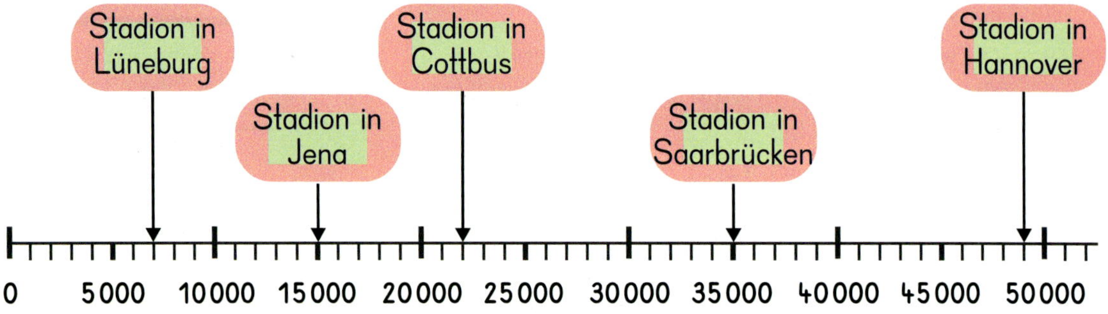

1 Wie viele Zuschauerplätze hat jedes Stadion?

2 Wie heißen die Zahlen bei den Fahnen?
Zwischen welchen Zehntausendern liegen die Zahlen?

Beispiel
A: 0 | 9000 | 10000

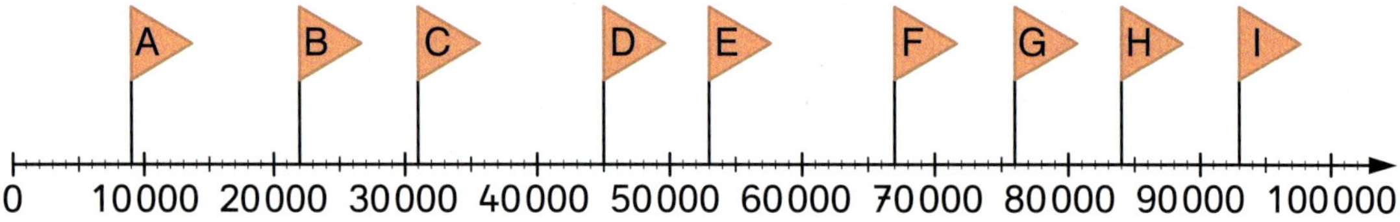

3 Schreibe zu jeder Zahl die Nachbarzehntausender auf.
Unterstreiche den Zehntausender, der am nächsten bei der Zahl liegt.

Beispiel
a) 20000 | 28000 | <u>30000</u>

a) 28000 41000 13000 89000 77000 53000
b) 51900 33400 69500 17120 61987 58898

4 Wie heißen die Zahlen bei den Fahnen?
Zwischen welchen Tausendern liegen die Zahlen?

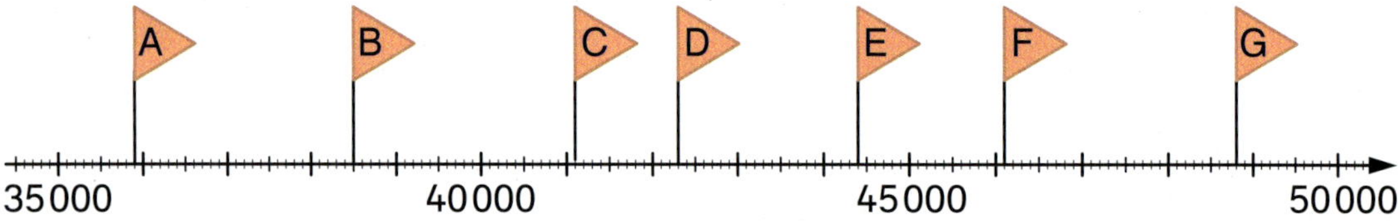

5 Schreibe zu jeder Zahl die Nachbartausender auf.
Unterstreiche den Tausender, der am nächsten bei der Zahl liegt.

Beispiel
a) <u>37000</u> | 37300 | 38000

a) 37300 39068 35590 38180 41090 45102
b) 46123 40635 49103 38998 63237 11607

6 Wie heißt die Zahl in der Mitte?

a)
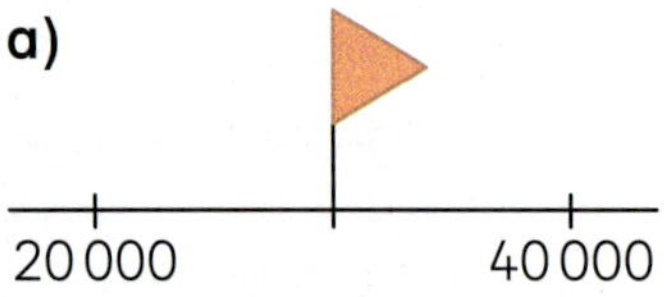

b)
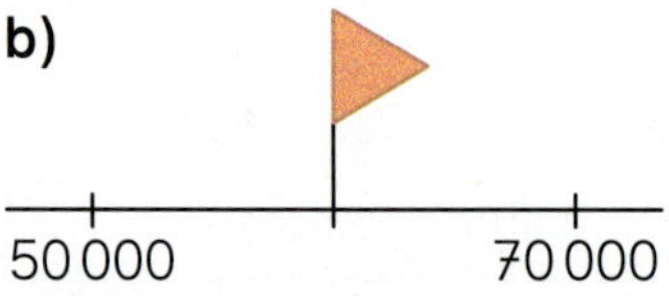

c)
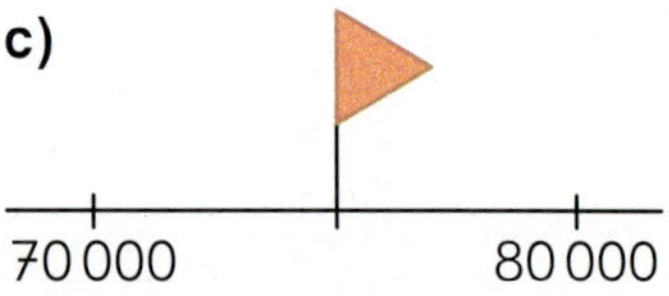

Übungen am Zahlenstrahl

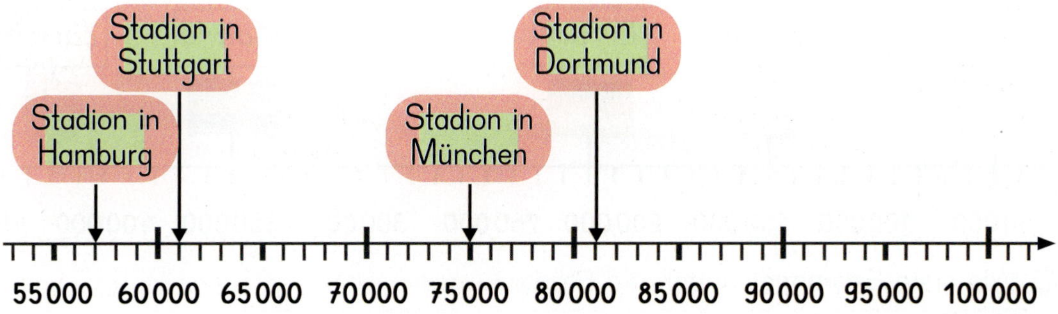

1 Schreibe zu jeder Zahl Vorgänger und Nachfolger auf.

a)	16657	5803	23456	19999	21412
b)	83140	60005	51501	73370	30000
c)	23400	31001	40100	39990	20400

Beispiel
a) 16656 | 16657 | 16658

2 Setze die Zahlenreihe fort.

a)	10000	20000	■	■	■	■	■	■	■	100000
b)	17000	18000	■	■	■	■	■	■	■	26000
c)	25000	30000	■	■	■	■	■	■	■	70000
d)	46000	45000	■	■	■	■	■	■	■	37000
e)	80000	75000	■	■	■	■	■	■	■	35000
f)	30000	29900	■	■	■	■	■	■	■	29100

3 In welchen Schritten wird gezählt? Erstelle Aufgaben für deinen Partner.

a)	■	15000	■	25000	■	■	■	45000	■	■
b)	19700	■	19900	■	20100	■	■	■	■	20600
c)	■	90000	■	70000	■	■	■	■	20000	■
d)	74000	■	70000	■	■	■	62000	■	■	■

4 Kleiner, größer oder gleich? Setze ein: <, > oder =

a) 21000 ■ 13000
56000 ■ 60000
29000 ■ 32000
42000 ■ 24000

b) 12500 ■ 20300
43060 ■ 43060
38009 ■ 37500
64567 ■ 64900

c) 15303 ■ 7998
7000 ■ 70000
34789 ■ 34789
89405 ■ 8945

5 Ordne nach der Zahl der Zuschauerplätze. Beginne mit der kleinsten Zahl.

a) Bochum 28000
Bremen 42400
Rostock 29000
Karlsruhe 30000

b) Nürnberg 50000
Düsseldorf 54600
Hamburg 57000
Frankfurt 52000

c) Duisburg 31500
Dresden 32500
Wolfsburg 30900
Saarbrücken 35300

Übungen am Zahlenstrahl

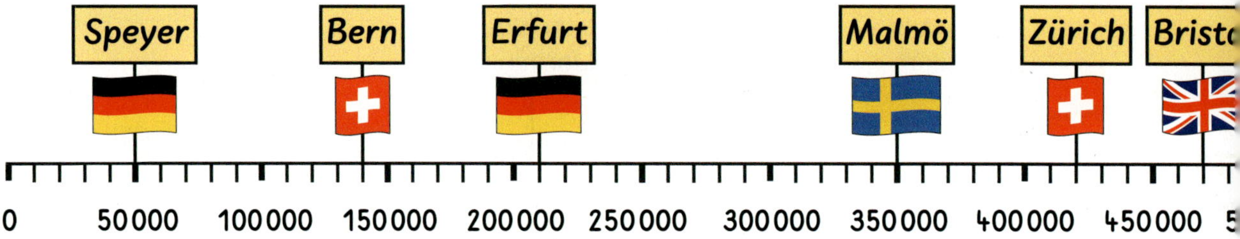

❶ Wie viele Einwohner haben die Städte?

❷ Wie heißen die Zahlen bei den Fahnen?
Zwischen welchen Hunderttausendern liegen die Zahlen?

Beispiel
A: 0 | 30000 | 100000

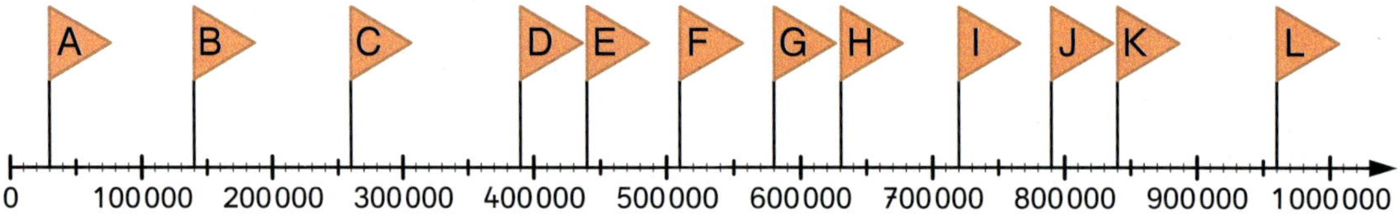

❸ Schreibe zu jeder Zahl die Nachbarhunderttausender auf. Unterstreiche den Hunderttausender, der am nächsten bei der Zahl liegt.

Beispiel
a) 200000 | 280000 | 300000

a)	280000	570000	610000	740000	860000
b)	435600	248700	195715	568203	715905
c)	391417	107529	555111	274603	471395

❹ Wie heißen die Zahlen bei den Fahnen?
Zwischen welchen Zehntausendern liegen die Zahlen?

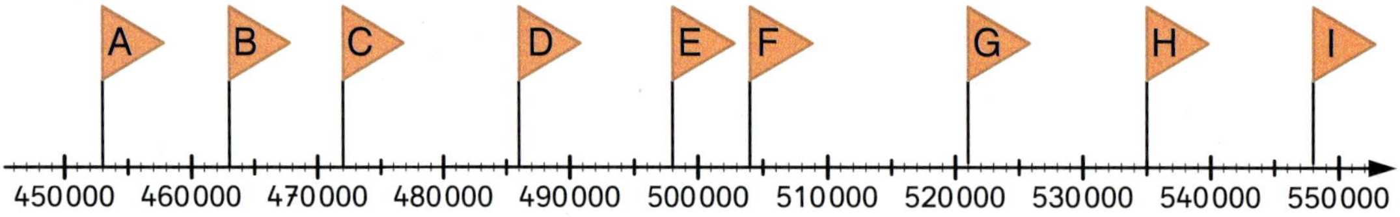

❺ Schreibe zu jeder Zahl die Nachbarzehntausender auf. Unterstreiche den Zehntausender, der am nächsten bei der Zahl liegt.

Beispiel
a) 520000 | 523000 | 530000

a)	523000	136000	421000	816000	682000
b)	724300	817010	625095	158317	573100
c)	181900	984200	296870	574870	363333

❻ Wie heißt die Zahl in der Mitte?

a)

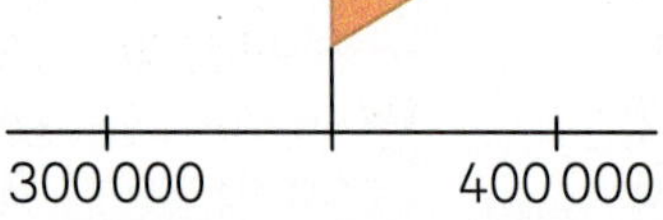

b)

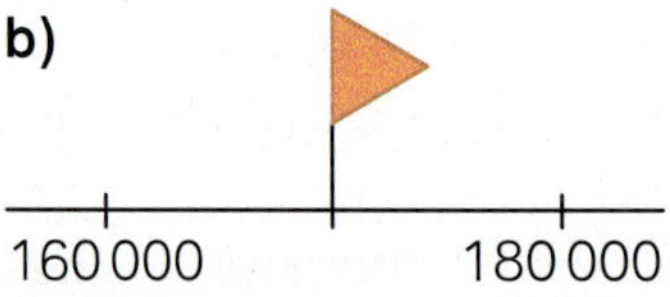

c)

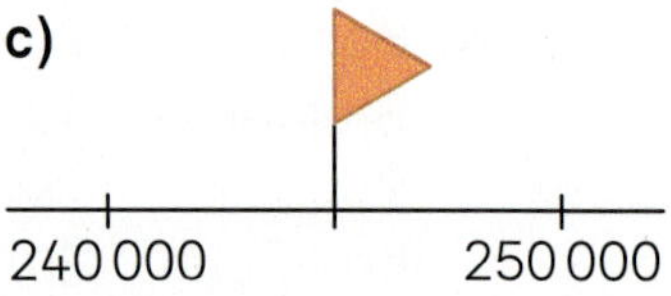

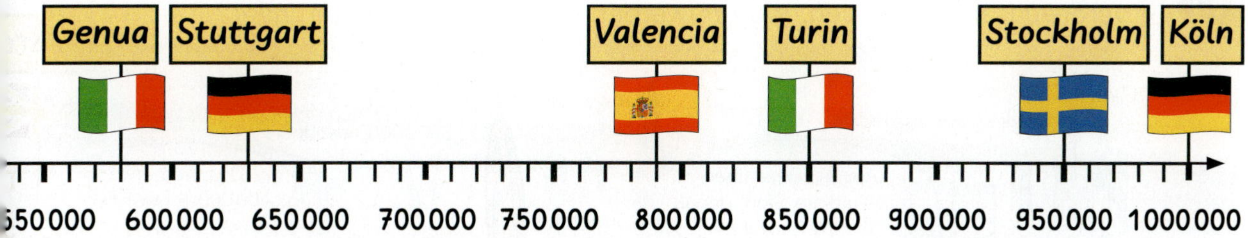

1 Schreibe zu jeder Zahl Vorgänger und Nachfolger auf.

Beispiel
a) 555 347 | <u>555 348</u> | 555 349

a)	b)	c)	d)	e)
555 348	817 201	318 700	430 000	783 201
274 517	329 844	190 208	280 000	900 000
708 233	447 249	100 000	760 000	714 999

2 Setze die Zahlenreihe fort.

a)	100 000	200 000	■	■	■	■	■	■	■	1 000 000
b)	480 000	490 000	■	■	■	■	■	■	■	570 000
c)	375 000	380 000	■	■	■	■	■	■	■	420 000
d)	620 000	610 000	■	■	■	■	■	■	■	530 000
e)	720 000	715 000	■	■	■	■	■	■	■	675 000
f)	803 000	802 000	■	■	■	■	■	■	■	794 000

3 In welchen Schritten wird gezählt? Erstelle Aufgaben für deinen Partner.

a)	698 000	699 000	■	■	702 000	■	■	■	■	■
b)	■	215 000	220 000	■	■	■	■	■	250 000	■
c)	■	■	530 000	■	570 000	■	■	■	■	670 000
d)	910 000	905 000	■	■	890 000	■	■	■	■	865 000

4 Kleiner, größer oder gleich? Setze ein: <, > oder =

a)	b)	c)
210 000 ■ 120 000	170 050 ■ 180 900	420 000 ■ 42 000
320 000 ■ 330 000	635 000 ■ 632 500	573 000 ■ 573 000
470 000 ■ 740 000	845 000 ■ 841 800	273 914 ■ 273 915

5 Ordne die Städte nach der Einwohnerzahl. Beginne mit der größten Stadt.

a)		b)		c)	
Flensburg	90 000	Magdeburg	240 000	Kassel	201 000
Schleswig	25 000	Augsburg	296 000	Leipzig	597 000
Würzburg	130 000	Münster	316 000	Heidelberg	159 000
Rostock	210 000	Lübeck	216 000	Dresden	556 000

Runden

1 Vergleicht die Aussagen. Warum werden große Zahlen oft gerundet?

Merke

Runden auf **Hunderttausender**:	**5**48 317 ≈ 500 000	**3**91 526 ≈ 400 000
Runden auf **Zehntausender**:	3**9**1 526 ≈ 390 000	5**4**8 317 ≈ 550 000
	Abrunden bei 0, 1, 2, 3, 4	**Aufrunden bei 5, 6, 7, 8, 9**

2 Runde auf Hunderttausender.

a)	b)	c)	d)
318 170	501 615	677 505	198 260
448 477	267 854	380 211	701 999
281 181	449 278	923 167	478 001

3 Wo wurden beim Runden auf Hunderttausender Fehler gemacht? Berichtige.

a)	b)	c)
149 987 ≈ 200 000	361 235 ≈ 400 000	236 799 ≈ 200 000
370 123 ≈ 400 000	550 764 ≈ 500 000	647 895 ≈ 700 000
519 879 ≈ 600 000	250 007 ≈ 200 000	454 021 ≈ 400 000

4 Runde die Einwohnerzahlen auf Zehntausender.

Halle	Herne	Neuss	Lübeck	Duisburg	Jena
237 865	156 940	159 190	215 846	495 885	110 731

5 Welche der Zahlen im grünen Feld wurde auf Zehntausender gerundet?

Beispiel
a) 165 100 ≈ 170 000

a) 164 900 165 100
Gerundet: 170 000

b) 204 898 214 987
Gerundet: 210 000

c) 444 989 445 002
Gerundet: 440 000

d) 342 978 334 999
Gerundet: 340 000

e) 585 002 595 001
Gerundet: 590 000

f) 896 321 950 008
Gerundet: 900 000

Graphische Darstellung großer Zahlen

1 Das Säulendiagramm zeigt Besucherzahlen eines Hallenbades. Die Zahlen sind auf Hunderter gerundet. Übertrage die Tabelle in dein Heft und vervollständige sie.

Monat	Besucher
Januar	1 400
Februar	■
März	■
April	■

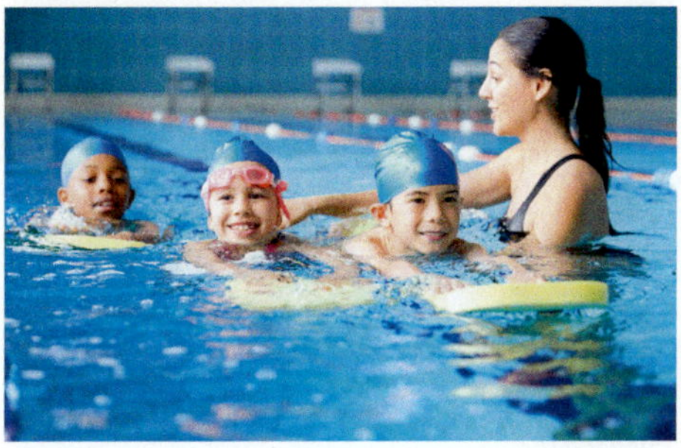

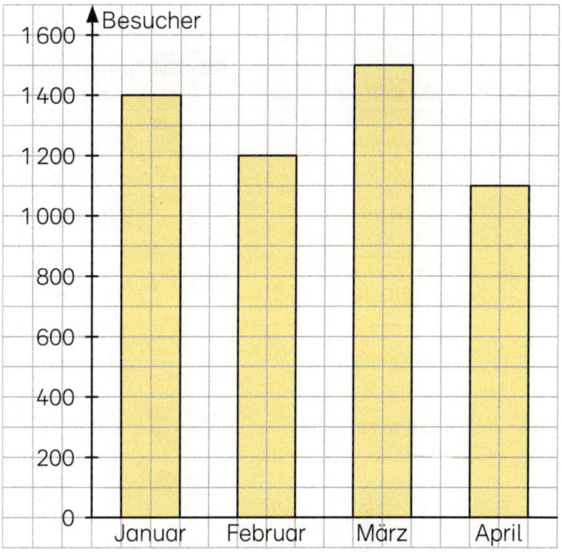

2 In der Tabelle sind Besucherzahlen eines Freibades durch Piktogramme dargestellt. Wie viele Besucher sind es im Mai? Erklärt.

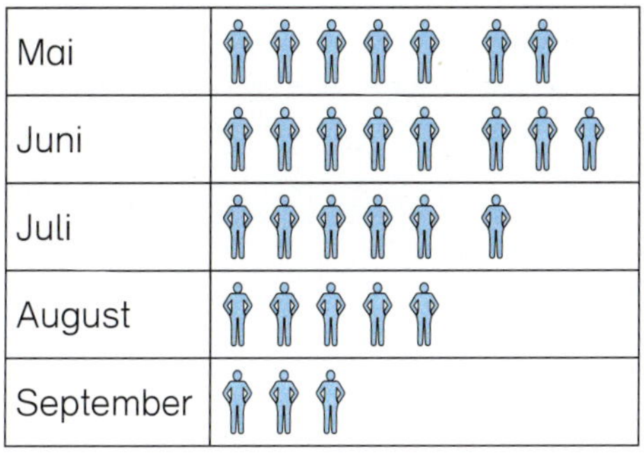

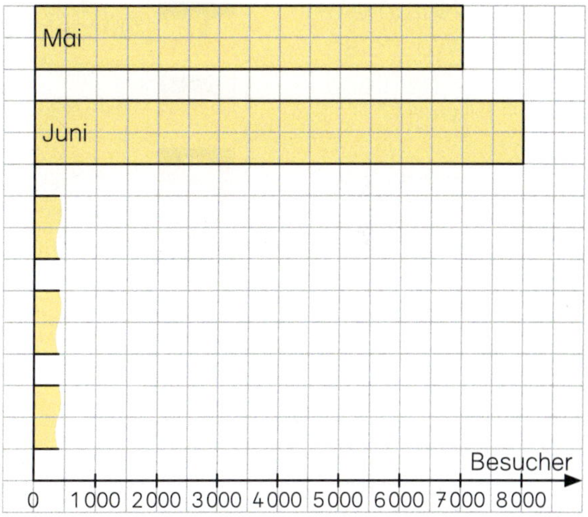

3 **a)** Entnimm der Tabelle die Besucherzahlen für die Monate Mai bis September. Trage die Zahlen in eine Liste ein.

b) Übertrage das Balkendiagramm in dein Heft und vervollständige es.

Wortspeicher

Säulendiagramm

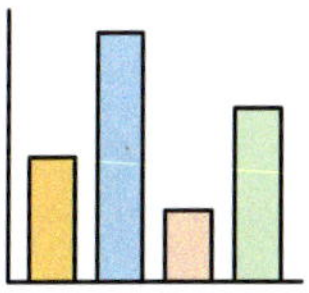

Balkendiagramm

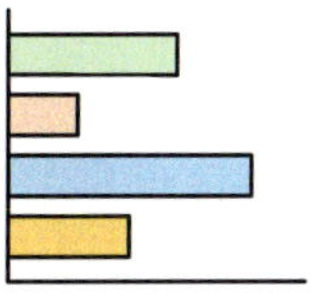

Piktogramm

Projekt Landeshauptstädte in Deutschland

1 Deutschland besteht aus 16 Bundesländern. Die auf Hunderttausender gerundeten Einwohnerzahlen der Landeshauptstädte sind durch Piktogramme dargestellt. Stuttgart hat 600 000 Einwohner. Für wie viele Einwohner steht eine Figur? Erklärt.

Baden-Württemberg		Stuttgart	
Bayern		München	
Berlin		Berlin	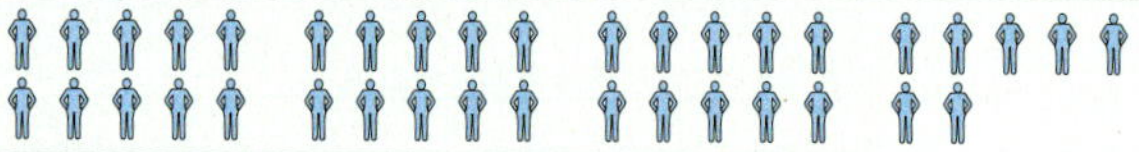
Brandenburg		Potsdam	
Bremen		Bremen	
Hamburg		Hamburg	
Hessen		Wiesbaden	
Mecklenburg-Vorpommern		Schwerin	
Niedersachsen		Hannover	
Nordrhein-Westfalen		Düsseldorf	
Rheinland-Pfalz		Mainz	
Saarland		Saarbrücken	
Sachsen		Dresden	
Sachsen-Anhalt		Magdeburg	
Schleswig-Holsten		Kiel	
Thüringen		Erfurt	

2 Notiere die Einwohnerzahlen aus Aufgabe 1.

3 **a)** Hier sind Einwohnerzahlen anderer Städte. Runde auf Hunderttausender.
b) Stelle die gerundeten Einwohnerzahlen durch Piktogramme dar.

Nürnberg 515 543	Cottbus 98 693	Mannheim 309 721	Bochum 364 454
Leipzig 597 493	Bonn 330 579	Augsburg 295 830	Rostock 209 061

4 Sucht im Internet nach Einwohnerzahlen und Sehenswürdigkeiten großer Städte eures Bundeslandes. Stellt die Zahlen auf einem Plakat durch Piktogramme dar.

1 Warum kann man die Anzahl hier nicht mit dem Raster schätzen? Begründe.

a) 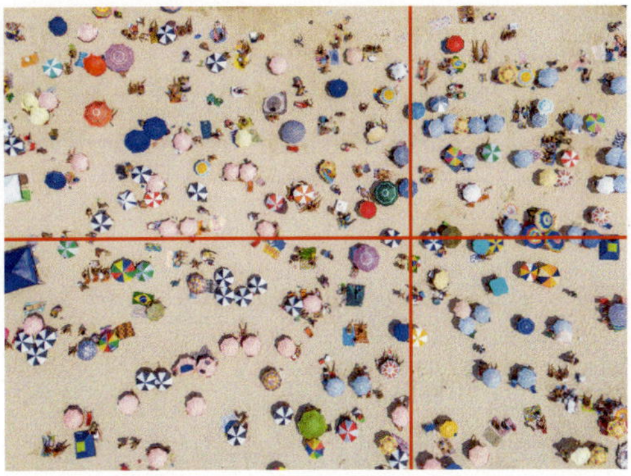

b) 

2 **a)** Wie viele kleine Quadrate enthält der Streifen?

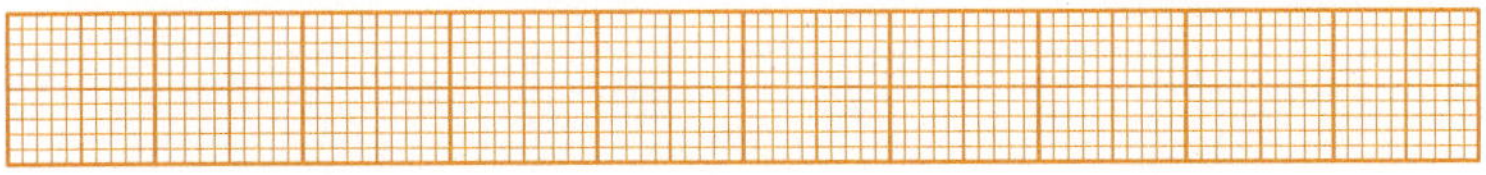

b) Denke dir 100 solcher Streifen untereinandergelegt.
Wie viele kleine Quadrate sind das?

3 Trage in eine Stellenwerttafel ein.

a) 4ZT 16T 3H 7Z 8E **b)** 2HT 3ZT 17H 9E
c) 5HT 12ZT 6T 8H 9E **d)** 2HT 9ZT 25H 7Z 3E
e) 7HT 21ZT 8T 35Z 6E **f)** 9HT 8T 15H 12Z 9E

Beispiel

	HT	ZT	T	H	Z	E	
a)		5	6	3	7	8	56378

4 Wie heißen die Zahlen bei den Fahnen?
Zwischen welchen Tausendern liegen die Zahlen?

Beispiel
a) A: 74000 | 74500 | 75000

a) 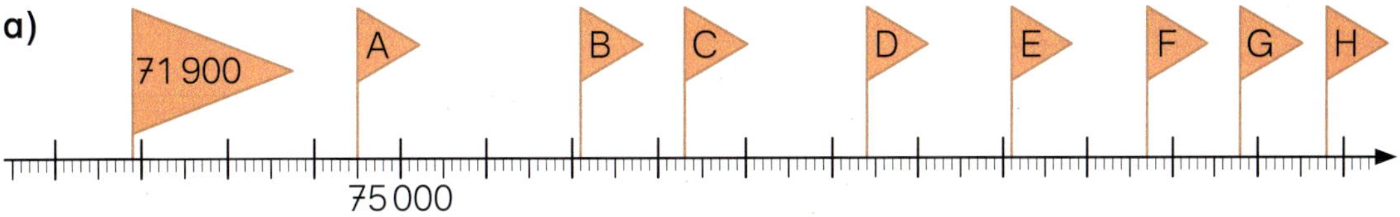

b) 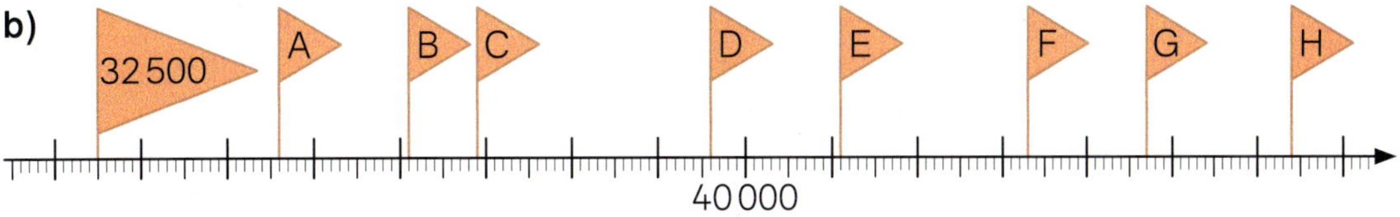

c) 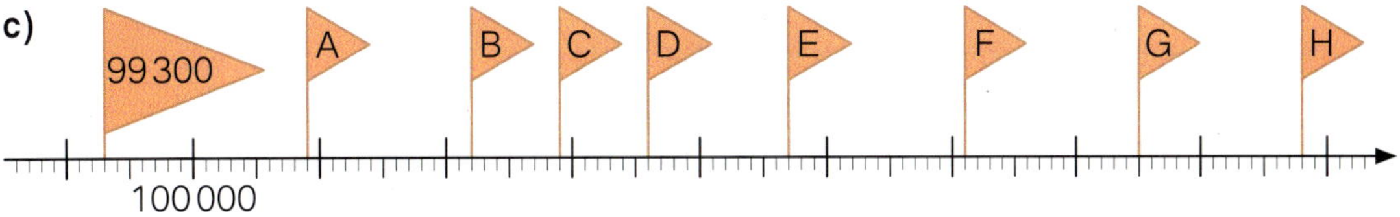

5 Der Kilometerzähler im Auto von Frau Arp steht bei 10659 km. Frau Arp fällt auf, dass alle Ziffern der Anzeige verschieden sind.
Nach wie viel Kilometer Fahrt sind erneut alle Ziffern der Anzeige verschieden?

☆ EXTRAstark

1 Notiere die kleinste und die größte Zahl, die du mit den Ziffern bilden kannst.

a) 

b) 

c) 

d) 

2 Wie heißt die Zahl?

a)
- Sie hat 6 Ziffern.
- Ihr Vorgänger ist ein Hunderttausender.
- Die Summe der Ziffern ist 5.

b)
- Sie hat 6 Ziffern.
- Ihr Nachfolger ist ein Hunderttausender.
- Die Summe der Ziffern ist 50.

3 Setze die Zahlenreihe fort.

a)	47 000	■	51 000	■	■	■	■	■	■	65 000
b)	■	38 000	■	46 000	■	■	■	■	■	70 000
c)	■	■	75 000	■	67 000	■	■	■	■	47 000

4 Wie heißt die Zahl in der Mitte?

a) 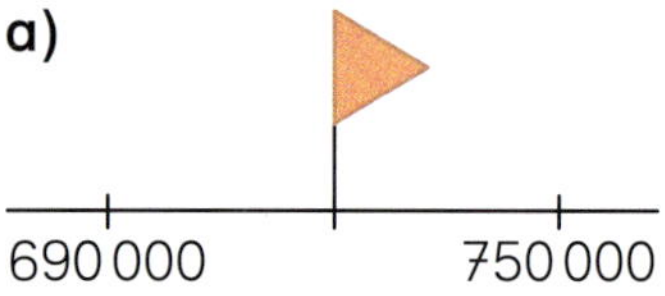

b) 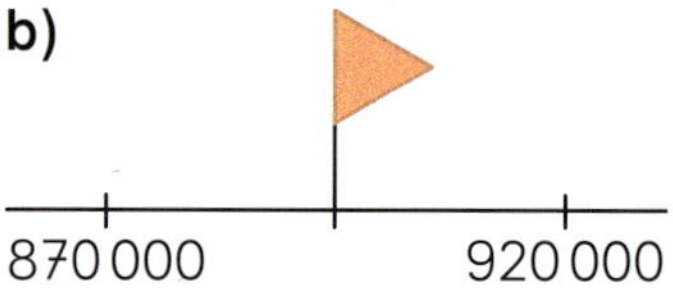

c) 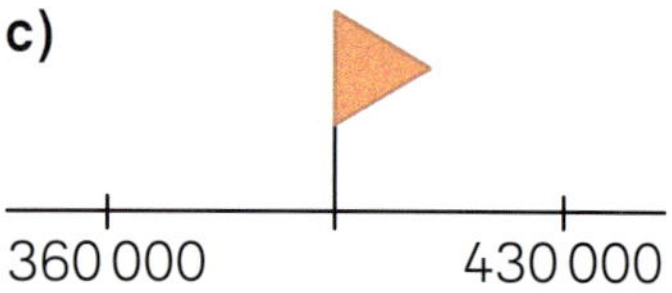

d) 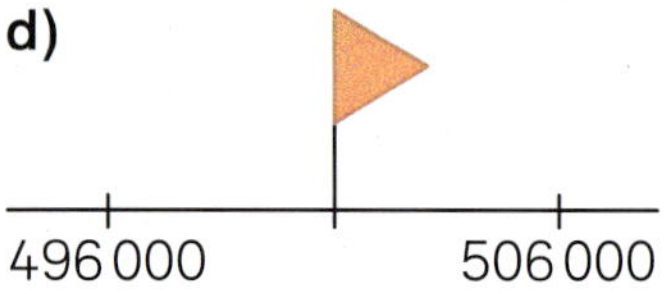

e) 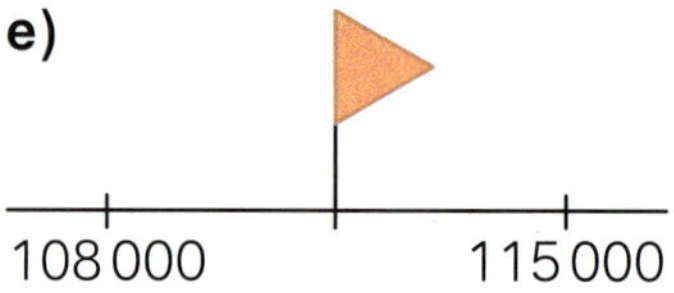

f) 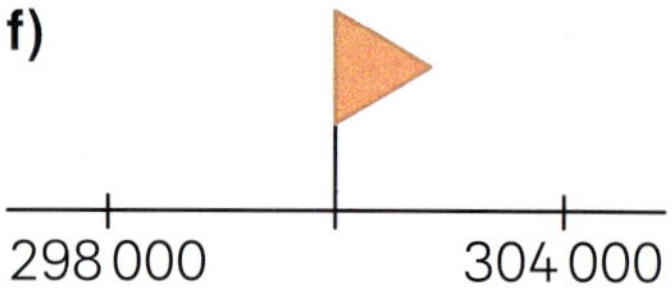

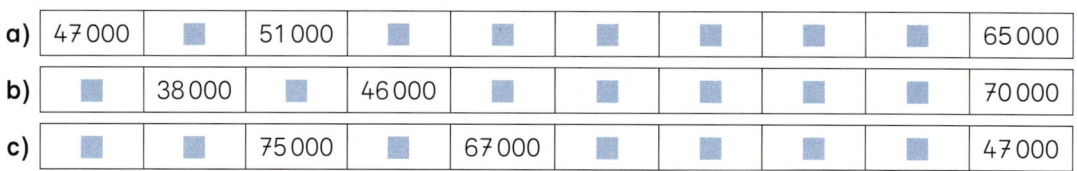

5 Welche Zahl passt?

a) 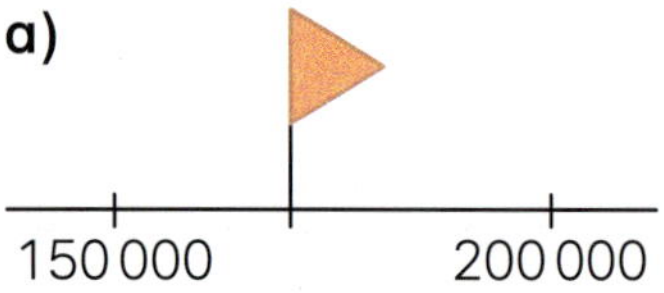

170 000
180 000
190 000

b) 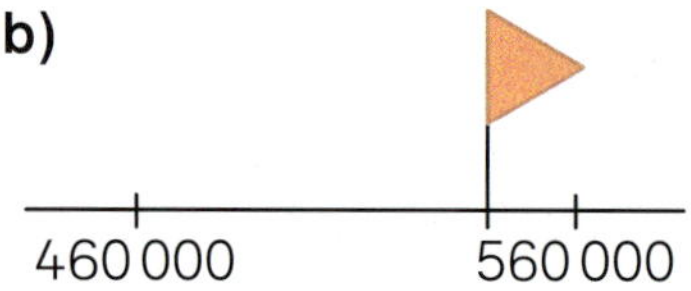

510 000
520 000
540 000

6 Schreibe in dein Heft. Ergänze die fehlenden Ziffern.
372 485 < 3■3 724 < 381 425 < 381■19 < 381 609 < ■807■9 < 480 710

7 Welche Ziffer kann hier fehlen? Gib drei Möglichkeiten an.
a) 46■312 ≈ 470 000 **b)** 63■809 ≈ 630 000 **c)** 69■008 ≈ 700 000

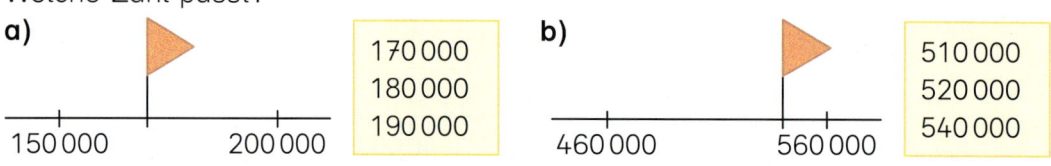

8 Jassir rundet eine Zahl auf Zehntausender und erhält 460 000.
Welche Zahl kann er gerundet haben? Gib 5 mögliche Zahlen an.

Wiederholen und Üben

1 Wie heißt die Zahl?

a) 2HT 4ZT 3T 5H 4Z 6E **b)** 4HT 1ZT 5T 4H 3Z 2E

c) 5HT 2ZT 8H 5Z 2E **d)** 7HT 9ZT 5Z 4E

---

2 Bilde mindestens 8 verschiedene Zahlen und ordne sie nach der Größe. Beginne mit der kleinsten Zahl.

a) 

b) 

c) 

d) 

---

3 Setze die Zahlenreihe fort.

a)	370 000	380 000	■	■	■	■	■	■	■	460 000
b)	250 000	300 000	■	■	■	■	■	■	■	700 000
c)	960 000	950 000	■	■	■	■	■	■	■	870 000
d)	830 000	810 000	■	■	■	■	■	■	■	650 000

---

4 Wie heißt die Zahl in der Mitte?

a) 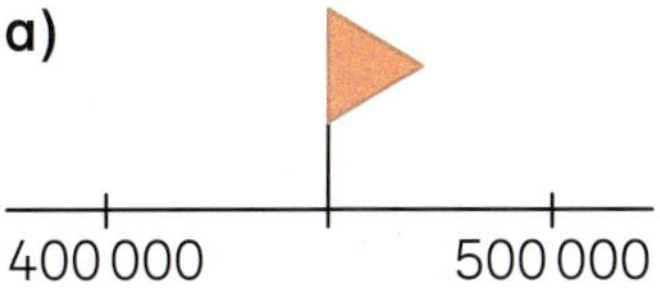

b) 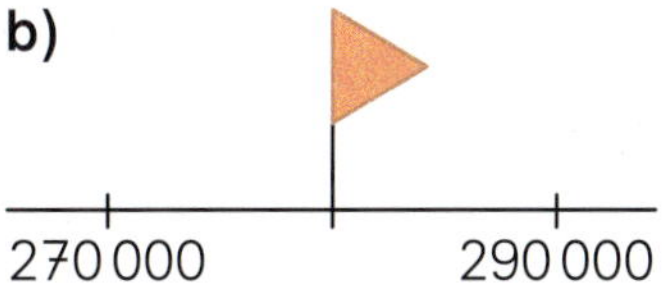

c) 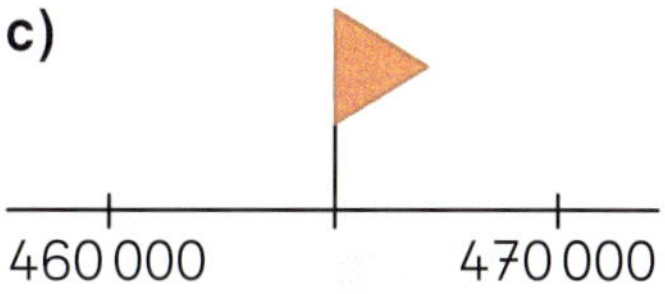

---

5 Kleiner, größer oder gleich? Setze ein: <, > oder =

a) 120 000 ■ 130 000
250 000 ■ 290 000
630 000 ■ 360 000

b) 432 345 ■ 426 579
500 678 ■ 500 678
323 456 ■ 323 465

c) 418 920 ■ 418 902
452 116 ■ 425 116
600 607 ■ 600 607

---

6 **a)** Runde auf Hunderttausender: 608 210 462 031 542 846 696 005 209 764

b) Runde auf Zehntausender: 11 364 403 031 320 578 544 622 97 467

---

7 Schätze die Anzahl der Autos.

Alles klar?

Große Zahlen

Ich kann …

… große Zahlen in Stellenwerte zerlegen.

… große Zahlen am Zahlenstrahl ablesen.

… Zahlenreihen fortsetzen.

… Anzahlen schätzen.

… große Zahlen vergleichen und ordnen.

… große Zahlen runden.

Bleib fit!

1

a)	**b)**	**c)**	**d)**	**e)**
36 + 23	95 – 21	27 + 14	32 – 14	27 + 45
22 + 45	87 – 43	45 + 28	51 – 35	83 – 47
17 + 52	36 – 32	76 + 15	53 – 47	54 + 18

2 Schreibe die Nachbarzehner auf. Unterstreiche den Zehner, der am nächsten bei der Zahl liegt.

Beispiel
a) 420 | 426 | <u>430</u>

a)	426	712	731	867	549	254	793
b)	208	462	737	926	801	499	666

3

a)	**b)**	**c)**	**d)**	**e)**
625 + 8	792 – 7	265 + 20	457 – 30	765 + 10
777 + 6	514 – 6	417 + 80	299 – 70	453 – 30

4 Ergänze zum nächsten Hunderter.

Beispiel
a) 296 + 4 = 300

a)	296	791	494	580	640	350	710
b)	385	465	245	775	805	635	515

5 Setze die Zahlenreihe fort.

a)	276	296	■	■	■	■	■	■	■	■	476
b)	915	905	■	■	■	■	■	■	■	■	815
c)	430	480	■	■	■	■	■	■	■	■	930
d)	810	760	■	■	■	■	■	■	■	■	310
e)	170	210	■	■	■	■	■	■	■	■	570

6

a)	**b)**	**c)**	**d)**	**e)**
3 · 7	4 · 6	7 · 7	6 · 9	4 · 4
7 · 8	9 · 9	6 · 5	5 · 7	6 · 6
5 · 5	8 · 4	8 · 8	3 · 6	2 · 8

7

a)	**b)**	**c)**	**d)**	**e)**
15 : 5	12 : 4	30 : 5	81 : 9	48 : 6
18 : 2	18 : 3	45 : 5	24 : 4	42 : 7
12 : 2	14 : 2	36 : 6	27 : 3	36 : 4

8 **a)** Im Klassenraum stehen 7 Zweiertische. Wie viele Plätze sind es?
b) Auf dem Tisch liegen 3 Stapel mit je 6 Heften. Wie viele Hefte sind es?

9

a)	3	·	40	60	50	90
b)	5	·	50	80	20	70
c)	7	·	20	50	40	80
d)	8	·	30	90	40	60

10

a)	**b)**	**c)**	**d)**	**e)**
120 : 2	240 : 4	360 : 6	450 : 5	810 : 9
250 : 5	180 : 6	350 : 7	630 : 9	420 : 6
90 : 3	140 : 2	560 : 8	490 : 7	320 : 4

Addieren und Subtrahieren

In diesem Kapitel …

… rechnest du im Kopf und halbschriftlich.

… übst du das Überschlagen.

… addierst du schriftlich.

… subtrahierst du schriftlich.

… löst du Sachaufgaben zum Addieren und Subtrahieren.

1 Addiere. Setze das Muster um 2 weitere Aufgaben fort.

a) 50 + 40
150 + 40
250 + 40

b) 70 + 30
170 + 30
270 + 30

c) 500 + 320
500 + 340
500 + 360

d) 200 + 250
300 + 240
400 + 230

2 Addiere immer 2 Zahlen. Das Ergebnis soll kleiner als 1 000 sein.
Schreibe für jeden Sack mindestens 3 Aufgaben auf.

a)

b)
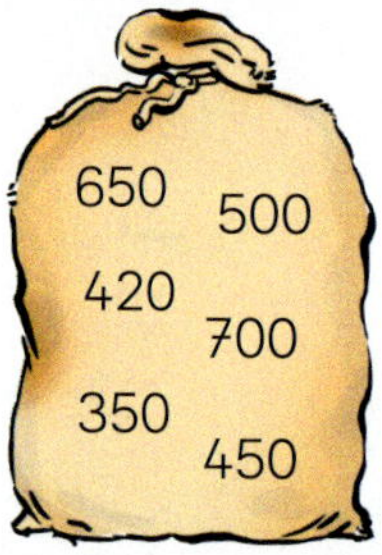

c)
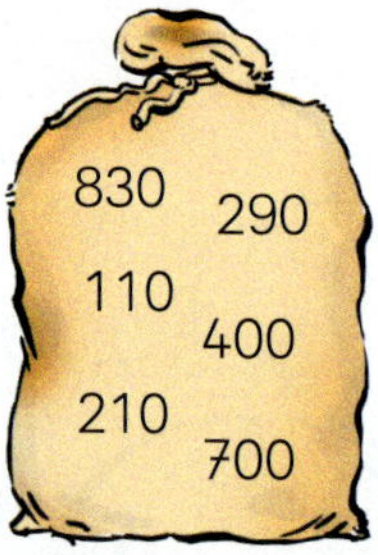

d)
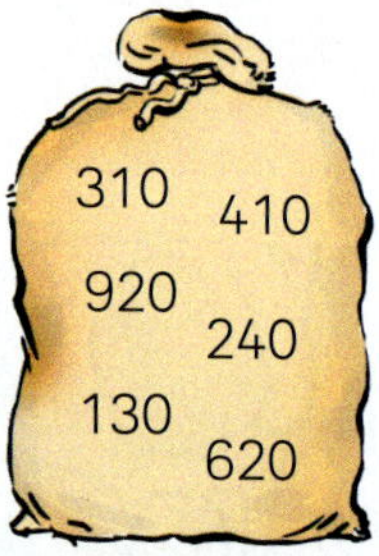

3 Die Zahlen in jedem Stockwerk haben als Summe die Zahl im Dach.

Beispiel
a) 200 + 400 = 600

a) Dach: 600

200	
	500
300	

b) Dach: 700

680	
	650
	690

c) Dach: 550

	200
150	
	40

d) Dach: 860

20	
	700
	560

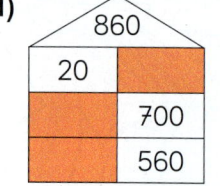

4 Subtrahiere. Setze das Muster um 2 weitere Aufgaben fort.

a) 50 − 20
150 − 20
250 − 20

b) 800 − 40
800 − 50
800 − 60

c) 650 − 20
650 − 30
650 − 40

d) 500 − 110
500 − 120
500 − 130

5 Die Summe der Zahlen in zwei nebeneinander liegenden Steinen steht im Stein darüber.

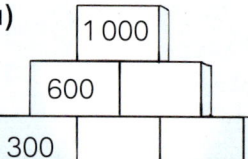

a)

	1 000	
600		
300		

b)

2 000		
700		200

c)

	1 400	
300	500	

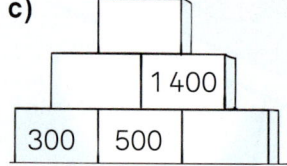

6 Welcher Term passt zum Text? Rechne aus. Schreibe einen Antwortsatz.

Frau Leu bezahlt für 4 Stühle 350 €. Sie kauft noch einen Tisch für 200 € dazu.
Wie viel Euro bezahlt Frau Leu für die Stühle und den Tisch?

350 + 4 | 350 + 200 | 350 − 200 | 350 − 4

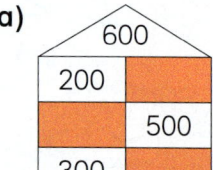

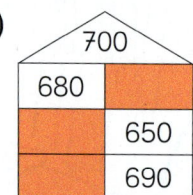

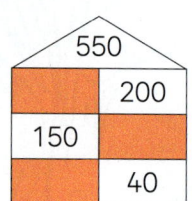

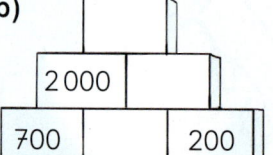

Addieren

1 Addiere halbschriftlich.

a) 480 + 130 = ■
480 + 100 = ■
■ + 30 = ■

b) 650 + 260 = ■
650 + 200 = ■
■ + 60 = ■

c) 190 + 545 = ■
190 + 500 = ■
■ + 45 = ■

d) 370 + 391 = ■
370 + 300 = ■
■ + 91 = ■

2 **a)** 660 + 250
370 + 430
780 + 160

b) 560 + 275
790 + 163
450 + 356

c) 285 + 140
628 + 280
471 + 460

d) 2800 + 1400
6200 + 2800
4700 + 4600

3 Jeweils 2 Zahlen ergeben zusammen 10000.

Beispiel
6000 + 4000 = 10000

6000 9400 9100 2000 1000 700 9300 8000 4000 900 9000 600

4 Addiere. Setze das Muster um 2 weitere Aufgaben fort.

a) 5500 + 600
5600 + 700
5700 + 800

b) 2900 + 1600
3000 + 1600
3100 + 1600

c) 4900 + 1200
4800 + 1300
4700 + 1400

d) 13000 + 3500
14000 + 3600
15000 + 3700

5 Welche Frage passt? Rechne aus.

Wie lang ist der Anhänger?

Wie viele Kisten sind insgesamt geladen?

Wie viel kosten alle Kisten zusammen?

6 Einige Ergebnisse sind falsch. Berichtige in deinem Heft.

a) 230 + 240 = 470
240 + 250 = 490
250 + 260 = 500
260 + 270 = 520

b) 4600 + 1100 = 5700
5600 + 1200 = 5800
6600 + 1300 = 8900
7600 + 1400 = 9000

c) 7000 + 10000 = 80000
6000 + 11000 = 18000
5000 + 12000 = 17000
4000 + 13000 = 53000

7 Notiere den Term. Berechne den Wert.

a) Addiere die Zahlen 4700 und 1200.

b) Berechne die Summe von 7200 und 2700.

c) Addiere zu 5900 die Zahl 12000.

Subtrahieren

1 Subtrahiere halbschriftlich.

a) 540 − 250 = ■
540 − 200 = ■
■ − 50 = ■

b) 320 − 190 = ■
320 − 100 = ■
■ − 90 = ■

c) 650 − 580 = ■
650 − 500 = ■
■ − 80 = ■

d) 425 − 170 = ■
425 − 100 = ■
■ − 70 = ■

2 **a)** 710 − 480
500 − 290
660 − 370

b) 810 − 280
230 − 170
520 − 350

c) 985 − 270
353 − 150
605 − 410

d) 4 600 − 1 500
7 300 − 4 900
6 200 − 5 700

3 **a)**

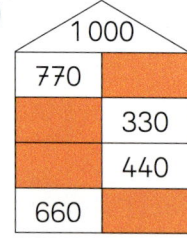

800	
450	
	290
720	
	50

b)

1 000	
770	
	330
	440
660	

c)

1 000	
	985
505	
	30
5	

d)

5 000	
4 100	
	2 500
	1 600
3 300	

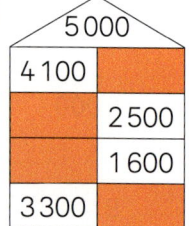

4 Subtrahiere. Setze das Muster um 2 weitere Aufgaben fort.

a) 8 000 − 200
8 000 − 400
8 000 − 600

b) 4 000 − 1 500
5 000 − 1 500
6 000 − 1 500

c) 9 900 − 1 100
9 800 − 1 200
9 700 − 1 300

d) 15 200 − 3 000
15 400 − 3 100
15 600 − 3 200

5 Schreibe Frage, Rechnung und Antwort in dein Heft.

6 Einige Ergebnisse sind falsch. Berichtige in deinem Heft.

a) 650 − 130 = 520
650 − 140 = 410
650 − 150 = 500
650 − 160 = 510

b) 8 500 − 1 500 = 8 000
8 000 − 1 500 = 6 500
7 500 − 1 500 = 6 000
7 000 − 1 500 = 4 500

c) 20 000 − 1 000 = 19 000
30 000 − 2 000 = 18 000
40 000 − 3 000 = 17 000
50 000 − 4 000 = 46 000

7 Notiere den Term. Berechne den Wert.

a) Berechne die Differenz von 4 500 und 1 200.
b) Subtrahiere 1 200 von 9 700.

Addieren und Subtrahieren

1 Die Gemeinde Waldhausen plant einen Sportpfad.
Sportgeräte, Schilder und Bänke kosten 180 000 €. Das Einrichten der Wege und Plätze kostet 240 000 €.
Wie viel Euro kostet der Sportpfad?

2
a)
40 000 + 20 000
400 000 + 200 000
30 000 + 60 000
300 000 + 600 000

b)
80 000 − 20 000
800 000 − 200 000
60 000 − 30 000
600 000 − 300 000

c)
350 000 − 20 000
680 000 − 40 000
960 000 − 310 000
850 000 − 230 000

3
a)
230 000 + ■ = 300 000
350 000 + ■ = 410 000
280 000 + ■ = 320 000
190 000 + ■ = 240 000

b)
270 000 − ■ = 210 000
430 000 − ■ = 400 000
690 000 − ■ = 670 000
850 000 − ■ = 820 000

c)
500 000 − ■ = 480 000
400 000 − ■ = 370 000
630 000 − ■ = 570 000
550 000 − ■ = 490 000

4
a) 250 000

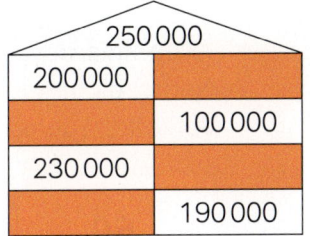

200 000	
	100 000
230 000	
	190 000

b) 380 000

280 000	
	350 000
100 000	
	10 000

c) 520 000

	220 000
480 000	
	310 000
100 000	

5

a)	230 000	+	60 000	120 000	310 000	9 000	500	230	150
b)	480 000	−	50 000	220 000	410 000	5 000	100	10	1

6 Jeweils 2 Zahlen ergeben zusammen 1 000 000.

400 000, 650 000, 990 000, 780 000, 999 999, 890 000, 995 000, 5 000, 600 000, 350 000, 1, 110 000, 10 000, 220 000

7 Einige Ergebnisse sind falsch. Berichtige in deinem Heft.

a)
200 000 + 50 000 = 250 000
320 000 + 100 000 = 42 000
555 000 + 50 000 = 600 000
728 000 + 20 000 = 730 000
899 999 + 1 000 = 1 000 000

b)
180 000 − 80 000 = 10 000
290 000 − 200 000 = 900 000
420 000 − 120 000 = 300 000
570 000 − 20 000 = 550 000
1 000 000 − 90 000 = 100 000

Projekt Sicher Rad fahren

1 Die Klasse 5a führt ein Projekt zur Verkehrssicherheit durch. Der Bewertungsbogen von Mila ist bereits ausgefüllt.

a) Wie viele Punkte hat Mila erreicht?

b) Wie viele Punkte können insgesamt erreicht werden?

Aufgaben und Fragen rund um das verkehrssichere Fahrrad:

65 von 80 Punkten

Kenntnis der Verkehrszeichen und Verkehrsregeln:

50 von 80 Punkten

Verhalten im Straßenverkehr und Fahren der Übungsstrecke:

70 von 80 Punkten

2 Welche Fahrleistungen würdet ihr bei einem Fahrrad-Führerschein verlangen? Entwickelt eine eigene Punkteverteilung.

1 Uta hat 175 Punkte bekommen. Christin hat 29 Punkte mehr erhalten.
Wie viele Punkte hat Christin insgesamt erreicht?

2 Martin hat 220 Punkte gesammelt. Hendrik hat 25 Punkte weniger.

3 Wie groß ist der Unterschied?

a)

Miriam:
179 Punkte

Tobias:
200 Punkte

b)

Li:
208 Punkte

Felix:
180 Punkte

4 Gürkan und Lara haben zusammen genau 400 Punkte erhalten.
Lara war jedoch um 20 Punkte erfolgreicher als Gürkan.
Wie viele Punkte erreichte sie?

5 Jan bezahlt für einen Fahrradhelm 35 €, für ein Tachometer 25 € und für ein Bügelschloss 19 €.
Wie teuer ist das Zubehör insgesamt?

6 a)

b)

7 Die Schüler der Klasse 5a fahren zum Abschluss ihres Fahrradprojektes bei einer Rallye 39 km. Berechne die neuen Tachostände.

Alte Tachostände:

Anna

Felix

Miriam

Mehmet

Jason

Schriftliches Addieren ohne Übertrag

1 Erklärt den Rechenweg.

Einnahme bei der Vorstellung um 16:00 Uhr: 112 €
Einnahme bei der Vorstellung um 18:00 Uhr: 134 €

	H	Z	E
16:00 Uhr			
18:00 Uhr			
zu-sam-men	2	4	6

	H	Z	E
	1	1	2
+	1	3	4
	2	4	6

	H	Z	E
	1	1	2
+	1	3	4
			6

2 + 4 = 6 →

	H	Z	E
	1	1	2
+	1	3	4
		4	6

1 + 3 = 4 →

	H	Z	E
	1	1	2
+	1	3	4
	2	4	6

1 + 1 = 2

2 Addiere.

a)

	H	Z	E
	1	2	2
+	1	4	3

b)

	H	Z	E
	1	3	5
+	2	1	3

c)

	H	Z	E
	2	4	6
+	1	4	1

d)

	H	Z	E
	2	1	5
+	2	2	2

3

a)	b)	c)	d)	e)
214	321	423	752	248
+ 132	+ 123	+ 131	+ 224	+ 621

4

a)	b)	c)	d)	e)
156	227	345	432	542
+ 121	+ 142	+ 234	+ 321	+ 25

5

a)	b)	c)	d)	e)
253	421	301	34	395
+ 26	+ 375	+ 318	+ 263	+ 504

6 Schreibe untereinander und addiere.

a) 132 + 516; 405 + 211
b) 103 + 555; 307 + 202
c) 78 + 421; 36 + 532
d) 416 + 62; 823 + 55
e) 150 + 235; 434 + 255

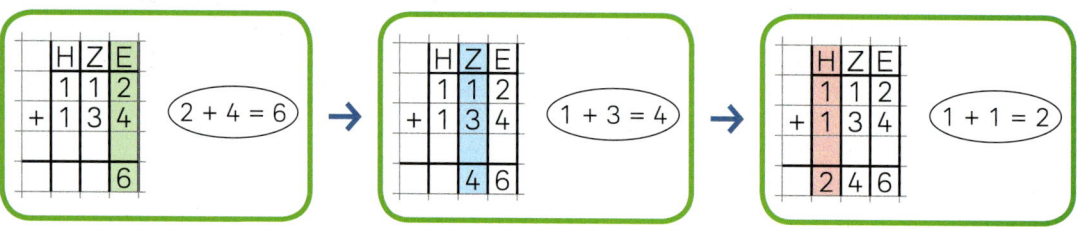

Schriftliches Addieren mit Übertrag

1 Erklärt den Rechenweg.

Einnahme bei der Vorstellung um 17:00 Uhr: 128 €
Einnahme bei der Vorstellung um 19:00 Uhr: 125 €

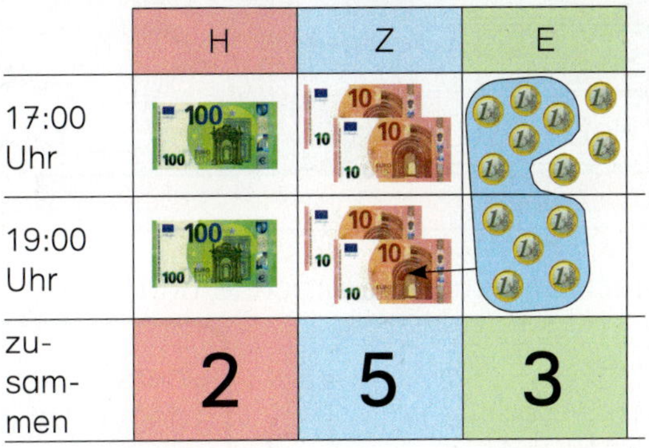

	H	Z	E
	1	2	8
+	1	2	5
		1	
	2	5	3

	H	Z	E
	1	2	8
+	1	2	5
		1	
			3

8 + 5 = 13 →

	H	Z	E
	1	2	8
+	1	2	5
		1	
		5	3

2 + 2 + 1 = 5 →

	H	Z	E
	1	2	8
+	1	2	5
		1	
	2	5	3

1 + 1 = 2

2 Addiere.

a)

	H	Z	E
	1	3	6
+	1	2	5

b)

	H	Z	E
	1	1	8
+	3	1	3

c)

	H	Z	E
	2	6	5
+	2	6	4

d)

	H	Z	E
	3	4	5
+	2	7	1

3
a) 578 + 215
b) 357 + 124
c) 766 + 216
d) 185 + 343
e) 567 + 219

4
a) 444 + 238
b) 363 + 368
c) 387 + 256
d) 35 + 105
e) 905 + 216

5 Schreibe untereinander und addiere.

a) 419 + 212; 128 + 458; 457 + 323
b) 359 + 251; 408 + 126; 464 + 57
c) 207 + 225; 96 + 135; 309 + 204
d) 247 + 378; 423 + 67; 295 + 76

☆ **6** Schreibe die vollständige Rechnung in dein Heft.

a) 26■ + 332 = ■93
b) 14■ + ■40 = 4■7
c) 6■5 + ■25 = 74■
d) ■94 + 3■2 = 61■
e) 1■■ + 453 = ■07

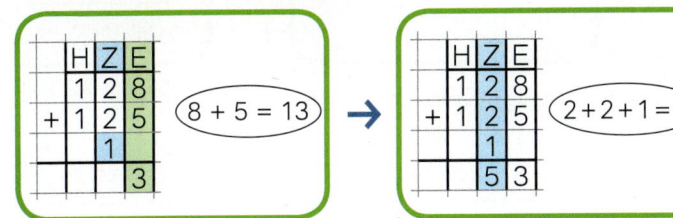

Überschlagen und Addieren

1 Reicht das Geld?

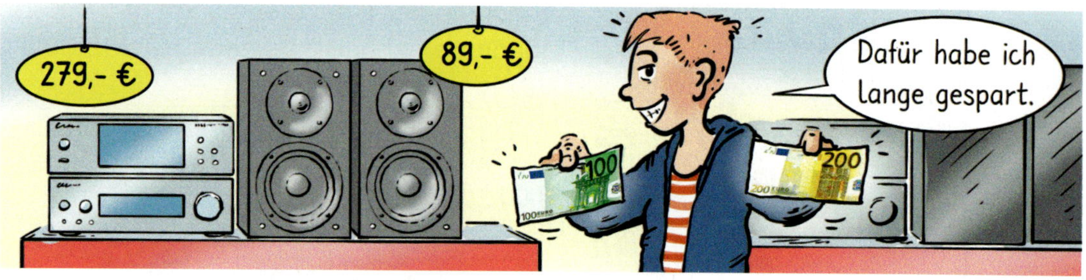

2 Überschlage zuerst. Berechne danach das genaue Ergebnis.

Aufgabe:
3019 + 4972 = ■

→

Überschlag:
3000 + 5000 = 8000

→

	3	0	1	9
+	4	9	7	2
			1	
	7	9	9	1

a) 3019 + 4972
2991 + 1942
3880 + 3120

b) 5008 + 1987
4209 + 2083
5957 + 894

c) 20409 + 29860
19017 + 11258
9129 + 39289

3 Addiere 2 Zahlen. Das Ergebnis soll kleiner als 6000 sein. Überschlage zuerst.

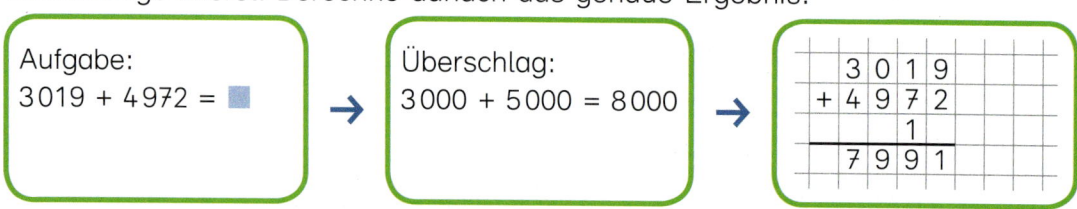

a)
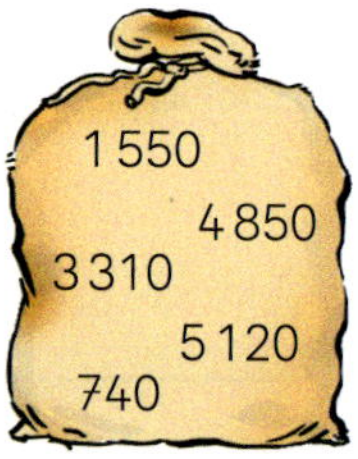

b)
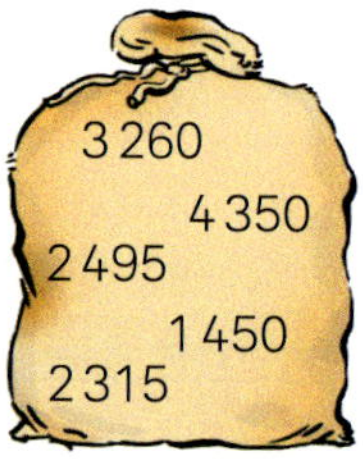

c)
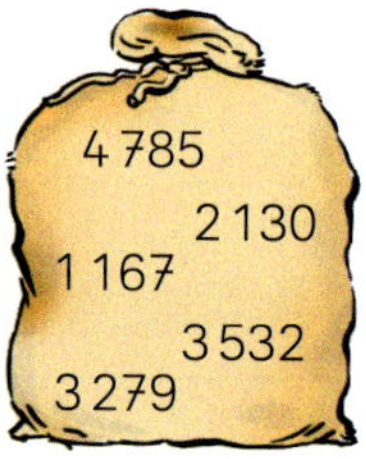

d)
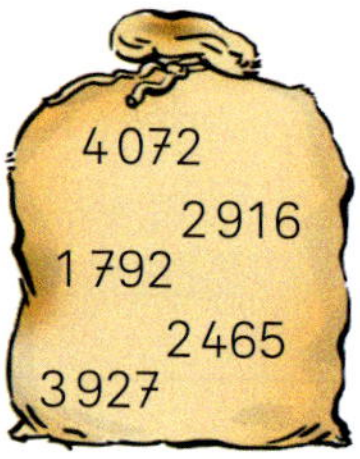

4 Einige Ergebnisse sind falsch. Überschlage. Berichtige in deinem Heft.

a) 1526 + 3218 = 4744
3870 + 3290 = 9160
5118 + 2667 = 7795

b) 1039 + 4028 = 5067
7373 + 1437 = 9010
4433 + 3455 = 8888

c) 2381 + 5745 = 7026
6245 + 3192 = 9437
912 + 8998 = 9600

5 Welches Ergebnis gehört zu welcher Aufgabe? Ein Überschlag reicht aus.

a) 1189 + 3438
5217 + 1294
8472 + 1319
3184 + 3327

b) 3556 + 6235
1336 + 3291
179 + 4448
5673 + 4118

Ergebnisse
4627 6511 9791

☆ **6** Wie heißt die Zahl?

a) Sie hat 4 gleiche Ziffern.
Wenn du 1888 addierst, liegt die Summe zwischen 8000 und 9000.

b) Sie hat die Ziffern 1, 1, 2 und 5.
Wenn du 4500 addierst, liegt die Summe zwischen 7000 und 8000.

Addieren mehrerer Summanden

1 Erklärt die Rechnung.

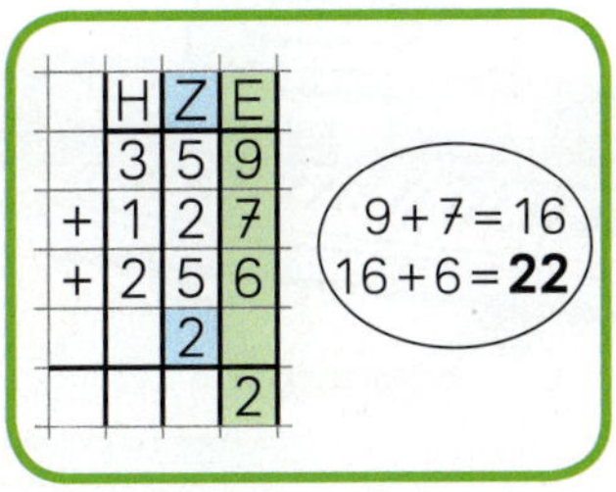

→

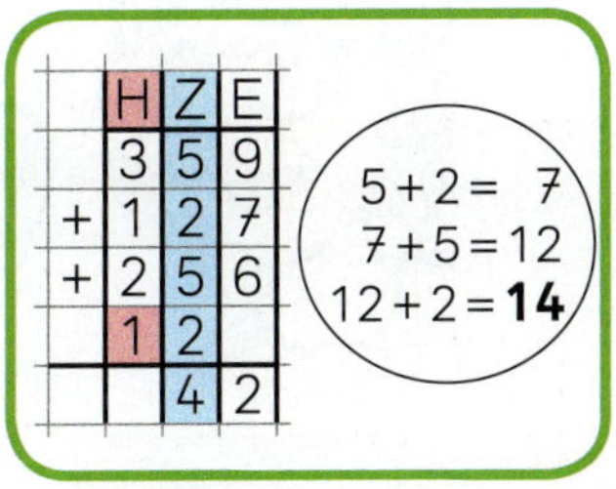

→

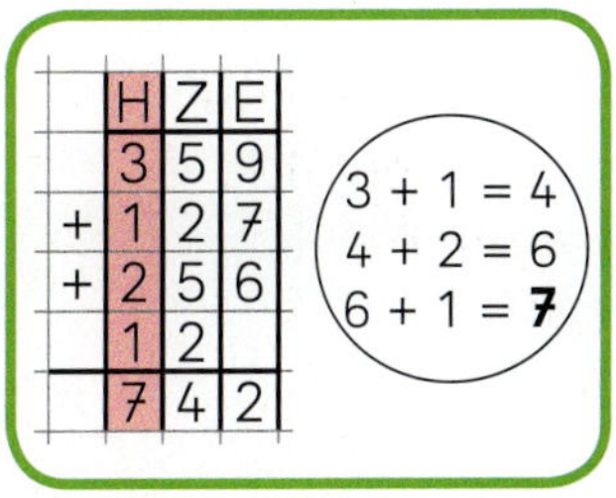

2

a)	b)	c)	d)	e)
251	432	370	229	87
+ 114	+ 75	+ 204	+ 333	+ 193
+ 223	+ 215	+ 274	+ 38	+ 62

3 Wie viele Zuschauer waren es insgesamt an den drei Tagen?

Dienstag	Mittwoch	Donnerstag
1980 Zuschauer	1751 Zuschauer	2034 Zuschauer

4 Schreibe untereinander und addiere.

a)	b)	c)
1248 + 1429 + 3211	1289 + 457 + 2421	373 + 1973 + 2008
3146 + 2633 + 2318	3288 + 1497 + 2379	5609 + 692 + 461
4212 + 2815 + 758	4258 + 1478 + 896	517 + 308 + 8215
2194 + 451 + 297	2857 + 1800 + 732	3030 + 1509 + 444

5 Wo waren am Wochenende die meisten Besucher?
Überschlage zuerst. Berechne dann die genauen Ergebnisse.

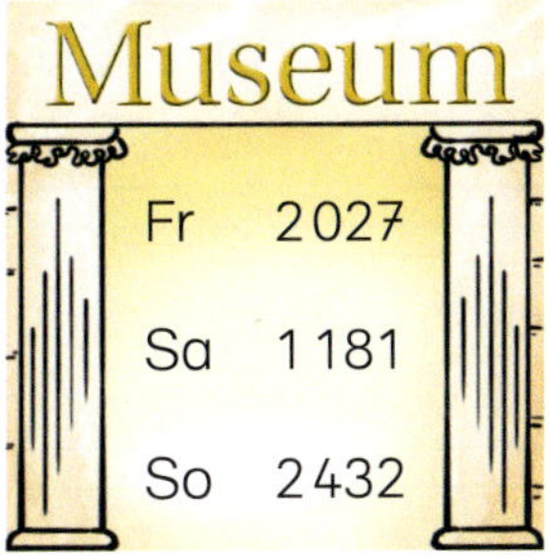

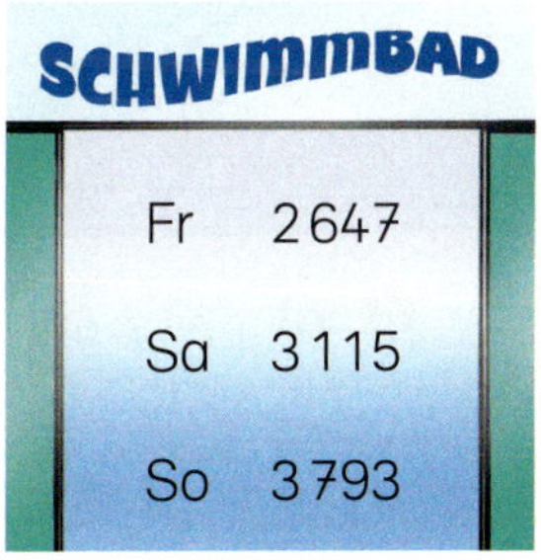

☆ **6** Welche Fehler wurden gemacht? Berichtige in deinem Heft.

a)

	4	3	5
+	3	1	1
+	1	0	5
	8	4	1

b)

	1	9	1
+		2	0
+	4	1	3
	1		
	6	3	4

c)

	1	2	0
+	2	7	4
+	5	5	5
	1	1	
	9	5	9

d)

	1	5	3
+	4	5	6
+		9	4
	1	1	
	6	0	3

e)

	1	2	9
+	2	6	6
+	4	4	5
	1	1	
	8	3	0

Schriftliches Subtrahieren ohne Übertrag

1 Erklärt den Rechenweg.
Maren hat 239 € gespart.
Sie kauft ein Keybord
für 125 €.

	H	Z	E
Maren hat …	2	3	9
Sie bezahlt …	1	2	5
Es bleiben …	1	1	4

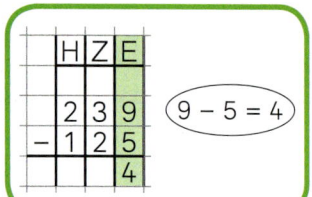

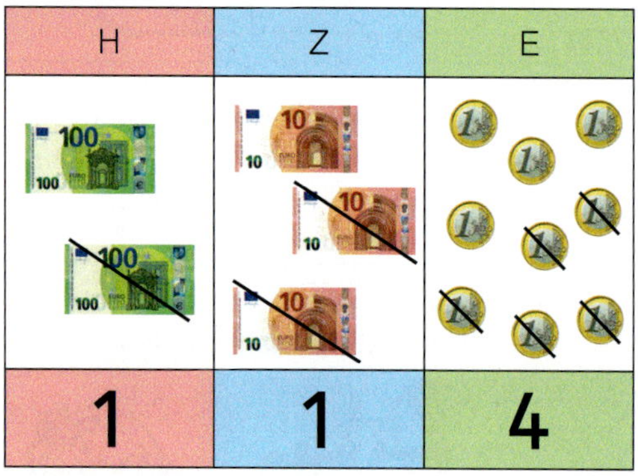

	H	Z	E
	2	3	9
−	1	2	5
			4

9 − 5 = 4 →

	H	Z	E
	2	3	9
−	1	2	5
		1	4

3 − 2 = 1 →

	H	Z	E
	2	3	9
−	1	2	5
	1	1	4

2 − 1 = 1

2 Subtrahiere.

a)

	H	Z	E
	2	3	6
−	1	2	4

b)

	H	Z	E
	2	6	2
−	1	5	1

c)

	H	Z	E
	3	5	6
−	1	4	3

d)

	H	Z	E
	4	8	9
−	2	7	5

3
a) 254 − 121
b) 527 − 215
c) 456 − 345
d) 555 − 343
e) 743 − 612

4
a) 368 − 108
b) 444 − 102
c) 597 − 30
d) 783 − 81
e) 596 − 480

5 Schreibe untereinander und subtrahiere.

a) 453 − 212
588 − 223
352 − 230

b) 328 − 115
672 − 31
473 − 203

c) 275 − 170
349 − 205
535 − 15

d) 456 − 301
577 − 21
299 − 96

6 Carmen hat 259 € gespart. Sie kauft eine Trompete für 146 €.
Wie viel Euro bleiben übrig?

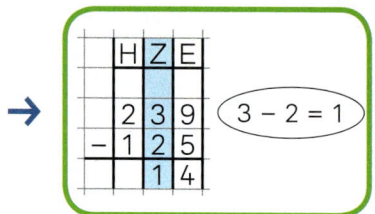

Schriftliches Subtrahieren mit Übertrag

1 Erklärt den Rechenweg.
David hat 243 € gespart.
Er kauft eine Gitarre
für 117 €.

	H	Z	E
David hat …	2	4	3
Er bezahlt …	1	1	7
Es bleiben …	1	2	6

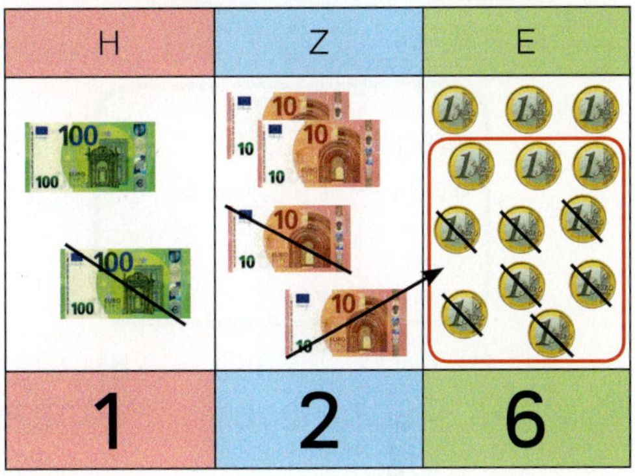

	H	Z	E
		3	10
	2	~~4~~	3
−	1	1	7
			6

13 − 7 = 6 →

	H	Z	E
		3	10
	2	~~4~~	3
−	1	1	7
		2	6

3 − 1 = 2 →

	H	Z	E
		3	10
	2	~~4~~	3
−	1	1	7
	1	2	6

2 − 1 = 1

2 Subtrahiere.

a)

	H	Z	E
	3	5	5
−	1	2	9

b)

	H	Z	E
	4	6	1
−	2	3	8

c)

	H	Z	E
	2	5	2
−	1	1	5

d)

	H	Z	E
	4	8	3
−	3	5	7

3
a) 992 − 135
b) 454 − 237
c) 317 − 192
d) 912 − 550
e) 391 − 107

4
a) 547 − 29
b) 631 − 80
c) 916 − 75
d) 353 − 47
e) 215 − 45

5 Schreibe untereinander und subtrahiere.

a) 654 − 209
654 − 89
654 − 149

b) 749 − 55
806 − 369
534 − 336

c) 984 − 115
984 − 68
417 − 220

d) 438 − 256
504 − 115
371 − 307

6 Ron hat 510 € gespart. Er kauft ein Saxophon für 429 €.
Wie viel Euro bleiben übrig?

Überschlagen und Subtrahieren

1 Wer hat Recht?

2 Überschlage zuerst. Berechne danach das genaue Ergebnis.

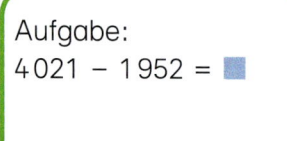

Aufgabe:
4021 − 1952 = ■

→ Überschlag:
4000 − 2000 = 2000

→

	3	9	1	
	~~4~~	~~0~~	~~2~~	1
−	1	9	5	2
	2	0	6	9

a) 4021 − 1952
4863 − 2281
4093 − 1087

b) 3787 − 1269
9876 − 5357
5912 − 881

c) 6172 − 4962
4023 − 2059
7711 − 5905

d) 5721 − 3968
9013 − 796
4004 − 2345

3 Bilde Aufgaben zur Subtraktion. Das Ergebnis soll jeweils kleiner sein als 3000. Überschlage zuerst.

a)
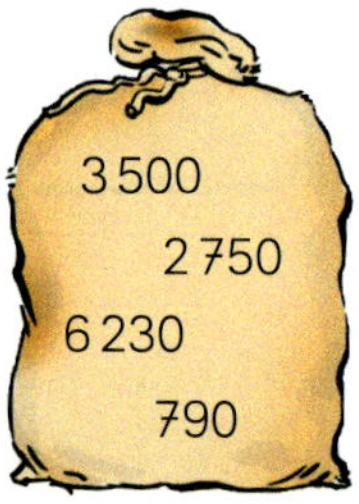

b)
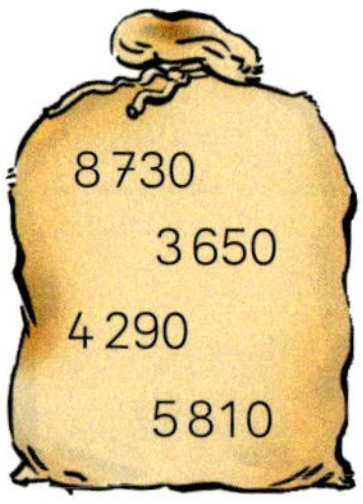

c)
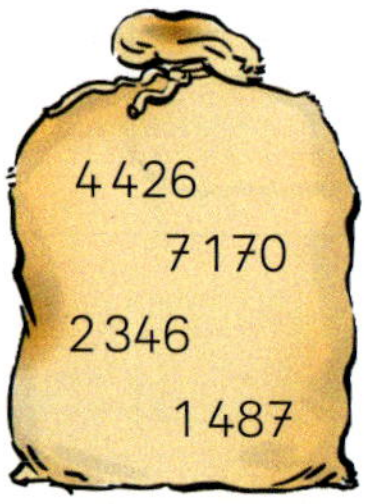

d)
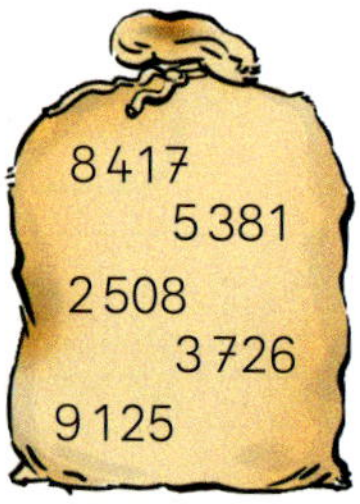

4 Einige Ergebnisse sind falsch. Überschlage. Berichtige in deinem Heft.

a) 6382 − 1142 = 4240
5835 − 3291 = 2044
8193 − 5500 = 2693

b) 4802 − 3999 = 803
7531 − 2456 = 3995
3456 − 1234 = 2828

c) 5725 − 4444 = 1281
6963 − 2031 = 4532
3908 − 1550 = 2358

5 Welches Ergebnis gehört zu welcher Aufgabe? Ein Überschlag reicht aus.

a) 5705 − 3266
6740 − 2482
4638 − 380
6925 − 4353

b) 5774 − 1516
6909 − 4470
5876 − 1618
8758 − 6186

Ergebnisse
2439 2572 4258

☆ **6** Wie heißt die Zahl.

a) Sie hat 4 gleiche Ziffern. Wenn du 3456 subtrahierst, liegt das Ergebnis zwischen 4000 und 5000.

b) Sie hat die Ziffern 1, 1, 4 und 6. Wenn du 1234 subtrahierst, liegt das Ergebnis zwischen 5000 und 6000.

Übungen zum Subtrahieren

1 Rechne mit Probe.

a) 235 − 119
335 − 250
654 − 456
718 − 209

b) 248 − 139
267 − 83
354 − 204
447 − 372

Beispiel

a)

		2		Probe:		1	1	6
	2	~~3~~	5		+	1	1	9
−	1	1	9				1	
	1	1	6			2	3	5

2 Rechne auch hier mit Probe.

a) 4572 − 1243
5772 − 335
6296 − 4139
7653 − 5008

b) 6392 − 4235
5847 − 2190
3111 − 285
6004 − 2804

c) 14398 − 12655
23501 − 5290
48259 − 25999
30617 − 19107

3 Welche Fehler wurden gemacht? Berichtige in deinem Heft.

a)

		5		
	5	~~6~~	3	8
−		4	7	2
	5	0	6	6

b)

	6	8	9	7
−	1	4	3	9
	5	4	6	2

c)

	3	2		
	~~4~~	~~3~~	2	0
−	1	7	2	0
	2	5	0	0

d)

	3			
	~~4~~	3	2	1
−		6	7	8
	3	7	5	3

4 Welche Frage passt? Rechne aus. Schreibe einen Antwortsatz.

17:00
Um 8 Uhr hatten wir noch 3608 Kisten.
Mineralwasser
Jetzt sind es nur noch 836 Kisten.

Wie viel Euro kostet eine Kiste Mineralwasser?

Wie viele Kisten Mineralwasser wurden von 8 Uhr bis 17 Uhr verkauft?

Wie viele Kisten Mineralwasser werden am nächsten Tag verkauft?

5 Welcher Überschlag gehört zur Aufgabe?

a) 2174 − 1113 **b)** 4902 − 3891 **c)** 3800 − 1176 **d)** 7916 − 2293
e) 2911 − 974 **f)** 5129 − 2919 **g)** 6990 − 3200 **h)** 3907 − 2088

8000 − 2000 | 2000 − 1000 | 5000 − 3000 | 4000 − 1000

4000 − 2000 | 7000 − 3000 | 5000 − 4000 | 3000 − 1000

6 Notiere den Term. Berechne den Wert.

a) Wie groß ist der Unterschied von 3965 und 2072.

b) Berechne die Differenz von 5555 und 3333.

c) Subtrahiere die Zahl 2550 von 8600.

Projekt Rechenräder

Zum Bau eines Rechenrades brauchst du zwei verschieden große Pappkreise. Durchbohre die Kreise mit einem Nagel. Dann setze beide Kreise mit einer Klammer zusammen und beschrifte sie mit Zahlen.
Die Aufgaben werden übersichtlicher, wenn du die Kreise verschieden färbst.

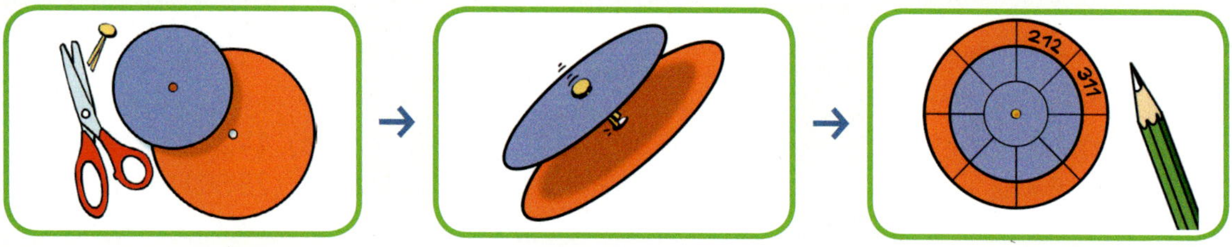

1 Wähle ein Rechenrad und löse die Aufgaben in deinem Heft.

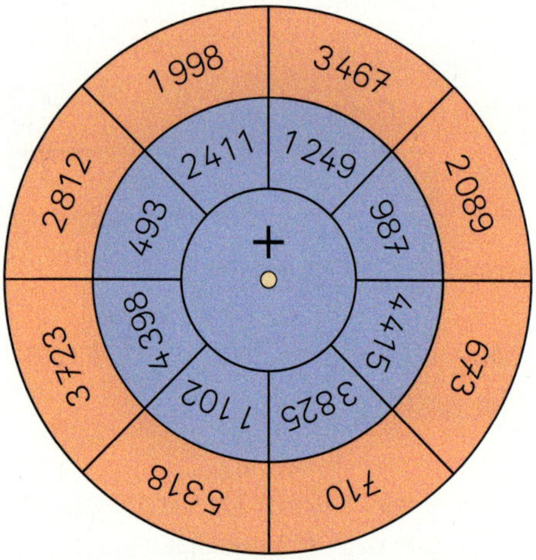

3467 + 1249	2089 + 1249	673 + 1249
3467 + 987	2089 + 987	673 + 987
3467 + 4415	2089 + 4415	673 + 4415

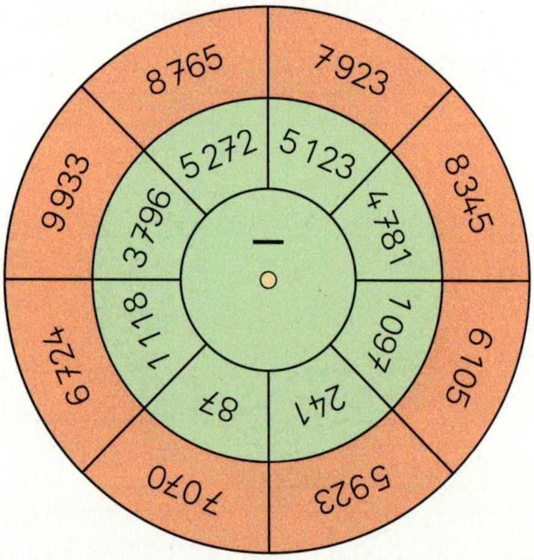

7923 – 5123	8345 – 5123	6105 – 5123
7923 – 4781	8345 – 4781	6105 – 4781
7923 – 1097	8345 – 1097	6105 – 1097

2 Baue ein neues Rechenrad. Tausche mit deinem Partner und rechne.
Bei den Subtraktionsaufgaben muss jede Zahl im Außenkreis größer sein als alle Zahlen im Innenkreis.

Vermischte Übungen

1 Erklärt die Rechenwege. Erhalten beide Schülerinnen das gleiche Ergebnis?

2 Entscheide, wie du rechnest.

a) 795 − 435 − 65
560 − 79 − 110
892 − 128 − 349
602 − 332 − 88

b) 1 580 − 620 − 177
1 215 − 980 − 35
1 449 − 79 − 870
3 261 − 504 − 789

c) 4 531 − 1 345 − 2 235
3 355 − 985 − 1 014
4 050 − 1 300 − 699
3 923 − 1 209 − 1 008

3 Im Kopf oder schriftlich?

a) 2 998 + 3 000
8 732 + 657
2 557 + 6 049
7 505 + 1 205

b) 7 500 + 380
1 280 + 1 120
3 456 + 5 678
450 + 9 300

c) 9 000 − 2 750
4 000 − 810
7 235 − 1 565
3 200 − 888

d) 5 521 − 5 510
5 858 − 4 343
4 455 − 2 468
8 500 − 1 500

4 Bilde die kleinste und die größte Zahl. Rechne die Additionsaufgabe und die Subtraktionsaufgabe.

a) 

b) 

c) 

d) 

5 Addiere mindestens 2 Zahlen. Die Summe soll kleiner als 10 000 sein.
Wie viele Aufgaben findest du? Vergleiche mit deinem Partner.

a) 

b) 

c) 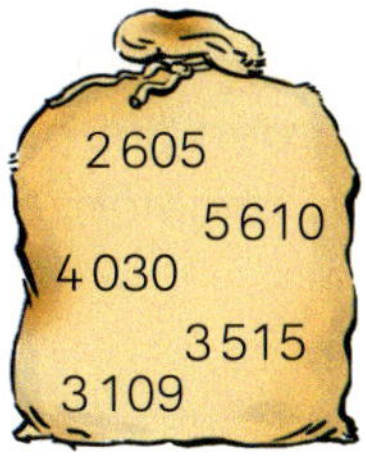

d) 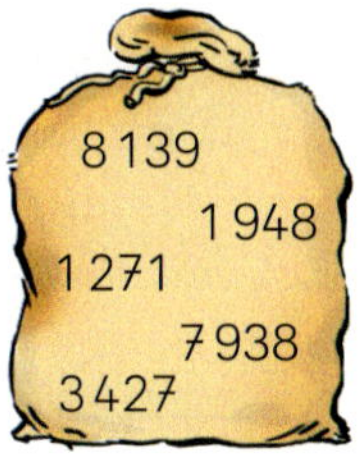

☆ **6** Schreibe die vollständige Rechnung in dein Heft.

a)
4 2 ■ 5
\+ 2 ■ 6 ■
6 5 8 5

b)
2 ■ 4 ■
\+ 3 5 ■ 7
1
5 6 8 2

c)
5 8 7 ■
− 1 ■ 2 3
■ 3 ■ 3

d)
4
~~5~~ ■ 6 ■
− 1 4 ■ 4
3 7 2 3

Haustiere

So hoch sind die Kosten für einen Hund oder eine Katze ungefähr:

Hund: Kaufpreis
150 € bis 1 500 €
Tierarzt: etwa 200 €

Monatliche Kosten
Futter: 50 € bis 200 €
Hundesteuer: 3 € bis 32 €
Versicherung: 10 € bis 70 €

Ausstattung
Leine, Korb, ...: 100 € bis 250 €

Katze: Kaufpreis
100 € bis 2 500 €
Tierarzt: etwa 150 €

Monatliche Kosten
Futter: 10 € bis 100 €
Katzenstreu: etwa 10 €

Ausstattung
Spielzeug, Kratzbaum, ...: 80 € bis 300 €

Sonstige Kosten: Hundeschule, weitere Tierarztkosten, Tierpension

1 Vergleicht die Kosten für Hund und Katze.
- **a)** Bei welchem Tier sind die Anschaffungskosten höher?
- **b)** Woher könnten die großen Unterschiede beim Kaufpreis kommen? Erklärt.
- **c)** Für welches Tier ist mit höheren monatlichen Kosten zu rechnen?
- **d)** Was könnten Gründe für sonstige Kosten sein?

2 Hanna entscheidet sich für einen Hund aus dem Tierheim.
Sie hat 300 € gespart. Den Rest für den Kaufpreis und die Ausstattung geben ihre Eltern dazu. Sie bezahlen auch die monatlichen Kosten.

Kaufpreis	Ausstattung	Monatliche Kosten
Tierheimgebühr 150 € Tierarzt 88 €	Korb 37 € Futter- und Wassernapf 24 € Leine und Halsband 42 €	Hundesteuer 15 € Versicherung 18 € Futter 55 €

- **a)** Wie viel Euro kosten Kaufpreis und Ausstattung insgesamt?
- **b)** Wie viel Euro geben Hannas Eltern dazu?
- **c)** Wie hoch werden die monatlichen Kosten für den Hund ungefähr sein?

3 Bei der Entscheidung für ein Tier spielen nicht nur die Kosten eine Rolle.
Wichtig ist auch, dass man Zeit für die Bedürfnisse des Tieres hat.
Felix möchte lieber eine Katze als einen Hund haben.
- **a)** Welche Gründe könnte Felix dafür haben?
- **b)** Welche Haustiere habt ihr?
- **c)** Informiert euch im Internet über weitere Haustiere.

Im Freizeitpark

1 Der Vergnügungspark Kunterbunt wurde neu eröffnet.

a) Wie viele Besucher kamen an beiden Tagen zusammen?

b) Wie viele Besucher kamen am Sonntag mehr als am Samstag?

2 Im Sommer wurde der Park vergrößert, neue Karussells kamen hinzu.

a) Am Mittwoch kamen 445 Besucher mehr als am Dienstag. Wie viele Besucher waren es am Mittwoch?

b) Wie viele Besucher kamen am Dienstag weniger als am Montag?

c) Wie viele Besucher kamen am Mittwoch mehr als am Montag?

d) Runde die Besucherzahlen für jeden der drei Tage auf Hunderter.

☆ **3** **a)** Am Dienstag machte die Wasserbahn 164 Fahrten mehr als am Montag.

b) Am Mittwoch wurde die Bahn weniger benutzt. Es waren genau 88 Fahrten weniger als am Montag.

c) Wie oft fuhr die Wasserbahn in den ersten drei Tagen?

☆ **4** Am Montag fuhren 1755 Personen mit der Achterbahn. Am Dienstag waren es 278 Personen weniger.

a) Wie viele Personen fuhren am Dienstag mit der Achterbahn?

b) Wie viele Personen fuhren am Montag und am Dienstag insgesamt mit der Achterbahn?

☆ **5** Durch die drei Ausgänge verlassen 9459 Besucher den Vergnügungspark. Wie viele Besucher benutzen den Westausgang?

Nord-Ausgang	Süd-Ausgang	West-Ausgang
3182	2975	■

1 Bestimme die fehlende Zahl.

a)
270 + ■ = 400
195 + ■ = 300
1 450 + ■ = 2 000
5 900 + ■ = 7 000

b)
900 − ■ = 790
3 000 − ■ = 2 950
2 500 − ■ = 2 080
6 210 − ■ = 5 910

c)
■ + 2 100 = 5 000
■ + 970 = 2 000
■ − 1 600 = 7 000
■ − 3 500 = 1 090

2 Welche Zahl ist es?

a) Die Zahl ist um 295 größer als 1 650.

b) Die Zahl ist die Differenz von 5 998 und 6 500.

c) Die Zahl ist um 695 kleiner als 2 000.

3 Fasse Summanden geschickt zusammen.

Beispiel
a) 180 + 220 + 75 = 475

a)
180 + 75 + 220
430 + 240 + 160
560 + 99 + 101
94 + 350 + 406

b)
2 500 + 1 001 + 2 999
930 + 2 070 + 1 500
6 800 + 690 + 2 200
3 100 + 1 600 + 4 900

c)
25 + 80 + 125 + 120
340 + 89 + 11 + 460
198 + 60 + 102 + 340
70 + 150 + 330 + 250

4 Rechne geschickt.

a)
369 − 50 − 169
810 − 210 − 550
621 − 90 − 21
790 − 185 − 15

b)
7 600 − 1 500 − 600
5 700 − 200 − 4 700
4 800 − 2 800 − 1 900
8 200 − 3 900 − 3 200

c)
6 990 − 1 990 − 1 100
4 005 − 305 − 600
9 500 − 4 500 − 4 800
3 275 − 1 100 − 175

5 Welche Fragen kannst du beantworten?
Schreibe einen Antwortsatz dazu in dein Heft.

Wie viel Euro erhält Herr Finn für sein altes Auto?

Wie viel Euro muss Herr Finn am Ende bezahlen?

Wie viel Euro bezahlt Herr Finn in einem Jahr?

Das Grundmodell kostet 24 000 €, dazu die Extras für 2 500 €. Ihr altes Auto nehme ich für 6 000 € in Zahlung.

6 Rechne geschickt.

a)
690 + 10 − 150
280 + 60 − 180
410 − 90 + 90
800 − 175 + 25

b)
8 900 − 1 900 + 1 000
4 800 + 1 200 − 1 700
2 600 − 600 + 3 400
1 900 + 4 300 − 3 300

c)
4 600 + 2 500 − 1 600
7 908 − 908 + 900
4 500 + 6 500 − 3 500
3 200 − 900 + 2 800

7 Welche Ergebnisse kommen doppelt vor? Rechne aus und vergleiche.

a)
(1 200 − 200) + 300
1 200 − (200 + 300)
1 200 − 200 + 300

b)
4 000 − 3 200 − 800
4 000 − (3 200 − 800)
(4 000 − 3 200) − 800

c)
(8 000 − 500) + (1 100 − 100)
8 000 − (500 + 1 100) − 100
8 000 − 500 + (1 100 − 100)

1 Welcher Term passt zum Text? Rechne aus.

Im ersten Halbjahr nimmt die Schülerfirma 612 € ein. Im zweiten Halbjahr sind es 195 € weniger.
Wie viel Euro nimmt die Schülerfirma insgesamt ein?

612 − 195 | 612 + 195 | 612 + 612 − 195 | 612 + 612 + 195

2 Notiere den Term. Berechne den Wert.

a) Addiere die Zahlen 1 267 und 5 698 und 450.

b) Subtrahiere von 4 598 die Zahlen 1 450 und 2 067.

c) Berechne die Summe von 678 und 9 059 und 1 279.

d) Berechne die Summe von 6 359 und 10 495. Subtrahiere dann 5 100.

e) Berechne die Differenz von 2 950 und 1 495. Addiere dann 4 908.

f) Berechne die Differenz von 10 980 und 5 500. Addiere dann die Hälfte von 16.

3 Für die Anschaffung von Ersatzgeräten im Computerraum hat die Comenius-Schule 10 990 € eingeplant.
Für Monitore werden 3 499 € ausgegeben.
Neue Tastaturen für zusammen 215 € werden ebenfalls gekauft.
Schreibe Frage, Rechnung und Antwort in dein Heft.

4 Schreibe die vollständige Rechnung in dein Heft.

a)	b)	c)	d)
3 4 5 ■	2 8 4 7	4 ■ 0 8 8	3 ■ 9 ■ 0
+ ■ 5 3 4	+ 1 2 ■ 1	+ 2 2 ■ 3 4	+ 1 2 ■ 3 ■
	1	1 1	1
5 ■ 8 5	■ 0 9 ■	■ 9 6 ■ 2	■ 7 4 5 4

5 Drei Zahlen werden addiert. Die erste Zahl ist 204, die zweite Zahl ist doppelt so groß wie die erste Zahl. Die dritte Zahl ist halb so groß wie die erste Zahl.
Wie groß ist die Summe der drei Zahlen?

6 Schreibe die vollständige Rechnung in dein Heft.

a)	b)	c)	d)
	3	4 5	
3 9 8 ■	~~4~~ ■ 3 ■	~~5~~ ~~6~~ 2 ■	6 2 9 0
− 1 ■ 7 0	− 2 5 ■ 3	− 8 ■ 3	− ■ 4 8 ■
■ 2 ■ 5	1 6 2 1	4 ■ 8 5	2 ■ ■ 9

7

a) 2 500 − 1 799
4 100 − 4 019

b) 8 000 − 1 555
5 000 − 3 062

c) 10 000 − 8 888
30 000 − 5 051

d) 90 000 − 5 197
10 002 − 9 106

Wiederholen und Üben

1 Die Zahlen in jedem Stockwerk haben als Summe die Zahl im Dach.

a)

600	
400	
	200
500	
	600
300	

b)

700	
650	
	690
630	
	680
660	

c)

500	
	420
	50
430	
10	
	485

d)

400	
10	
	380
	70
95	
	2

2 Rechne halbschriftlich.

a) 560 + 270 = ▢
560 + 200 = ▢
▢ + 70 = ▢

b) 290 + 430 = ▢
290 + 400 = ▢
▢ + 30 = ▢

c) 720 − 560 = ▢
720 − 500 = ▢
▢ − 60 = ▢

d) 410 − 180 = ▢
410 − 100 = ▢
▢ − 80 = ▢

3 Setze das Muster um 2 weitere Aufgaben fort.

a) 1 200 + 300
1 300 + 400
1 400 + 500

b) 5 000 + 1 100
5 100 + 1 200
5 200 + 1 300

c) 6 000 − 1 000
6 000 − 1 500
6 000 − 2 000

d) 1 500 − 200
2 500 − 300
3 500 − 400

4 Welcher Term passt zum Text? Rechne aus.

Herr Göwert kauft 18 Trikots für 380 €. Er gibt der Kassiererin 400 €.

18 + 380 | 400 − 18 | 400 − 380 | 380 + 400

5

a)	1 200	+	500	4 000	70	250	2 300	800	3 200	50
b)	3 600	−	300	2 000	600	50	1 600	500	1 200	20

6 Die Summe der Zahlen in zwei nebeneinander liegenden Steinen steht im Stein darüber.

a)
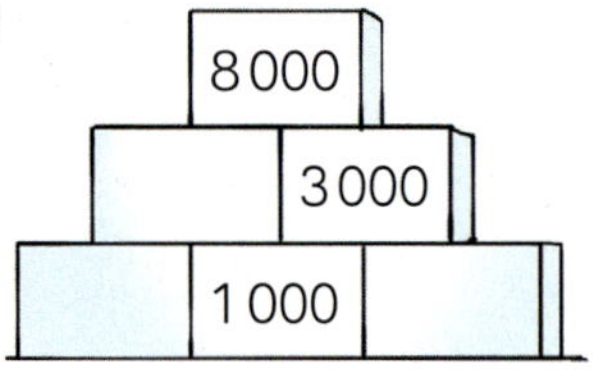

b)
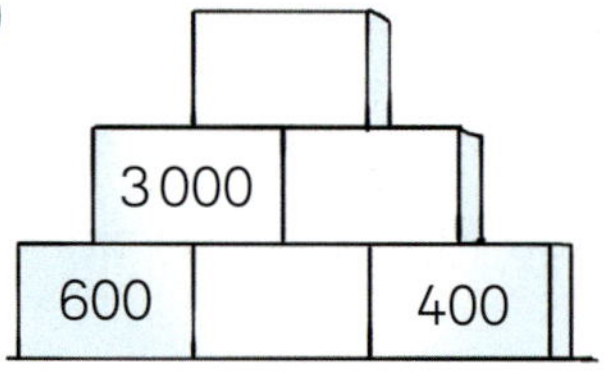

c)
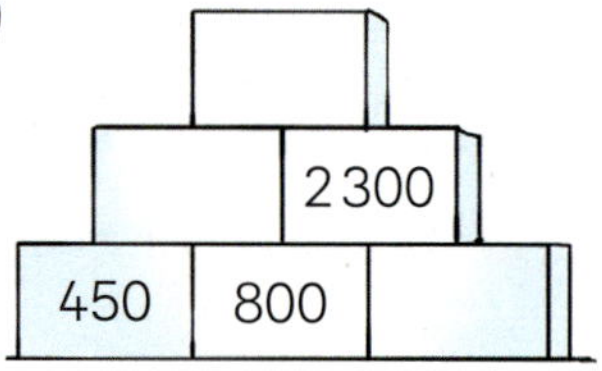

7 Bilde die größte und die kleinste Zahl.
Rechne die Additionsaufgabe und die Subtraktionsaufgabe.

a)

b)

c)

d)

Wiederholen und Üben

1 Berechne die zurückgelegte Strecke.

	a)	b)	c)
Abfahrt	598 km	709 km	2738 km
Ankunft	679 km	1023 km	2852 km

2

a)	4589	+	400	675	1298	3720	5000	5911	8010
b)	8450	–	398	900	2345	4000	4973	5450	5555

3 Welches Ergebnis gehört zu welcher Aufgabe? Ein Überschlag reicht aus.

a) 1394 + 1427
1171 + 1188
1486 + 1923

b) 5906 – 2497
5078 – 2719
6112 – 3291

Ergebnisse
3409 2821 2359

4 Im Kopf oder schriftlich?

a) 2998 + 700
1437 + 6598
5999 + 3001
6530 + 2098

b) 3100 + 777
798 + 9016
4200 + 3999
5200 + 3200

c) 6400 – 5900
7112 – 4002
8905 – 99
4382 – 1515

d) 5119 – 3985
3050 – 3009
9000 – 2200
2508 – 321

☆ **5** Am Sonntag besuchten 1607 Personen das Museum.
Am Montag waren es 518 Personen weniger.

a) Wie viele Personen besuchten am Montag das Museum?

b) Wie viele Personen besuchten das Museum an beiden Tagen zusammen?

6

a) 2361 + 1598 + 456
1985 + 93 + 4059
7329 + 150 + 1482

b) 4329 – 750 – 249
5580 – 620 – 955
3961 – 545 – 2089

c) 9815 – 2980 – 2067
4395 – 278 – 1059
7250 – 6095 – 85

7 Bilde mindestens drei Aufgaben (+ oder –).
Das Ergebnis soll kleiner als 3000 sein.

a)

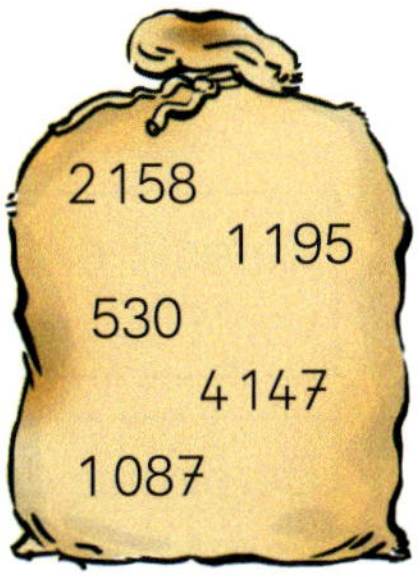

b)

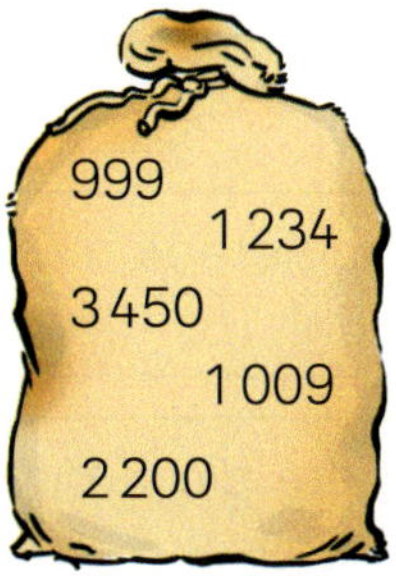

Alles klar?

Addieren und Subtrahieren

Ich kann …

… im Kopf addieren und subtrahieren.

… Überschlagsrechnungen durchführen.

… schriftlich addieren.

… schriftlich subtrahieren.

… Sachaufgaben zum Addieren und Subtrahieren lösen.

Bleib fit!

1 Setze die Zahlenreihe fort.

a)	378	398	■	■	■	■	■	■	■	■	578
b)	690	705	■	■	■	■	■	■	■	■	840
c)	910	880	■	■	■	■	■	■	■	■	610

2 **a)** Runde die Zahlen auf Zehner: 84 256 904 808 597 189 222
b) Runde die Zahlen auf Hunderter: 134 353 774 819 681 703 451

3 Ergänze bis 1000.

a) 960 840 620 570 330 110 50
b) 997 895 798 691 593 296 92

Beispiel
a) 960 + 40 = 1000

4 **a)** 218 + 7 435 + 9 267 + 8
b) 400 − 7 600 − 4 500 − 9
c) 869 − 5 123 − 8 352 − 7
d) 760 + 14 510 + 28 120 + 51
e) 645 − 20 975 − 50 845 − 30

5 **a)** 290 + 3 290 + 30 290 + 300
b) 470 + 5 470 + 50 470 + 500
c) 600 − 2 600 − 20 600 − 200
d) 830 − 6 830 − 60 830 − 600

6

a)	30	70	90	60	80	·	5
b)	70	40	30	20	90	·	9
c)	40	30	90	50	80	·	6
d)	20	80	60	70	30	·	7

7 **a)**
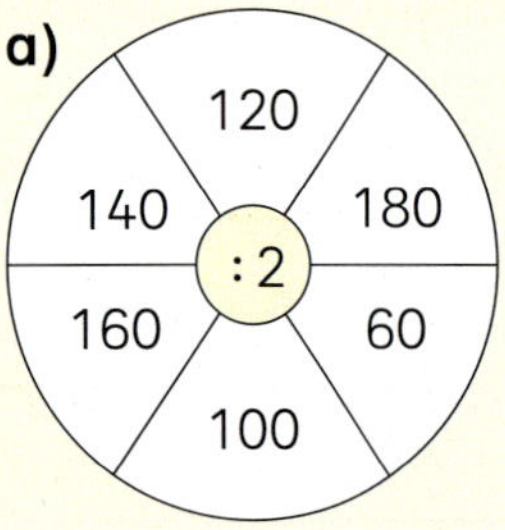

b)
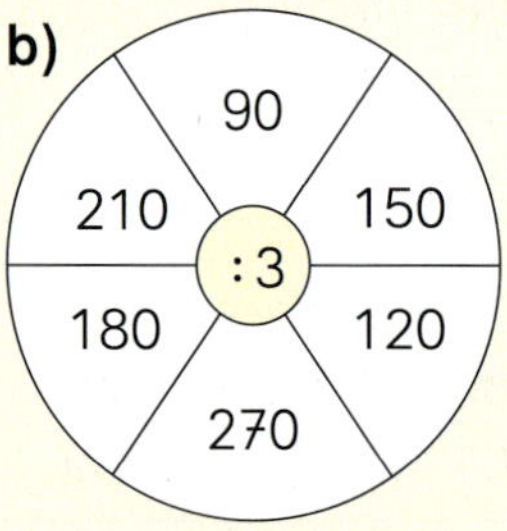

c)
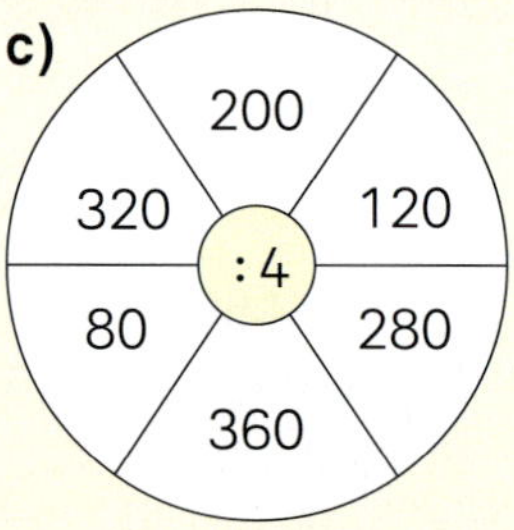

d)
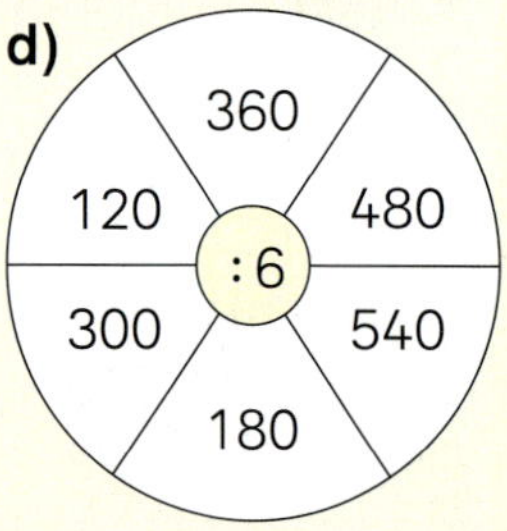

8 **a)** 3 · 12 2 · 14
b) 11 · 5 22 · 3
c) 2 · 120 3 · 210
d) 3 · 202 4 · 101
e) 420 · 2 110 · 8

9 Notiere den Term. Berechne den Wert.

a) Addiere die Zahlen 498 und 50.
b) Subtrahiere von 703 die Zahl 15.
c) Berechne die Summe von 580 und 32.
d) Multipliziere die Zahlen 40 und 5.
e) Dividiere die Zahl 320 durch 8.
f) Berechne das Produkt von 11 und 7.

Größen

In diesem Kapitel ...

... lernst du Größen und ihre Einheiten kennen.

... stellst du Größen in verschiedenen Einheiten dar.

... vergleichst du Größen.

... rechnest du mit Größen.

Startklar

1 Wie viel Euro sind es?

a)

b)

c)

2 Lege mit möglichst wenig Geldscheinen und Münzen.

a) 260 €   340 €   151 €   **b)** 102 €   408 €   307 €

3 **a)** Wie viel Euro sind es?
b) Lege den Geldbetrag mit möglichst wenig Geldscheinen und Münzen.

4 Länge, Gewicht, Zeitspanne – was wird hier gemessen?

A

B
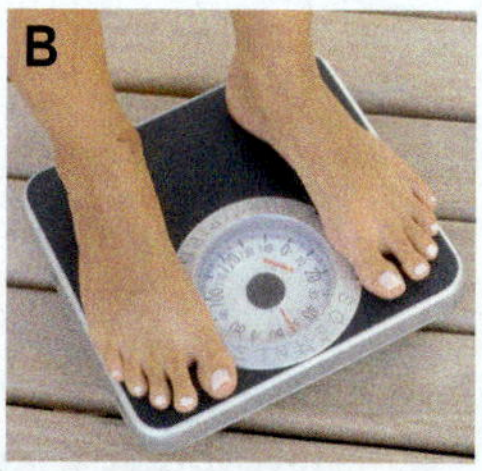

C

D

5 Welche Einheit passt? Ordne zu: cm (Zentimeter), m (Meter), km (Kilometer)

A

1,65 ■

B
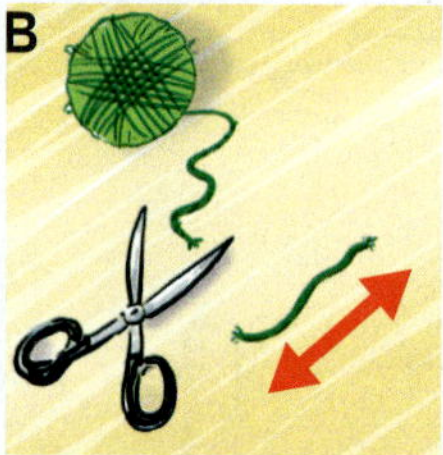
10 ■

C
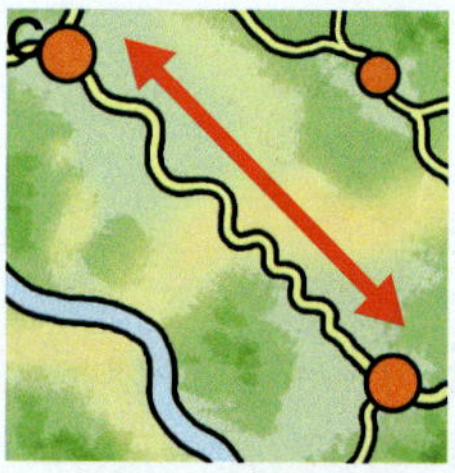
7 ■

D
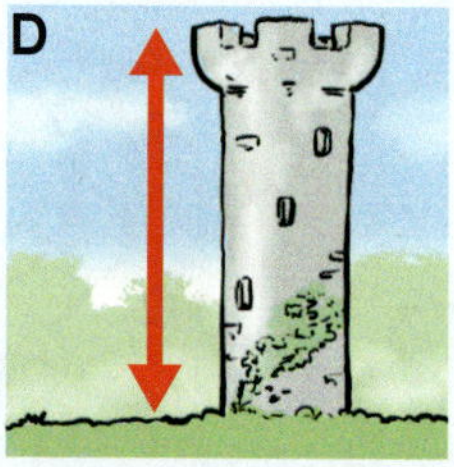
35 ■

6 Wer misst richtig? Begründe.

Laura
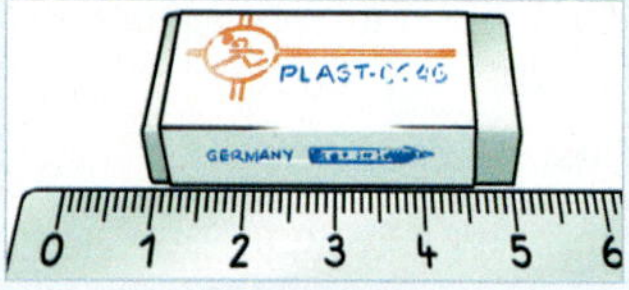

Paul
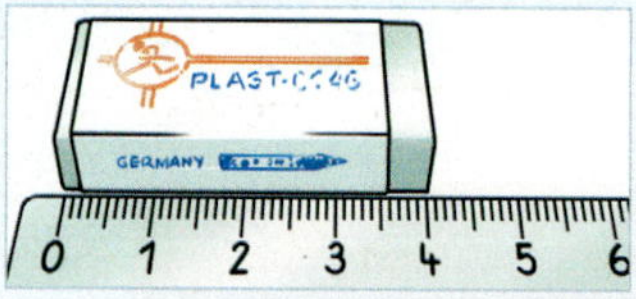

Jonas
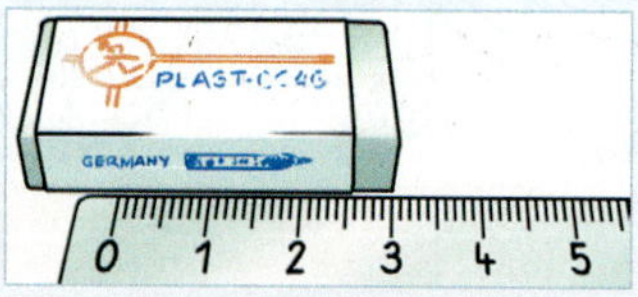

1 Ordne die Gewichte zu.

a)

1 kg
5 kg
40 kg
80 kg
200 kg

b)

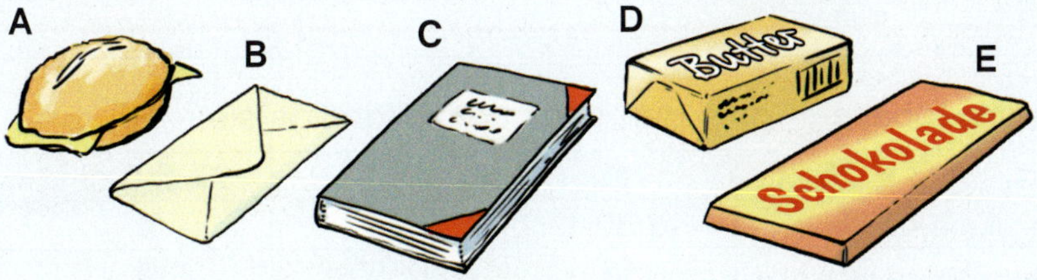

15 g
80 g
100 g
250 g
600 g

2 Ordne die Uhrzeiten zu.

Beispiel
5 Uhr: C schlafen

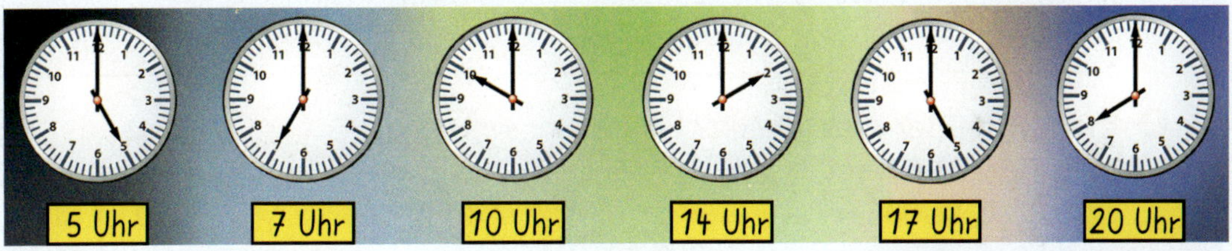

Geld

1 Jeden Geldschein und jede Münze darfst du nur einmal legen. Kannst du den Geldbetrag legen?

a) 65 € **b)** 27 € **c)** 79 €
d) 83 € **e)** 92 € **f)** 45 €
g) 18 € **h)** 41 € **i)** 66 €

Merke

Das Komma trennt Euro (€) und Cent (ct).

1 € = 100 ct 4 € 57 ct = 4,57 € 25 ct = 0,25 €
1 ct = 0,01 € 5 ct = 0,05 € 208 ct = 2,08 €

€	ct	
0	2	5
2	0	8

2 Übertrage die Tabelle in dein Heft und vervollständige sie.

1 € 5 ct	3 € 25 ct	■	■	27 € 8 ct	■
1,05 €	■	12,30 €	■	■	■
105 ct	■	■	2055 ct	■	75 ct

3 Schreibe die Geldbeträge mit Komma.

a) 23 € 85 ct; 152 € 28 ct; 89 € 6 ct
b) 200 € 83 ct; 73 € 2 ct; 144 € 10 ct
c) 10 € 1 ct; 208 € 80 ct; 61 € 4 ct
d) 99 € 9 ct; 100 € 10 ct; 25 € 5 ct

4 Kleiner, größer oder gleich? Setze ein: <, > oder =

a) 5,73 € ■ 537 ct; 9,05 € ■ 905 ct; 3,50 € ■ 325 ct
b) 2 € 45 ct ■ 245 ct; 7 € 4 ct ■ 740 ct; 8 € 30 ct ■ 800 ct
c) 10 € 6 ct ■ 10,60 €; 6 € 10 ct ■ 6,10 €; 15 € 73 ct ■ 15,37 €

5 Ordne nach der Größe. Beginne mit dem kleinsten Geldbetrag.

a) 4 € 82 ct; 428 ct; 4,20 €
b) 16,05 €; 16 € 50 ct; 655 ct
c) 3 € 20 ct; 3,23 €; 302 ct
d) 32,74 €; 32 € 47 ct; 3240 ct

6 Es gibt acht verschiedene Münzen. Lena hat von jeder Sorte genau eine Münze.
a) Welche Münzen hat Lena?
b) Wie viel Euro hat sie insgesamt?

☆ **7** Luca hat drei verschiedene Geldscheine. Alle sind kleiner als 200 €.
a) Welchen Geldbetrag kann Luca haben? Gib zwei Beispiele an.
b) Wie viel Euro sind es mindestens?
c) Wie viel Euro sind es höchstens?

Rechnen mit Geld

1 Ersin und Julia kaufen das gleiche Tierheft. Erklärt die Rechnungen.

2 Wie viel Euro bekommen die Kunden zurück?

a)

b)

c)

d)

Merke

Komma unter Komma

		2,	3	0	€
+	2	1,	7	5	€

	1	0,	0	0	€
–		4,	0	5	€

3 Im Kopf oder schriftlich?

a) 5,50 € + 2 €
4 € + 17,85 €
21,25 € + 12,25 €

b) 18,85 € – 13,55 €
20 € – 8,10 €
12,20 € – 2,20 €

c) 49,98 € – 10 €
56,83 € – 31,54 €
29,55 € – 12,95 €

4 Lia kauft ein Tierheft für 2,90 €, ein Buch für 9,90 € und einen Sticker für 2,95 €.

a) Wie viel Euro muss Lia insgesamt bezahlen?

b) Lia bezahlt mit einem 20-€-Schein. Wie viel Euro bekommt sie zurück?

5 Wie viel Geld fehlt noch?

a)

b)

c)

d)

Längen schätzen und messen

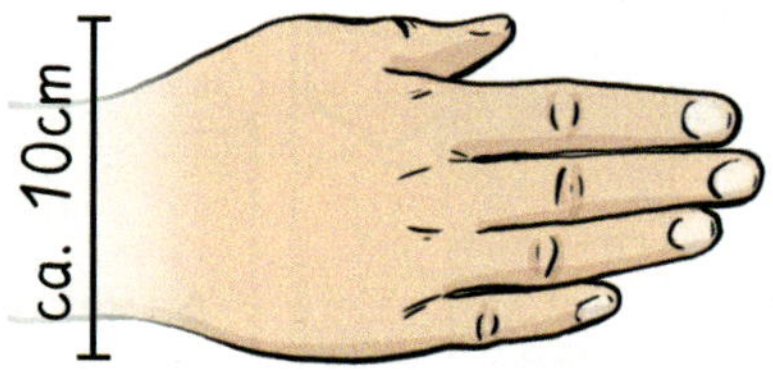

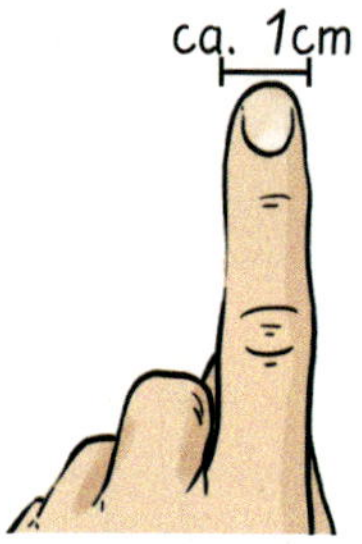

1 Schätze mit deinen Körpermaßen die Länge.
a) Klassenzimmer **b)** Schultisch **c)** Bleistift **d)** Füllerpatrone

2 Suche Gegenstände, die ungefähr so lang sind. **a)** 1 m **b)** 10 cm **c)** 1 cm

3 Stellt Meterstäbe her. Schneidet dazu aus Karton Streifen mit der Länge 10 cm. Klebt die Streifen auf eine Leiste mit 1 m Länge. Notiert die Zentimeter.

4 Schätze Längen im Schulgebäude. Dann miss die Längen. Notiere in einer Tabelle.

Länge des Klassenzimmers	Breite des Klassenzimmers	Länge des Flurs	Breite des Flurs
geschätzt: ▢ m	geschätzt: ▢ m	geschätzt: ▢ m	geschätzt: ▢ m
gemessen: ▢ m	gemessen: ▢ m	gemessen: ▢ m	gemessen: ▢ m

5 Veranstaltet einen Wettbewerb im Watteballpusten. Messt die Ergebnisse.

1 Ordne die Längen zu. Erkläre die Zuordnung einem Partner und begründe.

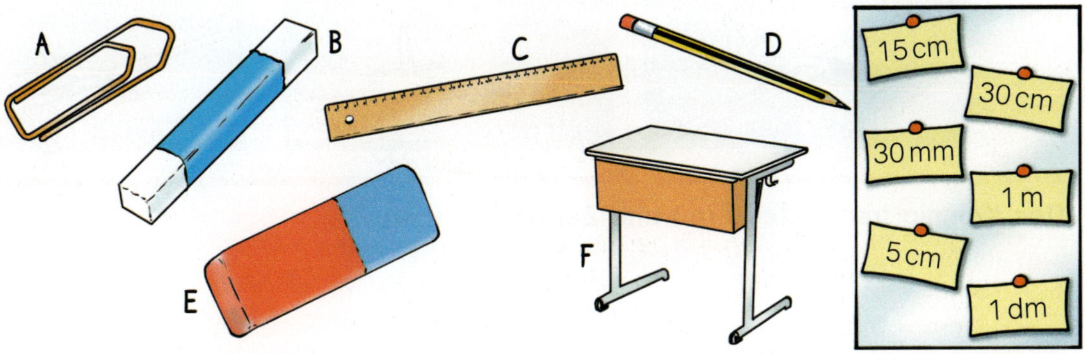

Merke

Meter (m)	1 m = 10 dm = 100 cm = 1 000 mm
Dezimeter (dm)	1 dm = 10 cm = 100 mm
Zentimeter (cm)	1 cm = 10 mm
Millimeter (mm)	1 mm

2

a) Wandle um in cm:	1 m	5 m	4 m	6 m	11 m
b) Wandle um in m:	200 cm	600 cm	300 cm	700 cm	1 400 cm
c) Wandle um in dm:	30 cm	70 cm	40 cm	100 cm	130 cm
d) Wandle um in mm:	4 cm	7 cm	20 cm	31 cm	57 cm

3 Wie viel Zentimeter sind es?

Beispiel
a) 3 m 10 cm = 310 cm

a) 3 m 10 cm	**b)** 2 m 50 cm	**c)** 5 m 35 cm	**d)** 3 m 56 cm	**e)** 5 dm 7 cm
7 m 30 cm	8 m 90 cm	2 m 99 cm	4 m 12 cm	6 dm 3 cm

4 Schreibe in Meter und Zentimeter.

Beispiel
a) 134 cm = 1 m 34 cm

a) 134 cm   **b)** 225 cm   **c)** 470 cm   **d)** 101 cm   **e)** 308 cm

5 Kleiner, größer oder gleich? Setze ein: <, > oder =

a) 250 cm ■ 205 cm	**b)** 3 m 70 cm ■ 370 cm	**c)** 102 cm ■ 12 dm
408 cm ■ 480 cm	7 m 8 cm ■ 780 cm	890 cm ■ 8 m 9 cm

6 Ordne nach der Größe. Beginne mit der kleinsten Länge.

a) 1 m 78 cm	**b)** 175 cm	**c)** 12 cm 5 mm	**d)** 27 cm
109 cm	15 dm	105 mm	20 cm 7 mm
18 dm	1 m 57 cm	1 dm	275 mm

Verschiedene Schreibweisen für Längen

1 Welches Modellflugzeug hat die größte Spannweite?

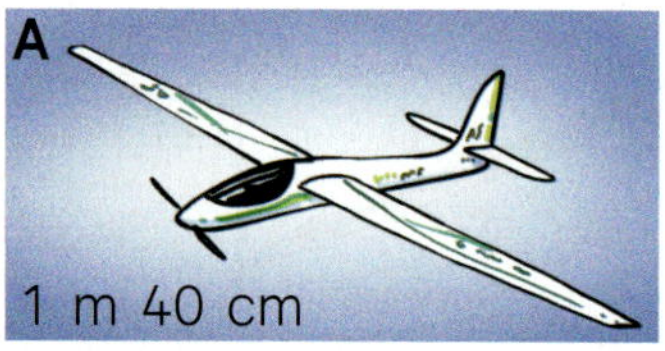

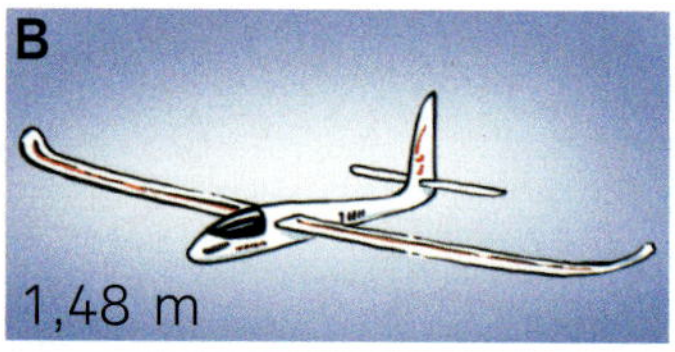

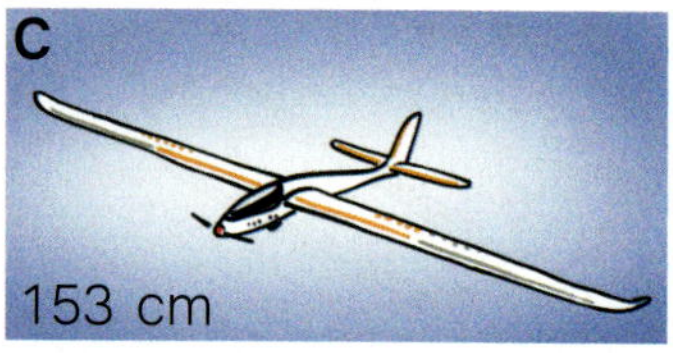

Merke

Das Komma trennt Meter (m) und Zentimeter (cm).

1 m 15 cm = 1,15 m
3 cm = 0,03 m

104 cm = 1,04 m
71 cm = 0,71 m

m	cm	
1	0	4
0	7	1

2 Übertrage die Tabelle in dein Heft und vervollständige sie.

Schreibweise	Flugzeug A	Flugzeug B	Flugzeug C
m und cm	1 m 40 cm	■	■
Zahl mit Komma	■	1,48 m	■
cm	■	■	153 cm

3 **a)** 2,25 m = ■ cm
1,76 m = ■ cm

b) 1,51 m = ■ cm
8,50 m = ■ cm

c) 0,98 m = ■ cm
2,07 m = ■ cm

4 Wer hat Recht? Begründet eure Antwort.

Sandra schreibt:
1,10 m

1 m 1 cm

Marie schreibt:
1,01 m

5 **a)** 205 cm = ■ m
12 cm = ■ m

b) 402 cm = ■ m
75 cm = ■ m

c) 26 cm = ■ m
9 cm = ■ m

6 Wie weit sind die Schülerinnen und Schüler gesprungen?

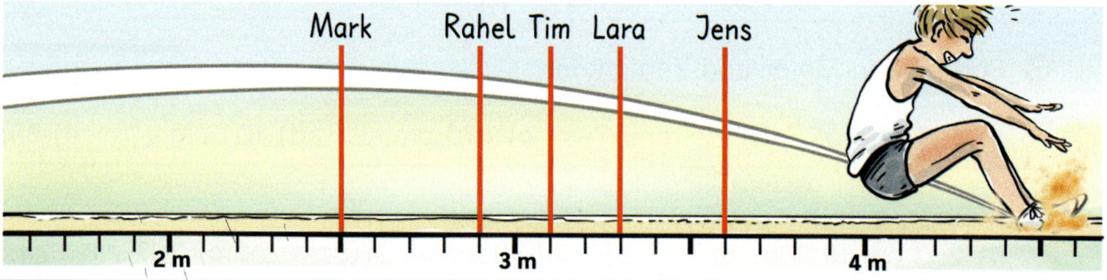

7 Übertrage die Tabelle in dein Heft und vervollständige sie.

2 m 35 cm	6 m 72 cm	■	■	■	■	3 m 2 cm
2,35 m	■	1,45 m	0,59 m	■	■	■
235 cm	■	■	■	814 cm	608 cm	■

Merke

Das Komma trennt Zentimeter (cm) und Millimeter (mm).

1 cm 3 mm = 1,3 cm
2 mm = 0,2 cm

12 mm = 1,2 cm
105 mm = 10,5 cm

cm		mm
	1	2
1	0	5

1 Übertrage die Tabelle in dein Heft und vervollständige sie.

4 cm 5 mm	2 cm 2 mm	■	■	■	■	■
4,5 cm	■	1,3 cm	■	0,8 cm	■	■
45 mm	■	■	51 mm	■	42 mm	6 mm

2 **a)** Wandle um in cm: 50 mm 4 mm 70 mm 25 mm 83 mm
b) Wandle um in mm: 3,0 cm 2,5 cm 1,8 cm 0,2 cm 10,7 cm

3 Miss die Länge der Gegenstände.
Schreibe die Länge zuerst in Millimeter. Wandle um in Zentimeter.

A

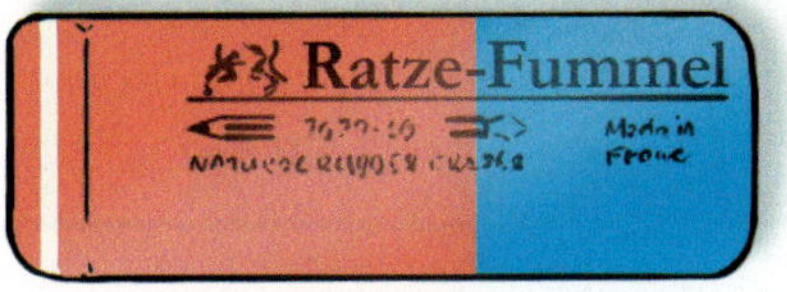

B

C

D

4 Kleiner, größer oder gleich? Setze ein: <, > oder =

a) 2,5 cm ■ 20 mm
3,0 cm ■ 32 mm
4,1 cm ■ 32 mm

b) 12,4 cm ■ 124 mm
11,1 cm ■ 110 mm
12,5 cm ■ 152 mm

c) 150 mm ■ 1,5 cm
78 mm ■ 7,8 cm
164 mm ■ 16,3 cm

5 Wie lang ist die Strecke? Miss.

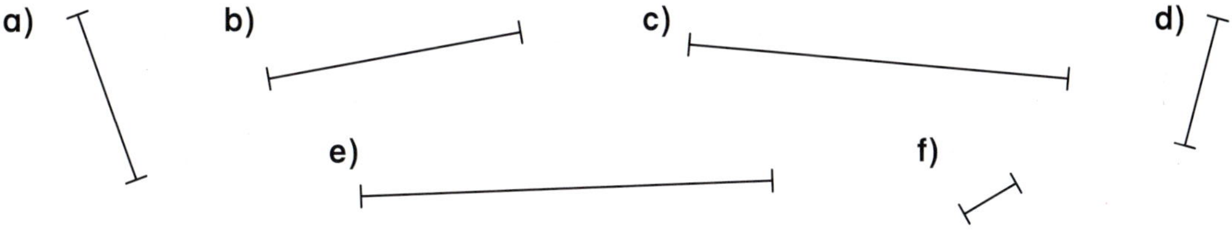

6 Zeichne die Strecken in dein Heft.

a) 4 cm 6 cm 3 cm 5 cm
b) 2 cm 5 mm 5 cm 5 mm 3 cm 3 mm 7 cm 1 mm
c) 3,5 cm 6,3 cm 7,4 cm 4,8 cm

Projekt Große Sprünge

1 Hochsprung

1. Olympiasieger (1896)
Ellery Clark
1,81 m
OR: Charles Austin
2,39 m
WR: Javier Sotomayor
2,45 m

(Olympischer Rekord) (Weltrekord)

Charles Austin

1. Olympiasiegerin (1928):
Ethel Catherwood
1,59 m
OR: Yelena Slesarenko
2,06 m
WR: Stefka Kostadinova
2,09 m

Notiere die Sprunghöhen in verschiedenen Schreibweisen.

Beispiel
OR: 2,39 m = 2 m 39 cm = 239 cm

2 Weitsprung

1. Olympiasieger (1896)
Ellery Clark
6,35 m
OR: Bob Beamon
8,90 m
WR: Mike Powell
8,95 m

Galina Tschistjakowa

1. Olympiasiegerin (1948):
Olga Gyarmati
5,69 m
OR: Jacky Joyner
7,40 m
WR: Galina Tschistjakowa
7,52 m

Warum können sich die Werte für Weltrekord und Olympischen Rekord unterscheiden? Berechne den Unterschied bei den Männern und den Unterschied bei den Frauen.

3 Dreisprung

1. Olympiasieger (1896):
James Conolly
13,07 m
OR: Mike Conley
18,17 m
WR: Jonathan Edwards
18,29 m

Yulimar Rojas

1. Olympiasiegerin (1996):
Inessa Kravets
15,33 m
OR: Yulimar Rojas
15,67 m
WR: Yulimar Rojas
15,67 m

Berechne den Unterschied der Sprungweiten für Olympischen Rekord und Weltrekord bei den Männern und bei den Frauen.

4 Informiert euch im Internet über die Rekorde im Hochsprung, Weitsprung und Dreisprung bei den Paralympics. Vergleicht mit den Rekorden auf dieser Seite.

5 Erstellt ein Plakat zu den Rekorden in den Sprungwettbewerben.

Kilometer und Meter

1

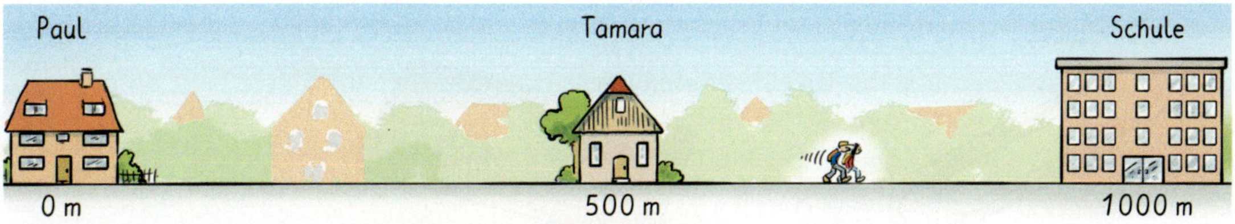

Pauls Schulweg ist 1 km lang. Unterwegs holt er Tamara ab.

a) Wie viel Meter geht Paul bis zur Schule?
b) Wie viel Meter geht Paul bis zu Tamara?
c) Wie viel Meter sind es von Tamaras Haus bis zur Schule?
d) Paul benötigt für seinen Schulweg 20 Minuten.
Wie viel Minuten geht er auf seinem Schulweg mit Tamara zusammen?

Merke

1 Kilometer = 1 000 Meter 1 km = 1 000 m

2 **a)** Wandle um in m: 2 km 5 km 8 km 6 km 11 km
b) Wandle um in km: 4 000 m 6 000 m 3 000 m 7 000 m 12 000 m

3 Vom Wegweiser bis zum Rathaus sind es 2 400 m.

a) Wie viel Meter sind es vom Wegweiser bis zum Markt?
b) Wie viel Meter sind es vom Markt bis zum Rathaus?

Merke

Das Komma trennt Kilometer (km) und Meter (m).

1 km 275 m = 1,275 km
65 m = 0,065 km

km	m		
1	2	7	5
0	0	6	5

2 405 m = 2,405 km
1 005 m = 1,005 km

km	m		
2	4	0	5
1	0	0	5

4 Übertrage die Tabelle in dein Heft und vervollständige sie.

1 km 500 m	2 km 570 m	■	■	3 km 2 m	■
1,5 km	■	0,580 km	■	■	4,050 km
1 500 m	■	■	1 005 m	■	■

5 Wandle um in die angegebene Einheit.

a) 2,125 km = ■ m
0,811 km = ■ m
2,307 km = ■ m

b) 1 805 m = ■ km
435 m = ■ km
1 090 m = ■ km

c) 12 km 305 m = ■ km
3 km 30 m = ■ km
15 km 7 m = ■ km

4 Kleiner, größer oder gleich? Setze ein: <, > oder =

a) 2,475 km ■ 2 km 435 m
3,736 km ■ 3 km 763 m

b) 3 710 m ■ 3,8 km
2 407 m ■ 2,470 km

c) 11 km 330 m ■ 11 330 m
5 km 630 m ■ 5 603 m

Gramm und Kilogramm

Merke

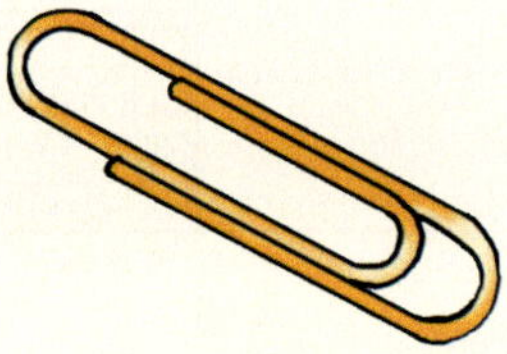

1 g

100 g

1 000 g = 1 kg

Kleine Massen gibt man in Gramm (g) oder in Kilogramm (kg) an.
Im Alltag nennt man Masse oft Gewicht.

1 **a)** Wandle um in g: 2 kg   7 kg   8 kg   4 kg   10 kg
b) Wandle um in kg: 3 000 g   5 000 g   6 000 g   9 000 g   11 000 g

2 Wer hat am schwersten zu tragen?

2 650 g

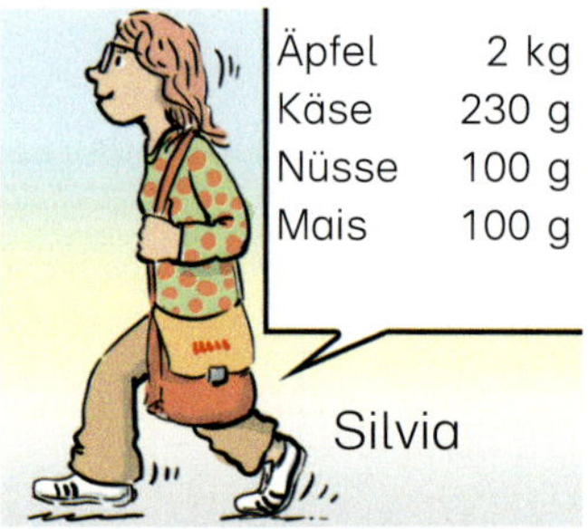

2,430 kg

2 kg 450 g

Merke

Das Komma trennt Kilogramm (kg) und Gramm (g).

1 kg 438 g = 1,438 kg
275 g = 0,275 kg

kg	g		
1	4	3	8
0	2	7	5

2 976 g = 2,976 kg
1 057 g = 1,057 kg

kg	g		
2	9	7	6
1	0	5	7

3 Übertrage die Tabelle in dein Heft und vervollständige sie.

2 kg 650 g	2 kg 853 g	■	■	■	1 kg 50 g	■
2,650 kg	■	3,652 kg	■	■	■	■
2 650 g	■	■	8 004 g	4 700 g	■	855 g

4 Wandle um in die angegebene Einheit.

Beispiel
a) 3 700 g = 3,700 kg

a) 3 700 g = ■ kg
1 005 g = ■ kg

b) 4 kg 500 g = ■ kg
2 kg 5 g = ■ kg

c) 1,250 kg = ■ g
2,8 kg = ■ g

5 Kleiner, größer oder gleich? Setze ein: <, > oder =

a) 6,435 kg ■ 6 kg 435 g
3,045 kg ■ 3 kg 540 g

b) 2 810 g ■ 2,8 kg
1 083 g ■ 1,083 kg

c) 14 kg 550 g ■ 3 550 g
2 kg 70 g ■ 2 007 g

Große und kleine Massen

1 Was ist schwerer als 1 000 kg?

Merke

Große Massen gibt man in Tonnen (t) an. 1 t = 1 000 kg

2 Wandle um: 2 t = ■ kg 11 t = ■ kg 3 000 kg = ■ t 10 000 kg = ■ t

3 Wie viel Kilogramm sind es? Schreibe wie im Beispiel.

Beispiel
a) 5 t 276 kg = 5 276 kg

a) 5 t 276 kg
3 t 913 kg

b) 2 t 380 kg
4 t 507 kg

c) 6 t 85 kg
7 t 90 kg

d) 1 t 7 kg
12 t 9 kg

4 Wie viel Tonnen und Kilogramm sind es? Schreibe wie im Beispiel.

Beispiel
a) 7 436 kg = 7 t 436 kg

a) 7 436 kg
1 315 kg

b) 3 700 kg
2 100 kg

c) 6 050 kg
4 905 kg

d) 9 008 kg
13 420 kg

Merke

Das Komma trennt Tonne (t) und Kilogramm (kg).

1 t 875 kg = 1,875 t
948 kg = 0,948 t

t	kg		
1	8	7	5
0	9	4	8

7 465 kg = 7,465 t
2 035 kg = 2,035 t

t	kg		
7	4	6	5
2	0	3	5

5 Übertrage die Tabelle in dein Heft und vervollständige sie.

4 t 532 kg	3 t 520 kg	■	■	2 t 375 kg	■
4,532 t	■	4,775 t	■	■	■
4 532 kg	■	■	1 850 kg	■	17 500 kg

6 **a)** 3,5 t = ■ kg
1,9 t = ■ kg

b) 1,7 t = ■ kg
0,5 t = ■ kg

c) 2,8 t = ■ kg
0,1 t = ■ kg

Beispiel
a) 3,5 t = 3 500 kg

Merke

Sehr kleine Massen gibt man in Milligramm (mg) an. 1 g = 1 000 mg

7 Übertrage die Tabelle in dein Heft und vervollständige sie.

a)

10-€-Schein	720 mg	0,720 g
Briefmarke	60 mg	■ g
Haar	2 mg	■ g

b)

Biene	■ mg	0,100 g
Wassertropfen	■ mg	0,030 g
Ameise	■ mg	0,007 g

Liter

1 Auf Verpackungen von Flüssigkeiten wird die Menge oft in Liter (ℓ) angegeben. Finde weitere Beispiele.

2 Wie viel Liter passen in die Gefäße? Ordne zu.

a)

1 ℓ
2 ℓ
10 ℓ

b)

1 ℓ
5 ℓ
100 ℓ

3 **a)**

Wie viele Packungen Milch füllen den Topf?

b)

Wie viele Töpfe füllen den Eimer?

c)

Wie viele Eimer füllen die Tonne?

4 Wie viel Kilogramm wiegt 1 Liter Wasser? Erklärt.

Merke

Der Inhalt von Gefäßen wird in Liter (ℓ) angegeben.
1 ℓ Wasser wiegt 1 kg.

5 Julias Gießkanne fasst 5 ℓ Wasser.

a) Die leere Gießkanne wiegt 400 g. Wie schwer ist die volle Gießkanne?

☆ **b)** Julia füllt die Gießkanne drei Mal und gießt das Blumenbeet. Wie viel Kilogramm hat sie insgesamt getragen?

1 Ergänze zu 2 m.

a) 110 cm	**b)** 1,35 m	**c)** 1 m 20 cm	**d)** 1,29 m	**e)** 168 cm	**f)** 0,95 m
197 cm	1,88 m	1 m 5 cm	1,53 m	106 cm	0,49 m
90 cm	1,30 m	1 m 75 cm	1,65 m	196 cm	0,20 m

2 Wandle um in Zentimeter und addiere.

Beispiel
a) 500 cm + 3,41 m = 500 cm + 341 cm = 841 cm

a) 500 cm + 3,41 m	**b)** 0,35 m + 200 cm	**c)** 23 cm + 1 m
350 cm + 2,11 m	1,70 m + 120 cm	100 cm + 2,55 m
120 cm + 1,30 m	1,40 m + 150 cm	200 cm + 1,20 m

3 Bestimme die unbekannte Masse.

Beispiel
a) 1 500 g + 500 g = 2 kg

a) 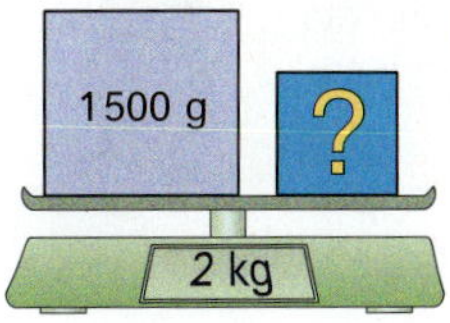

b) 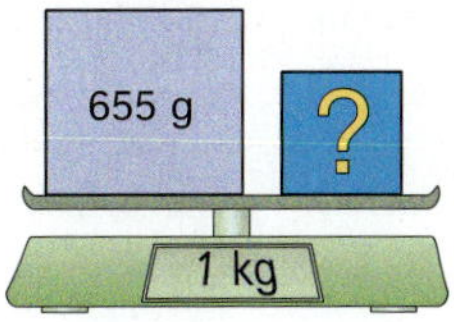

c) 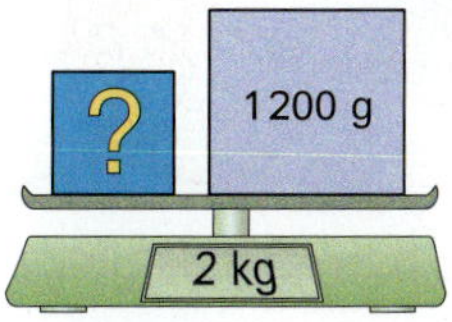

d) 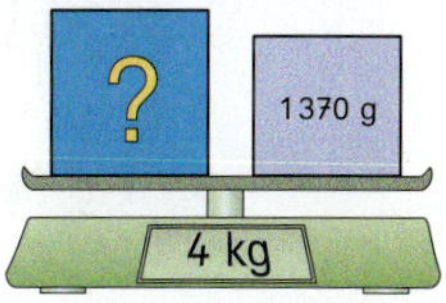

e) 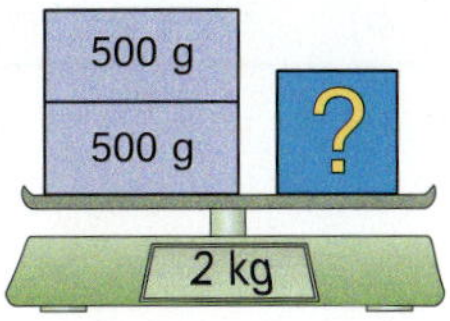

f) 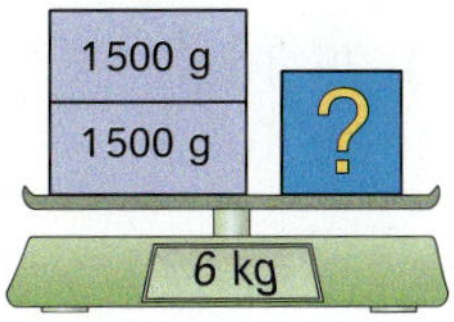

g) 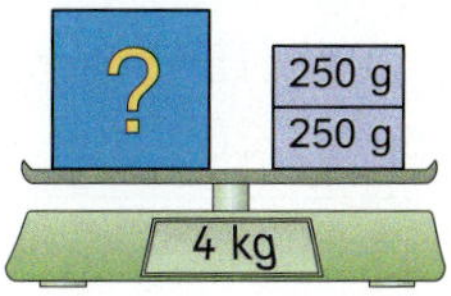

h) 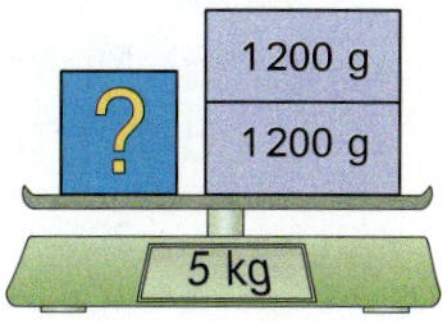

4 Wie schwer ist der Einkauf?

a)
3x 500g Quark
200g Sahne
1,5 kg Erdbeeren

b)
2 x 250g Jogurt
1 Kg Müsli
750g Himbeeren

c)
1,5 kg Mehl
2x 450g Dosentomaten
3x 200g Käse

☆ **5**

a) Dürfen alle Personen zusammen in den Aufzug einsteigen?
b) Frau Müller nimmt die Treppe. Dürfen alle anderen zusammen einsteigen?
c) Welche Personen dürfen zusammen in den Aufzug einsteigen? Finde mehrere Möglichkeiten.
d) Sina sagt: „5 Personen, die jeweils 75 kg wiegen, dürfen zusammen einsteigen.“ Hat Sina Recht? Begründe deine Antwort.

Zeit

1 In welchen Monaten haben die Jugendlichen Geburtstag?

Ich habe am 3.3. Geburtstag.
Alex
Ich habe 2 Monate nach Alex Geburtstag.
Caleb
Ich habe in dem Monat vor Alex Geburtstag.
Julia
Ich habe ein halbes Jahr nach Alex Geburtstag.
Gülgün

Merke

Ein Jahr hat 12 Monate.
Eine Woche hat 7 Tage.

1 Jahr = 12 Monate
1 Woche = 7 Tage

2 Wie alt sind Max, Tina und Murat?

Ich bin 12 Jahre und 4 Monate alt.

Ich bin 1 Jahr und 3 Monate älter als Lea.

Ich bin 2 Jahre und 9 Monate älter als Lea.

Ich bin 10 Monate jünger als Lea.

3 Wie viele Wochen und Tage sind es?

a) 12 Tage **b)** 15 Tage **c)** 25 Tage
d) 28 Tage **e)** 30 Tage **f)** 40 Tage

Beispiel
a) 12 Tage = 1 Woche 5 Tage

4 Erklärt.

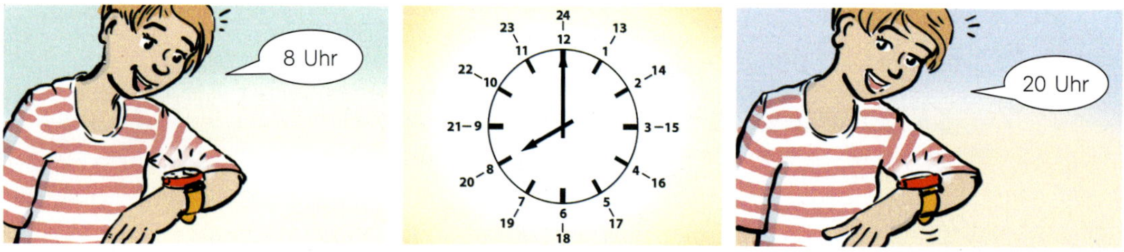

Merke

Ein Tag hat 24 Stunden.

1 Tag = 24 Stunden

5 Schreibe beide Uhrzeiten auf.

Beispiel
a) 5:00 Uhr, 17:00 Uhr

a) **b)** **c)** **d)** **e)** **f)**

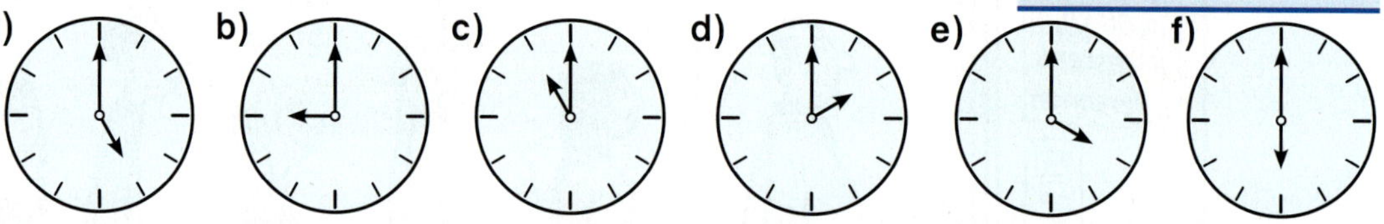

6 Schreibe beide Uhrzeiten auf.

a) **b)** **c)** **d)** **e)** **f)**

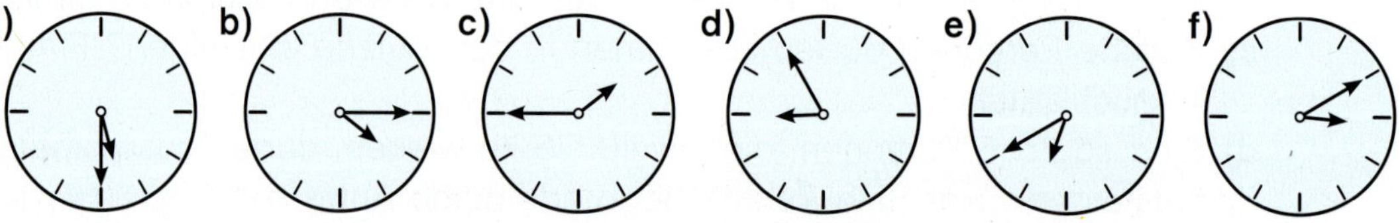

Stunde – Minute – Sekunde

1 **a)** Um wie viel Uhr kommen die Wanderer bei dem Wegweiser an?

b) Um wie viel Uhr sind die Wanderer an der Burg?

Merke

Eine Stunde hat 60 Minuten.	1 h = 60 min
Eine Minute hat 60 Sekunden.	1 min = 60 s

2 Wandle um.

Beispiel **a)** 2 h = 120 min

a) 2 h = ■ min
5 h = ■ min

b) 10 h = ■ min
4 h = ■ min

c) 180 min = ■ h
120 min = ■ h

3 **a)** 1 h 10 min = ■ min
1 h 30 min = ■ min

b) 100 min = ■ h ■ min
150 min = ■ h ■ min

c) 200 min = ■ h ■ min
260 min = ■ h ■ min

4 **a)** 40 min + ■ min = 1 h
20 min + ■ min = 1 h
25 min + ■ min = 1 h

b) 10 min + ■ min = 1 h
35 min + ■ min = 1 h
15 min + ■ min = 1 h

c) 47 min + ■ min = 1 h
19 min + ■ min = 1 h
5 min + ■ min = 1 h

5 Wie viele Stunden und Minuten sind es?

Beispiel **a)** 75 min = 1 h 15 min

a) 75 min = ■ h ■ min
95 min = ■ h ■ min
105 min = ■ h ■ min

b) 110 min = ■ h ■ min
130 min = ■ h ■ min
200 min = ■ h ■ min

6 Ordne die Zeiten zu.

7 Wandle um.

Beispiel **a)** 10 min = 600 s

a) 10 min = ■ s
2 min = ■ s

b) 180 s = ■ min
60 s = ■ min

c) 240 s = ■ min
360 s = ■ min

8 Ordne die Zeitspannen. Beginne mit der kleinsten Zeitspanne.

a) 2 min 30 s   180 s   3 min 10 s   1 min 50 s

b) 6 min   4 min 20 s   300 s   5 min 10 s

Zeitpunkte und Zeitspannen

1 Wie viel Minuten sind vergangen?

a)

b)

2 Die Uhr zeigt an, wann die Kinder morgens aus dem Haus gehen.

a) Wer ist am längsten unterwegs? Ordne nach der Dauer des Schulwegs.

b) Wann kommen die Kinder in der Schule an?

3 Vergleiche mit den Schülerinnen und Schülern deiner Lerngruppe: Wann gehst du morgens aus dem Haus? Wie lange dauert dein Schulweg?

4 **a)** Herr Bauer fährt um 10:45 Uhr am Bahnhof los. Wann kommt sein Bus am Marktplatz an?

b) Wie viel Minuten dauert die Fahrt vom Bahnhof zum Marktplatz?

c) Frau Panni muss um 12:15 Uhr am Marktplatz sein. Wann muss sie am Bahnhof losfahren?

BUS 42	Bahnhof → Marktplatz	
Bahnhof	Rathaus	Marktplatz
10:15	10:25	10:35
10:45	10:55	11:05
11:15	11:25	11:35
11:45	11:55	12:05
12:15	12:25	12:35

5 Herr Leu steigt am Bahnhof in den Bus. Um 11:25 Uhr steigt er am Rathaus aus.

a) Wann ist der Bus am Bahnhof abgefahren?

b) Wie lange dauerte die Fahrt von Herrn Leu?

6

a) Um wie viel Uhr begann die Wanderung?

b) Wohin gehen die Wanderer wohl?

Fahrplan

Busfahrplan von München nach Stuttgart						
Ort, *Haltestelle*		*täglich Montag bis Sonntag*				
München, *ZOB/Hackerbrücke*	ab	–	08:45	13:30	15:45	20:30
Augsburg, *P+R Nord*	an/ab	–	09:45	14:30	16:45	21:30
Günzburg, *Bahnhof*	an/ab	08:15	|	15:15	|	22:15
Günzbürg, *LEGOLAND*	an/ab	|	10:30	|	17:30	–
Stuttgart, *ZOB Obertürkheim*	an	09:45	12:00	16:45	19:00	–

Busfahrplan von Stuttgart nach München						
Ort, *Haltestelle*		*täglich Montag bis Sonntag*				
Stuttgart, *ZOB Obertürkheim*	ab	–	10:00	12:15	17:00	19:15
Günzbürg, *LEGOLAND*	an/ab	–	11:30	|	18:30	20:45
Günzburg, *Bahnhof*	an/ab	06:45	|	13:45	|	–
Augsburg, *P+R Nord*	an/ab	07:30	12:15	14:30	19:15	–
München, *ZOB/Hackerbrücke*	an	08:30	13:15	15:30	20:15	–

1 Suche die Abfahrtszeiten im Fahrplan von München nach Stuttgart heraus.
a) Wann fährt der erste Bus in München ab?
b) Wann fährt der letzte Bus in München ab? Bis wohin fährt dieser Bus?
c) Zu welchen Uhrzeiten halten Busse aus München in Günzburg am Bahnhof?

2 **a)**

Ich möchte möglichst früh in Stuttgart sein.

Wann fährt Herr Rupp in München ab?

b)

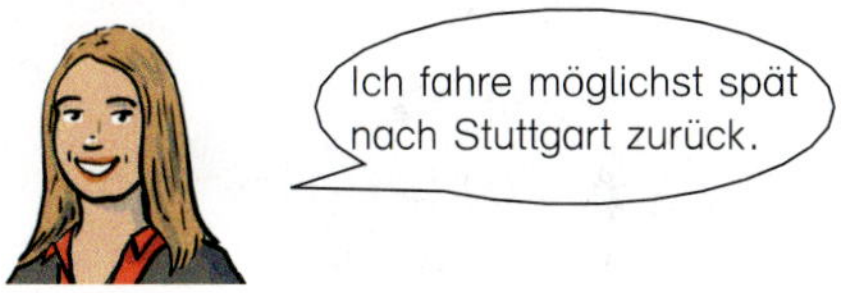

Ich fahre möglichst spät nach Stuttgart zurück.

Wann fährt Frau Nau in München ab?

3 **a)** Suche im Busfahrplan von Stuttgart nach München die Abfahrtszeiten. Notiere sie.
b) Wie lange dauert die Fahrt von Stuttgart nach München?

4 **a)** Welche Reisemöglichkeit gibt es von Stuttgart zum Bahnhof Günzburg?
b) Wie lange dauert diese Fahrt?

☆ **5** Herr Schneider wohnt in Augsburg. Er möchte nach Stuttgart fahren und dort möglichst viel Zeit verbringen. Am selben Tag möchte er wieder zurück fahren.
a) Wann sollte Herr Schneider in Augsburg abfahren?
b) Wann muss Herr Schneider spätestens in Stuttgart die Rückfahrt antreten?
c) Wie viel Zeit kann Herr Schneider in Stuttgart verbringen?

☆ **6** Familie Gregoriadou aus München fährt mit dem Bus in das Legoland nach Günzburg. Abends möchte die Familie wieder nach Hause fahren.
Wie lange kann der Aufenthalt im Legoland höchstens dauern?

Vermischte Übungen

1 Frau Hoff fährt mit dem Zug zu ihren Enkelkindern. Schreibe die Aussagen in dein Heft.
Setze passend ein: min, h, €, kg, g, m, km

a) Frau Hoffs Gepäck wiegt 15 ■.
b) Sie hat 2 Tafeln mit 300 ■ Schokolade dabei.
c) Die Zugfahrt kostet 60 ■.
d) Der Zug legt eine Strecke von 170 ■ zurück.
e) Die Zugfahrt dauert insgesamt 2 ■.
f) Frau Hoff erreicht ihr Ziel mit 20 ■ Verspätung.
g) Vom Bahnhof bis zu den Enkeln sind es 300 ■.

2 Wie schwer ist jeder Gegenstand?

a)
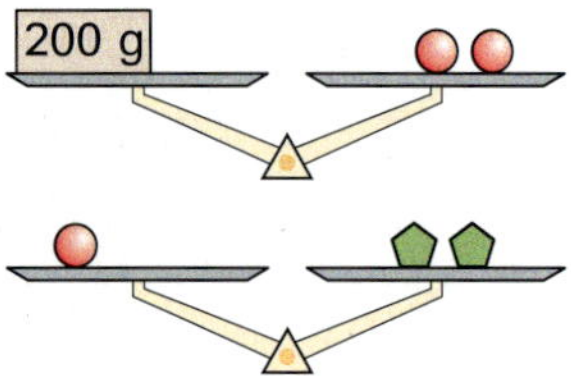

b)
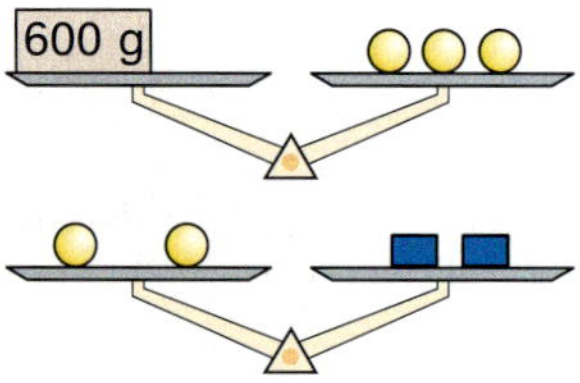

c)
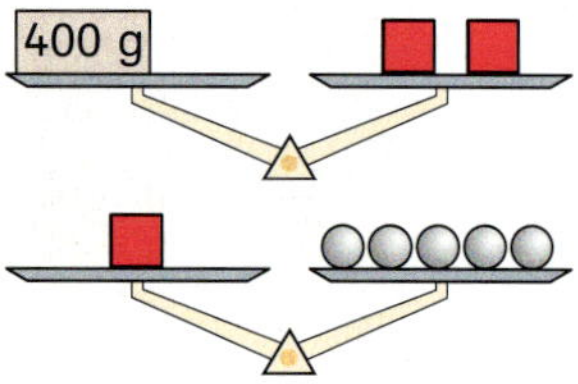

3 **a)** 800 g + ■ = 1 kg
750 g + ■ = 1 kg

b) 1300 g + ■ = 2 kg
2800 g + ■ = 3 kg

c) 550 kg + ■ = 1 t
350 kg + ■ = 1 t

4 Wie weit springt jedes Tier? Wandle um in Meter.

a) Ochsenfrosch

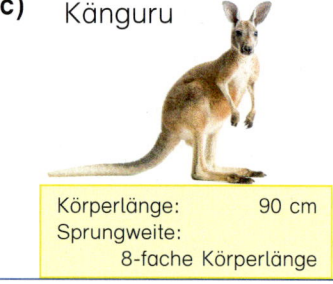

Körperlänge: 20 cm
Sprungweite: 10-fache Körperlänge

b) Floh

Körperlänge: 3 mm
Sprungweite: 200-fache Körperlänge

c) Känguru

Körperlänge: 90 cm
Sprungweite: 8-fache Körperlänge

5 Hier wurden Fehler gemacht. Berichtige in deinem Heft.

a) 90 min = 1 h 30 min
120 min = 1 h 20 min

b) 65 min = 1 h 15 min
85 min = 1 h 25 min

c) 2 h 20 min = 220 min
2 h 5 min = 125 min

6 Von Flensburg bis Füssen sind es fast 1000 km.

a) Ein Fußgänger schafft ungefähr 5 km in der Stunde. Wie viele Stunden benötigt er von Flensburg bis Füssen?

b) Ein Radfahrer fährt ungefähr 20 km in der Stunde. Wie viele Stunden benötigt er für die Strecke?

c) Eine Autofahrerin hat 10 Stunden für 1000 km benötigt. Wie viel Kilometer legte das Auto in einer Stunde zurück?

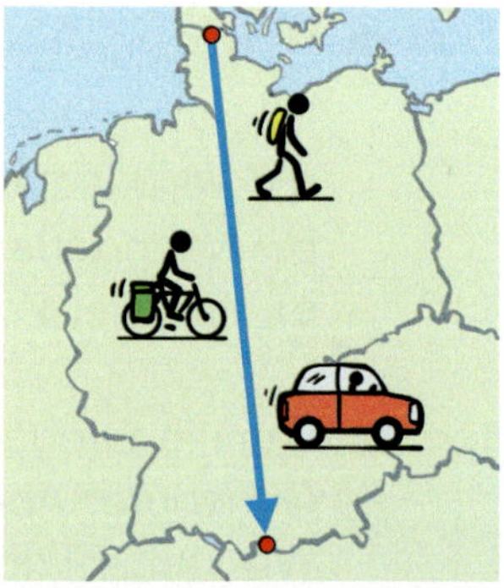

Erdmännchen
Größe: 30 cm
Gewicht: 700 g
Alter: 10 Jahre

Flamingo
Größe: 145 cm
Gewicht: 4 kg
Alter: 30 Jahre

Giraffe
Größe: 5,8 m
Gewicht: 1,9 t
Alter: 24 Jahre

Löwe
Größe: 120 cm
Gewicht: 200 kg
Alter: 15 Jahre

Schimpanse
Größe: 120 cm
Gewicht: 45 kg
Alter: 40 Jahre

Waschbär
Größe: 60 cm
Gewicht: 15 kg
Alter: 10 Jahre

1 Ordne die Tiere **a)** nach ihrer Größe **b)** nach ihrem Gewicht.

2 Einige Aussagen sind falsch. Berichtige in deinem Heft.

a) Der Schimpanse wiegt 3-mal so viel wie der Waschbär.

b) Das Erdmännchen ist halb so schwer wie der Flamingo.

c) Vier Flamingos wiegen zusammen mehr als der Waschbär.

d) Zehn Löwen wiegen zusammen mehr als die Giraffe.

e) 50 Flamingos wiegen zusammen so viel wie der Löwe.

f) Vier Schimpansen wiegen zusammen mehr als der Löwe.

3 Wie alt werden diese Tiere?
a) Ein Orang-Utan wird 10 Jahre älter als ein Schimpanse.
b) Ein Gorilla wird doppelt so alt wie ein Flamingo.
c) Ein Wolf wird doppelt so alt wie ein Waschbär.
d) Ein Nilpferd wird 10 Jahre älter als ein Flamingo.
e) Ein Elefant wird 30 Jahre älter als ein Schimpanse.
f) Ein Krokodil wird doppelt so alt wie ein Schimpanse.

4 Erstelle eine Liste mit allen Tieren aus Aufgabe 1 und Aufgabe 3.
Ordne sie nach dem Alter.

☆ EXTRAstark

1 Was haben die Gäste im Cafe bestellt?

a) Leonie bestellt zweimal das Gleiche und bezahlt 5,20 €.

b) Frau Steinmeier bezahlt mit einem 10-€-Schein. Sie bekommt 4,70 € zurück.

c) Herr Schneider bezahlt für ein Getränk und etwas zu essen mehr als 5 €, aber weniger als 5,30 €.

d) Für einen Kakao mit Sahne und zwei Stücke Kuchen bezahlt Mirko 8,30 €.

2 Die Kunden kaufen Käsestangen und Brötchen. Bestimme die Einzelpreise.

	Brötchen	Käsestangen	Insgesamt
		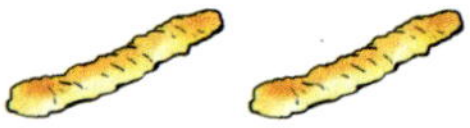	3,10 €
			1,90 €

3 Wie schwer ist jeder Gegenstand?

a)

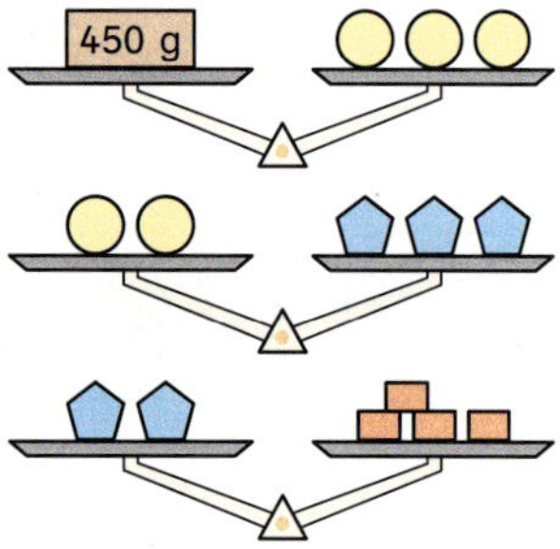

b)

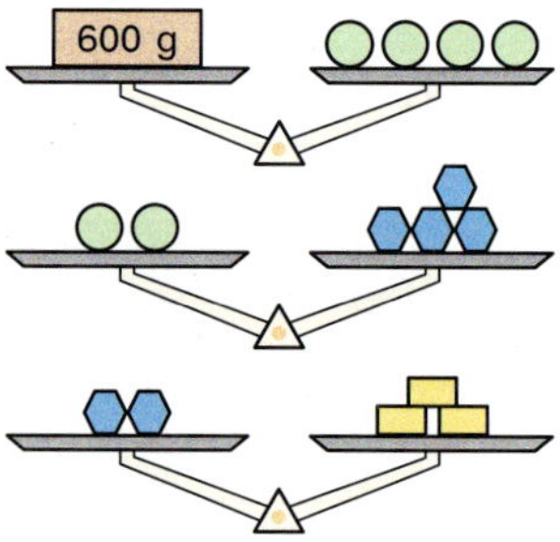

c)

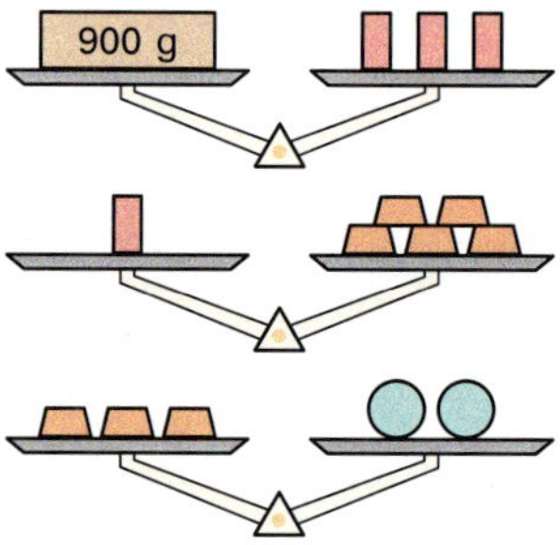

4 **a)**

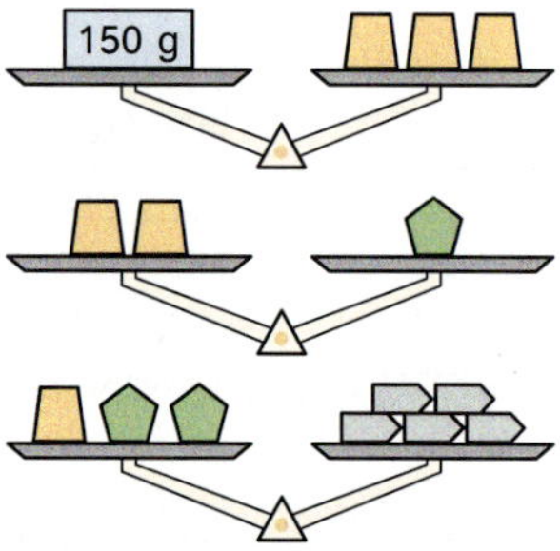

b)

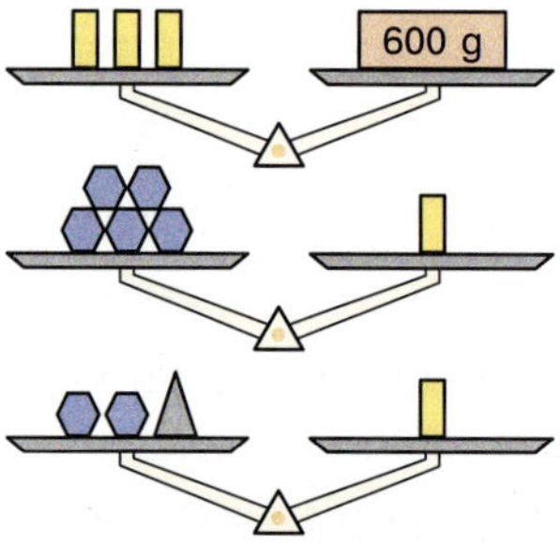

c)

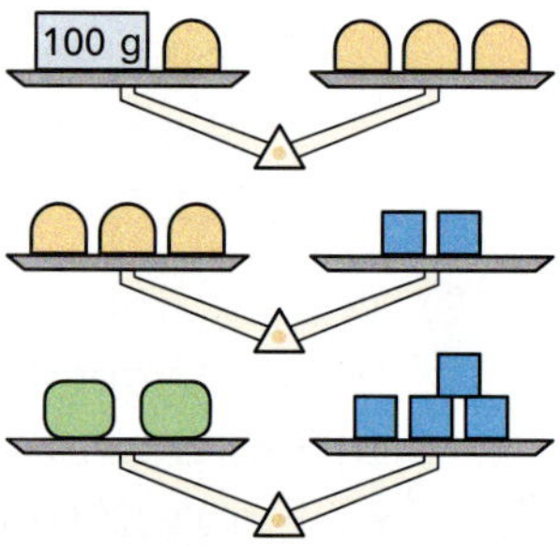

5 Sandy backt ein Körnerbrot. Berechne das Gewicht des Brotteigs.
Beachte: 1 ℓ Wasser wiegt 1 kg.

Rezept Körnerbrot

0,6 kg Mehl	0,5 ℓ Wasser
50 g Hefe	1 Teelöffel Zucker (5 g)
200 g Getreidekörner	2 Teelöffel Salz (8 g)

1 Wie groß sind Tom, Alexa und Janis?

Ich bin 12 cm
größer als Alexa.
Tom

Ich bin 50 cm
größer als der Pinguin.
Alexa

Ich bin 20 cm
kleiner als Tom.
Janis

Kaiserpinguin
Größe: 110 cm

2

a)	65 cm	+	2 m	1,25 m	0,45 m	0,3 m	1,9 m	2,08 m	0,05 m
b)	2,85 m	–	60 cm	95 cm	107 cm	250 cm	279 cm	49 cm	6 cm
c)	5 km	+	1 500 m	700 m	80 m	9 m	1 350 m	720 m	555 m
d)	2 km	–	1 000 m	800 m	250 m	930 m	1 250 m	80 m	25 m

3 Gib das Ergebnis in beiden Einheiten an.

a) 1,95 m + 30 cm
0,75 m + 28 cm

b) 15 cm + 20 mm
47 cm + 13 mm

c) 5,2 dm + 20 cm
3,5 dm + 15 cm

d) 1,5 m + 15 dm
2,6 m + 14 dm

4 Schreibe Frage, Rechnung und Antwort auf.

a)

b)
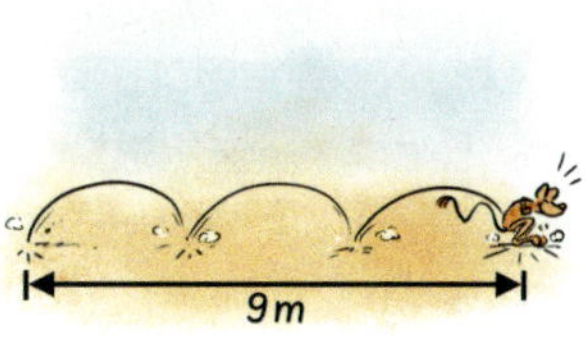

c)

480 km in 8 Stunden.

5 Übertrage die Tabelle in dein Heft und vervollständige sie.

Abfahrt	9:40 Uhr	14:50 Uhr	7:30 Uhr	18:15 Uhr	■	■
Fahrzeit	90 min	105 min	■	■	75 min	80 min
Ankunft	■	■	10:25 Uhr	0:30 Uhr	12:05 Uhr	10:00 Uhr

6 **a)** Im Hamburg begann die kürzeste Nacht des Jahres 2020 am 20. Juni um 21:51 Uhr und dauerte genau 7 Stunden. Wann ging die Sonne wieder auf?

b) Am 21. Dezember 2020 ging die Sonne um 16:01 Uhr unter und am nächsten Tag um 8:35 Uhr wieder auf. Es war die längste Nacht des Jahres. Wie viele Stunden und Minuten dauerte sie?

Wiederholen und Üben

1 Kleiner, größer oder gleich? Setze ein: <, > oder =

a) 4,76 € ■ 467 ct
3,05 € ■ 350 ct
3,35 € ■ 335 ct

b) 15 € 7 ct ■ 1570 ct
12 € 30 ct ■ 1230 ct
9 € 45 ct ■ 954 ct

c) 17,08 € ■ 17 € 80 ct
2,05 € ■ 2 € 5 ct
21,90 € ■ 21 € 9 ct

2 Ordne nach der Größe. Beginne mit dem kleinsten Geldbetrag.

a) 6,84 €
648 ct
6 € 80 ct

b) 20 € 5 ct
20,50 €
2055 ct

c) 1410 ct
14,01 €
11,40 €

d) 3505 ct
34,50 €
35 € 50 ct

3 Wie viel Euro bekommen die Kinder zurück?

4 Im Kopf oder schriftlich?

a) 35,45 € + 12,35 €
14 € + 4,87 €
6,70 € + 3 €

b) 30 € − 11,30 €
16,57 € − 7,35 €
14,30 € − 4,30 €

c) 27,35 € + 5 €
5,45 € + 20 €
34,20 € − 10,20 €

5 **a)** Wandle um in cm: 1,70 m 5,45 m 12,35 m 0,08 m 20,30 m
b) Wandle um in mm: 5 cm 6,7 cm 18 cm 0,6 cm 30,7 cm
c) Wandle um in cm: 2 dm 3 dm 5 cm 7 dm 4 cm 14 dm 19 dm

6 **a)** 3 km 750 m = ■ km
2 km 235 m = ■ km
5 km 55 m = ■ km
1 km 307 m = ■ km

b) 2,160 km = ■ m
5,455 km = ■ m
0,016 km = ■ m
0,350 km = ■ m

c) 4760 m = ■ km
1509 m = ■ km
710 m = ■ km
45 m = ■ km

7 **a)** 960 m + ■ m = 1 km
280 m + ■ m = 1 km
120 m + ■ m = 1 km

b) 730 m + ■ m = 1 km
170 m + ■ m = 1 km
40 m + ■ m = 1 km

c) 610 m + ■ m = 1 km
240 m + ■ m = 1 km
80 m + ■ m = 1 km

8 Übertrage die Tabelle in dein Heft und vervollständige sie.

2 m 57 cm	■	6 m 30 cm	■	4 m 6 cm	■
2,57 m	■	■	2,35 m	■	0,57 m
257 cm	124 cm	■	■	■	■

9 Ordne nach der Größe. Beginne mit der kleinsten Länge.

a) 2 m 37 cm 2,73 m 217 cm **b)** 85 cm 0,58 m 5 m 80 cm

Wiederholen und Üben

1 Ordne die Massen zu.

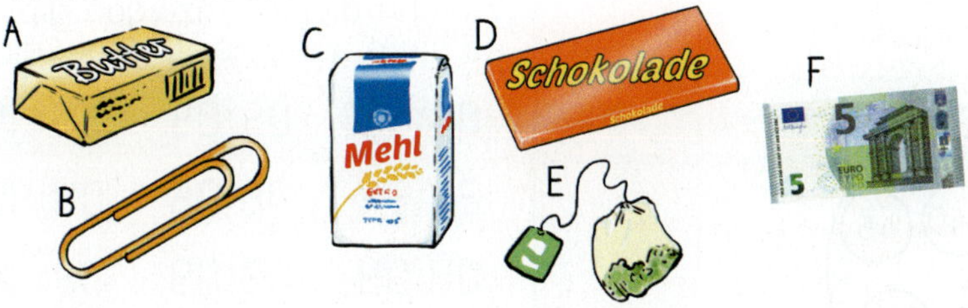

1 g	100 g
3 g	250 g
710 mg	1 kg

2 Kleiner, größer oder gleich? Setze ein: <, > oder =

a) 3 kg ■ 3050 g
2,505 kg ■ 2505 g

b) 9,6 kg ■ 9600 g
3,005 kg ■ 3050 g

c) 2220 g ■ 2,1 kg
7005 g ■ 7,5 kg

3 Wandle um.

a) in g:	4 kg	3,100 kg	7,205 kg	0,360 kg	1,5 kg
b) in kg:	2000 g	6300 g	3845 g	2708 g	5067 g
c) in kg:	2 t	1,250 t	3,075 t	0,750 t	2,5 t
d) in t:	1000 kg	5000 kg	7500 kg	5300 kg	6450 kg

4 Wie viel Minuten sind vergangen?

a)

b)

5 Das Handballspiel beginnt um 17:30 Uhr. Ron schaut um 17:10 Uhr auf die Uhr. Wie lange dauert es noch, bis das Spiel beginnt?

6 **a)** 30 min + ■ min = 1 h
45 min + ■ min = 1 h

b) 20 min + ■ min = 1 h
25 min + ■ min = 1 h

c) 5 min + ■ min = 1 h
1 min + ■ min = 1 h

7

Regionalbahn Simm – Tann				
Simm	ab	8:20	8:50	9:20
Stuhr	an/ab	8:35	9:05	9:35
Auen	an/ab	8:45	9:15	9:45
Tann	an	8:50	9:20	9:50

a) Frau Bender aus Simm möchte um 9:30 Uhr in Tann sein. Wann muss sie spätestens in Simm abfahren?

b) Wie lange dauert Frau Benders Fahrt?

c) Herr Tarp steigt um 9:05 Uhr in den Zug. Wo steigt Herr Tarp ein?

d) Wie lange fährt Herr Tarp bis Tann?

Alles klar?

Größen

Ich kann …

… Größen passende Einheiten zuordnen.

… Größen in verschiedene Einheiten umwandeln.

… Größen vergleichen.

… mit Größen rechnen.

… Sachaufgaben zu Größen lösen.

Knobelecke

1 Welche drei Zahlen ergeben zusammen 200?

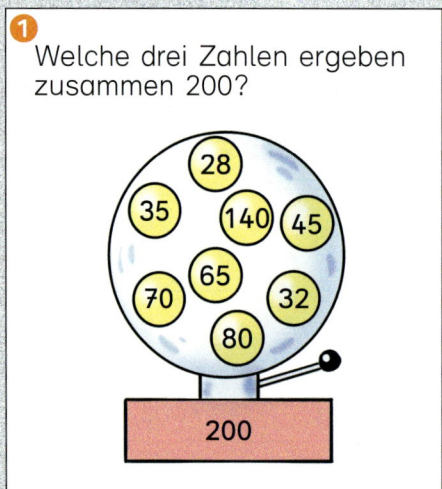

2 Welche dieser Anzeigen gibt es nicht auf einer Digital-Uhr?

05:50	05:05	15:15
24:24	06:06	04:40
04:04	09:09	18:18
21:21	06:60	12:12

3

Lisa und Hans sind zusammen 28 Jahre alt.

Hans ist zwei Jahre älter als Lisa.

Wie alt ist Lisa?

4

Der Weg ist 100 m lang. Die letzte Laterne steht am Ende des Weges. Wie viele Laternen sind es?

5

Hinter Lena stehen halb so viele Personen wie vor ihr.
Welche Farbe hat Lenas Pullover?

1 Wie heißen die Zahlen bei den Fahnen?

Beispiel
A = 9000

a)

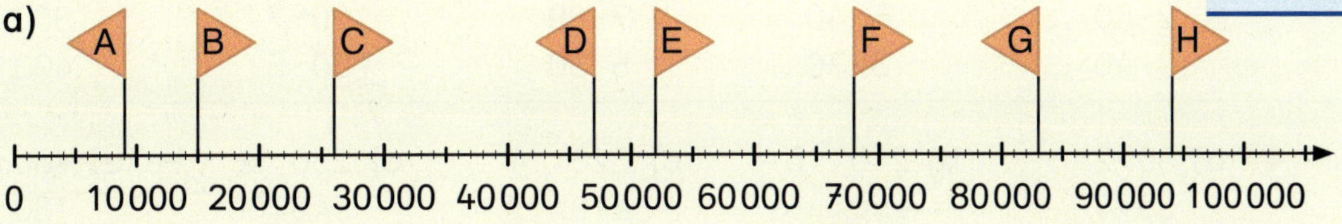

b)

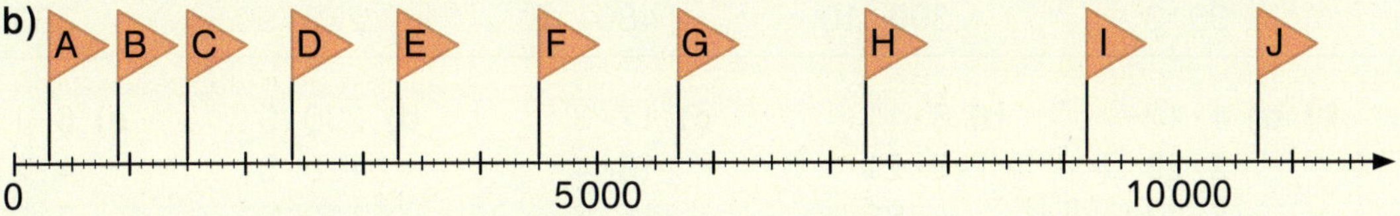

2 Kleiner, größer oder gleich? Setze ein: < , > oder =

a) 3140 ■ 3410	**b)** 5780 ■ 5870	**c)** 71500 ■ 70510
5270 ■ 2750	4320 ■ 3240	23095 ■ 23509
1083 ■ 1380	7253 ■ 7253	49631 ■ 49613

3 Schreibe zu jeder Zahl Vorgänger und Nachfolger auf.

3500 4100 7890 9000 37236 55307 46999

Beispiel
3499 | 3500 | 3501

4 Runde die Zahlen auf Tausender.

5801 8928 19701 26356 33209 71901 84297 90199

5 Runde die Zahlen auf Zehntausender.

7254 9061 15012 24897 44989 60995 75690 88888

6 Schreibe die Zahlen in Wortform.

a) 5600	**b)** 17406	**c)** 247301	**d)** 4037331	**e)** 5230000000
7308	25930	400009	1505210	4000600000

7 Im Kopf oder schriftlich?

a) 2184 + 3203	**b)** 7001 + 1832	**c)** 6428 − 3000	**d)** 4317 − 1604
6037 + 1999	4000 + 154	1946 − 1728	9653 − 3001
1222 + 1222	3060 + 2001	7767 − 1999	4230 − 130
3200 + 4400	6800 + 470	5500 − 900	6600 − 40

8 Bianca kauft die Inliner und das Schutz-Set bei Sport-Topp.
Ihre Freundin Sadaf kauft beides bei Müllers Sportshop.

a) Wer bezahlt weniger? **b)** Wie groß ist der Unterschied?

Sport-Topp
Inliner 128,75 €
Schutz-Set 24,80 €

Müllers Sportshop
Inliner 119,50 €
Schutz-Set 28,20 €

Alles paletti

1 **a)** 4 · 30, 2 · 80, 9 · 40 **b)** 8 · 50, 5 · 40, 3 · 70 **c)** 6 · 40, 7 · 60, 5 · 30 **d)** 70 · 6, 20 · 7, 30 · 5 **e)** 200 · 4, 900 · 1, 400 · 2

2 **a)** 60 : 2, 80 : 4, 90 : 3 **b)** 240 : 6, 450 : 5, 300 : 10 **c)** 320 : 4, 210 : 7, 480 : 6 **d)** 250 : 50, 540 : 60, 270 : 90 **e)** 480 : 60, 180 : 20, 360 : 40

3 **a)** 4 · 12, 2 · 23, 3 · 32 **b)** 8 · 11, 5 · 21, 4 · 32 **c)** 17 · 3, 18 · 4, 15 · 6 **d)** 230 · 3, 120 · 5, 110 · 8 **e)** 6 · 130, 4 · 210, 3 · 320

4 Welcher Term passt zum Text? Rechne. Schreibe einen Antwortsatz.

Im Blumengeschäft stehen 40 Blumensträuße aus Rosen. In jedem Strauß sind 8 Rosen. Wie viele Rosen sind es insgesamt?

40 + 8 | 40 · 8 | 40 : 8 | 40 − 8

5 Notiere den Text zum Term. Berechne den Wert.
a) 50 + 77 **b)** 100 : 10 **c)** 92 − 15 **d)** 2 · 35 **e)** 12 + 39 + 8

6 **a)** 6 m = ■ cm, 4 m = ■ cm **b)** 300 cm = ■ m, 800 cm = ■ m **c)** 1,60 m = ■ cm, 3,75 m = ■ cm **d)** 250 cm = ■ m, 370 cm = ■ m

7 Übertrage die Tabelle in dein Heft und vervollständige sie.

2 cm 6 mm	■	■	■	10 cm 4 mm	■
2,6 cm	4,8 cm	■	0,9 cm	■	■
26 mm	■	37 mm	■	■	112 mm

8 Ergänze zu 2 m.
a) 180 cm, 1,65 m, 1 m 40 cm **b)** 1,79 m, 1 m 48 cm, 0,85 m

9 **a)** 2 h = ■ min, 5 h = ■ min **b)** 180 min = ■ h, 240 min = ■ h **c)** 3 h 10 min = ■ min, 1 h 25 min = ■ min

10 Leo möchte seine Tante vom Bahnhof abholen. Der Zug kommt um 11:50 Uhr an.
Wie lange muss Leo noch warten?

Zeichnen und Konstruieren

In diesem Kapitel ...

... erkennst und benennst du Eigenschaften von Quadraten und Rechtecken.

... zeichnest du mit dem Geodreieck zueinander senkrechte und parallele Linien.

... unterscheidest du Gerade, Strahl und Strecke.

... bestimmst du den Abstand von Punkten und Geraden.

... zeichnest du Punkte in ein Koordinatensystem.

1 Welche Form ist abgebildet?

a)

b)

c)

d)

2 Welche Form passt nicht in die Reihe? Begründe.

a)

b)
 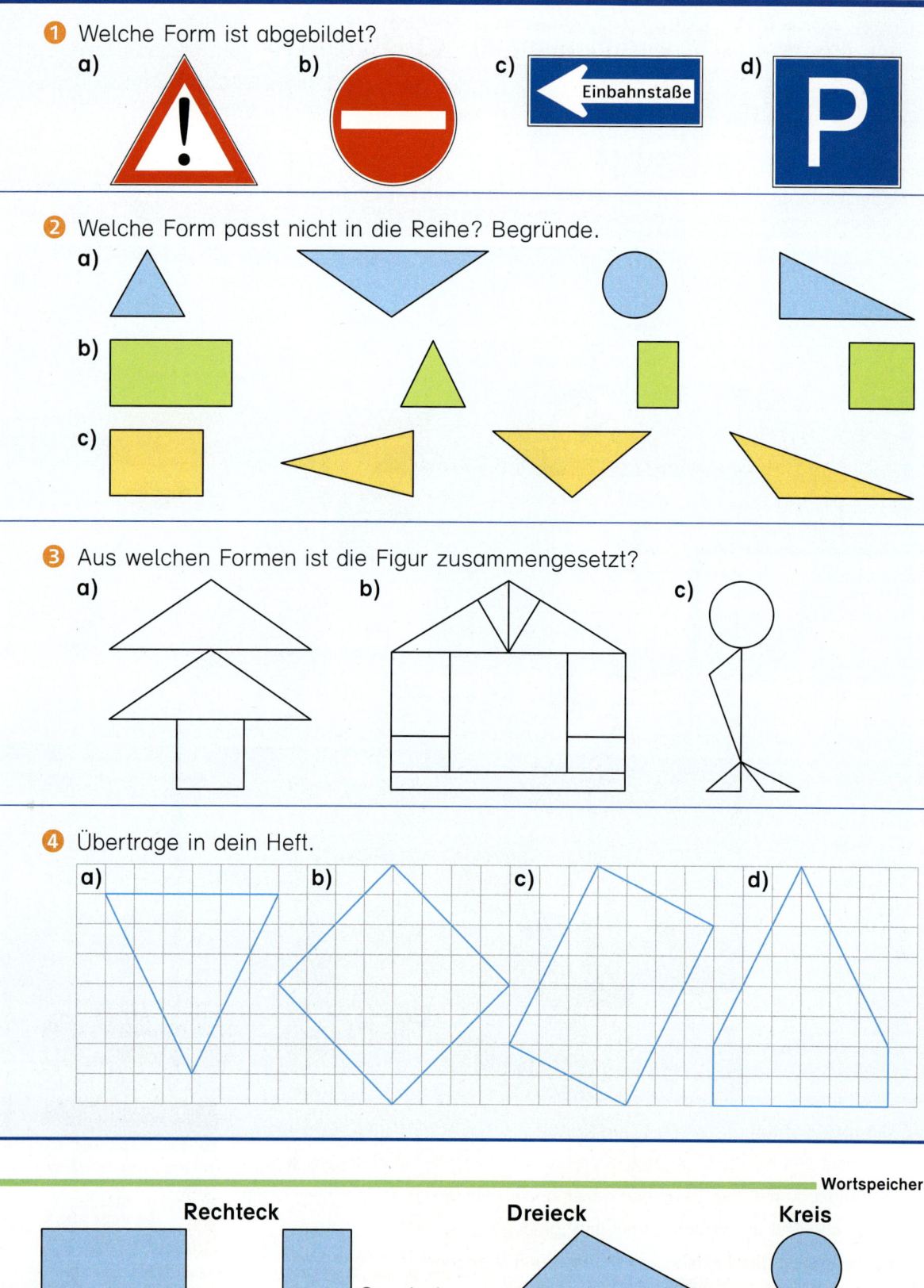

c)
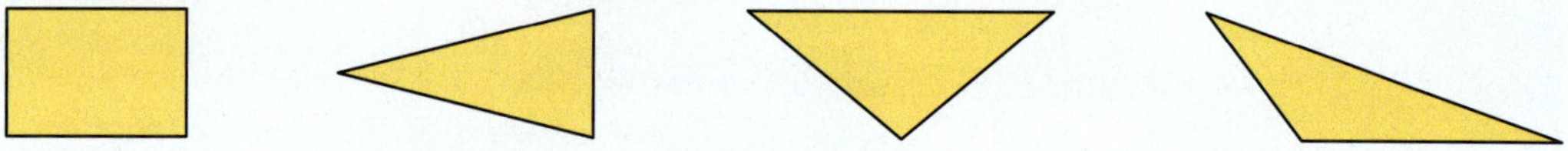

3 Aus welchen Formen ist die Figur zusammengesetzt?

a)
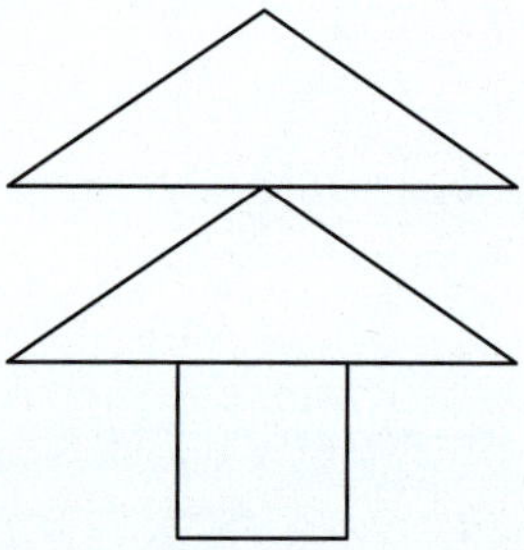

b)
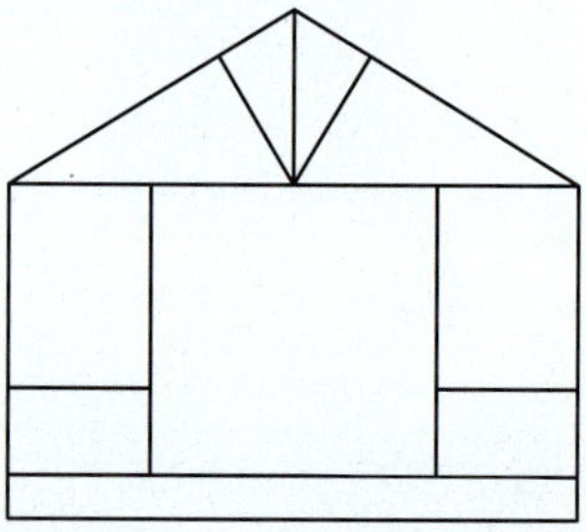

c)

4 Übertrage in dein Heft.

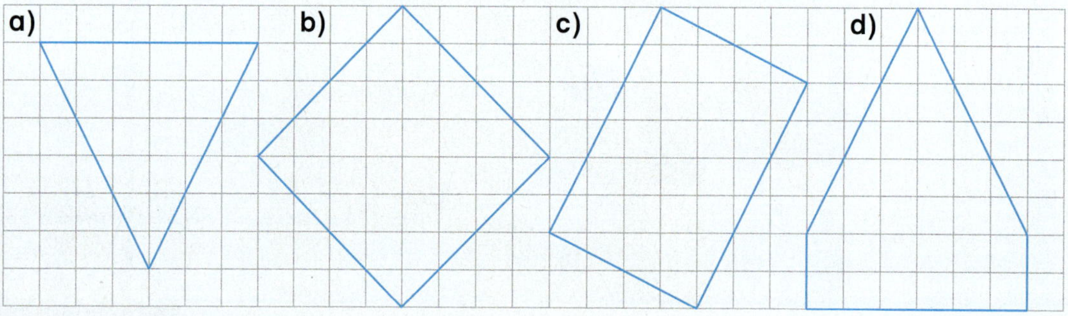

Wortspeicher

Rechteck

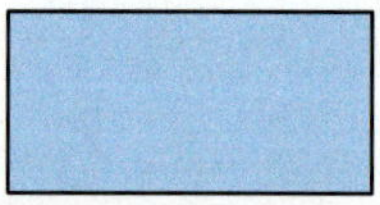

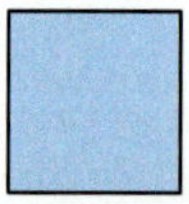

Quadrat

Dreieck

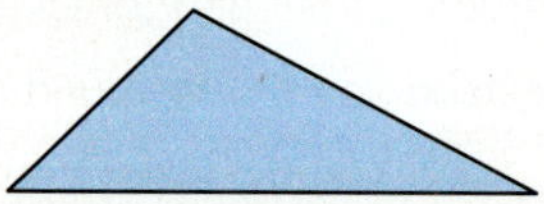

Kreis

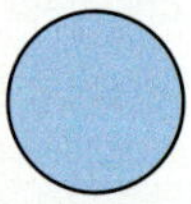

1 Besorgt euch kleine Gegenstände, die viereckig, rund oder dreieckig sind. Zeichnet Vierecke, Dreiecke und Kreise durch Umfahren der Gegenstände auf Buntpapier, Tonpapier oder Moosgummi und schneidet sie aus.

2 Stellt aus Hartschaum Stempel mit geometrischen Formen her. Druckt bunte Muster.

Rechter Winkel

1 **a)** Nehmt ein Stück Papier und faltet es wie im Bild. Es entsteht ein rechter Winkel.

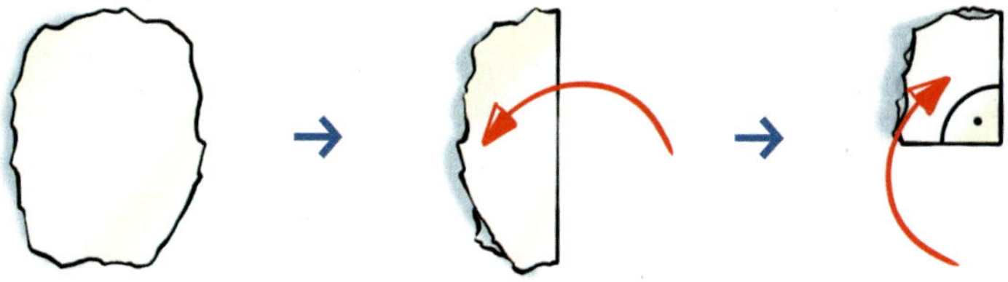

b) Sucht im Klassenraum Gegenstände mit einem rechten Winkel.
Prüft mit dem Faltwinkel.

c) Wo gibt es im Schulgebäude rechte Winkel? Schreibt drei Beispiele auf.

2 Zeige mit dem Faltwinkel rechte Winkel an deinem Geodreieck.

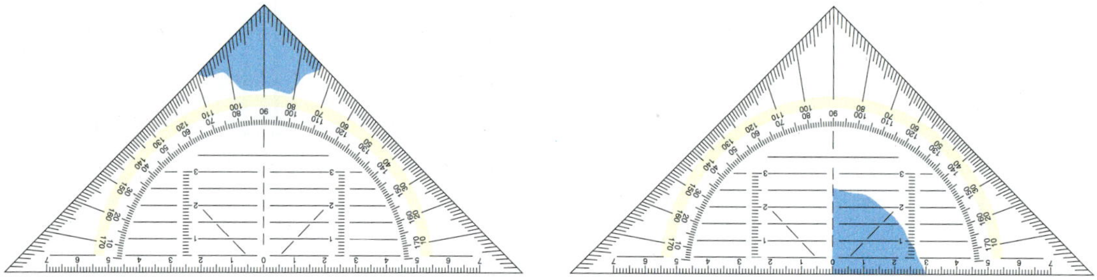

3 **a)** Prüfe mit dem Geodreieck, ob die Figuren rechte Winkel haben.

1. Möglichkeit

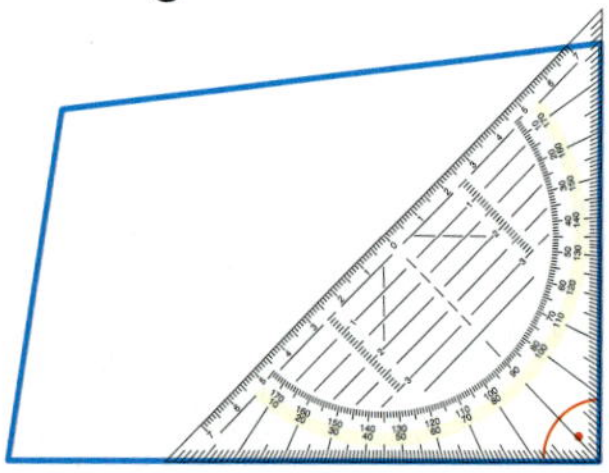

2. Möglichkeit

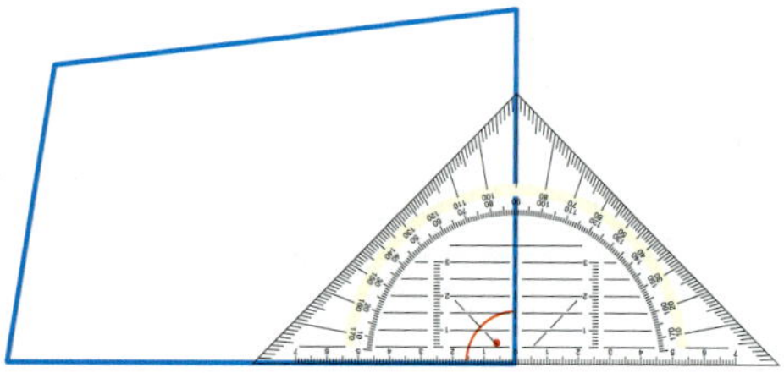

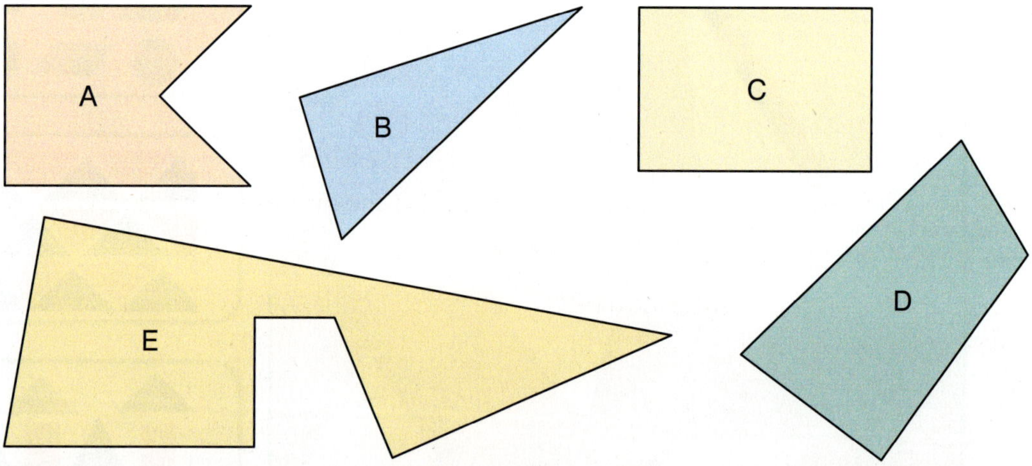

b) Wie viele rechte Winkel hat jede Figur?

Rechter Winkel

So zeichnest du mit dem Geodreieck einen rechten Winkel.

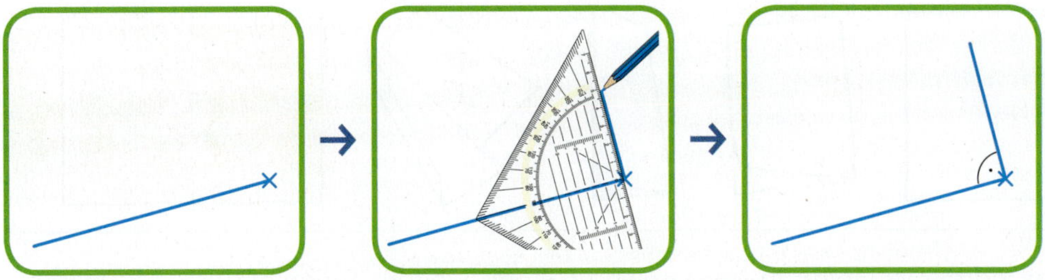

Die beiden Linien sind orthogonal, also zueinander senkrecht.

❶ Zeichne 6 rechte Winkel mit dem Geodreieck auf weißes Papier.

❷ Sind die Linien zueinander senkrecht (orthogonal)? Prüfe mit deinem Geodreieck.

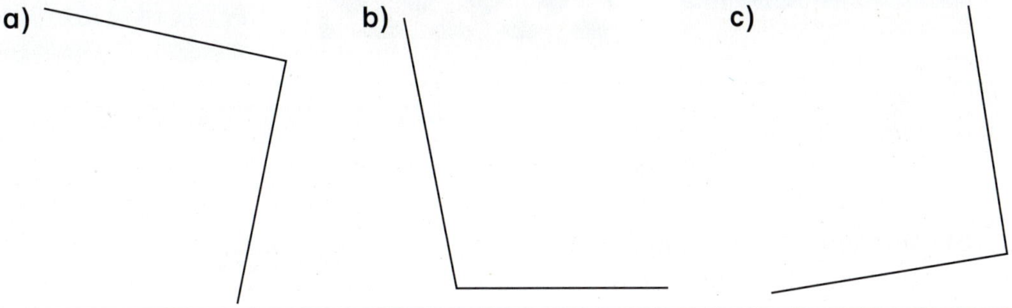

❸ Sind die Linien zueinander senkrecht (orthogonal)? Prüfe mit deinem Geodreieck.

Beispiel

$a \perp e$ $a \not\perp c$

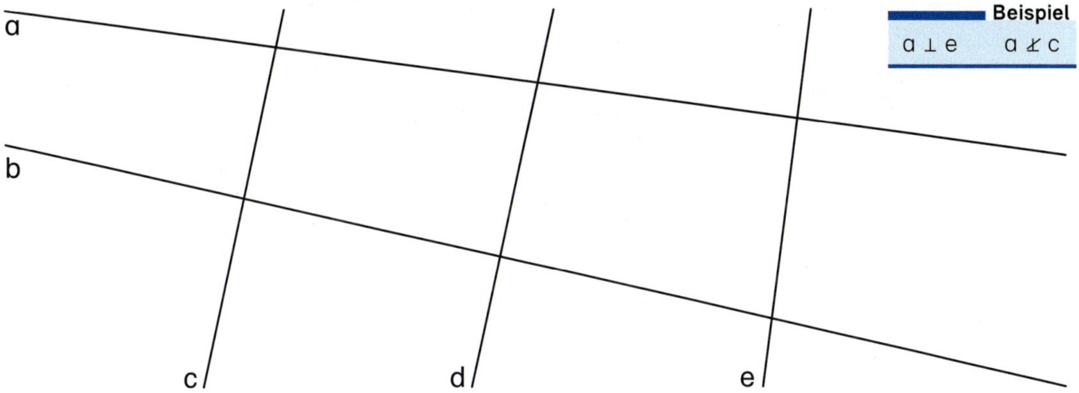

❹ Zeichne eine Linie in dein Heft. Zeichne zu dieser Linie 3 senkrechte Linien.

Wortspeicher

Die Linien sind zueinander **senkrecht** (orthogonal).

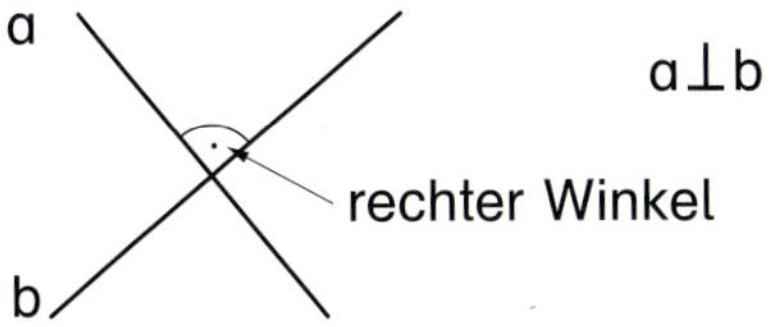

Die Linien sind **nicht** zueinander **senkrecht** (nicht orthogonal).

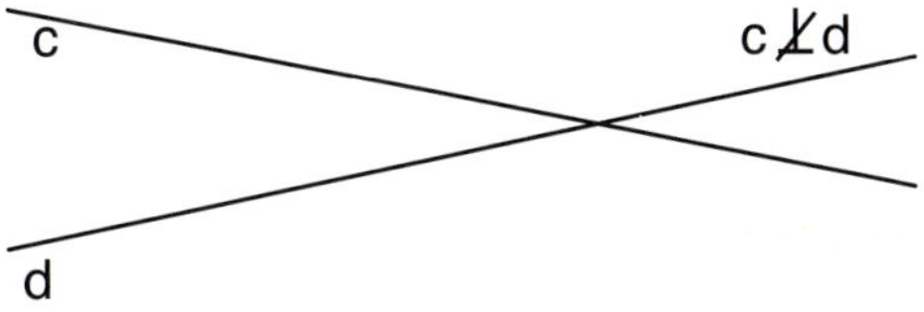

Parallele Linien

1 Nimm ein Stück Papier und falte es wie im Bild. Es entstehen parallele Linien.

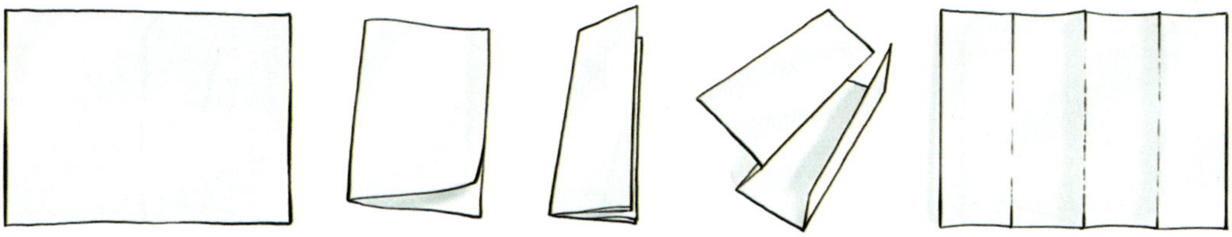

2 Wo gibt es parallele Linien in der Umwelt? Finde weitere Beispiele.

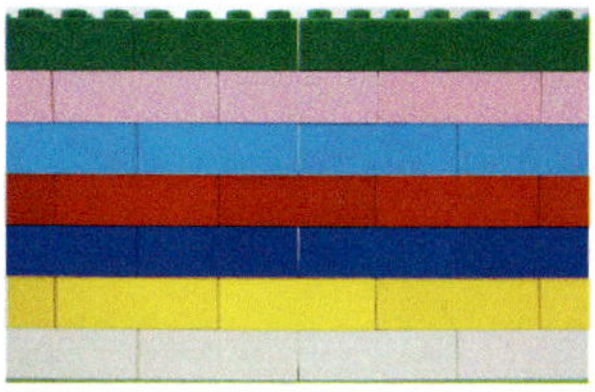

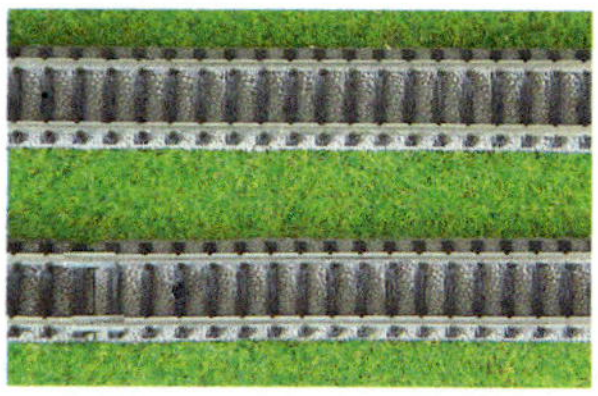

3 **a)** Wo findest du auf deinem Geodreieck parallele Linien? Zeige sie.

b) Welchen Abstand haben die parallelen Linien auf dem Geodreieck?

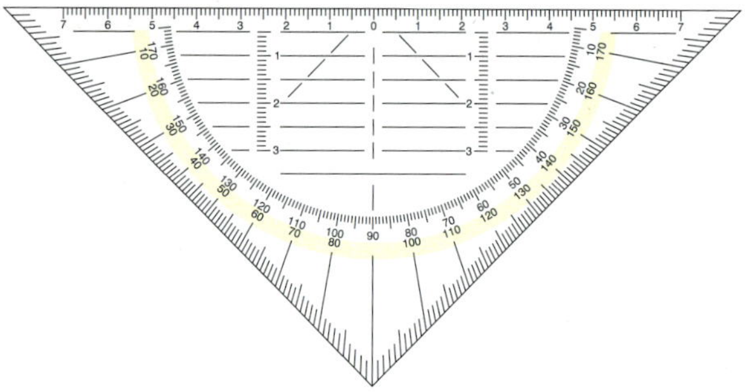

So kannst du mit dem Geodreieck parallele Linien zeichnen.

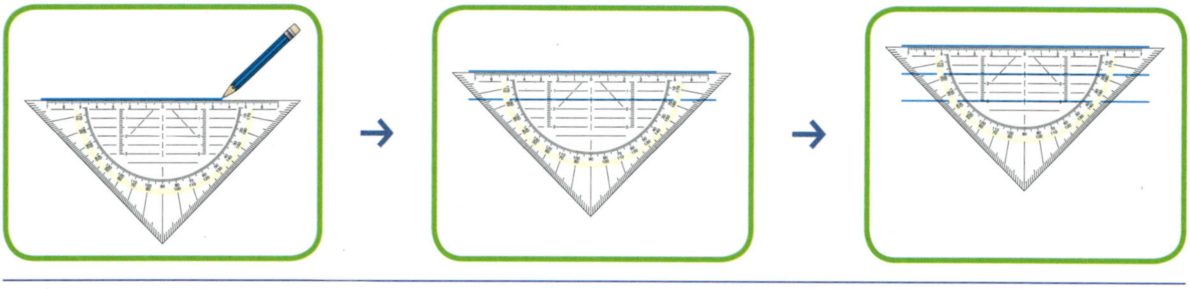

4 Sind die Linien zueinander parallel? Prüfe mit dem Geodreieck.

Beispiel
a ∥ d   a ∦ b

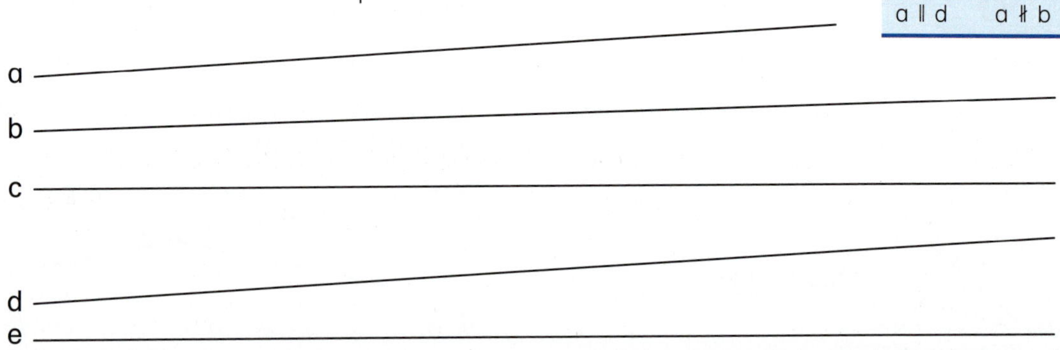

Parallele Linien

1 **a)** Stelle das Muster durch Falten her.

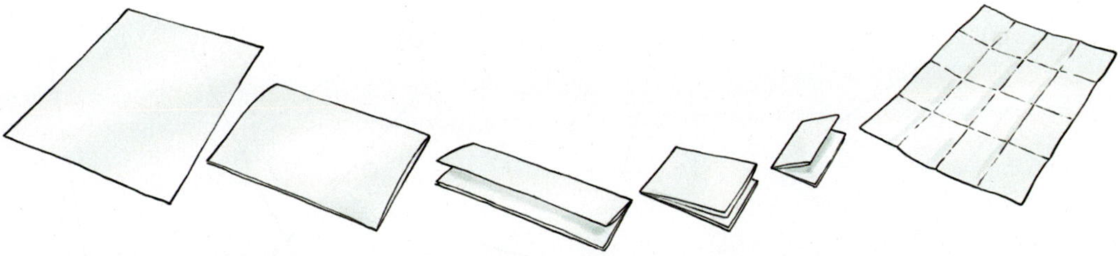

b) Färbe eine Faltlinie blau. Dann färbe alle dazu parallelen Linien auch blau.
c) Färbe alle Linien, die zu einer blauen Linie senkrecht sind, rot.
Was fällt dir auf?

2 Zeichne auf unliniertes Papier drei parallele Linien.
Abstand der Linien jeweils: **a)** 1 cm **b)** 2 cm **c)** 3 cm **d)** 2,5 cm

3 Zeichne ein solches Muster aus parallelen Linien in dein Heft und setze es fort. Färbe dein Muster.

a)
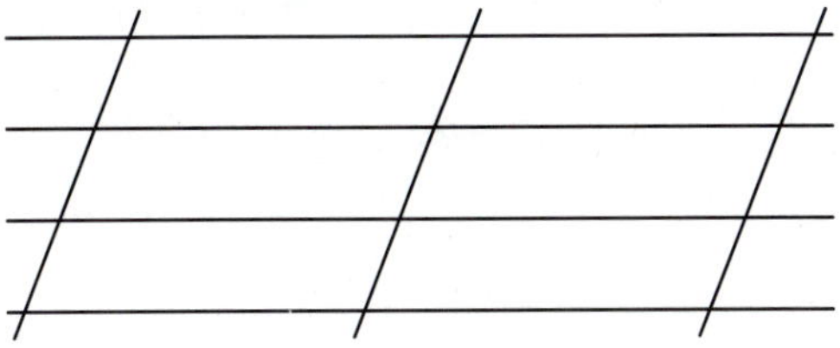

b)
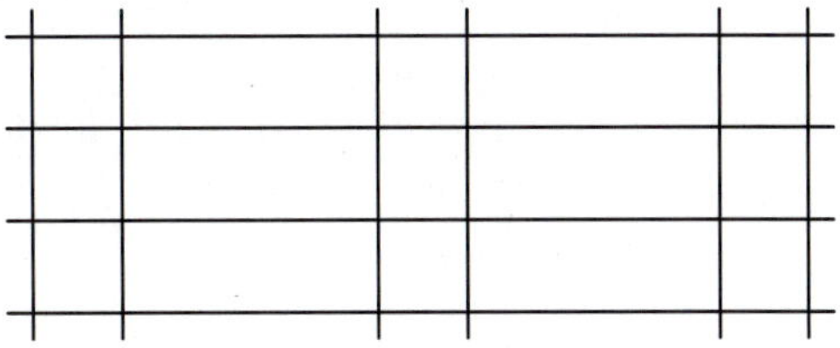

c)
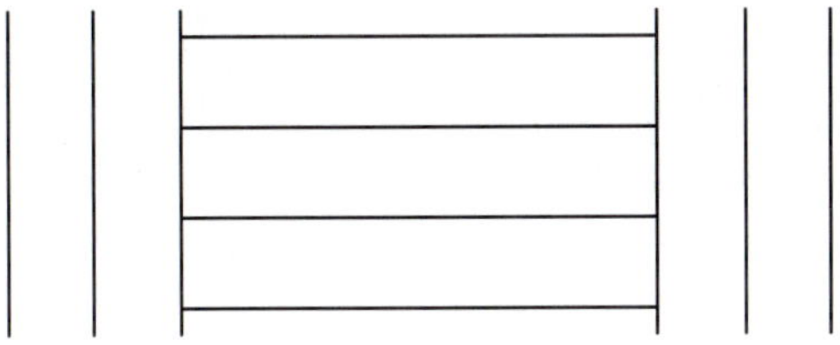

d)
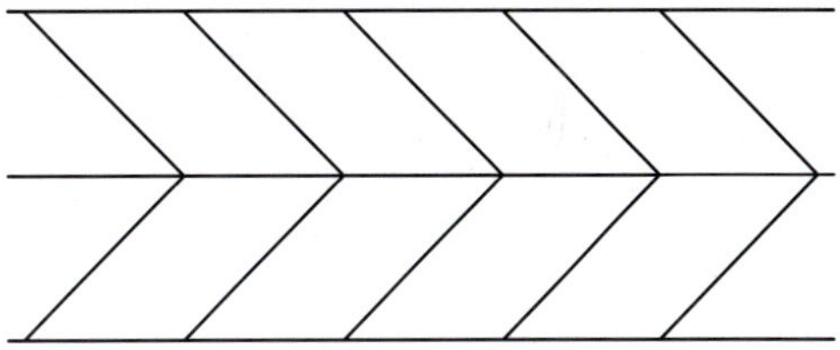

4 Sind die roten Linien parallel? Prüfe mit dem Geodreieck.

a)
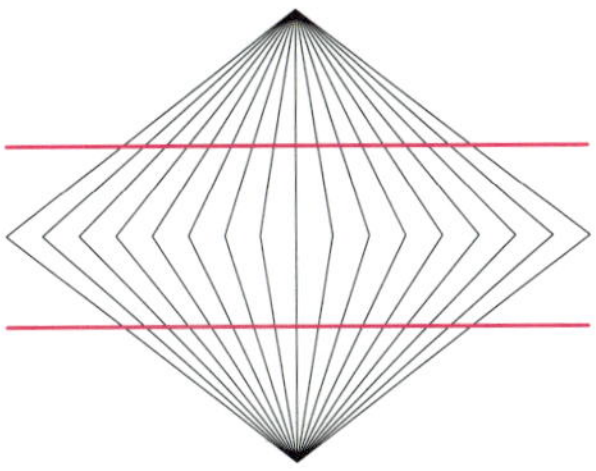

b)
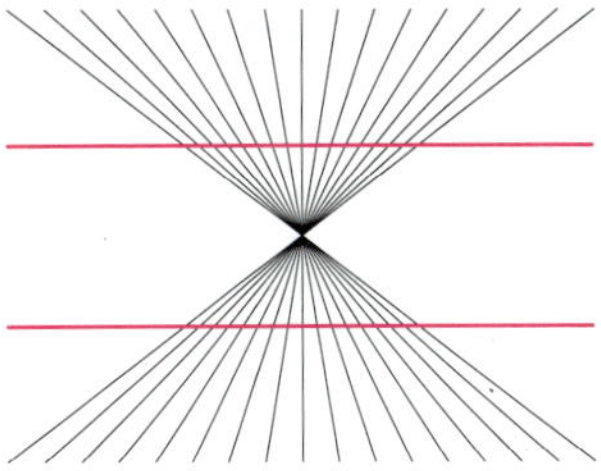

c)
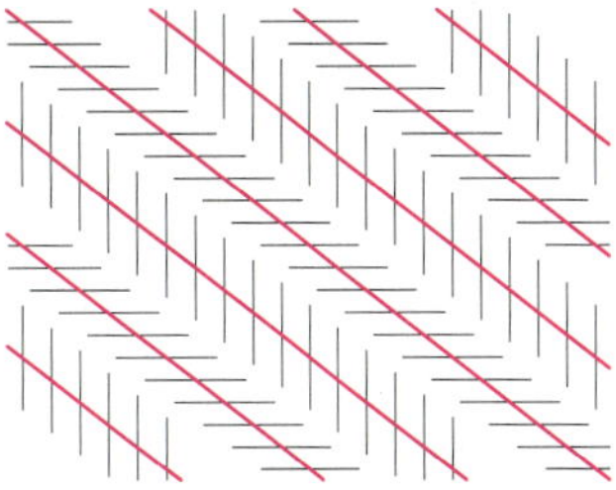

Wortspeicher

Die Linien sind zueinander **parallel**.

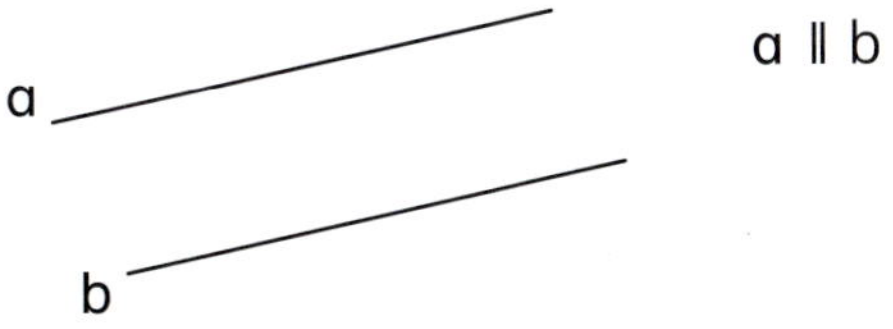

Die Linien sind **nicht** zueinander **parallel**.

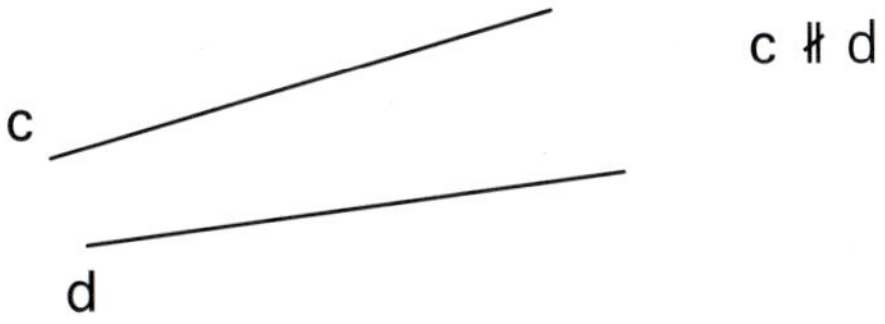

Senkrecht und parallel

1 Zueinander senkrecht oder parallel? Prüfe mit dem Geodreieck.

Beispiel
a) a ∦ b

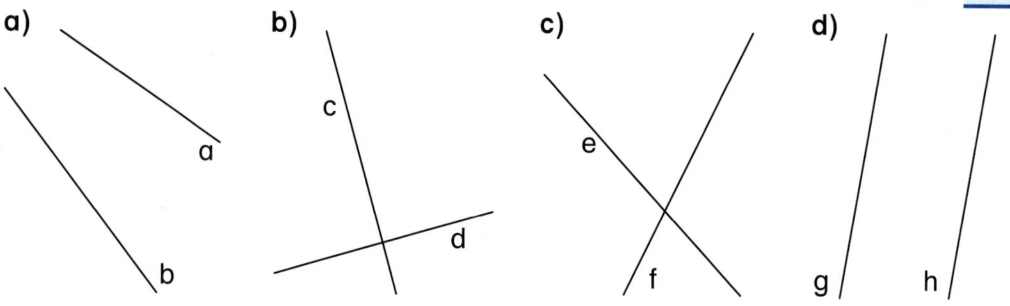

2 **a)** Welche Linien sind zueinander parallel?
b) Welche Linien sind zueinander senkrecht (orthogonal)?

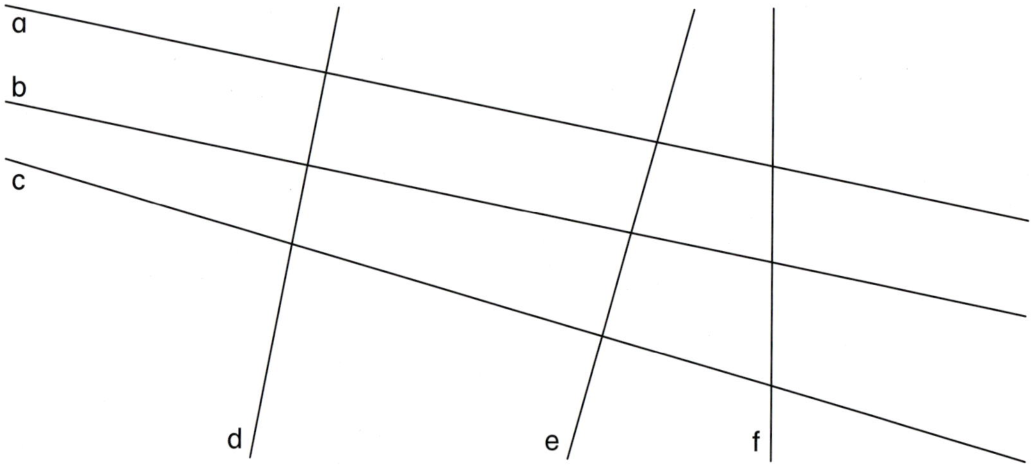

3 Zeichne das Bandornament in dein Heft.

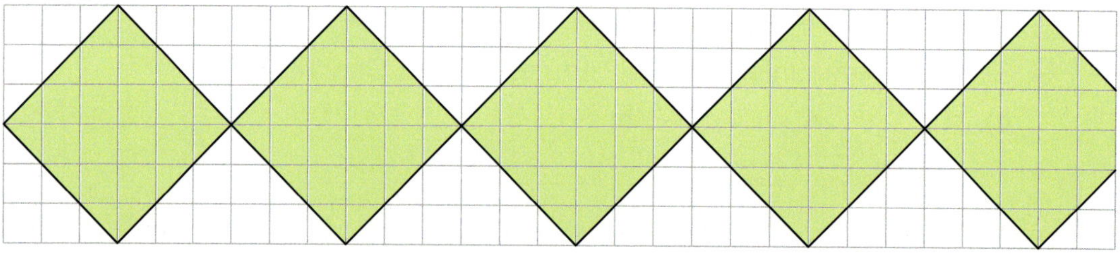

4 Wie geht es weiter? Zeichne das Bandornament in dein Heft und setze es fort.

a)

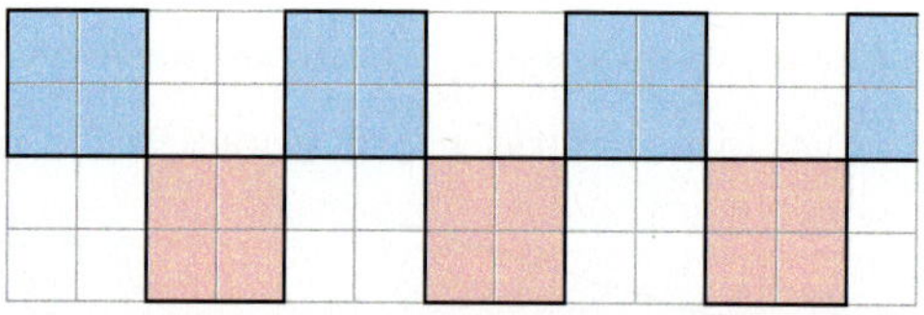

b)

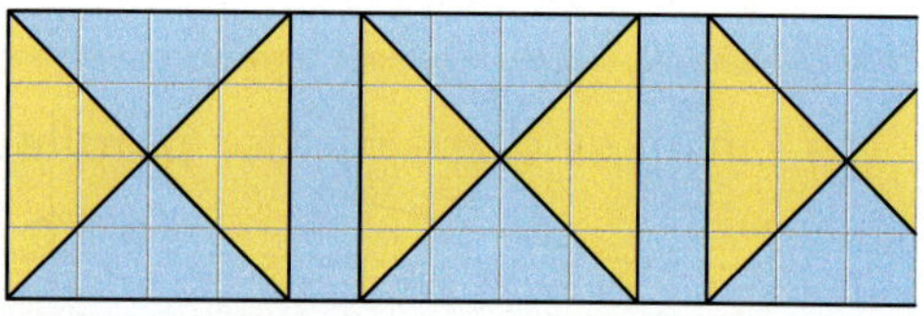

5 Zeichnet den Anfang eines Bandornaments auf Karopapier.
Tauscht die Zeichnungen untereinander. Führt die Bandornamente fort.

Quadrat und Rechteck

1 **a)** Übertrage in dein Heft.

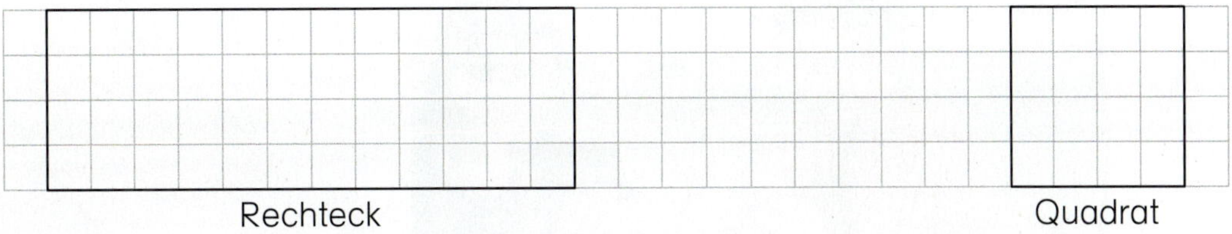

b) Färbe in jeder Figur gleich lange Seiten mit der gleichen Farbe.

c) Kennzeichne rechte Winkel so: 

2 Welche Merkmale gelten sowohl für das Rechteck als auch für das Quadrat?
Welches Merkmal gilt nur für das Quadrat?

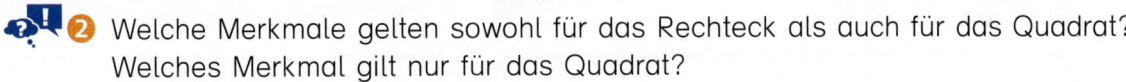

4 Seiten | Gegenüberliegende Seiten sind parallel. | 4 Ecken

Alle Seiten sind gleich lang. | 4 rechte Winkel

Gegenüberliegende Seiten sind gleich lang.

Merke

Das Quadrat ist ein besonderes Rechteck. Alle 4 Seiten sind gleich lang.

So zeichnest du ein Rechteck:

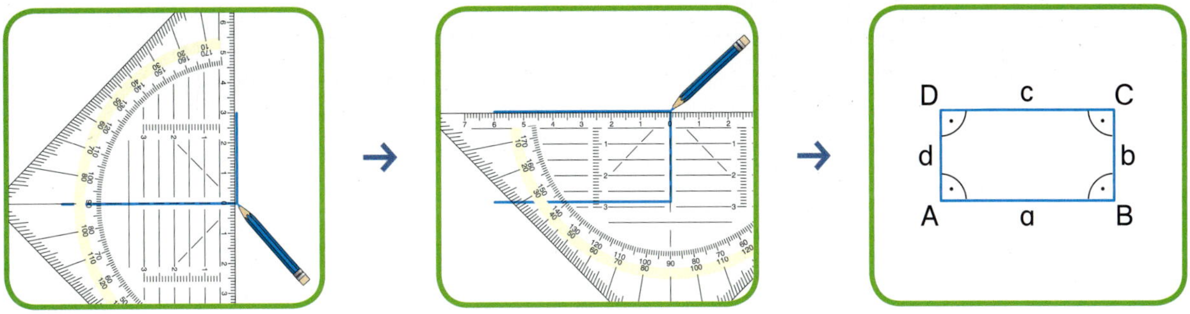

3 Zeichne das Rechteck.

a) a = 7 cm, b = 6 cm
b) a = 5 cm, b = 2 cm
c) a = 7 cm, b = 4,5 cm
d) a = 60 mm, b = 40 mm
e) a = 55 mm, b = 35 mm

4 Zeichne das Quadrat.

a) a = 4 cm **b)** a = 6 cm **c)** a = 4,5 cm **d)** a = 70 mm **e)** a = 65 mm

5 Welches Rechteck ist ein Quadrat? Begründe.

A	B	C	D
a = 3 cm	a = 7 cm	a = 2 cm	a = 6 cm
b = 4 cm	b = 3 cm	b = 2 cm	b = 5 cm

Projekt Geobrett

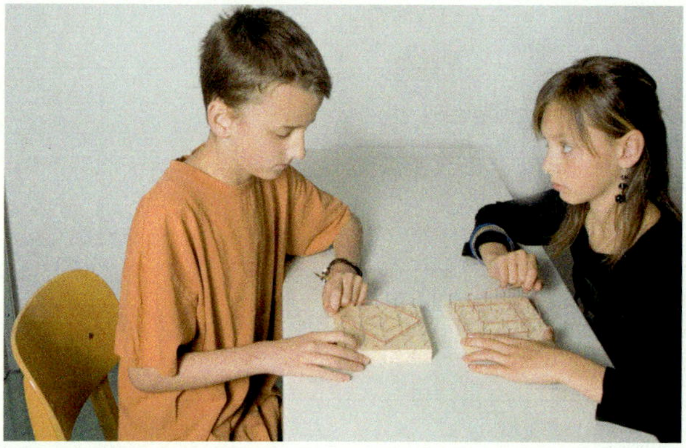

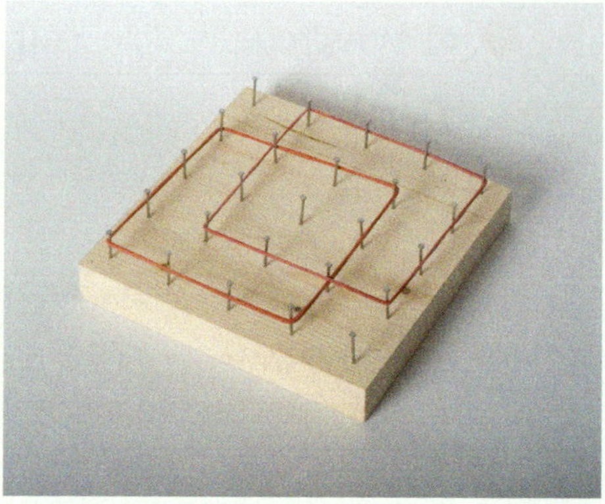

Material:
- 1 Holzbrett, 14 cm x 14 cm, etwa 2 cm dick
- 25 Nägel, etwa 2 cm lang
- 1 Blatt DIN A4, kariert

Werkzeug:
- Lineal
- Bleistift
- Schere
- Klebeband
- Schleifpapier
- Hammer

So wird's gemacht:

① Schablone zeichnen.
② Brett schleifen.
③ Schablone ausschneiden und mit Klebeband am Brett befestigen.
④ Nägel an den Markierungen etwa 1 cm tief einschlagen.
⑤ Schablone entfernen.

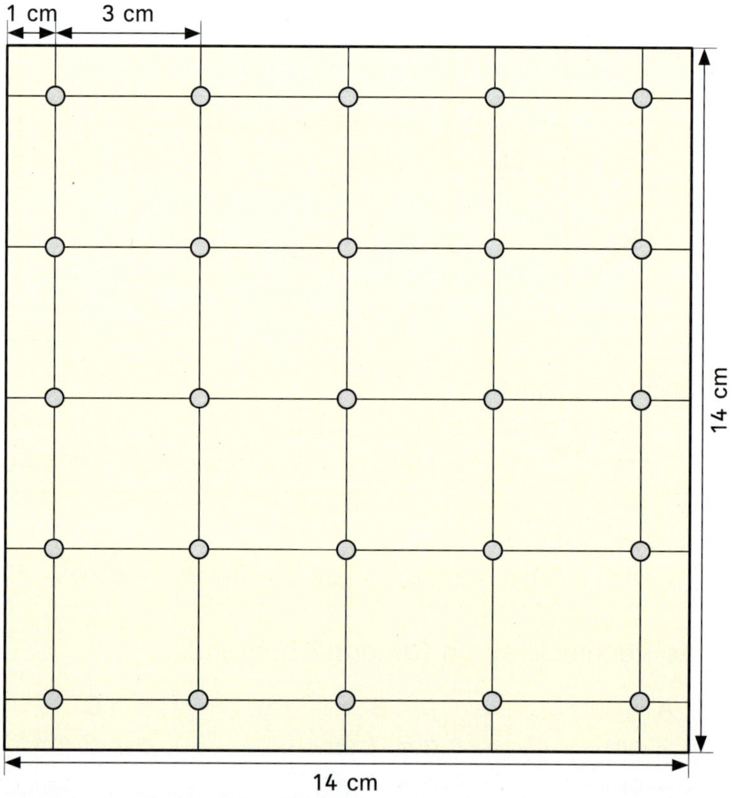

1 **a)** Spanne Muster mit farbigen Gummibändern.

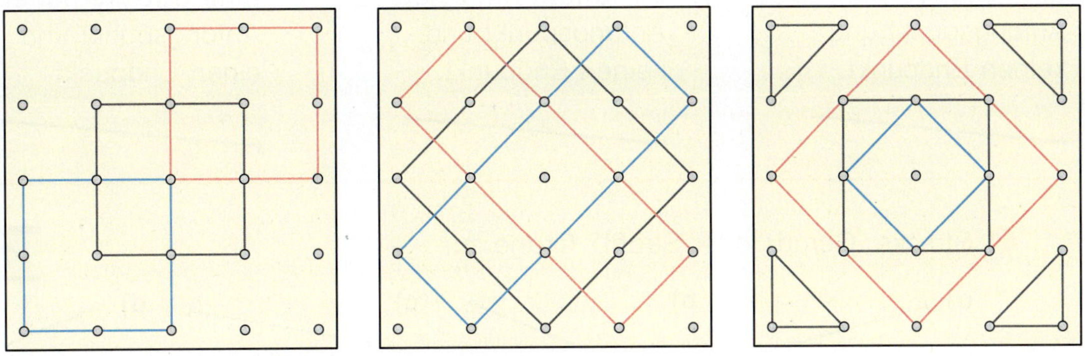

b) Spanne rechte Winkel in verschiedenen Lagen.

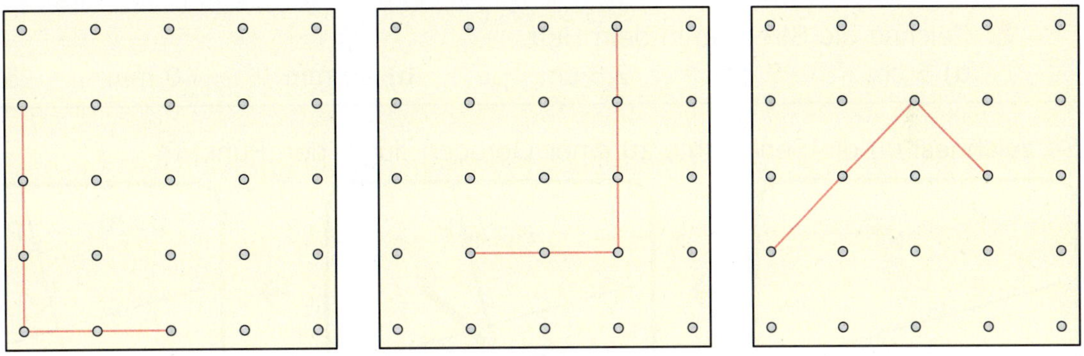

c) Spanne Parallelen mit gleichfarbigen Gummibändern.

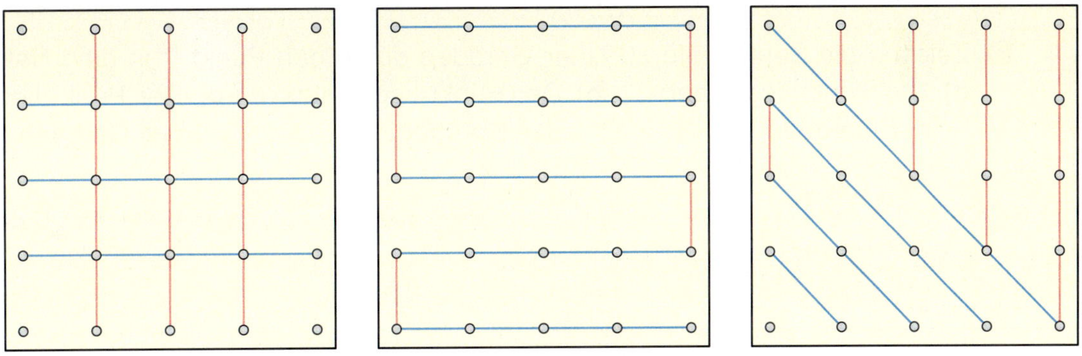

2 Spanne verschieden große Rechtecke. Zeichne drei Lösungen in dein Heft.

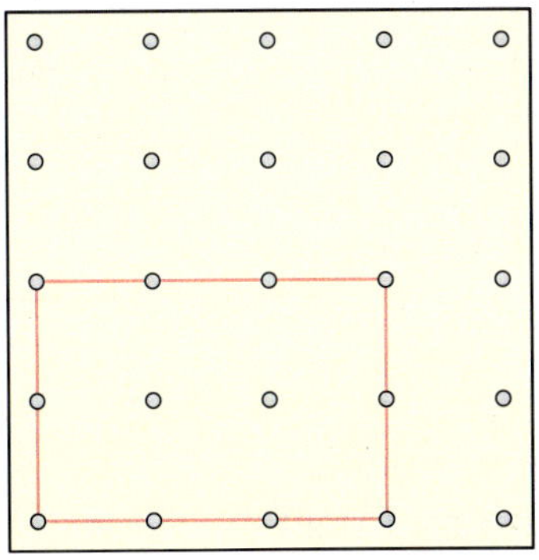

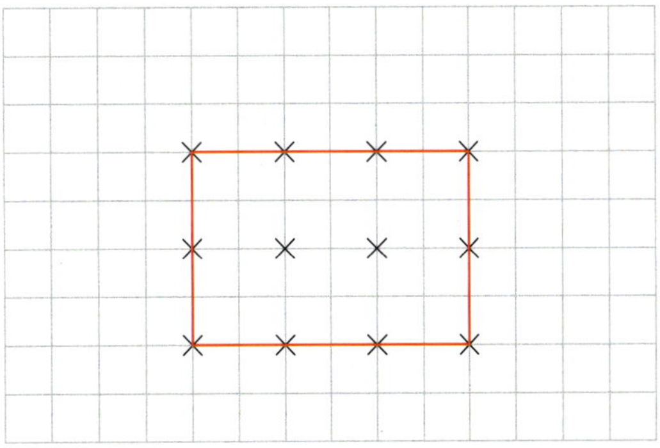

Gerade – Strahl – Strecke

Merke

Eine **Gerade** hat keinen Anfangspunkt und keinen Endpunkt.

Ein **Strahl** hat einen Anfangspunkt und keinen Endpunkt.

Eine **Strecke** hat einen Anfangspunkt und einen Endpunkt.

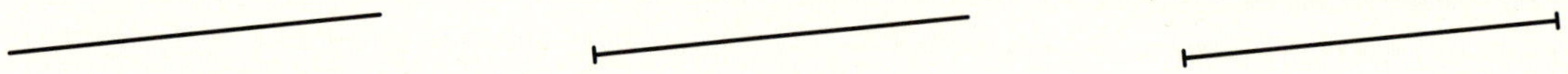

1 Strecke, Gerade oder Strahl? Ordne zu.

Beispiel
a) Strahl

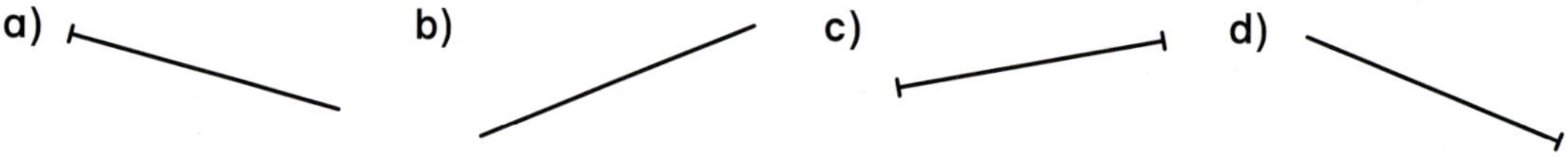

2 Zeichne die Strecken in dein Heft.

a) 5 cm 7 cm 2,5 cm **b)** 30 mm 40 mm 55 mm

So zeichnest du die Senkrechte zu einer Geraden durch den Punkt P:

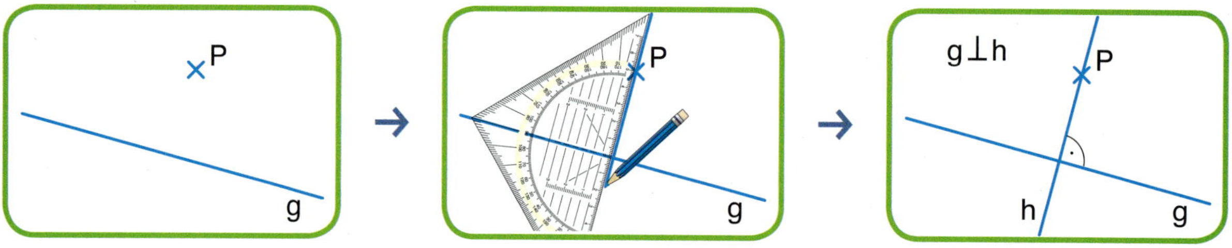

3 Zeichne die Senkrechte zu einer Geraden durch den Punkt P in dein Heft.

a) Der Punkt liegt über der Geraden.

b) Der Punkt liegt unter der Geraden.

☆ **c)** Der Punkt liegt auf der Geraden.

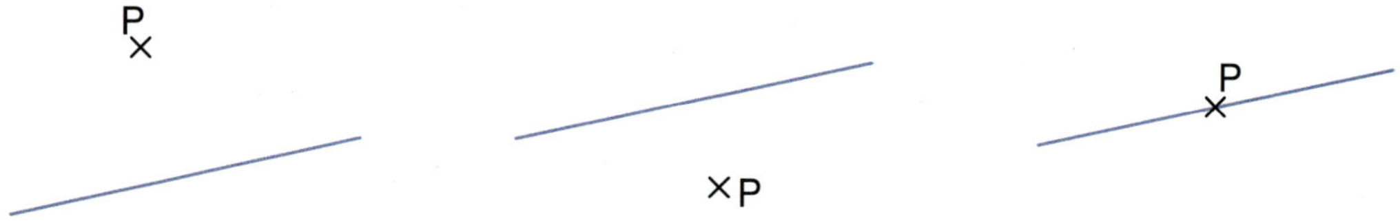

So zeichnest du die Parallele zu einer Geraden durch den Punkt P:

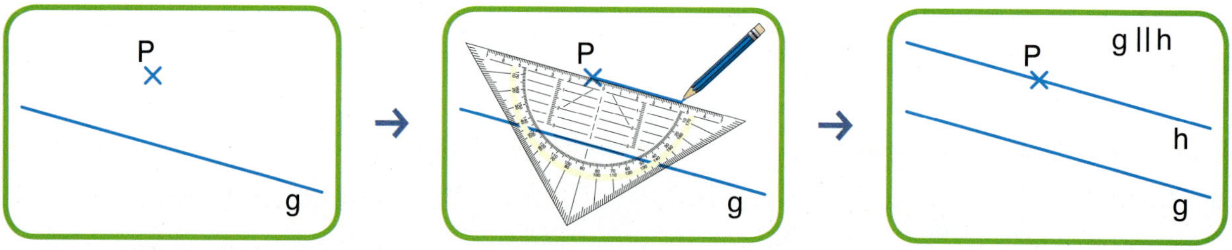

4 Zeichne eine Gerade und einen Punkt.

a) Zeichne die Parallele zu der Geraden durch den Punkt.

b) Zeichne die Senkrechte zu der Geraden durch den Punkt.

Abstand

1 Die Fähre soll die kürzeste Strecke vom Hafen der Insel zum Festland fahren.
a) Welche Strecke wird sie fahren?
b) Was ist das Besondere dieser Strecke?

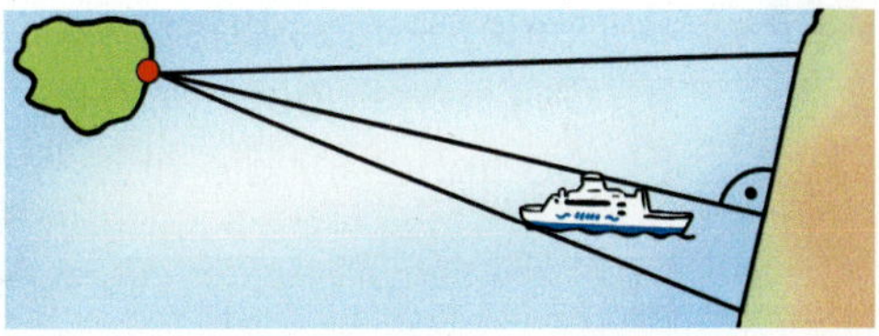

2 **a)** Miss die Strecken vom Punkt P zu allen markierten Punkten auf der Geraden g. Notiere die Länge.
b) Welche Strecke ist die kürzeste? Die Länge dieser Strecke ist der Abstand des Punktes von der Geraden.
c) Was ist das Besondere dieser Strecke?

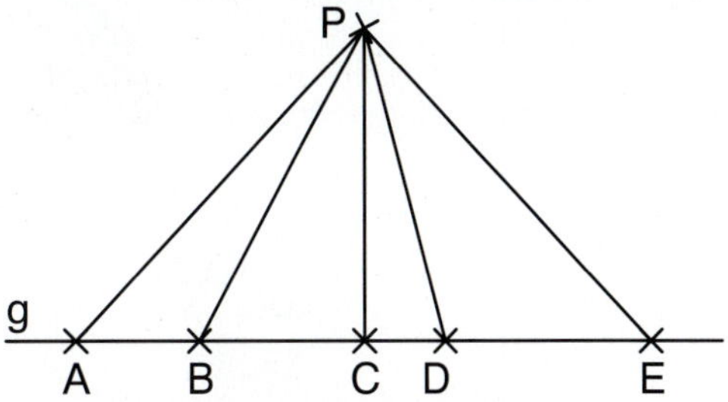

So misst du den Abstand eines Punktes von einer Geraden:

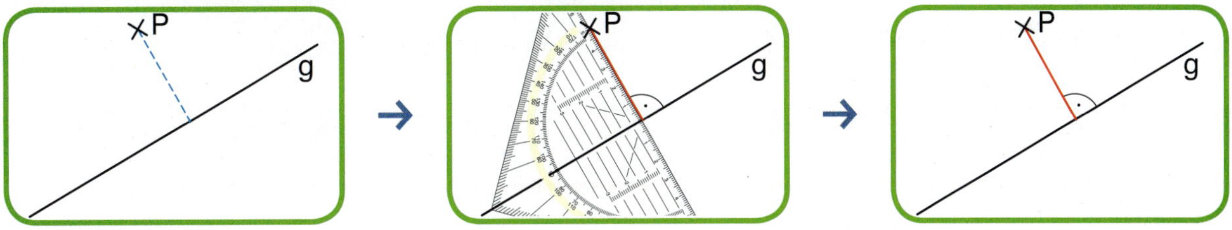

3 Zeichne eine Gerade g und einen Punkt P mit diesem Abstand:
a) 3 cm **b)** 2,5 cm **c)** 5 cm

4 Die Punkte P, Q und R liegen auf einer Parallelen zur Geraden g. Bestimmt den Abstand der Punkte von der Geraden g. Was fällt euch auf?

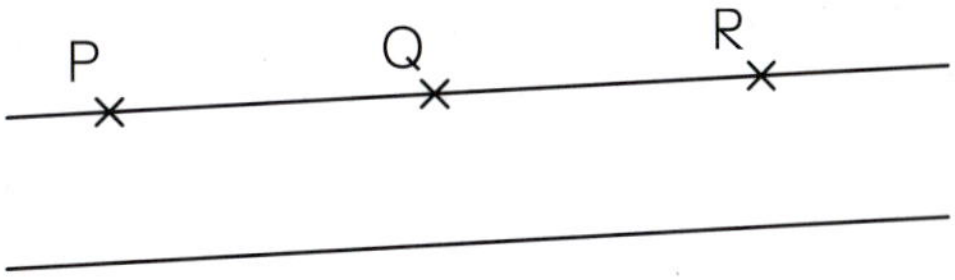

5 Bestimme den Abstand der parallelen Geraden g und h wie im Bild.

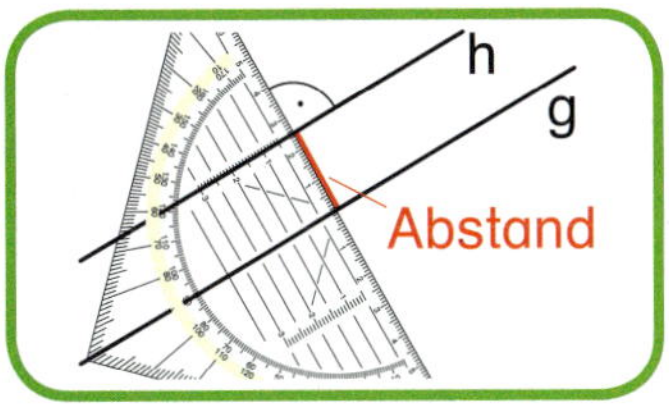

a)

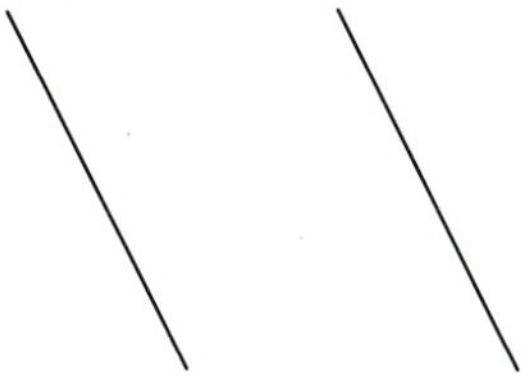

b)

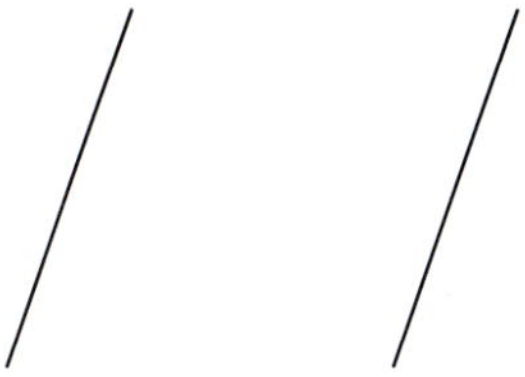

Wortspeicher

Abstand eines Punktes von einer Geraden

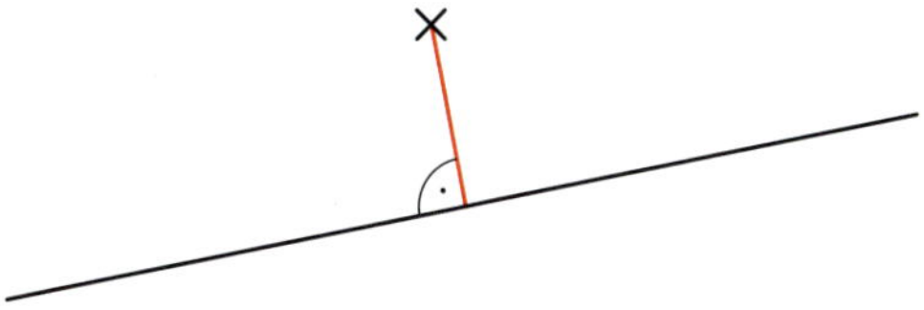

Abstand zweier paralleler Geraden

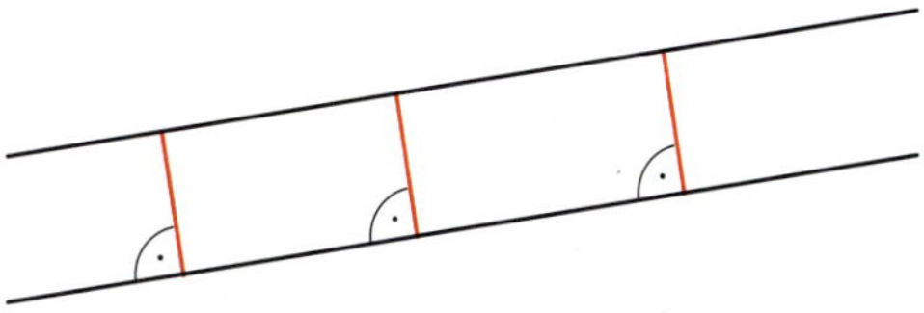

Koordinatensystem

1 Bei einer Ausgrabung werden Fundorte in ein Koordinatensystem eingetragen.

a) Der Helm liegt bei Punkt A(3|4). Erklärt.

b) Wo findet ihr die anderen Gegenstände?

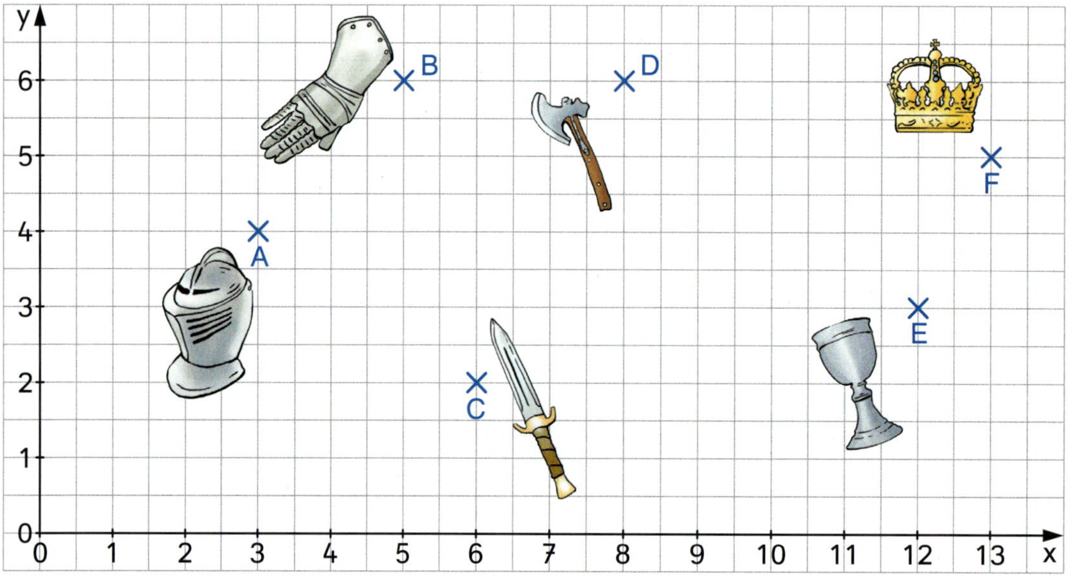

Merke

Ein Koordinatensystem hat eine x-Achse (Rechtsachse) und eine y-Achse (Hochachse).

Zu jedem Punkt gehört ein Zahlenpaar.

Die beiden Zahlen nennt man Koordinaten des Punktes.

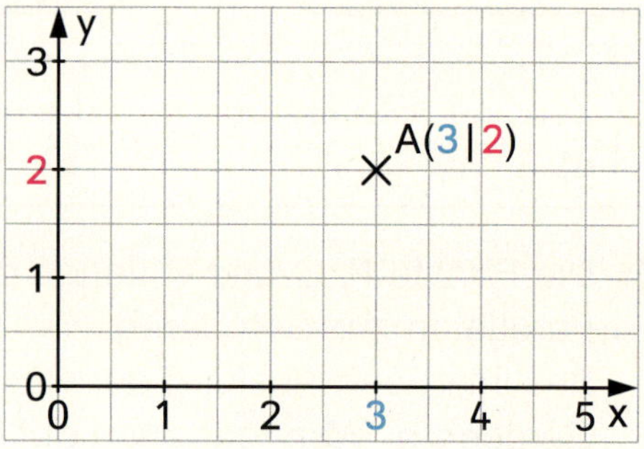

2 **a)** Nenne deiner Partnerin einen Punkt.
Sie schreibt die Koordinaten des Punktes auf.

b) Nenne deinem Partner die Koordinaten eines Punktes.
Er nennt den Punkt.

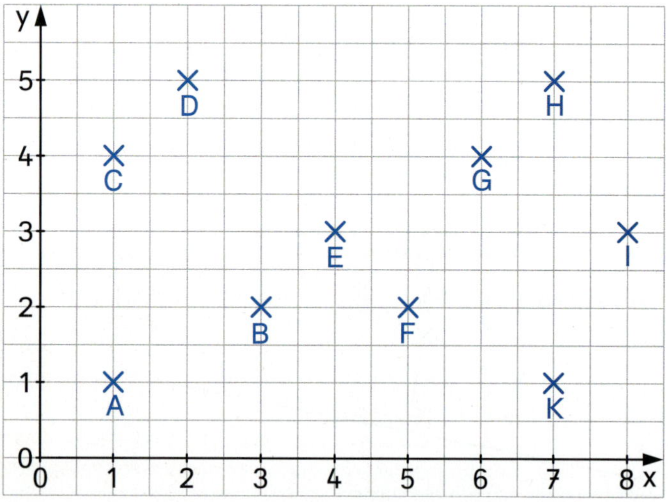

Koordinatensystem

1 Übertrage das Koordinatensystem in dein Heft.
Trage die Punkte A, B, C, D, E ein und verbinde sie in dieser Reihenfolge.
Gib die Koordinaten der Punkte an.

a)

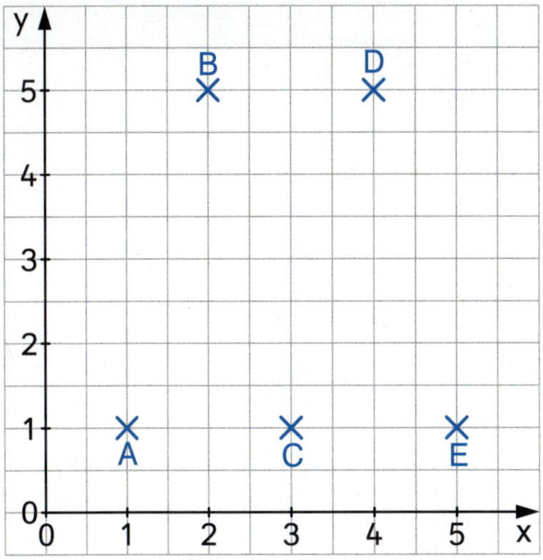

b)

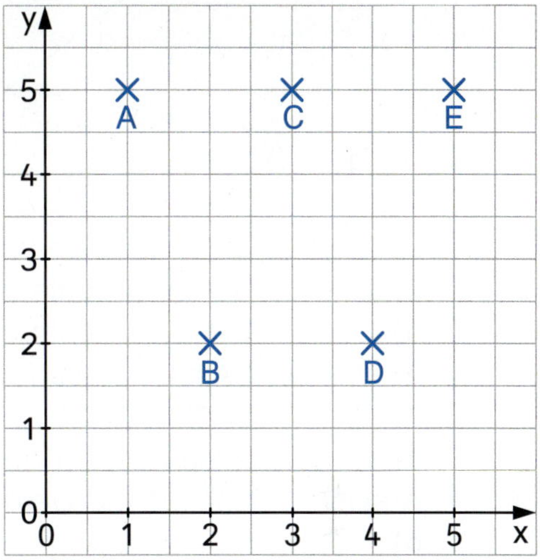

2 Zeichne ein Koordinatensystem. Trage die Punkte A(2|1), B(5|3), C(2|4) ein.
a) Zeichne die Gerade g durch die Punkte A und B.
b) Zeichne die Parallele zur Geraden g durch den Punkt C.
c) Zeichne die Senkrechte zur Geraden g durch den Punkt C.

3 **a)** Zeichne ein Koordinatensystem. Trage die Punkte A(1|2), B(5|2) und C(5|5) ein.
b) Wähle den Punkt D so, dass die Punkte A, B, C, D Ecken eines Rechtecks sind.
c) Gib die Koordinaten von Punkt D an.

4 Spielt *Kreise treffen*.

Material: Jeder von euch braucht zwei Koordinatensysteme; zeichnet in eines der beiden zwei Kreise durch Umfahren einer Münze mit dem Stift.

Spielverlauf: Ein Spieler zeichnet in sein leeres Koordinatensystem einen Punkt und nennt die Koordinaten des Punktes. Der andere zeichnet den Punkt in sein Koordinatensystem mit den Kreisen. Wechselt euch ab. Wer zuerst beide Kreise des Partners getroffen hat, gewinnt.

1 **a)** Übertrage die Punkte und die Geraden in dein Heft.

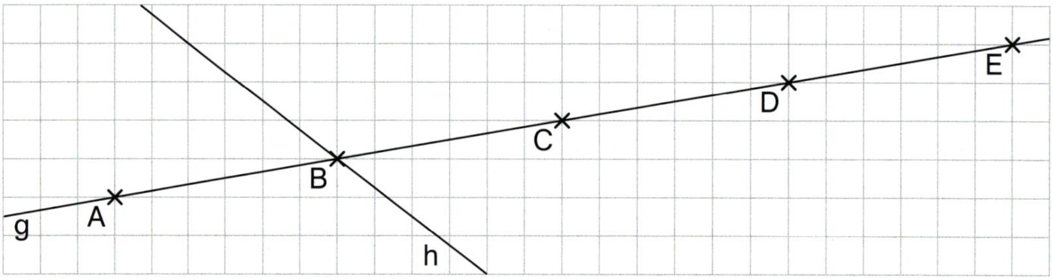

b) Zeichne die Parallelen zur Geraden h durch die Punkte C und D.
c) Zeichne die Senkrechte zur Geraden h durch den Punkt A.
d) Zeichne die Senkrechte zur Geraden g durch den Punkt E.
e) Miss den Abstand des Punktes A von der Geraden h.

---

2 Zeichne eine Gerade a. Dann zeichne Geraden b, c und d nach folgenden Angaben. Benenne die Geraden.

a) b ∥ a und c ⊥ a und d ∥ c

b) b ⊥ a und c ⊥ b und d ∥ b

c) b ⊥ a und c ∥ b und d ∥ a

d) b ∥ a und c ∥ b und d ⊥ c

---

3 **a)** Die 4 Geraden haben genau 6 Schnittpunkte. Prüfe.
b) Zeichne immer 4 Geraden. So viele Schnittpunkte sollen jeweils entstehen:
5 Schnittpunkte; 4 Schnittpunkte;
3 Schnittpunkte

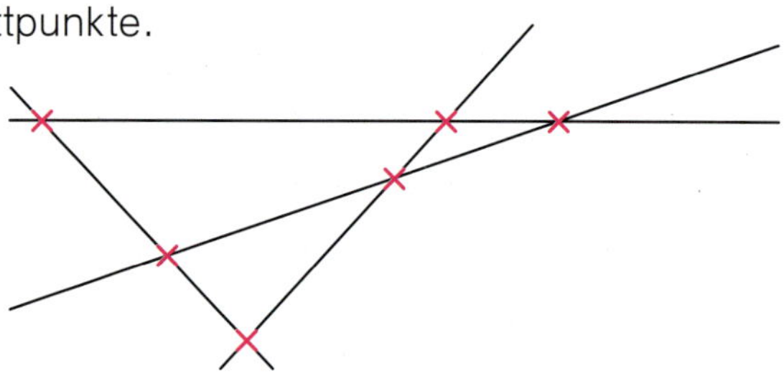

---

4 Wahr oder falsch? Berichtige in deinem Heft.

a)

Zueinander parallele Strecken müssen gleich lang sein.

b)

3 Geraden haben höchstens 3 Schnittpunkte.

c)

Orthogonale Geraden können zueinander parallel sein.

d)

Wenn a ∥ b und c ⊥ b, dann ist c ⊥ a.

e)

Wenn a ⊥ b und c ⊥ b, dann ist a ∥ c.

f)

Wenn a ∥ b und b ∥ c, dann ist auch a ∥ c.

1 Übertrage die Zeichnung in dein Heft. Die Bezeichnung der Geraden a ist schon eingetragen. Bezeichne die anderen Geraden mit b, c, d, e, f und g, so dass alle Aussagen auf den Karten wahr sind. Es gibt mehrere Möglichkeiten.

a)

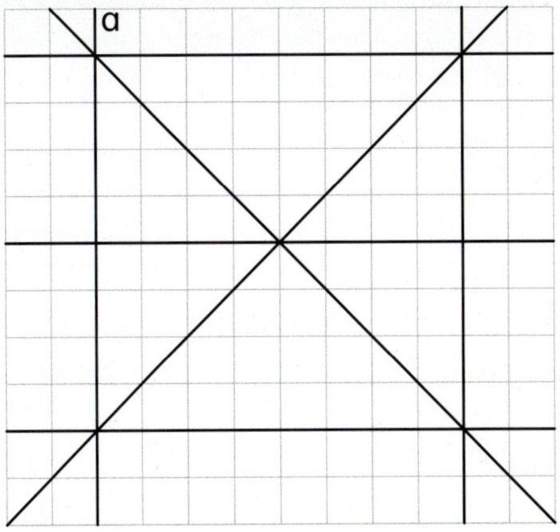

c ⊥ a | g ⊥ e | b ∥ f | d ∥ a

b)

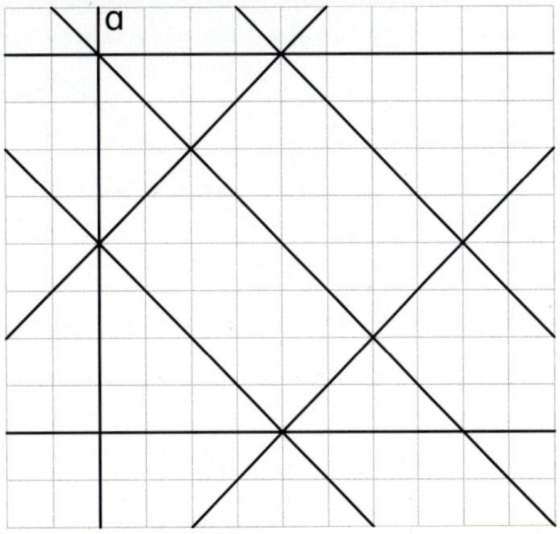

b ⊥ a | d ∥ c | f ⊥ c | g ⊥ e

2 **a)** Übertrage in dein Heft.

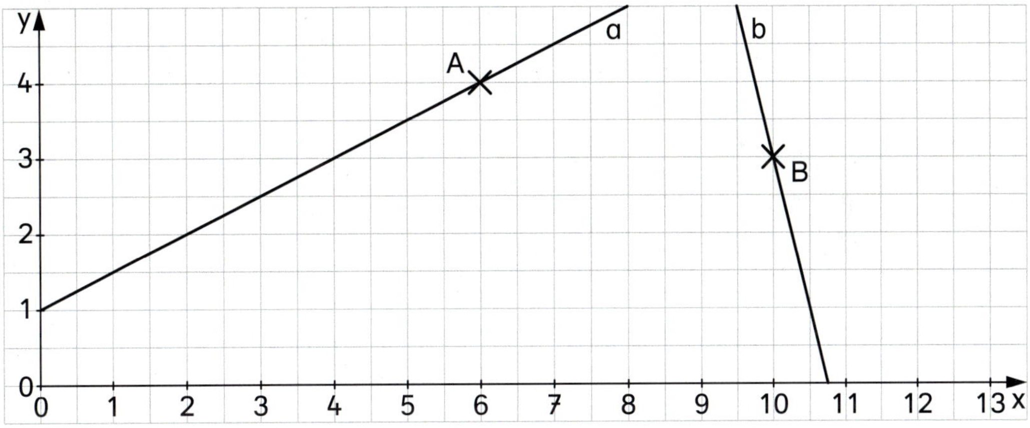

b) Zeichne die Senkrechte zur Geraden a durch den Punkt A.

c) Zeichne die Senkrechte zur Geraden b durch den Punkt B.

d) Markiere auf jeder der Senkrechten, die du gezeichnet hast, zwei Punkte. Notiere die Koordinaten dieser Punkte.

3 Einige Kanten des Quaders sind beschriftet. Schreibe in dein Heft.

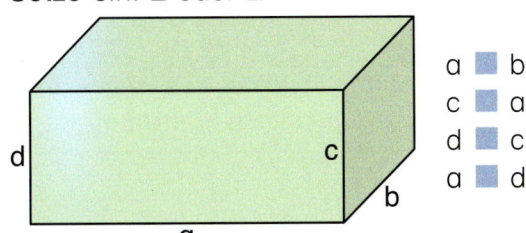

a) Setze ein: ⊥ oder ⊥̸

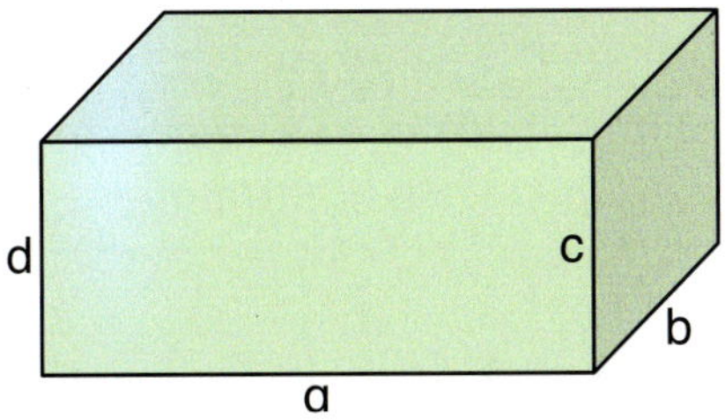

a ■ b
c ■ a
d ■ c
a ■ d

b) Setze ein: ∥ oder ∦

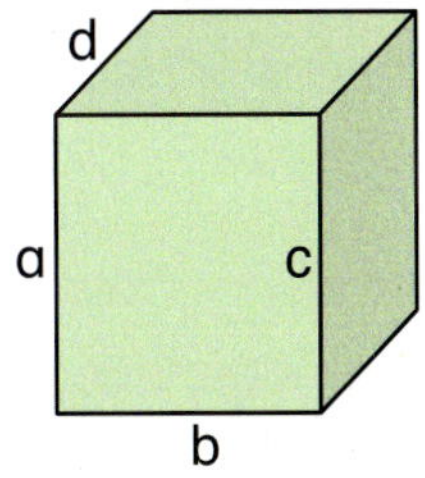

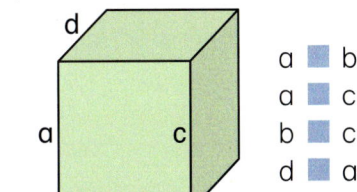

a ■ b
a ■ c
b ■ c
d ■ a

Wiederholen und Üben

1 Bilden die beiden Linien einen rechten Winkel? Prüfe mit dem Geodreieck.

a)

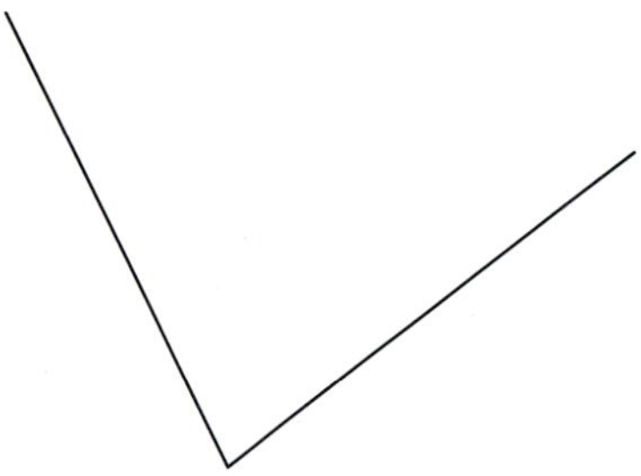

b)

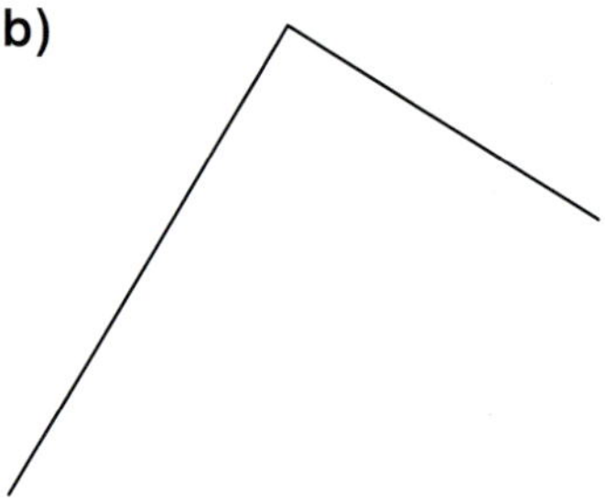

c)

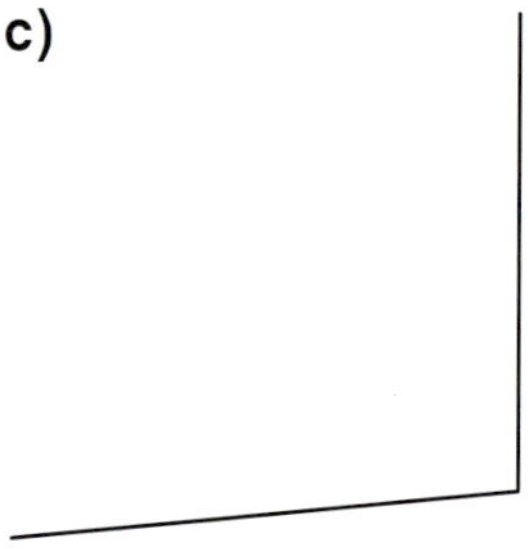

2 **a)** Welche Linien sind zueinander parallel? Notiere mit dem Zeichen ∥.
b) Welche Linien sind zueinander senkrecht? Notiere mit dem Zeichen ⊥.

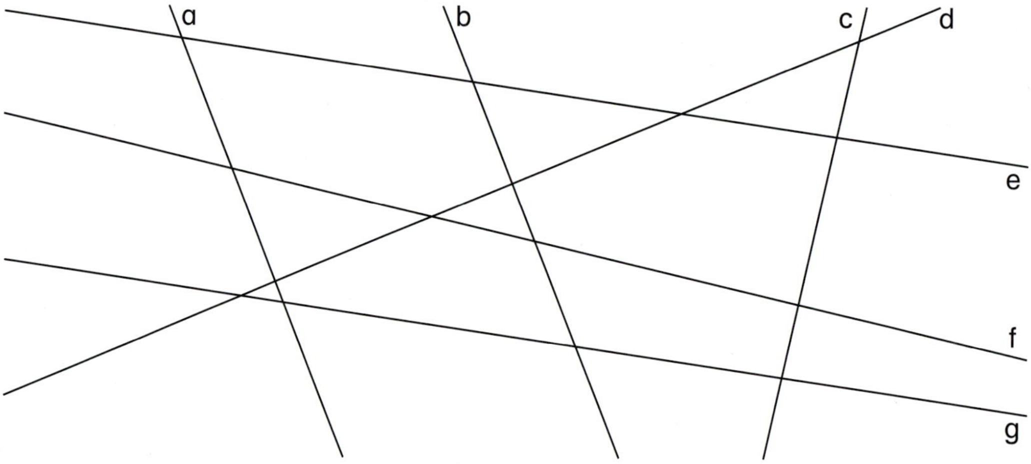

3 Zeichne 4 Geraden so, dass a ∥ b, c ⊥ b und d ∥ c.
Sind a und d zueinander senkrecht oder zueinander parallel? Notiere.

4 Wie geht es weiter? Zeichne das Bandornament in dein Heft und setze es fort.

a)

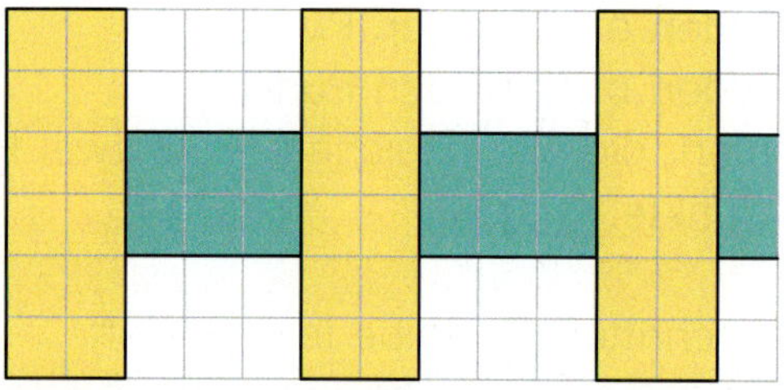

b)

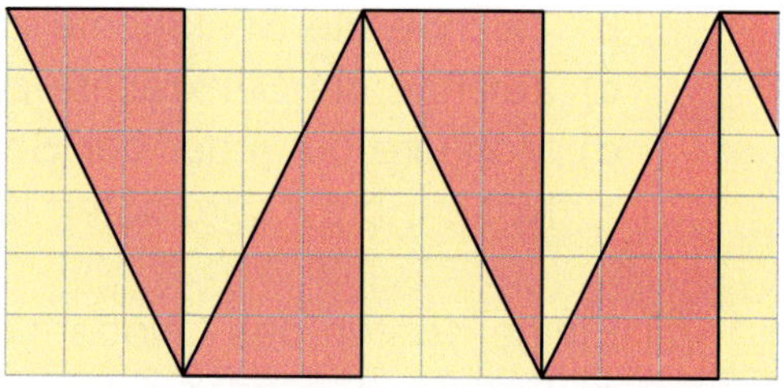

5 Zeichne das Rechteck.

a) a = 5 cm, b = 3 cm
b) a = 7 cm, b = 5 cm
c) a = 6 cm, b = 3,5 cm
d) a = 30 mm, b = 60 mm
e) a = 45 mm, b = 55 mm

6 Zeichne das Quadrat.

a) a = 6 cm **b)** a = 4 cm **c)** a = 6,5 cm **d)** a = 50 mm **e)** a = 75 mm

Wiederholen und Üben

1 Zeichne zwei parallele Geraden mit dem angegebenen Abstand.
a) 3 cm **b)** 1 cm **c)** 2,5 cm **d)** 35 mm **e)** 15 mm **f)** 5 mm

2 **a)** Bestimme den Abstand der Punkte P und Q von der Geraden g.
b) Bestimme den Abstand der parallelen Geraden g und h.

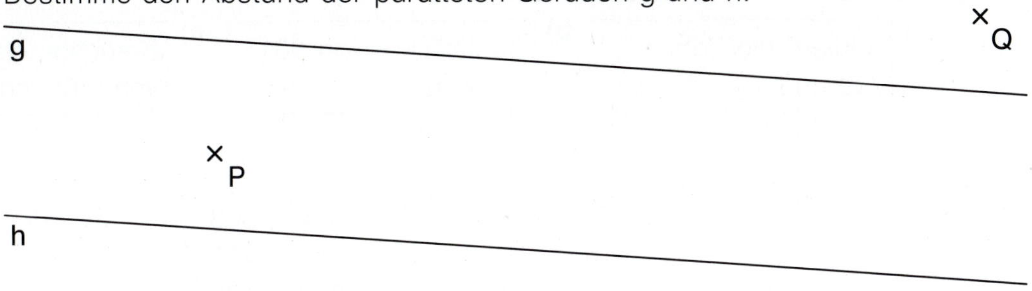

3 Notiere die Koordinaten der Eckpunkte.

a)

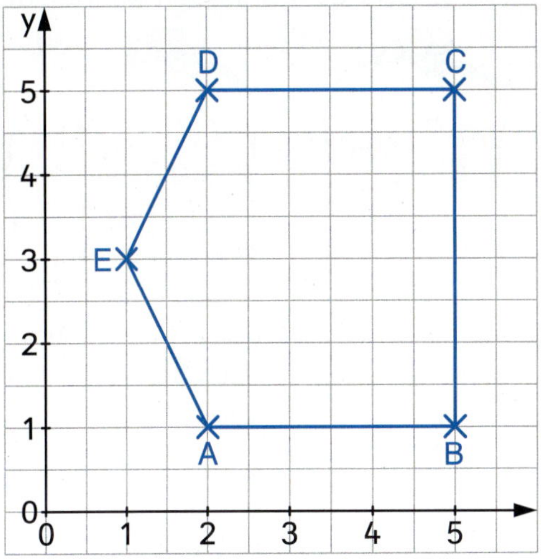

b)

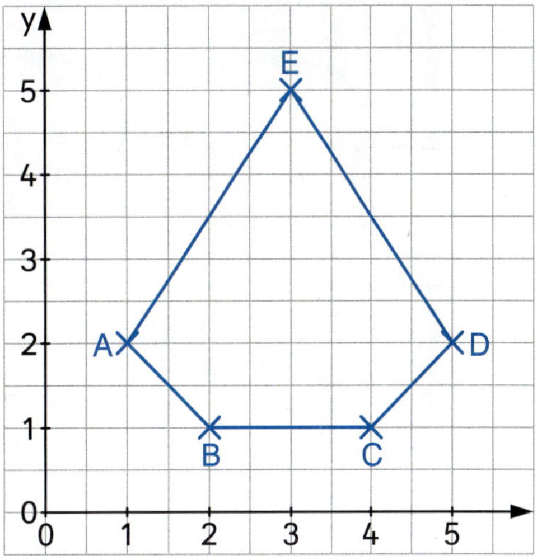

4 Zeichne ein Koordinatensystem. Trage die Punkte A(2|1), B(6|2), C(3|4) ein.
a) Zeichne die Gerade g durch die Punkte A und B.
b) Zeichne die Parallele und die Senkrechte zur Geraden g durch den Punkt C.

5 Zeichne ein Koordinatensystem. Trage die Punkte A(1|2) und B(7|5) ein.
a) Zeichne die Gerade g durch A und B.
b) Notiere die Koordinaten von zwei weiteren Punkten der Geraden g.

Alles klar?

Zeichnen und Konstruieren

Ich kann...

... mit dem Geodreieck zueinander senkrechte und parallele Linien zeichnen.

... Eigenschaften von Quadraten und Rechtecken benennen.

... Strecke, Gerade und Strahl unterscheiden.

... den Abstand von Punkten und Geraden bestimmen.

... im Koordinatensystem Punkte bestimmen und Punkte einzeichnen.

Bleib fit!

1 **a)** 598 + 6, 795 + 9, 394 + 8
b) 392 + 12, 493 + 14, 695 + 13
c) 703 − 5, 806 − 9, 203 − 4
d) 804 − 12, 305 − 13, 907 − 17
e) 580 + 30, 770 + 70, 530 − 50

2 Notiere den Term. Berechne den Wert.

a) Addiere die Zahlen 799 und 15.
b) Subtrahiere von 901 die Zahl 14.
c) Berechne die Differenz von 502 und 41.

3 Im Kopf oder schriftlich?

a) 598 + 204, 412 + 412, 20 + 776
b) 346 + 400, 618 + 289, 501 + 399
c) 954 − 303, 784 − 423, 843 − 30
d) 612 − 301, 745 − 278, 516 − 200

4 Bilde mindestens 3 Aufgaben (+ oder −). Das Ergebnis soll kleiner als 400 sein.

a)
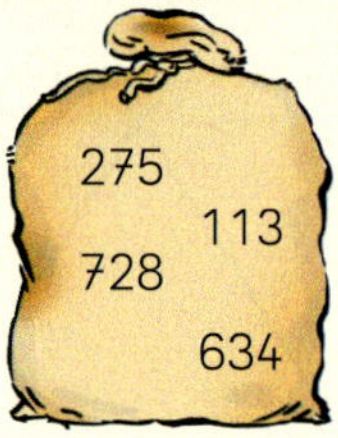

b)

c)

d)

e)

5 **a)** 7 · 50, 3 · 80, 6 · 90
b) 3 · 50, 8 · 90, 9 · 20
c) 80 · 7, 60 · 8, 40 · 6
d) 250 : 5, 180 : 3, 450 : 9
e) 720 : 80, 240 : 60, 490 : 70

6 Übertrage die Tabelle in dein Heft und vervollständige sie.

1 kg 673 g	2 kg 308 g	■	■	3 kg 75 g	■
1,673 kg	■	0,675 kg	■	■	4,8 kg
1673 g	■	■	1009 g	■	■

7 **a)** 600 mg + ■ mg = 1 g, 200 mg + ■ mg = 1 g, 750 mg + ■ mg = 1 g
b) 1300 g + ■ g = 2 kg, 1600 g + ■ g = 2 kg, 1740 g + ■ g = 2 kg
c) 3850 kg + ■ kg = 4 t, 2490 kg + ■ kg = 3 t, 4150 kg + ■ kg = 5 t

8 Sabine geht mit vier Freunden ins Kino. Eine Kinokarte kostet 9 €.

a) Wie viel Euro kosten die Karten zusammen?
b) Sabine bezahlt an der Kasse mit einem 50-€-Schein. Wie viel Euro bekommt Sabine zurück?

Multiplizieren und Dividieren

In diesem Kapitel ...

... multiplizierst und dividierst du große Zahlen im Kopf.

... multiplizierst und dividierst du schriftlich.

... löst du Sachaufgaben zum Multiplizieren und Dividieren.

1 a) 3 · 4; 3 · 40 b) 7 · 5; 7 · 50 c) 5 · 8; 5 · 80 d) 9 · 3; 90 · 3 e) 6 · 7; 60 · 7

2 a) 2 · 30; 2 · 300 b) 4 · 20; 4 · 200 c) 5 · 20; 5 · 200 d) 40 · 2; 400 · 2 e) 30 · 3; 300 · 3

3 a) 2 · ■ = 60; 2 · ■ = 600 b) 4 · ■ = 80; 4 · ■ = 800 c) ■ · 3 = 90; ■ · 3 = 900 d) ■ · 5 = 100; ■ · 5 = 1 000

4 a) 3 · 80; 2 · 70 b) 6 · 50; 4 · 90 c) 30 · 7; 80 · 2 d) 50 · 9; 70 · 8 e) 80 · 8; 40 · 7

5 a) 3 · 21; 2 · 52 b) 6 · 31; 3 · 13 c) 31 · 3; 12 · 4 d) 51 · 5; 42 · 2 e) 130 · 3; 240 · 2

6 a)
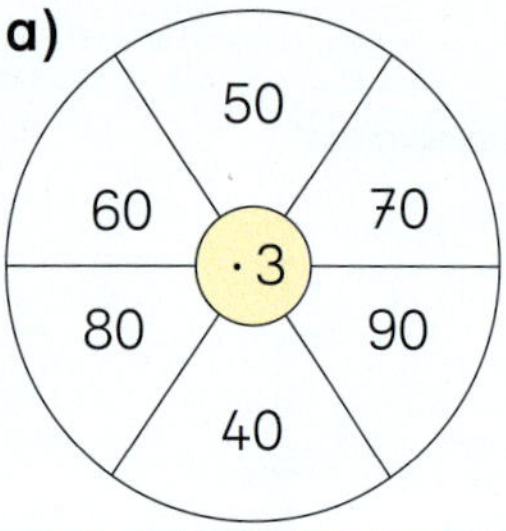

b)
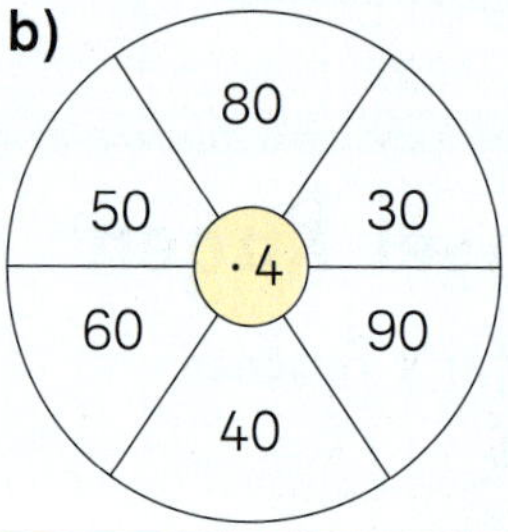

c)
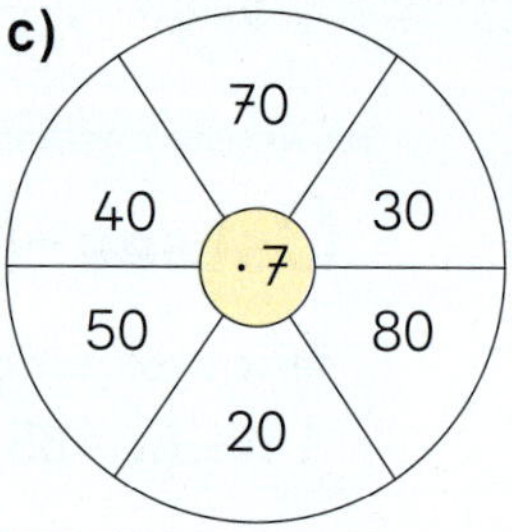

d)
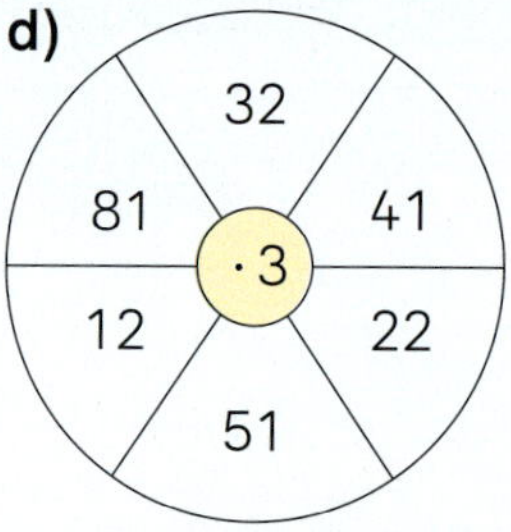

7 a) 24 : 6; 240 : 6 b) 12 : 4; 120 : 4 c) 36 : 9; 360 : 9 d) 45 : 5; 450 : 5 e) 42 : 7; 420 : 7

8 a) 180 : 9; 180 : 90 b) 250 : 5; 250 : 50 c) 320 : 4; 320 : 40 d) 420 : 6; 420 : 60 e) 630 : 7; 630 : 70

9 a) 120 : 2; 120 : 4; 350 : 5 b) 320 : 8; 320 : 4; 360 : 9 c) 180 : 6; 350 : 7; 540 : 6 d) 560 : 80; 240 : 30; 420 : 70 e) 200 : 50; 630 : 90; 210 : 70

10 a)

160	240	360	120	200	:	4

b)

240	400	160	640	560	:	80

11 Wie viele Trinkpäckchen kauft Herr Kramp für sein Geschäft?

a)

b)

1 Vergleicht die Rechenwege.

2 **a)** 3 · 2
3 · 20
3 · 200

b) 2 · 4
2 · 40
2 · 400

c) 2 · 50
2 · 500
2 · 5000

d) 4 · 400
4 · 4000
4 · 40000

3 **a)** 4 · 5000
8 · 300
7 · 40000

b) 6 · 30000
5 · 70000
8 · 9000

c) 4 · 20000
3 · 30000
5 · 10000

d) 50000 · 2
100000 · 7
200000 · 3

4 **a)** 3 · ■ = 1500
5 · ■ = 4000
7 · ■ = 2800

b) 2 · ■ = 12000
4 · ■ = 360000
6 · ■ = 4200

c) 3 · ■ = 60000
2 · ■ = 800
4 · ■ = 120000

5 Wie viel Kilometer fährt der Lkw an 9 Tagen?

a)

b)

c)

d)

6 **a)**
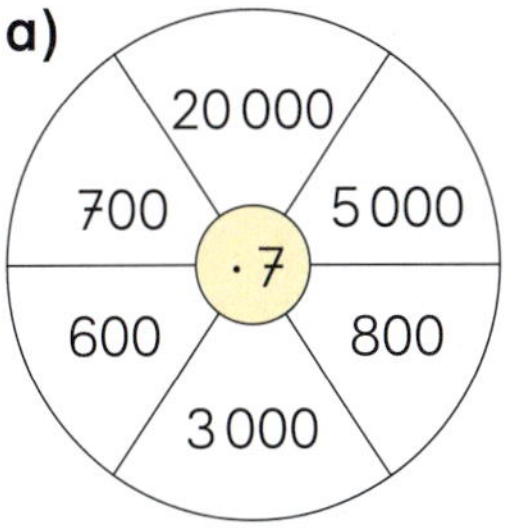

b)
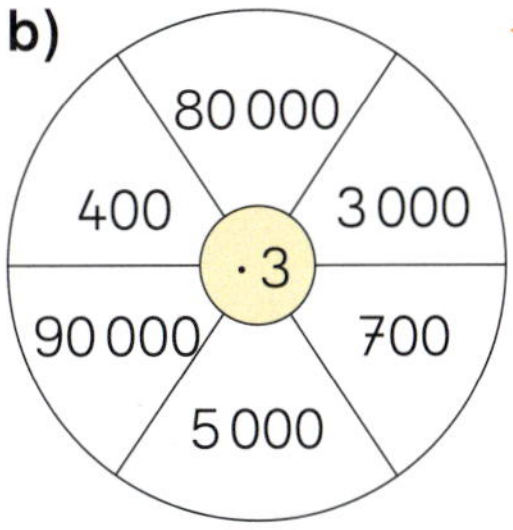

☆ **c)**
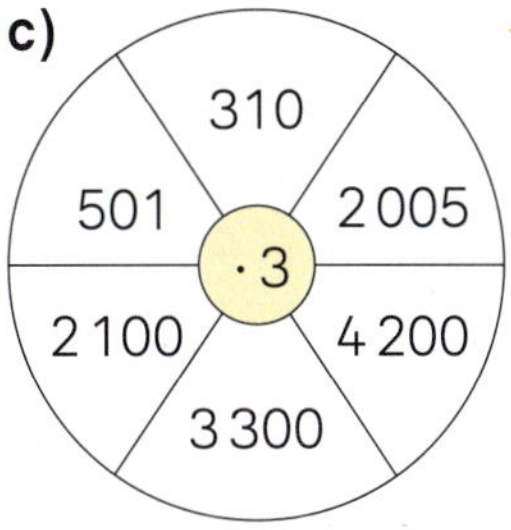

☆ **d)**
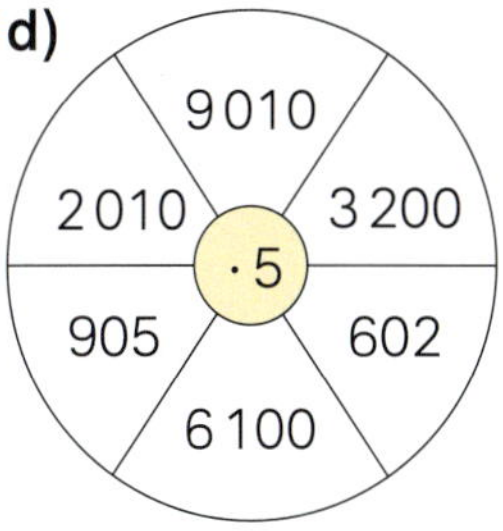

7

Eine Linienmaschine fliegt die Strecke Düsseldorf – Nürnberg.
Die Strecke ist 400 km lang.

a) Wie viel Kilometer sind es einmal hin und zurück?

b) Wie viel Kilometer sind es insgesamt bei 5 Flügen hin und zurück?

Dividieren

1 Vergleicht die Rechenwege.

2800 : 4
Ein Lkw fährt an 4 Tagen jeweils dieselbe Strecke, insgesamt 2800 km. Wie viel km fährt der Lkw an einem Tag?
28 : 4 = 7
280 : 4 = 70
2800 : 4 = 700
28 H : 4 = 7 H
2800 : 4 = 700

2 **a)** 18 : 6
180 : 6
1800 : 6

b) 35 : 7
350 : 7
3500 : 7

c) 250 : 5
2500 : 5
25000 : 5

d) 2400 : 4
24000 : 4
240000 : 4

3 **a)** 3200 : 8
630 : 7
280000 : 4

b) 320000 : 4
21000 : 3
5600 : 8

c) 72000 : 9
160000 : 4
48000 : 6

d) 490 : 7
360000 : 4
54000 : 9

4 **a)** 250 : □ = 50
1800 : □ = 600
36000 : □ = 9000

b) 63000 : □ = 9000
180000 : □ = 90000
2700 : □ = 300

c) 4200 : □ = 700
54000 : □ = 6000
300000 : □ = 50000

5 Der Lkw fährt an 8 Tagen dieselbe Strecke. Die Gesamtstrecke ist angegeben.
Wie viel Kilometer fährt der Lkw an einem Tag?

a)

b)

c)

d)

6 **a)**
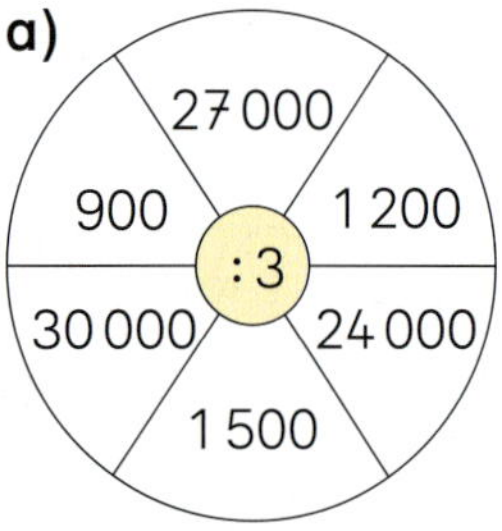

b)
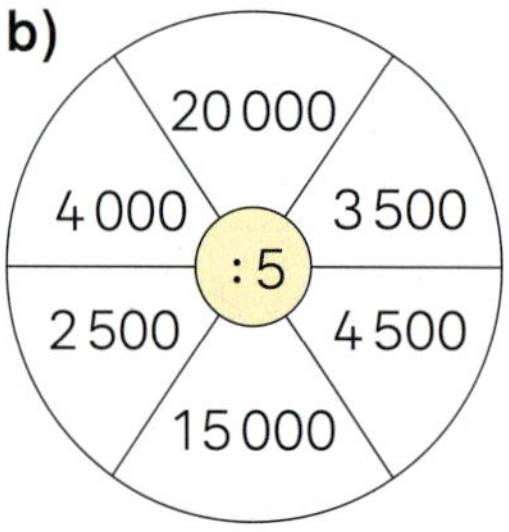

c)
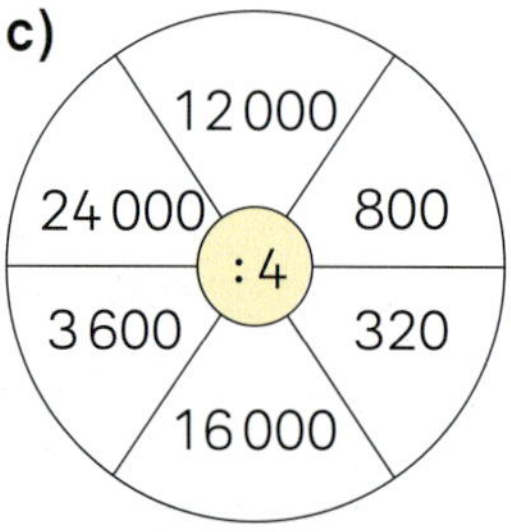

d)
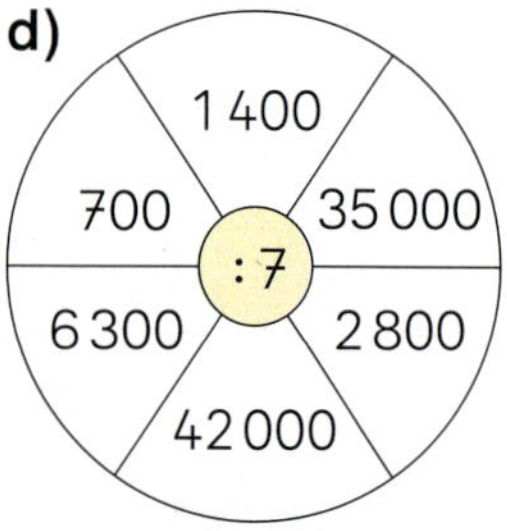

7 Ein ICE fährt die Strecke Hamburg–Frankfurt. An 6 Tagen fährt der ICE hin und zurück 4800 km.

a) Wie viel Kilometer sind es täglich hin und zurück?

b) Wie lang ist die Strecke Hamburg–Frankfurt?

Multiplizieren und Dividieren großer Zahlen

1 Vergleicht die Rechenwege.

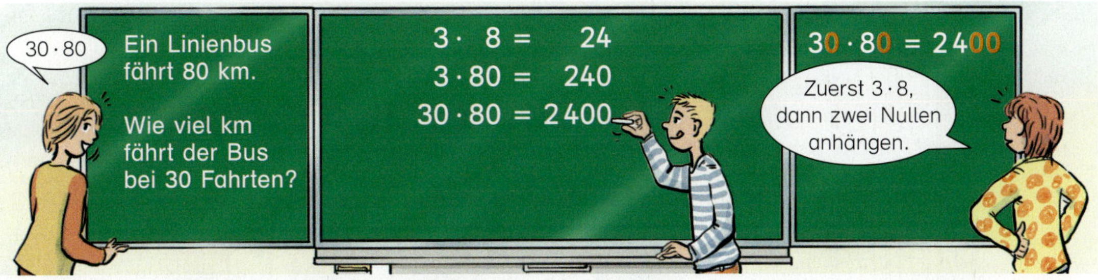

2

a)	b)	c)	d)	e)
20 · 60	30 · 500	300 · 90	400 · 200	20 · 3000
50 · 70	60 · 700	800 · 40	500 · 600	500 · 800
40 · 90	70 · 600	900 · 60	300 · 800	4000 · 40
30 · 80	80 · 800	400 · 30	200 · 900	60 · 500

3 Vergleicht die Rechenwege.

4

a)	b)	c)	d)
3500 : 5	42000 : 60	56000 : 80	4200 : 70
3500 : 50	42000 : 600	56000 : 800	81000 : 9000
3500 : 500	42000 : 6000	56000 : 8000	48000 : 800

5

a)

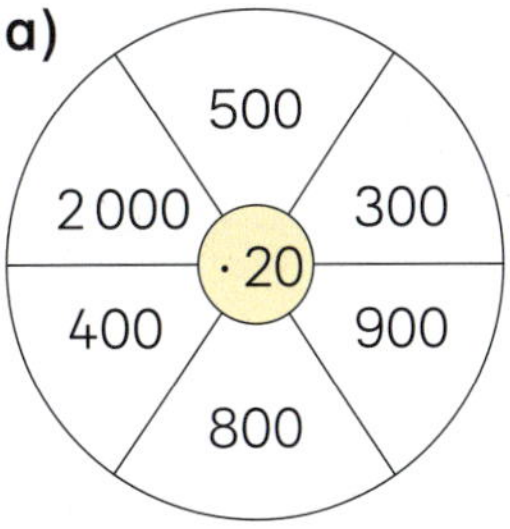

b)

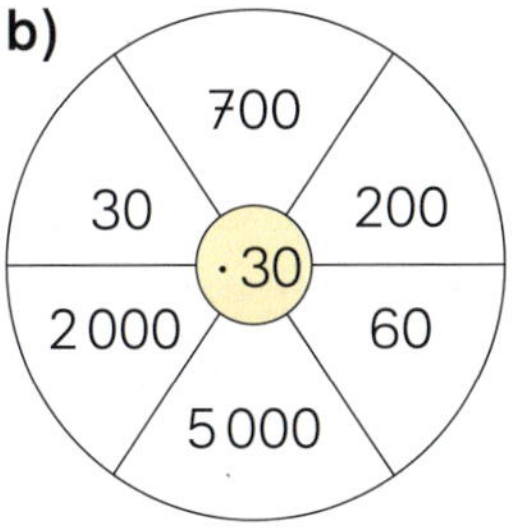

c)

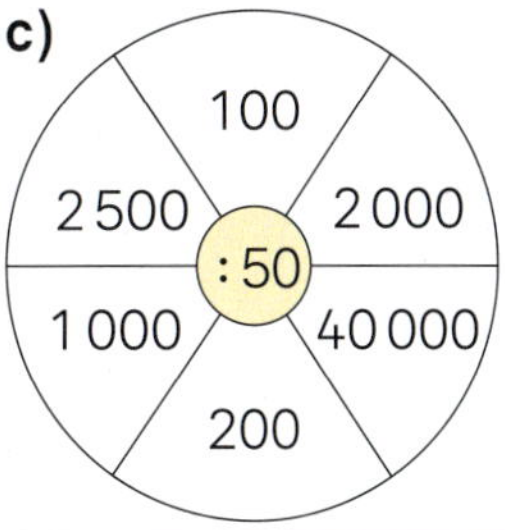

d)

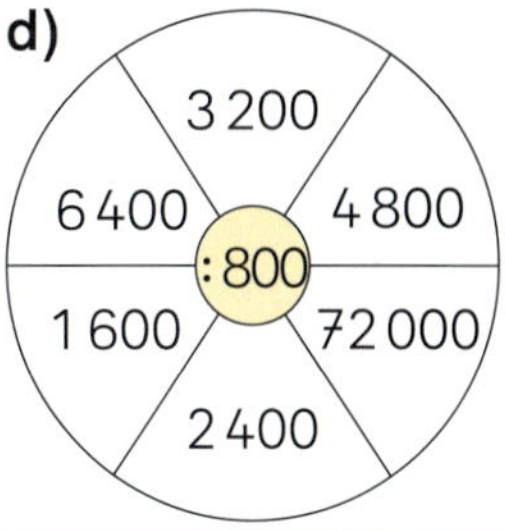

6 Einige Ergebnisse sind falsch. Berichtige in deinem Heft.

a)
20 · 40 = 80
50 · 60 = 300
30 · 90 = 2700
40 · 50 = 200

b)
7200 : 80 = 9
36000 : 600 = 60
20000 : 500 = 400
27000 : 90 = 30

Schriftliches Multiplizieren ohne Übertrag

1 Die Schule am Mühlteich kauft 3 Streetball-Tore. Jedes Tor kostet 132 €.
Erklärt die Rechnung.

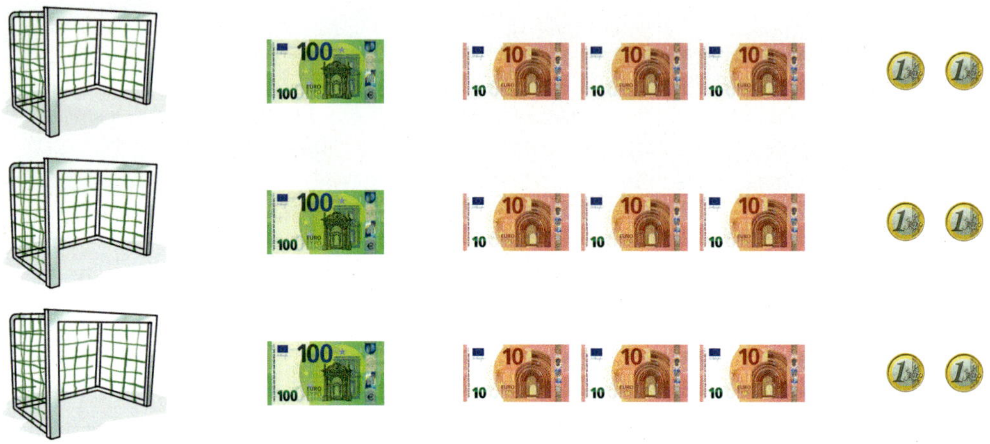

H	Z	E		
1	3	2	·	3
				6

3 · 2 = 6

→

H	Z	E		
1	3	2	·	3
			9	6

3 · 3 = 9

→

H	Z	E			
1	3	2	·	3	
			3	9	6

3 · 1 = 3

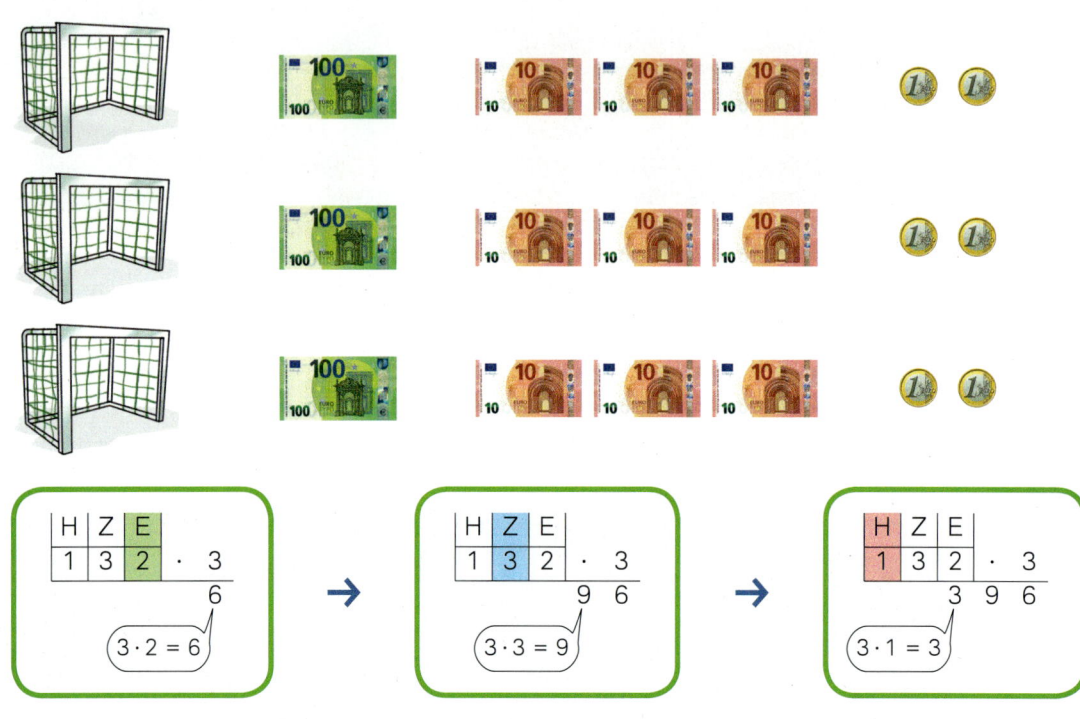

2 Rechne schriftlich.

a)	b)	c)	d)
141 · 2	213 · 3	3412 · 2	2031 · 3
132 · 2	321 · 3	1231 · 3	4204 · 2
242 · 2	322 · 3	2122 · 4	3320 · 3
334 · 2	132 · 3	4343 · 2	1010 · 5

Beispiel

a)	1	4	1	·	2
			2	8	2

3 Wie teuer sind die Anschaffungen?

a) Mühlenberg-Schule

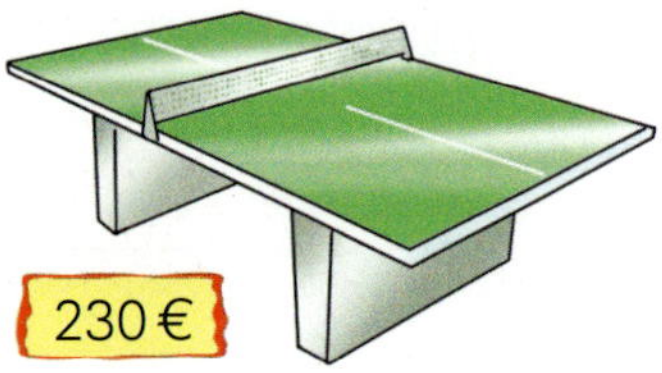

3 Stück

b) Tanneck-Schule

4 Stück

c) Burgtor-Schule

2 Stück

4 Die Rheinschule kauft 3 neue Bänke für die Turnhalle. Jede Bank kostet 232 €.
Wie viel Euro kosten die Bänke insgesamt?

Schriftliches Multiplizieren mit Übertrag

1 Die Schule am Steintor kauft 4 Drucker für den Computer-Raum.
Erklärt die Rechnung.

H	Z	E		
2	1	3	·	4
		2		

4 · 1 = 12
Schreibe 2
Merke 1

→

H	Z	E		
2	1	3	·	4
	5	2		

4 · 1 = 4
4 + 1 = 5
Schreibe 5

→

H	Z	E		
2	1	3	·	4
8	5	2		

4 · 2 = 8
Schreibe 8

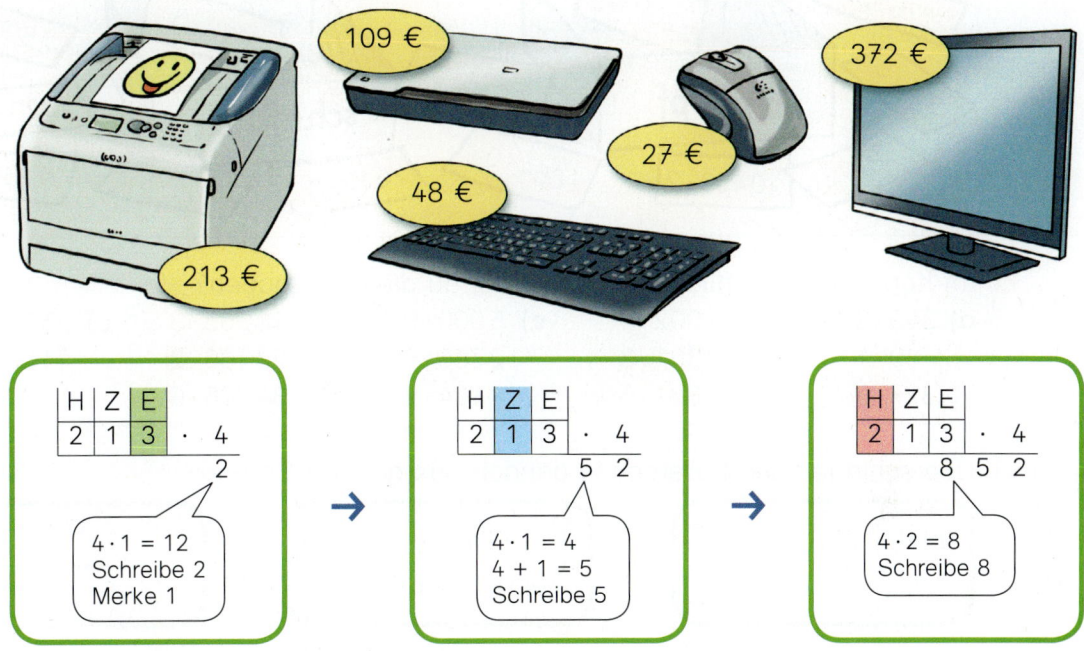

2 Die Ruhr-Schule kauft für den Computer-Raum 2 Mäuse und 3 Scanner.

a) Wie viel Euro kosten die 2 Mäuse?
b) Wie viel Euro kosten die 3 Scanner?
c) Wie viel Euro muss die Schule bezahlen?

3 Wie viel Euro kostet die Anschaffung?

a) 2 Tastaturen **b)** 3 Mäuse **c)** 4 Scanner **d)** 2 Monitore

4

a)	b)	c)	d)	e)
214 · 3	124 · 3	1 163 · 2	2 162 · 4	4 226 · 3
427 · 2	214 · 4	1 428 · 2	4 128 · 2	2 089 · 4
318 · 3	138 · 2	1 320 · 4	3 156 · 3	1 370 · 5
124 · 4	113 · 5	1 314 · 5	1 904 · 5	1 237 · 6

5

a)	b)	c)	d)
345 · 4	964 · 8	2 364 · 4	4 275 · 5
548 · 6	793 · 6	3 796 · 3	6 286 · 6
782 · 5	845 · 7	1 806 · 5	5 893 · 4

Beispiel

a)	3	4	5	·	4
		1	3	8	0

6 Im Kopf oder schriftlich?

a)	b)	c)	d)	e)
402 · 2	2 100 · 3	3 879 · 7	12 100 · 3	31 574 · 4
628 · 3	1 201 · 4	2 200 · 3	20 100 · 4	22 000 · 3
513 · 3	3 145 · 5	1 050 · 2	32 597 · 8	28 375 · 6
110 · 7	4 200 · 2	3 333 · 3	34 000 · 2	41 000 · 2

Überschlagen und Multiplizieren

1 Entscheide, wie du rechnest.

2 Im Kopf oder schriftlich? Wie rechnest du diese Aufgaben?

a)	b)	c)	d)	e)
345 · 2	1002 · 4	5000 · 9	11203 · 3	25100 · 4
789 · 1	2301 · 3	2765 · 5	23100 · 2	41056 · 7
327 · 3	4381 · 5	4404 · 2	34675 · 6	11002 · 9

3 Überschlage zuerst. Berechne danach das genaue Ergebnis.

Aufgabe:
1984 · 3
→
Überschlag:
2000 · 3 = 6000
→

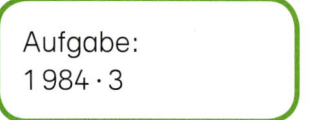

1 9 8 4 · 3
5 9 5 2

a)	b)	c)	d)	e)
284 · 3	2164 · 4	3879 · 8	21232 · 9	50423 · 2
192 · 4	4921 · 5	5165 · 6	19465 · 7	31743 · 6
609 · 5	7890 · 3	9107 · 4	40091 · 4	68042 · 5

☆ **4** Multipliziere. Das Ergebnis soll kleiner als 30000 sein.
Zu jedem Sack gibt es 3 Aufgaben. Du findest sie durch Überschlagen.

a)

b)

c)

d)

5 Einige Ergebnisse sind falsch. Du findest sie mit einem Überschlag.
Berichtige in deinem Heft.

a)	b)	c)
3012 · 3 = 10036	4105 · 2 = 8210	12100 · 5 = 60500
795 · 5 = 3975	11110 · 6 = 66660	7766 · 9 = 30168
10222 · 4 = 40888	15390 · 3 = 80570	21004 · 3 = 63012
11500 · 5 = 70800	506 · 7 = 10108	11007 · 8 = 90086

☆ **6** Schreibe die vollständige Rechnung in dein Heft.

a)	b)	c)	d)
2 2 3 4 5 · 3	1 9 6 7 0 · 5	1 ■ 3 7 2 · 6	1 1 1 7 5 · ■
6 ■ ■ 3 5	■ 8 3 5 ■	7 4 2 3 ■	8 9 4 0 0

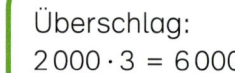

1 Erklärt die Rechenwege.

3 1 2 · 2 3
6 2 4 0

Mit den Zehnern multiplizieren

→

3 1 2 · 2 3
6 2 4 0
9 3 6

Mit den Einern multiplizieren

→

3 1 2 · 2 3
6 2 4 0
9 3 6
1
7 1 7 6

Addieren

2

a)	b)	c)	d)	e)
32 · 13	231 · 33	423 · 40	4314 · 12	2073 · 24
41 · 20	142 · 21	592 · 63	2313 · 31	304 · 60
24 · 12	209 · 36	378 · 76	2432 · 22	2170 · 29
56 · 12	121 · 42	687 · 97	1203 · 23	1003 · 82

3

a)

347	·	15	20	31

b)

1970	·	12	20	38

c)

519	·	14	30	25

d)

2405	·	11	40	29

4 Berechne die Kosten für die Anschaffungen.

a)

b)

c)

5 An einem Trainingsaufenthalt in einer Sportschule nehmen 26 Personen teil.

a) Wie viel Euro erhält die Sportschule für die Unterkunft?

b) Wie viel Euro werden insgesamt für Eintritt und Ausflüge eingesammelt?

c) Wie viel Euro kostet für alle zusammen der Trainingsaufenthalt?

Kosten pro Person	
Unterkunft	76€
Fahrt	38€
Eintritt, Ausflüge	14€

1 Auf dem Schulfest möchte die Klasse 5a ein Gericht aus Samiras Heimat Syrien anbieten. Es sollen 40 Portionen Arabischer Salat zubereitet werden.

Arabischer Salat mit Ziegenkäse
Zutaten für 4 Portionen
1 Kopf Grüner Salat
1 Avocado
400 g Birnen
125 g Rosinen
200 g Ziegenkäse
1 TL Honig
1 EL Obstessig
2 EL Olivenöl
Salz

Zu diesem Salat passt Fladenbrot.

- Den gewaschenen Salat zerteilen und in eine Schüssel geben.
- Birnen, Avocado und Ziegenkäse klein schneiden, mit den Rosinen mischen und zum Salat geben.
- Öl, Essig und Honig gut vermischen, salzen und über den Salat geben.

a) Samira meint: „Für 40 Portionen benötigen wir 10 Köpfe Salat und 10 Avocados.“ Stimmt das?

b) Übertrage die Tabellen in dein Heft. Berechne, wie viel Kilogramm Käse, Birnen und Rosinen für 40 Portionen benötigt werden.

Portionen	Käse
4	200 g
40	2000 g

Portionen	Birnen
4	400 g
40	

Portionen	Rosinen
4	125 g
40	

2 Auch eine Erfrischung soll zubereitet werden.

Erdbeer-Joghurt-Cocktail
Zutaten für 6 Portionen
250 g Erdbeeren
500 g Joghurt
eine reife Banane
etwas Zitronensaft zum Abschmecken

- Alle Zutaten in den Mixer geben, zerkleinern. Gekühlt servieren.

a) Wie viele Bananen werden für 60 Portionen benötigt?

b) Berechne, wie viel Kilogramm Erdbeeren und wie viel Kilogramm Joghurt für 60 Portionen benötigt werden.

Dividieren mit Rest

Beispiel

28 : 3 = 9 R 1

Probe: 9 · 3 = 27
27 + 1 = 28

1 Bei diesen Aufgaben bleibt ein Rest. Rechne und mache die Probe.

a)	b)	c)	d)	e)
14 : 3	28 : 9	19 : 6	50 : 7	36 : 7
15 : 4	18 : 4	46 : 8	32 : 3	35 : 8
47 : 5	33 : 6	27 : 5	50 : 9	48 : 5
17 : 2	38 : 5	49 : 9	77 : 8	88 : 9

2

a)	b)	c)	d)	e)
13 : 5	38 : 7	23 : 5	34 : 8	46 : 7
13 : 8	38 : 8	23 : 8	34 : 6	46 : 9
13 : 4	38 : 6	23 : 4	34 : 5	46 : 6
13 : 3	38 : 5	23 : 9	34 : 7	46 : 5

3

a)

23	41	34	18	49	:	5

b)

28	17	10	26	16	:	3

c)

18	30	35	21	29	:	4

d)

37	23	50	66	45	:	7

4 Hier wurden Fehler gemacht. Berichtige in deinem Heft.

a)	b)	c)	d)
22 : 7 = 3 R 3	36 : 5 = 6 R 6	44 : 7 = 6 R 2	87 : 9 = 9 R 7
19 : 6 = 3 R 1	25 : 4 = 5 R 5	37 : 9 = 4 R 2	70 : 8 = 8 R 6
58 : 8 = 6 R 2	73 : 9 = 8 R 1	56 : 6 = 8 R 8	56 : 7 = 7 R 7

5 Anja, Marc und Dennis teilen sich die Tafel Schokolade.

a) Wie viele Stücke sind es insgesamt?
b) Wie viele Stücke bekommt jeder?
c) Wie viele Stücke bleiben übrig?

6 Wie viele Schokoriegel bekommt jeder? Wie viele Riegel bleiben übrig?

a)

b)

Schriftliches Dividieren

1 Drei Freundinnen nehmen auf dem Flohmarkt 336 € ein. Sie teilen sich das Geld. Erklärt die Rechnung.

H	Z	E				H	Z	E
3	3	6	:	3	=	1		
3				1 · 3				
0								

→

H	Z	E				H	Z	E
3	3	6	:	3	=	1	1	
3								
0	3							
	3				1 · 3			
	0							

→

H	Z	E				H	Z	E
3	3	6	:	3	=	1	1	2
3								
0	3							
	3							
	0	6						
		6			2 · 3			
		0						

Probe:

1	1	2	·	3
		3	3	6

2

a)

H	Z	E	
4	8	4	: 4

b)

H	Z	E	
8	2	6	: 2

c)

T	H	Z	E	
6	9	3	6	: 3

d)

T	H	Z	E	
8	4	4	6	: 2

3 Rechne ohne Stellenwerttafel. Mache auch die Probe.

a) 684 : 2 **b)** 393 : 3 **c)** 824 : 2 **d)** 6468 : 2 **e)** 9366 : 3

4

a) 1240 : 2
2163 : 3
1482 : 2

b) 3284 : 4
4555 : 5
3248 : 4

c) 3050 : 5
8844 : 4
5460 : 6

d) 1284 : 4
2555 : 5
2496 : 3

e) 1593 : 3
3648 : 4
3555 : 5

f) 4599 : 9
6488 : 8
3669 : 3

Beispiel

a)	1	2	4	0	:	2	=	6	2	0
	1	2								
		0	4							
			4							
			0	0						
				0						
				0						

5 Berechne die Kosten für eine Person.

a)

b)

Schriftliches Dividieren

1 Drei Freunde verdienen auf einem Bauernhof 438 €. Sie teilen sich den Verdienst. Erklärt die Rechnung.

```
H Z E       H Z E
4 3 8 : 3 = 1
3   ← 1·3
1
```
→
```
H Z E       H Z E
4 3 8 : 3 = 1 4
3
1 3
1 2   ← 4·3
  1
```
→
```
H Z E       H Z E
4 3 8 : 3 = 1 4 6
3
1 3
1 2
  1 8
  1 8   ← 6·3
    0
```

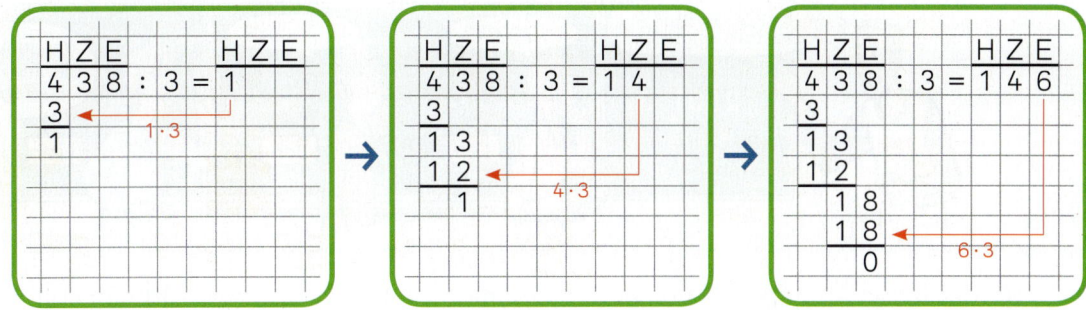

2 Dividiere. Mache auch die Probe.

a)	b)	c)	d)	e)
972 : 4	114 : 2	6135 : 5	5166 : 7	23442 : 3
556 : 4	252 : 3	7684 : 2	7554 : 6	32475 : 5
896 : 8	348 : 4	3128 : 4	7648 : 8	53768 : 4

3 Rechne auch mit Nullen. Mache die Probe.

a)	b)	c)
612 : 2	804 : 4	6108 : 2
814 : 2	505 : 5	1524 : 3
906 : 3	721 : 7	4824 : 6

d)	e)	f)
1360 : 4	2580 : 6	5025 : 5
3140 : 2	1680 : 7	2880 : 8
2780 : 8	6210 : 9	6108 : 6

Beispiel

```
a) 6 1 2 : 2 = 3 0 6
   6
   0 1
     0
     1 2
     1 2
       0
```

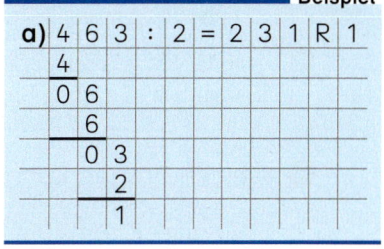

4 Bei diesen Aufgaben bleibt ein Rest.

a)	b)	c)
463 : 2	938 : 4	6517 : 2
575 : 3	726 : 5	1724 : 3
871 : 5	841 : 7	2618 : 5

d)	e)	f)
2769 : 4	6602 : 5	8021 : 7
4353 : 8	6745 : 3	6453 : 2
7809 : 9	5043 : 6	8900 : 3

Beispiel

```
a) 4 6 3 : 2 = 2 3 1 R 1
   4
   0 6
     6
     0 3
       2
       1
```

5 Ein Supermarkt nimmt an einem Tag 1395 leere Flaschen zurück.

a) Wie viele Kästen können damit gefüllt werden?

b) Wie viele Flaschen bleiben übrig?

6 Im Kopf oder schriftlich? Bei einigen Aufgaben bleibt ein Rest.

a)	b)	c)	d)	e)
403 : 4	505 : 5	3002 : 3	2200 : 2	12568 : 5
256 : 8	691 : 3	6666 : 6	8934 : 4	90009 : 9
881 : 2	770 : 7	8003 : 8	6060 : 3	10010 : 2

Überschlagen und Dividieren

1 Lea, Jan und Timo suchen einen Überschlag für die Aufgabe 2301 : 3. Vergleicht. Berechnet auch das genaue Ergebnis.

2 Bei jeder Aufgabe ist nur ein Überschlag aus dem grünen Feld sinnvoll. Überschlage damit. Berechne auch das genaue Ergebnis.

	Aufgabe	Überschlag 1	Überschlag 2
a)	1602 : 3	1600 : 3	1500 : 3
b)	1704 : 6	1800 : 6	1700 : 6
c)	5496 : 8	5500 : 8	5600 : 8
d)	4025 : 7	4000 : 7	4200 : 7
e)	7020 : 9	7200 : 9	7000 : 9
f)	5190 : 6	5000 : 6	5400 : 6

3 Denke an die passende Einmaleins-Reihe. Rechne nur den Überschlag.

a)	b)	c)	d)	e)
1926 : 6	3888 : 9	2292 : 4	31644 : 6	50484 : 7
3024 : 4	1050 : 3	2124 : 6	66144 : 8	44523 : 9

4 Einige Ergebnisse sind falsch. Du findest sie mit einem Überschlag. Berichtige in deinem Heft.

a)	b)	c)
405 : 5 = 125	1902 : 3 = 634	17376 : 8 = 2172
372 : 4 = 93	3104 : 4 = 876	20545 : 5 = 5109
612 : 3 = 189	1224 : 6 = 134	33208 : 4 = 7302
504 : 7 = 82	6368 : 8 = 696	73080 : 9 = 9120

5 Welche Fragen kannst du beantworten? Überschlage, dann rechne genau.

Wie viel Kilometer fährt der Bus auf einer Fahrt hin und zurück?

Wie viel Personen fahren jeden Monat mit dem Bus?

Wie viel Kilometer fährt der Bus von Hamburg bis Neapel?

☆ **6** Notiere den Term. Überschlage, dann rechne genau.

Dividiere die Zahl 392 durch die Zahl 8.

Berechne den Quotienten von 891 und 9.

Dividiere die Summe von 3000 und 1340 durch 7.

1 Welcher Term passt zum Text? Rechne. Schreibe einen Antwortsatz.

Bei manchen Fußballspielen dürfen Kinder mit den Spielern in das Stadion einlaufen. In der Hinrunde waren es 3524 Kinder. In der Rückrunde durften genauso viele Kinder die Spieler begleiten. Wie viele Kinder waren insgesamt dabei?

3524 · 2	3524 : 2

2 Im Kopf oder schriftlich?

a)	b)	c)	d)
3200 · 3	23100 · 3	2408 : 4	15360 : 3
2987 · 4	42875 · 5	3005 : 5	25500 : 5
5011 · 6	12100 · 4	1941 : 3	47616 : 6
3420 · 2	11001 · 9	6660 : 6	70070 : 7

3 Das Ergebnis soll größer als 10000 sein. Wie viele Aufgaben findest du? Vergleiche mit deinem Partner.

a) · 2: 2809, 6321, 11342, 8002, 1989

b) · 5: 3102, 1876, 4521, 2078, 1579

c) : 3: 30483, 67815, 9003, 27972, 41262

d) : 4: 41684, 22772, 56448, 39872, 80732

4

a)

654	734	5208	29104	·	2

b)

760	907	1920	27905	·	5

c)

556	792	3056	71204	:	4

d)

576	804	7605	61206	:	3

5 Bei jeder Aufgabe ist nur ein Überschlag aus dem grünen Feld sinnvoll. Überschlage damit. Berechne auch das genaue Ergebnis.

	Aufgabe	Überschlag	Überschlag
a)	11493 : 3	11000 : 3	12000 : 3
b)	20712 : 3	20000 : 3	21000 : 3
c)	18522 : 6	18000 : 6	19000 : 6
d)	54672 : 6	54000 : 6	55000 : 6
e)	27801 : 9	27000 : 9	28000 : 9
f)	62712 : 9	62000 : 9	63000 : 9

Projekt Klassenfahrt

Die 20 Schülerinnen und Schüler der Klasse 5 planen eine Klassenfahrt in den Harz. Sie möchten 6 Tage bleiben. Dazu holen sie mehrere Angebote ein.
Plant mehrere Möglichkeiten. Wie entscheidet ihr euch? Begründet.

Campingplatz Hexensprung

Kosten für einen Tag:

Zelt für 5 Personen:	55 €
Verpflegung pro Person:	9 €

Wanderheim Brocken

Kosten pro Person für einen Tag:

Übernachtung:	18 €
Verpflegung:	12 €

Jugendherberge

Kosten pro Person für einen Tag:
Übernachtung mit Verpflegung: 35 €

Bahnfahrt

Hin- und Rückfahrt pro Person: 25 €

Gruppenkarte (einfache Fahrt) für 5 Personen: 40 €

Busreise Blitz

Bus (25 Sitzplätze), mit Nutzung vor Ort

Gesamtpreis: 1 200 €

1 Beachte die Rechenregeln.

a) $100 + 50 : 2 - 5$
$40 \cdot 12 - 2 \cdot 20$

b) $(30 - 2 \cdot 10) \cdot 10$
$10 \cdot (25 - 4 \cdot 5)$

c) $(4 \cdot 30 + 30) : (100 - 10 \cdot 5)$
$30 + 4 \cdot 15 - 9 \cdot (100 : 10 - 1)$

2 Wo wurden Fehler gemacht? Berichtige in deinem Heft.

a) $18 + 2 \cdot 5 = 100$
$4 \cdot 5 + 5 = 40$

b) $20 - 5 \cdot 2 + 10 = 20$
$(38 - 4 \cdot 7) \cdot 3 = 30$

c) $100 \cdot (12 + 4 \cdot 2) = 200$
$50 - 10 \cdot 3 - 4 \cdot 5 = 100$

3 Notiere den Term. Berechne den Wert.

a) Subtrahiere 15 000 vom Produkt der Zahlen 500 und 200.

b) Addiere das Produkt der Zahlen 10 und 5 zum Produkt der Zahlen 2 und 25.

c) Multipliziere die Differenz von 70 und 30 mit der Zahl 50.

d) Dividiere das Produkt der Zahlen 15 und 4 durch die Summe der Zahlen 14 und 16.

4 **a)** $■ \cdot 80 = 40\,000$
$■ \cdot 50 = 20\,000$

b) $25\,000 \cdot ■ = 750\,000$
$12\,000 \cdot ■ = 240\,000$

c) $■ \cdot 20\,000 = 800\,000$
$■ \cdot 30\,000 = 900\,000$

5 **a)** $■ : 11 = 5000$
$■ : 15 = 2000$

b) $180\,000 : ■ = 60\,000$
$360\,000 : ■ = 9000$

c) $■ : 400 = 400$
$■ : 200 = 400$

6 Wie heißt die Zahl?

a) Zu meiner Zahl addiere ich das Doppelte von 1 200 und erhalte 3 500 als Ergebnis.

b) Von meiner Zahl subtrahiere ich das 4fache von 120 und erhalte 520 als Ergebnis.

7 Wähle verschiedene Zahlen aus. Notiere die Rechnung.

a) $■ \cdot ■ = 600$
b) $■ \cdot ■ = 5000$
c) $■ \cdot ■ \cdot ■ = 400\,000$
d) $■ \cdot ■ \cdot ■ = 880\,000$
e) $■ \cdot ■ \cdot ■ = 480\,000$
f) $■ \cdot ■ \cdot ■ = 120\,000$
g) $■ \cdot ■ \cdot ■ = 32\,000$
h) $■ \cdot ■ \cdot ■ = 64\,000$

200	30		10 000
4 400	300		100
20	25	16	10

8 **a)** Wie viel Meter läuft Lea jede Woche?
b) Wie viel Runden läuft Murat an jedem Trainingstag?

Ich laufe jede Woche an 4 Tagen jeweils 6 Runden.

Insgesamt laufe ich so weit wie Lea. Jede Woche laufe ich an 3 Tagen gleich viele Runden.

Lea

Murat

1 Schreibe die vollständige Rechnung in dein Heft.

a) ■58 · ■ 1790	**b)** 76■ · 9 ■■■1	**c)** ■5■ · 7 6■■1	**d)** ■38 · ■ 14■8
e) 22345 · 3 6■■35	**f)** 19670 · 5 ■835■	**g)** 1■372 · 6 7423■	**h)** 11175 · ■ 89400

2 Notiere den Term. Berechne den Wert.

a) Multipliziere die Zahl 11709 mit 6.

b) Berechne das Produkt von 39623 und 21.

c) Dividiere die Zahl 64075 durch 5.

3 Bilde vierstellige Zahlen aus den Ziffern 7, 3, 5, 0.
Beim Dividieren durch 5 soll kein Rest bleiben.
Findest du alle 10 Möglichkeiten?

4

a) ■ · 5 = 15820	**b)** ■ · 7 = 33355	**c)** ■ · 6 = 53856	**d)** ■ · 6 = 32952
■ · 4 = 22936	■ · 8 = 27648	■ · 9 = 65403	■ · 3 = 16476

5

a) ■ : 3 = 957	**b)** ■ : 4 = 777	**c)** ■ : 8 = 549	**d)** ■ : 4 = 826
■ : 5 = 672	■ : 6 = 807	■ : 9 = 919	■ : 8 = 413

6 Was fällt dir auf?

a) Multipliziere 6732 mit 2.
Dann multipliziere das Ergebnis mit 5.

b) Dividiere 25670 durch 5.
Dann dividiere das Ergebnis durch 2.

7 Die Getränkehandlung hat 2460 volle Kisten im Lager.
Welche Fragen kannst du beantworten? Rechne aus.

A In wie vielen Kisten sind 8 Flaschen?

B Wie viele Kisten wurden verkauft?

C Wie viele Flaschen sind insgesamt im Lager?

In 1830 Kisten sind 10 Flaschen. In den restlichen Kisten sind 8 Flaschen.

1 Rechne im Kopf.

a) · 3: 5 000, 8 000, 3 000, 20 000, 10 000, 400

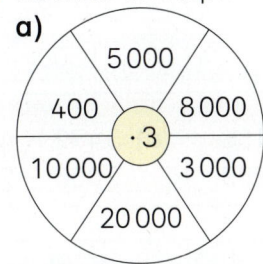

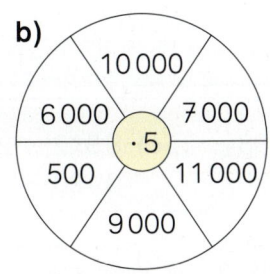

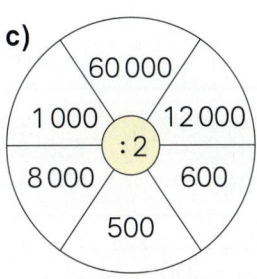

b) · 5: 10 000, 7 000, 11 000, 9 000, 500, 6 000

c) : 2: 60 000, 12 000, 600, 500, 8 000, 1 000

d) : 4: 800, 2 000, 8 000, 40 000, 12 000, 44 000

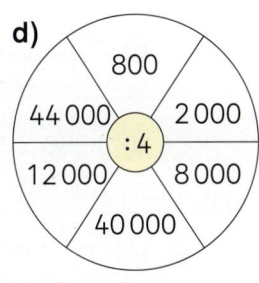

2 Wo wurden Fehler gemacht? Berichtige in deinem Heft.

a)	b)	c)
20 · 50 = 1000	44 · 70 = 448	19 · 20 = 3800
30 · 60 = 180	83 · 60 = 4980	35 · 40 = 1400
40 · 70 = 2800	29 · 50 = 1450	63 · 50 = 315
80 · 20 = 160	57 · 40 = 228	92 · 20 = 1840

3 a) 8 203 · 4
9 146 · 5

b) 13 214 · 6
38 203 · 2

c) 1 325 · 40
2 503 · 30

d) 4 951 · 12
6 132 · 15

4 Bei jeder Aufgabe ist nur ein Überschlag aus dem grünen Feld sinnvoll. Überschlage damit. Berechne auch das genaue Ergebnis.

a) 20 895 : 5 — 20 000 : 5 | 21 000 : 5

b) 21 654 : 3 — 21 000 : 3 | 22 000 : 3

c) 31 896 : 4 — 31 000 : 4 | 32 000 : 4

5 Bei einigen Aufgaben bleibt ein Rest.

a) 30 : 7
25 : 4

b) 42 : 5
45 : 9

c) 754 : 4
912 : 6

d) 4 325 : 5
2 641 : 3

e) 7 240 : 4
5 617 : 6

6 a)

4 325	8 209	26 541	31 723	·	6

b)

2 584	9 888	19 784	57 704	:	8

7 Berechne, wie viel von jeder Zutat für 20 Waffeln benötigt wird.

Rezept für 5 Waffeln
125 g Butter
100 g Zucker
2 Eier
250 g Mehl
2 TL Backpulver
250 g Quark
Dazu schmecken heiße Kirschen.

Alles klar?

Multiplizieren und Dividieren

Ich kann …

… im Kopf multiplizieren und dividieren.

… schriftlich multiplizieren.

… schriftlich dividieren.

… Sachaufgaben zum Multiplizieren und Dividieren lösen.

Bleib fit!

1 a)

2400	+	50	300	7000	90	800	5200	6700	900

b)

8700	–	40	400	5000	8	900	4600	1800	7

2 a) 1256 + 3452 b) 7732 + 1984 c) 8572 – 2153 d) 5472 – 4297
7078 + 965 574 + 4907 3420 – 789 8006 – 2475

3 a)

6	50	300	80	·	3

b)

7	·	100	8	90	70

c)

40	200	90	80	·	4

d)

9	·	60	10	8	30

4 a) 150 : 5 b) 270 : 90 c) 240 : 8 d) 140 : 20 e) 300 : 50
120 : 4 560 : 70 360 : 6 320 : 40 400 : 80
270 : 3 810 : 90 120 : 3 560 : 80 280 : 70

5 Im Kopf oder schriftlich?
a) 1,40 € + 2,05 € b) 5,47 € – 2,30 € c) 7,10 € – 3,38 €
2,36 € + 6,47 € 7,60 € – 2,05 € 5,03 € – 3,04 €
2,50 € + 2,90 € 6,78 € – 3,27 € 3,54 € – 2,99 €

6 Gib das Ergebnis in Euro an.
a) 4 · 60 ct b) 5 · 80 ct c) 9 · 90 ct d) 7 · 70 ct e) 6 · 90 ct
3 · 50 ct 6 · 40 ct 4 · 30 ct 5 · 20 ct 4 · 80 ct
2 · 70 ct 7 · 30 ct 8 · 20 ct 3 · 30 ct 8 · 50 ct

7 a) Im Supermarkt kosten 6 Apfelsinen 3,00 €. Wie viel Cent kostet eine Frucht?
b) Eine Kiwi kostet 30 ct. Amira kauft 6 Kiwis. Wie viel Euro muss sie bezahlen?

8 Berechne die Einnahmen.

a)

4 Verkäufe

b)
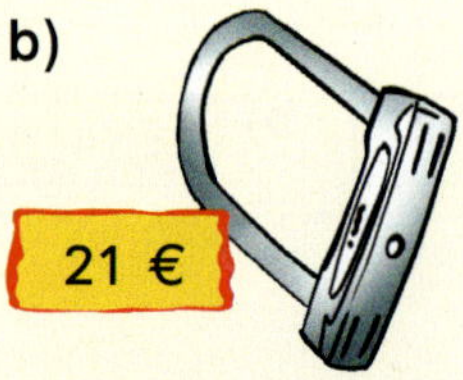

8 Verkäufe

c)

2 Verkäufe

d)

3 Verkäufe

9 Zeichne mit deinem Geodreieck
a) zwei Geraden, die zueinander senkrecht sind.
b) vier Geraden, die zueinander parallel sind.

10 Zeichne das Rechteck.
a) a = 6 cm b) a = 5 cm c) a = 5 cm d) a = 7 cm e) a = 5,5 cm
b = 5 cm b = 5 cm b = 3 cm b = 4 cm b = 7 cm

Flächen

In diesem Kapitel ...

... unterscheidest du Umfang und Flächeninhalt.

... berechnest du Umfang und Flächeninhalt von Rechtecken.

... lernst du verschiedene Einheiten für den Flächeninhalt kennen.

... berechnest du Umfang und Flächeninhalt zusammengesetzter Flächen.

... löst du Sachaufgaben zu Umfang und Flächeninhalt.

1 Ordne zu.

A 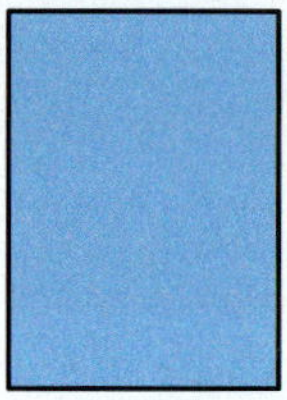
B 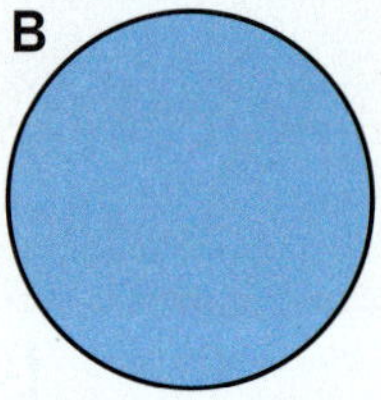
C 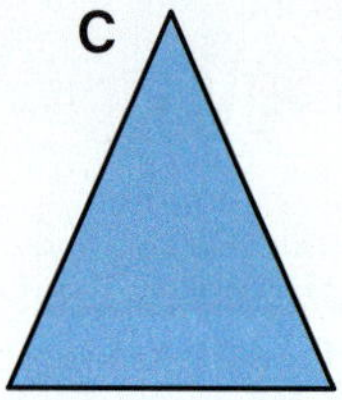
D 

Quadrat
Dreieck
Rechteck
Kreis

2 **a)** Spanne die blaue und die rote Figur auf deinem Geobrett.
b) Welche Merkmale gelten für beide Figuren?
c) Welches Merkmal gilt nur für die rote Figur?

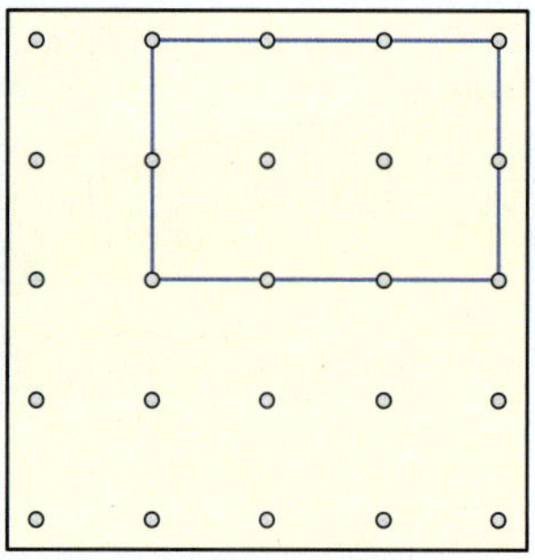
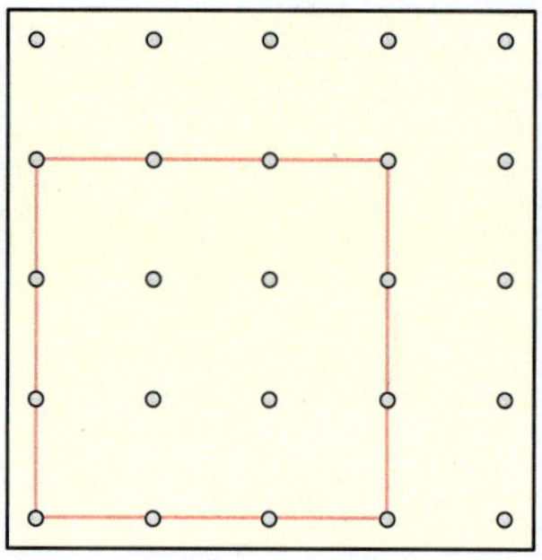

vier rechte Winkel
Die gegenüberliegenden Seiten sind gleich lang.
Alle vier Seiten sind gleich lang.
vier Seiten

3 Welche Figuren sind Rechtecke, welche sind Quadrate?

A 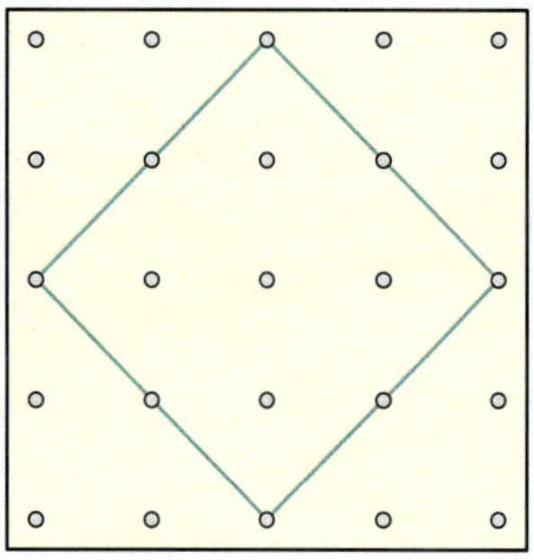
B 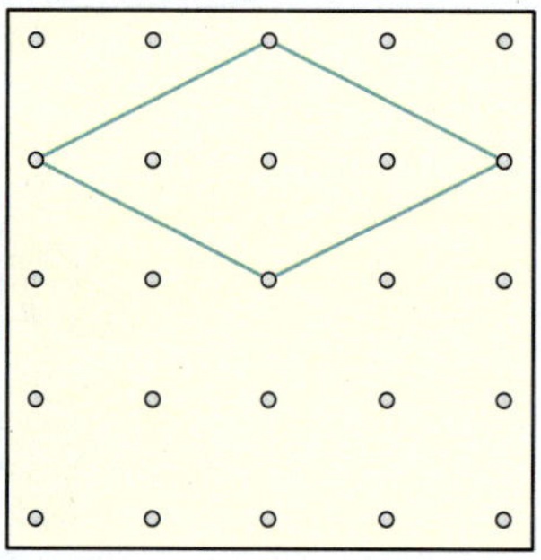
C 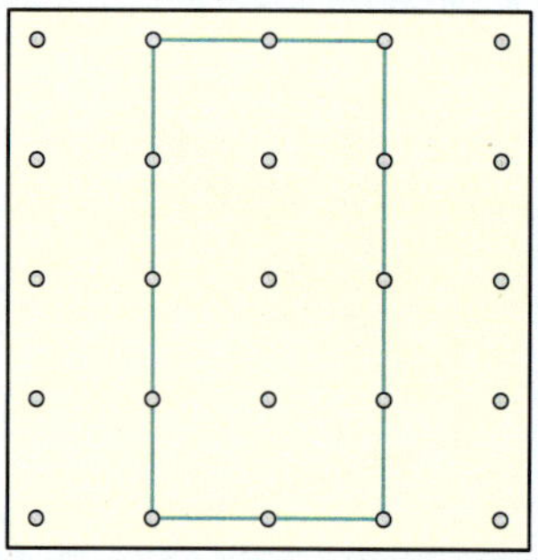
D 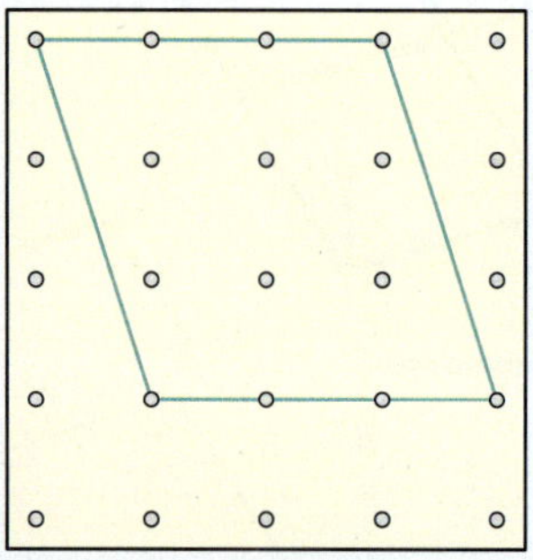
E 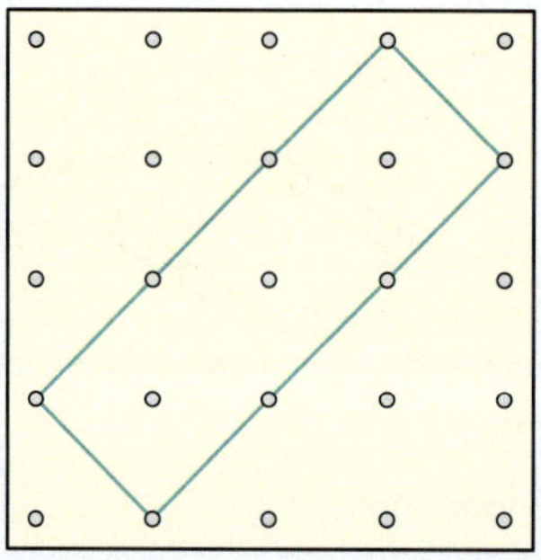
F 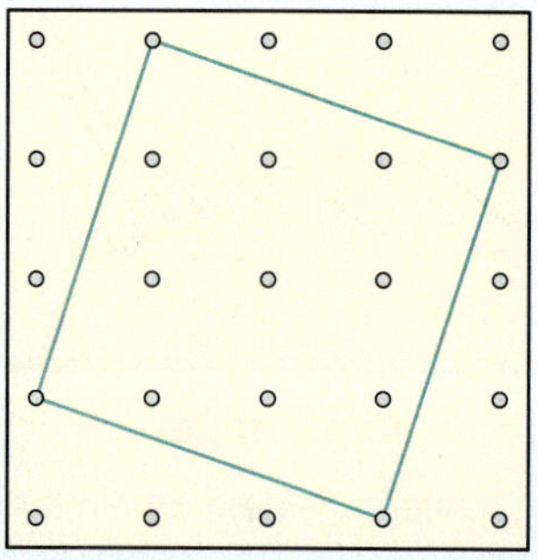

4 Zeichne das Rechteck.
a) a = 5 cm, b = 6 cm **b)** a = 7 cm, b = 5 cm **c)** a = 6 cm, b = 4,5 cm

Umfang

❶ Die Schnecke kriecht einmal um die Figur herum. Wie lang ist der Weg?

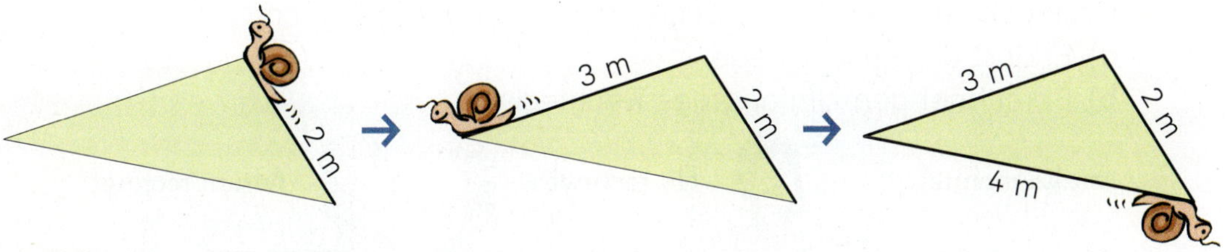

u = 2 m + 3 m + 4 m
u = ▒ m

Merke

Der **Umfang** einer Figur ist die Summe aller Seitenlängen.

❷ Die Beete im Schulgarten werden umzäunt. Wie viel Meter Zaun werden benötigt?

Klasse 5a

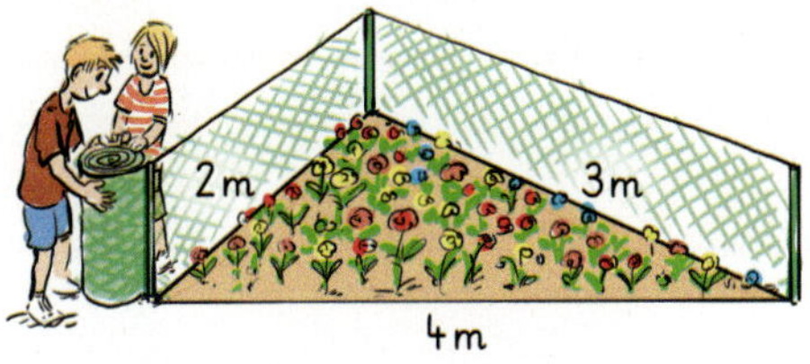

Klasse 5b

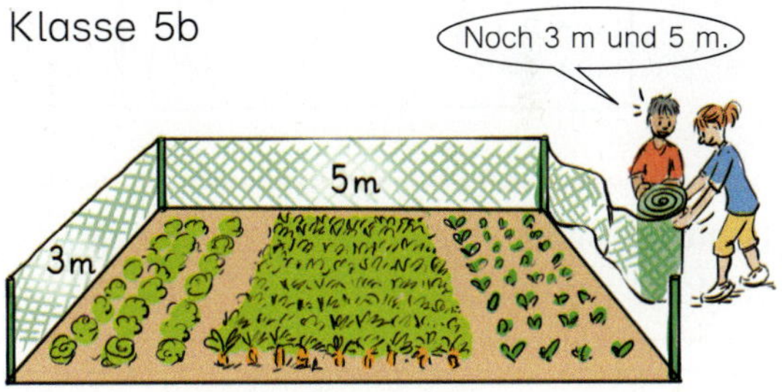

❸ Bestimme den Umfang der abgebildeten Figuren.

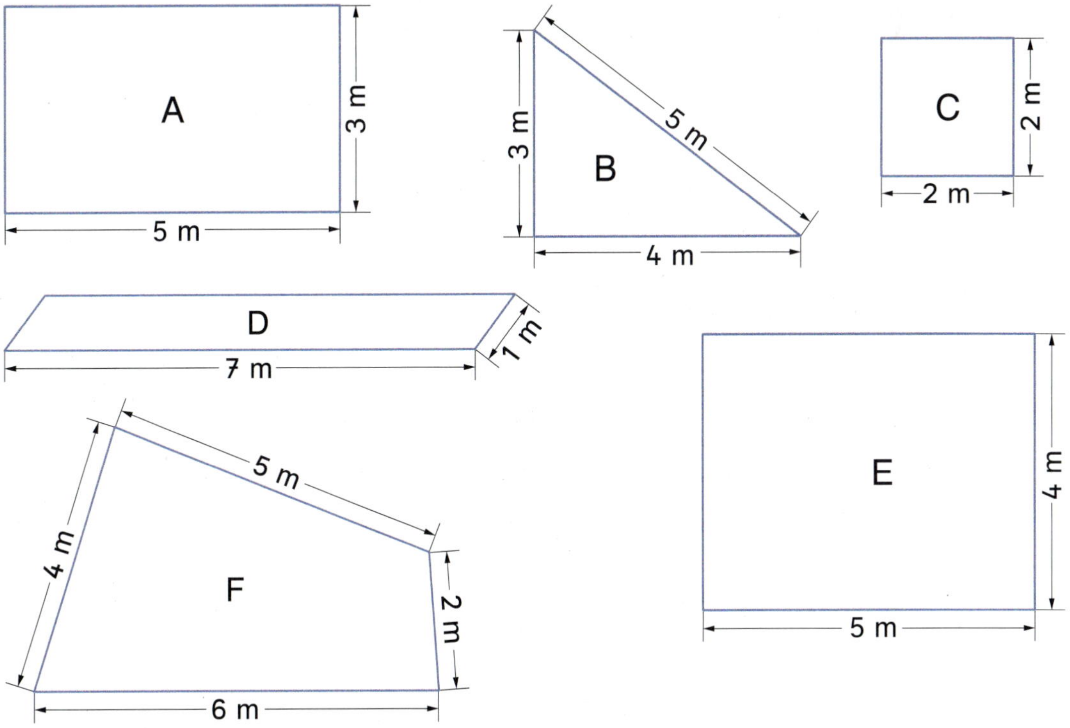

Umfang von Rechteck und Quadrat

1 Schülerinnen und Schüler der Klasse 5 berechnen den Umfang u eines Rechtecks mit den Seitenlängen a = 5 cm und b = 3 cm.

a) Erklärt die Rechenwege.

b) Berechnet den Umfang des Rechtecks.

Merke

Umfang eines Rechtecks: $u = 2 \cdot a + 2 \cdot b$

Umfang eines Quadrats: $u = 4 \cdot a$

---

2 Zeichne das Quadrat. Berechne den Umfang.

a) a = 4 cm **b)** a = 6 cm **c)** a = 3 cm **d)** a = 5 cm ☆ **e)** a = 6,5 cm

---

3 Zeichne das Rechteck. Berechne den Umfang.

a) a = 5 cm, b = 4 cm **b)** a = 5 cm, b = 2 cm **c)** a = 6 cm, b = 4 cm **d)** a = 7 cm, b = 4 cm ☆ **e)** a = 5 cm, b = 2,5 cm

---

4 Frau Schmitt, Herr Müller und Frau Sommer umzäunen Rasenflächen. Welcher Zaun wird am längsten?

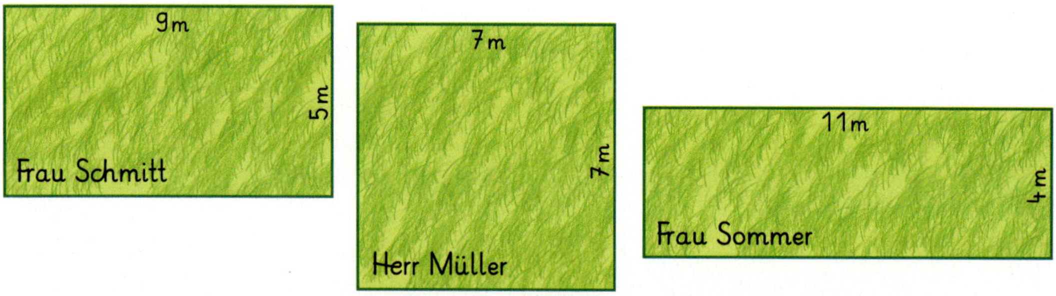

☆ **5** **a)** Zeichne ein Rechteck mit den Seitenlängen a = 6 cm und b = 2 cm.

b) Zeichne ein Quadrat mit demselben Umfang.

c) Zeichne andere Rechtecke mit demselben Umfang. Wie viele findest du?

Umfang von Rechteck und Quadrat

1 Wählt rechteckige Gegenstände aus der Schultasche und dem Klassenraum.
a) Messt die Länge und die Breite. Berechnet dann den Umfang.
b) Eure Mitschüler schätzen den Umfang. Wer schätzt am besten?

2 Im Werkunterricht sollen aus 24 cm langem Eisendraht Rechtecke gebogen werden.
a) Zeichne verschiedene Lösungen.
b) Dein Nachbar misst nach und prüft, ob der Umfang 24 cm beträgt.

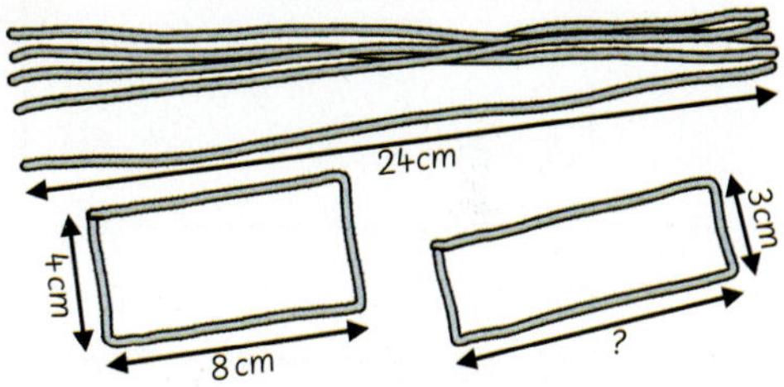

3 Übertrage die Tabelle in dein Heft und berechne den fehlenden Wert für das Rechteck.

	a)	b)	c)	☆ d)	☆ e)	☆ f)
Seite a	2 cm	13 cm	24 cm	5 cm	■	7 cm
Seite b	8 cm	25 cm	3 cm	■	6 cm	■
Umfang	■	■	■	20 cm	32 cm	40 cm

4 Im Training laufen die Sportler um ihre Spielfelder herum.
a) Die Fußballer wollen mindestens 2 km laufen. Sind das mehr als 5 Runden?
b) Die Volleyballerinnen wollen mindestens 1 km laufen. Wie viele Runden sind das ungefähr? Stellt eure Lösungswege eurer Klasse vor.

Fußball

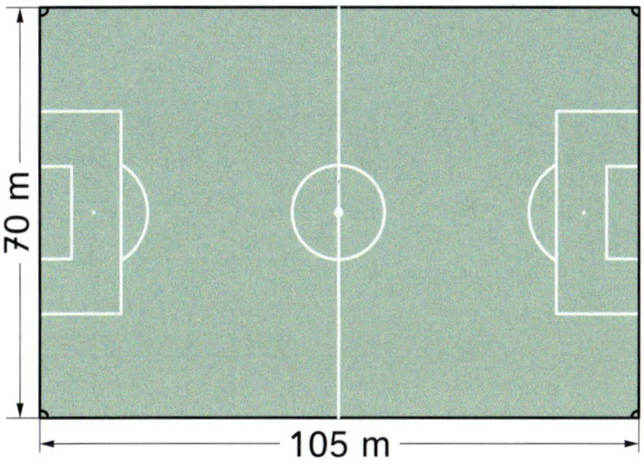

Volleyball

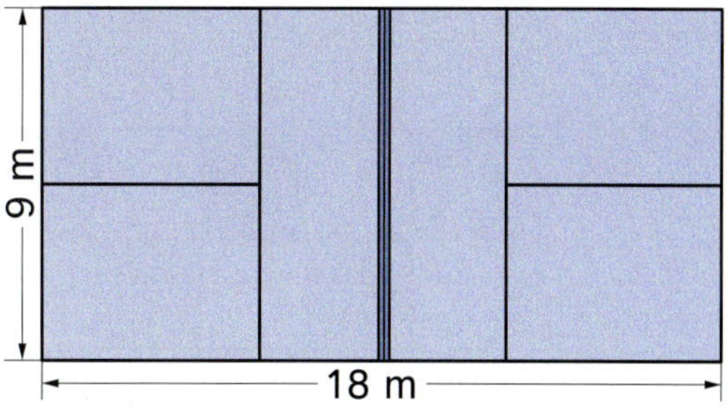

Flächen vergleichen

1 Wie viele Platten werden für das Bad und für die Küche jeweils benötigt?

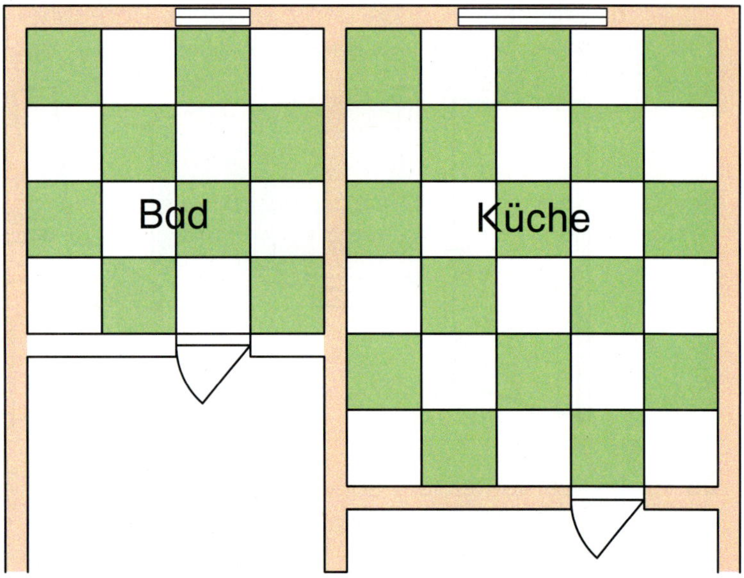

2 Die Zimmer werden mit Teppichfliesen ausgelegt.
Wer hat das größte Zimmer, wer hat das kleinste Zimmer?

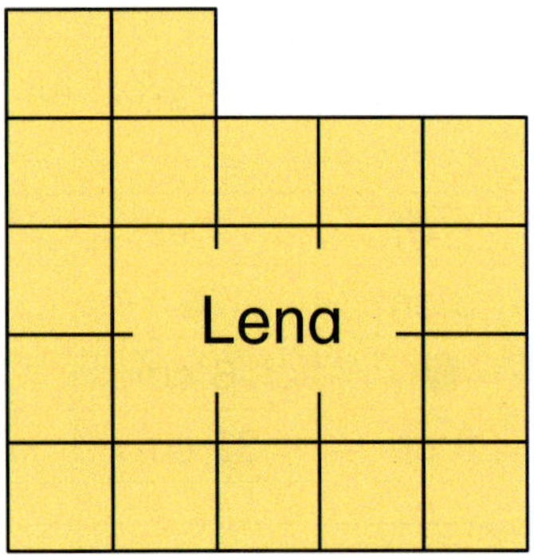

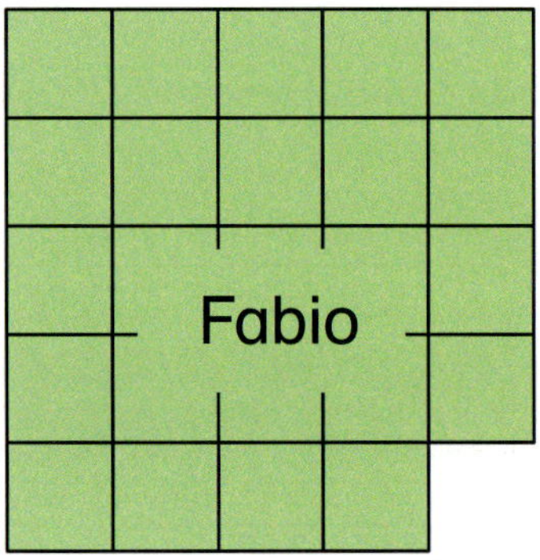

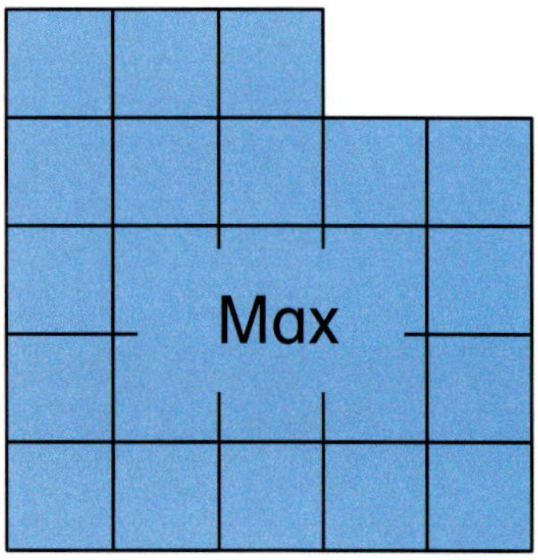

3 Wer hat Recht? Begründet.

Beide Rechtecke sind gleich groß.

In meinem Rechteck sind viel mehr Quadrate. Darum ist es größer.

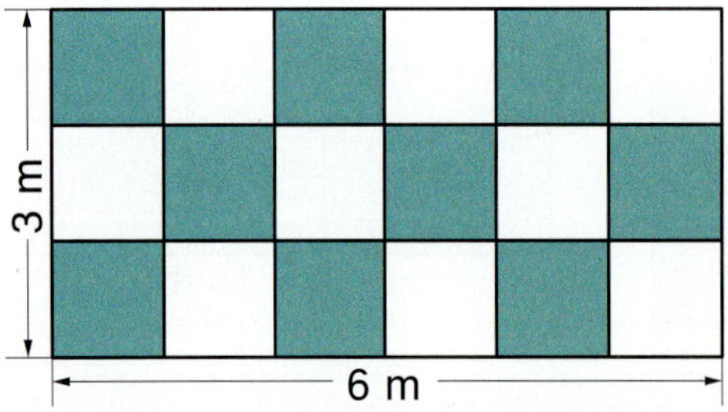

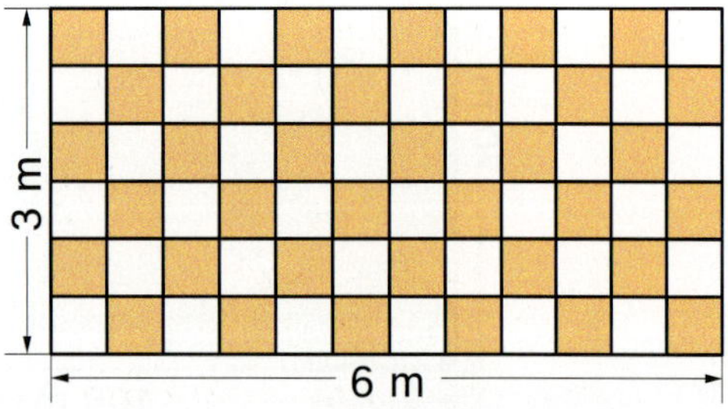

Quadratzentimeter

Merke

Kleine Flächen werden in **Quadratzentimeter** angegeben.
Ein Quadrat mit der Seitenlänge 1 cm hat den Flächeninhalt 1 cm² (Quadratzentimeter).

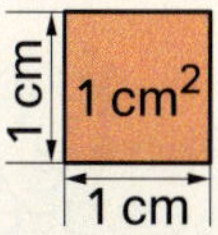

1 **a)** Zeichne die Figuren in dein Heft.
b) Stelle aus Karopapier Quadratzentimeter her und lege die Flächen aus.
c) Wie viel Quadratzentimeter brauchst du für jede Figur? Schreibe auf.

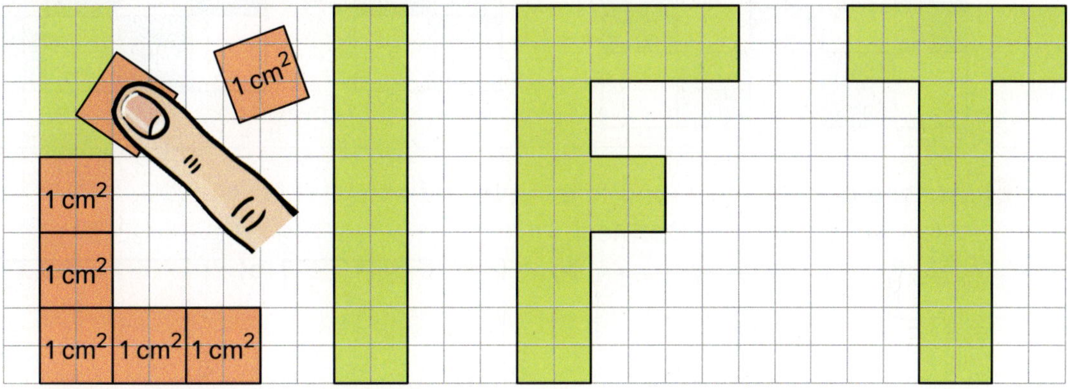

2 Zeichne Buchstaben auf Karopapier und lege sie mit Quadratzentimetern aus.
Wie viel Quadratzentimeter benötigst du jeweils?

3 **a)** Nimm 12 Quadratzentimeter und lege damit ein Rechteck.
b) Zeichne das Rechteck in dein Heft. Schreibe die Maße an die Seiten.
c) Kannst du noch andere Rechtecke mit 12 Quadratzentimetern legen?

4 Ordne zu.

Beispiel
A: 1 cm²

A
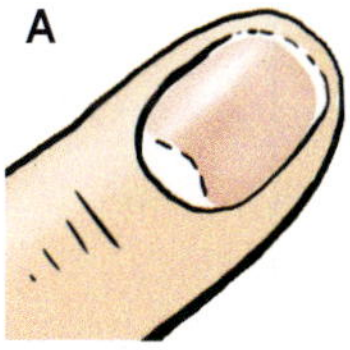

B

C

D

E

144 cm²	600 cm²	1 cm²	6 cm²	32 cm²

5 Lege deine Hand auf Karopapier und umfahre sie.
Wie viel cm² ist deine Hand ungefähr groß?
4 Karos sind 1 cm².

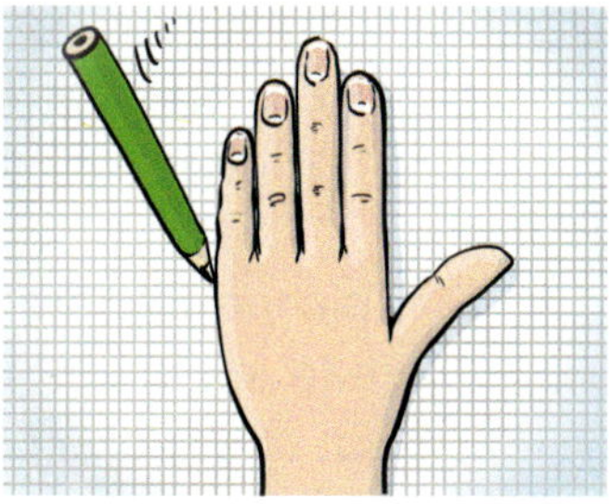

6 Lege Gegenstände auf Karopapier und umfahre sie.
Wie viel cm² ist jeder Gegenstand ungefähr groß?
a) Schlüssel **b)** Radiergummi **c)** Anspitzer

Flächeninhalt von Rechteck und Quadrat

1 Wie viel cm^2 benötigt Tina für jede Figur?

a)

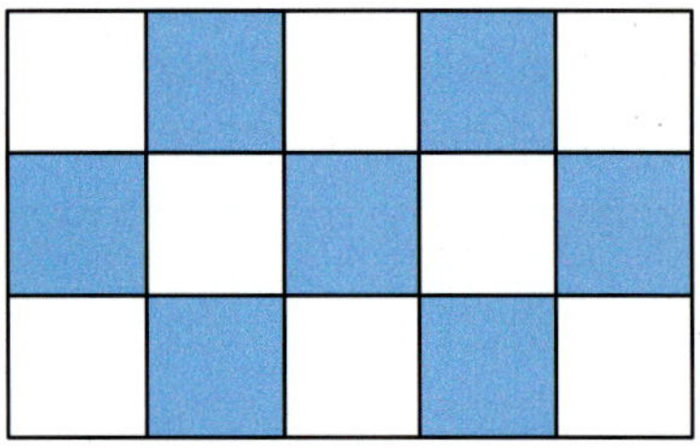

b)

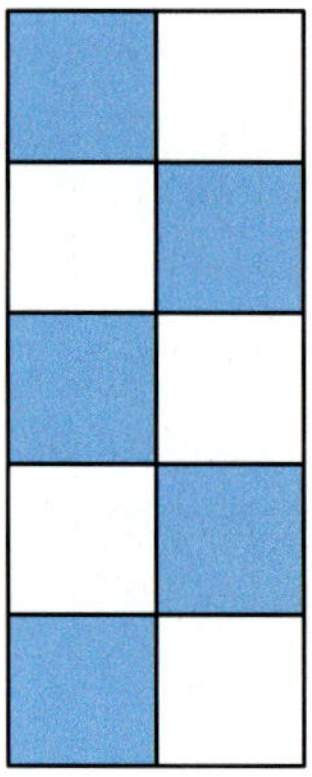

c)

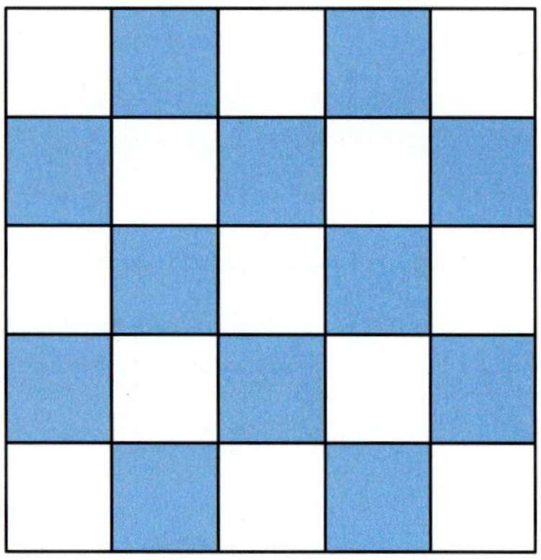

2 Zeichne das Rechteck und teile es in cm^2 ein.
Wie viel cm^2 hat das Rechteck?

a)

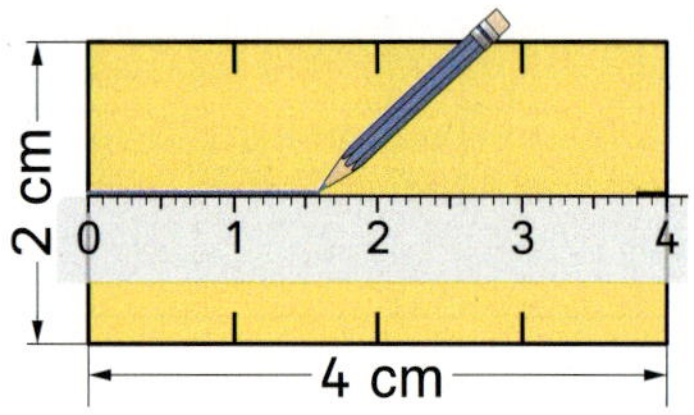

b)

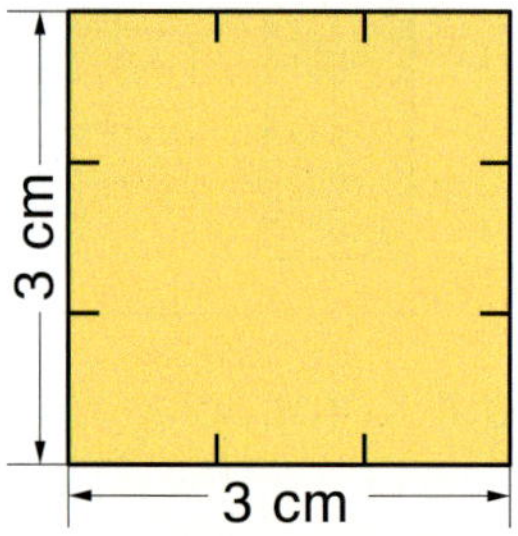

c)

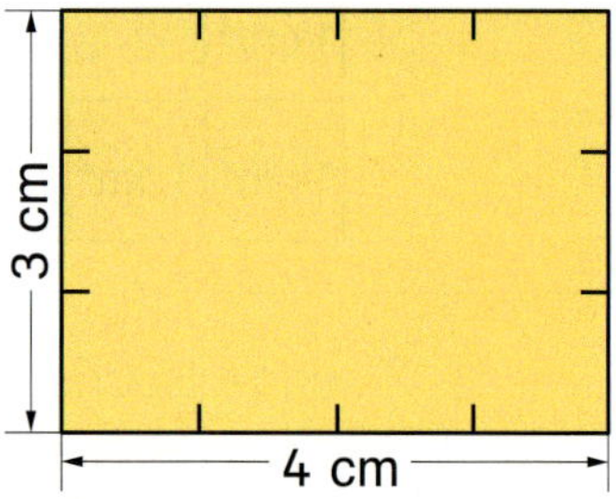

d)

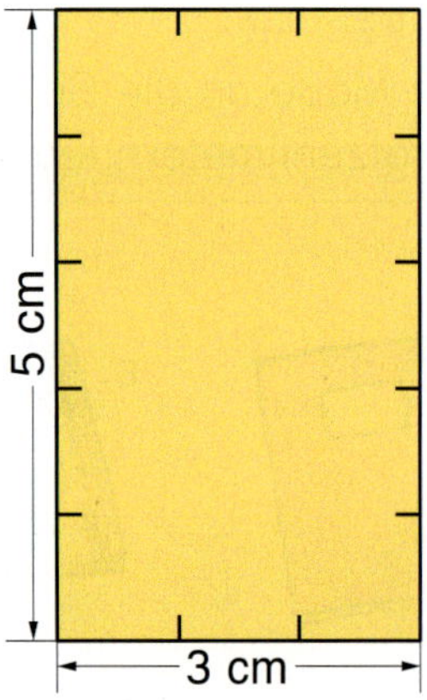

e)

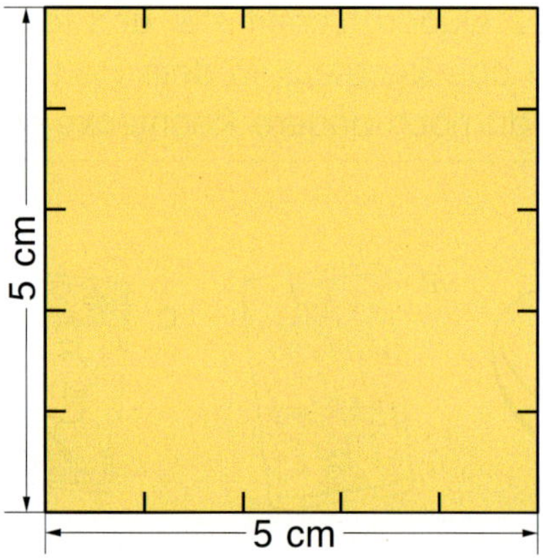

f)

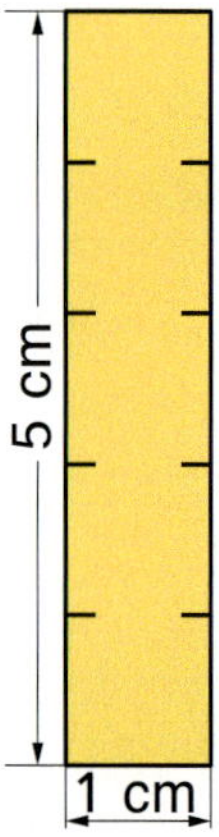

3 **a)** Zeichne das Rechteck mit den Seitenlängen $a = 8$ cm und $b = 2$ cm und teile es in cm^2 ein. Wie viel cm^2 hat das Rechteck?

b) Zeichne das Quadrat mit der Seitenlänge $a = 4$ cm und teile es in cm^2 ein. Wie viel cm^2 hat das Quadrat? Vergleiche mit dem Rechteck in Aufgabe a).

4 Zeichne Quadrate mit den Seitenlängen $a = 3$ cm und $a = 6$ cm.
Teile sie in cm^2 ein.
Hat das große Quadrat doppelt so viele cm^2 wie das kleine Quadrat?

Flächeninhalt von Rechteck und Quadrat

1 Ein Rechteck ist 6 cm lang und 4 cm breit. Wie groß ist der Flächeninhalt?

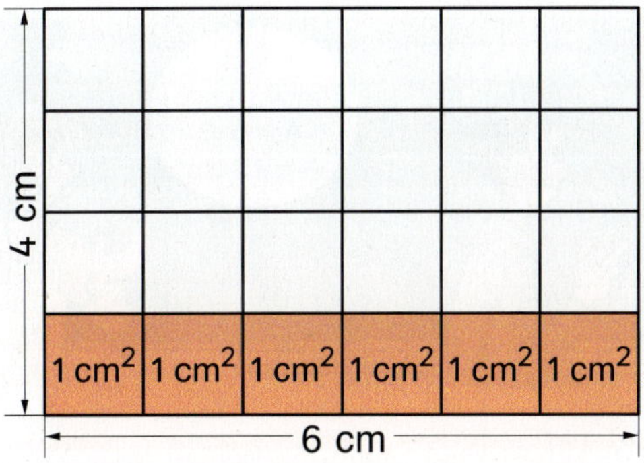

Ein Streifen	6 cm^2
Anzahl der Streifen	4
Flächeninhalt	6 $cm^2 \cdot 4$
	$\square$ cm^2

Merke

Flächeninhalt des Rechtecks
Flächeninhalt eines Streifens mal Anzahl der Streifen

2 **a)** Miss die Seiten a und b. Zeichne das Rechteck.
b) Wie viel cm^2 passen in einen Streifen? Wie viele Streifen passen in das Rechteck?
c) Berechne den Flächeninhalt des Rechtecks.

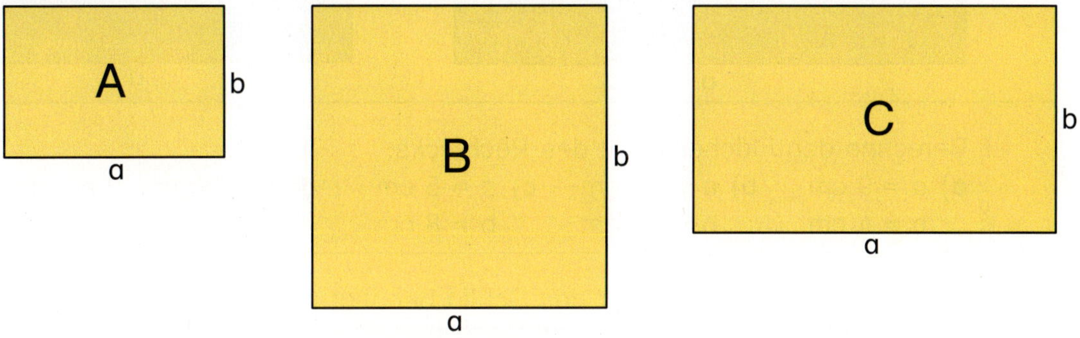

3 Zeichne das Rechteck. Dann berechne den Flächeninhalt.

a) a = 7 cm, b = 4 cm **b)** a = 6 cm, b = 5 cm **c)** a = 5 cm, b = 3 cm **d)** a = 6 cm, b = 3 cm **e)** a = 3 cm, b = 4 cm

4 Zeichne das Quadrat, dann berechne den Flächeninhalt.

a) a = 3 cm **b)** a = 5 cm **c)** a = 7 cm **d)** a = 4 cm **e)** a = 6 cm

☆ **5** Ein Rechteck hat die Seiten a = 12 cm und b = 3 cm.
a) Zeichne das Rechteck. Berechne den Flächeninhalt.
b) Zeichne ein Quadrat mit demselben Flächeninhalt.
c) Zeichne andere Rechtecke mit demselben Flächeninhalt. Wie viele solche Rechtecke findest du?
d) Welche der gezeichneten Figuren hat den kleinsten Umfang?

Flächeninhalt mit der Formel berechnen

1 Der Flächeninhalt des Rechtecks wird berechnet. Vergleicht die Rechenwege.

Merke

Flächeninhalt eines Rechtecks: $A = a \cdot b$

Flächeninhalt eines Quadrats: $A = a \cdot a$

2 Miss die Seiten a und b und berechne den Flächeninhalt des Rechtecks.

a)

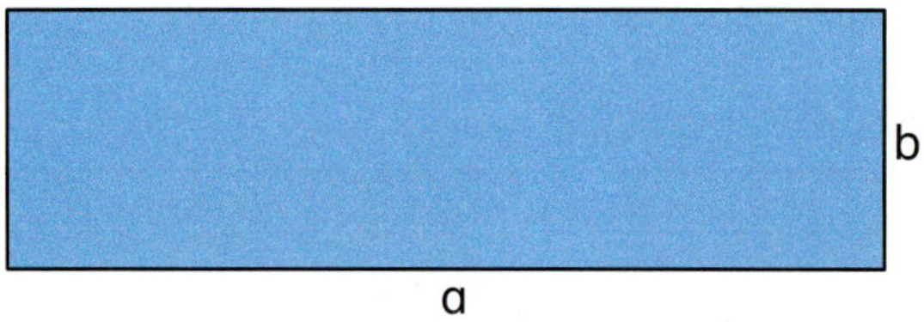

b)

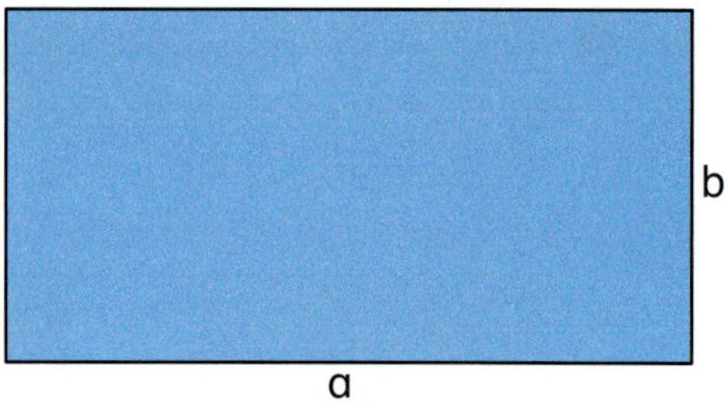

3 Berechne den Flächeninhalt des Rechtecks.

a) a = 9 cm, b = 4 cm
b) a = 12 cm, b = 10 cm
c) a = 5 cm, b = 8 cm
d) a = 20 cm, b = 10 cm
e) a = 8 cm, b = 8 cm

4 Berechne, wie viel Blech für das Schild benötigt wird.

a)

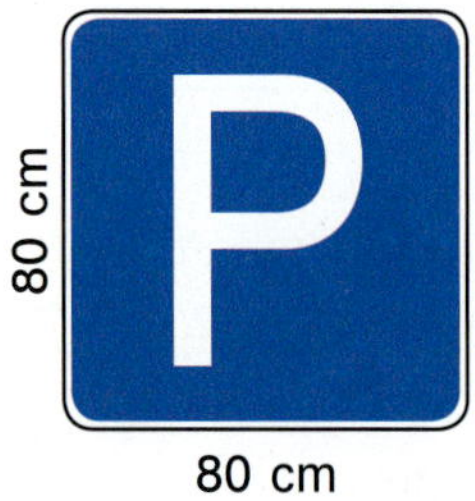

b)

c)

☆ **5** Der Flächeninhalt und die Länge der Seite b eines Rechtecks sind gegeben.
Berechne die Länge der Seite a.

Beispiel

a) $A = a \cdot b$
$24 = a \cdot 3$
$a = ■$

a)

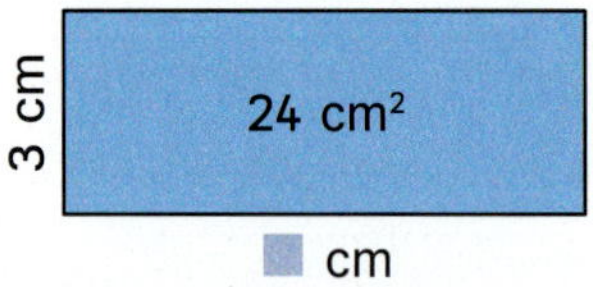

b)

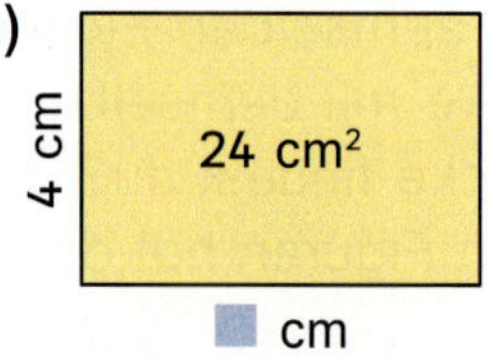

c)

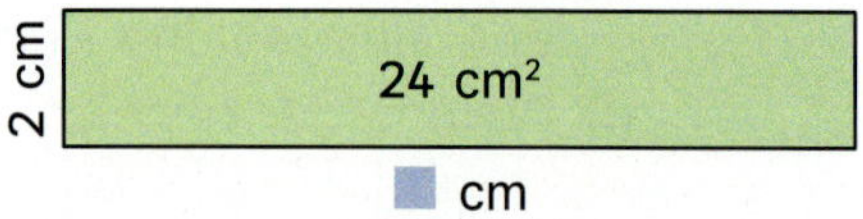

Quadratmeter

Merke

Große Flächen werden in **Quadratmeter** angegeben.
Ein Quadrat mit der Seitenlänge 1 m hat den Flächeninhalt 1 m^2 (Quadratmeter).

1 a) Stellt aus Packpapier Quadrate mit der Seitenlänge 1 m her.
b) Legt eine Fläche von 4 m^2 aus.
c) Können alle Schüler eurer Klasse gleichzeitig auf der Fläche von 4 m^2 stehen?

2 Wie viel Quadratmeter brauchst du jeweils, um die Fläche auszulegen? Schätze zuerst, dann prüfe nach.

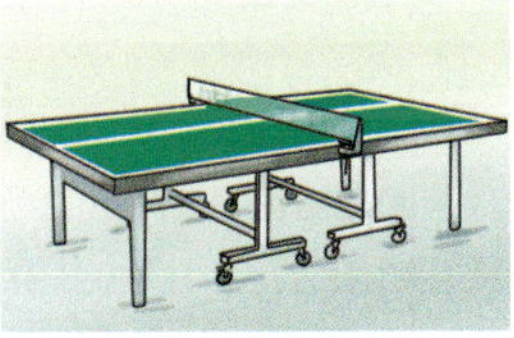

3 Ordne zu.

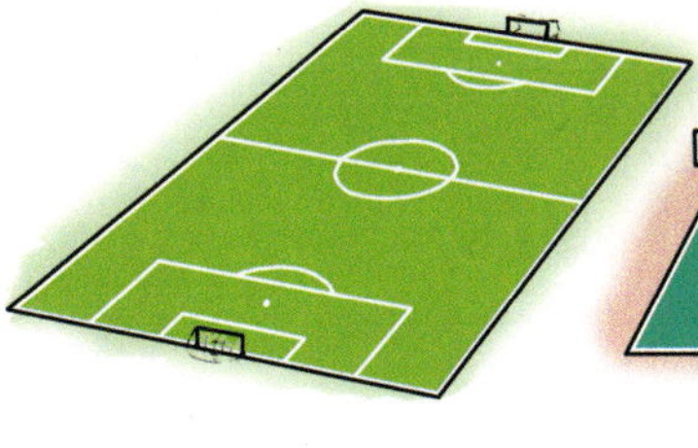
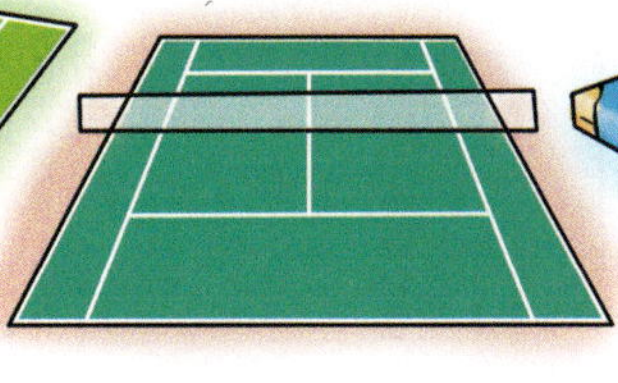

1 m^2	2 m^2	7000 m^2	670 m^2

4 Schreibe die Flächen auf, die größer sind als 1 m^2.

Seite im Atlas	Eingangstür der Schule	Sitzfläche eines Stuhls
Fenster im Klassenraum	Schultisch	Tür zur Turnhalle

Flächenmaße umrechnen

1 **a)** Wie oft passt ein Quadratzentimeter in einen Quadratdezimeter?
b) Wie oft passt ein Quadratmillimeter in einen Quadratzentimeter?

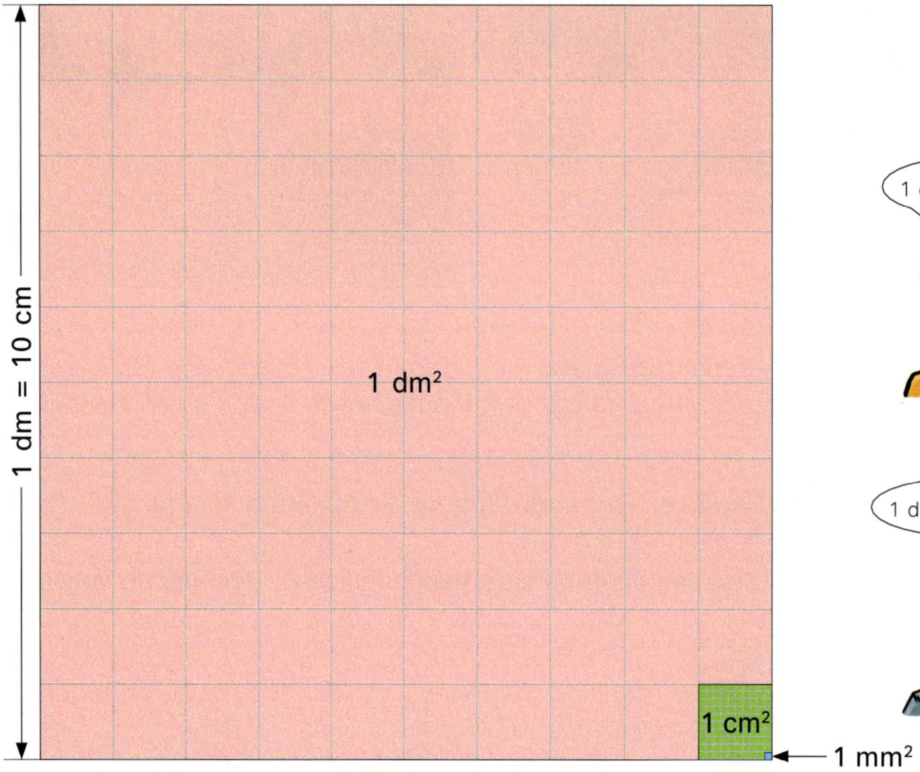

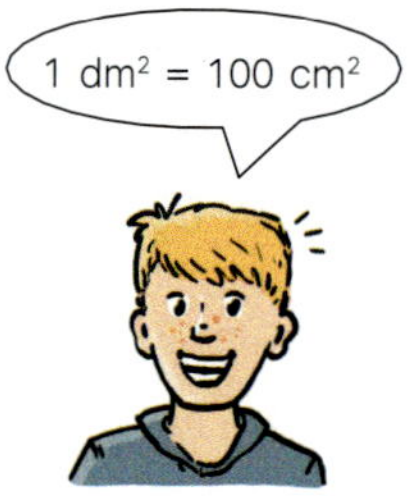

Merke

Quadratmeter (m^2)	$1\ m^2 = 100\ dm^2$			
Quadratdezimeter (dm^2)		$1\ dm^2 = 100\ cm^2$		
Quadratzentimeter (cm^2)			$1\ cm^2 = 100\ mm^2$	
Quadratmillimeter (mm^2)				$1\ mm^2$

2 Ordne zu.

$1\ m^2$	$1\ dm^2$	$1\ cm^2$	$1\ mm^2$

3 Wandle um.

Umwandeln in die nächstkleinere Einheit (multiplizieren mit 100)
$3\ dm^2 = 300\ cm^2$

Umwandeln in die nächstgrößere Einheit (dividieren durch 100)
$300\ cm^2 = 3\ dm^2$

a) In die nächstkleinere Einheit: $7\ dm^2$, $8\ cm^2$, $5\ m^2$, $9\ dm^2$, $2\ cm^2$, $4\ m^2$, $10\ dm^2$
b) In die nächstgrößere Einheit: $200\ cm^2$, $100\ dm^2$, $800\ mm^2$, $900\ dm^2$, $700\ cm^2$

Flächenmaße umrechnen

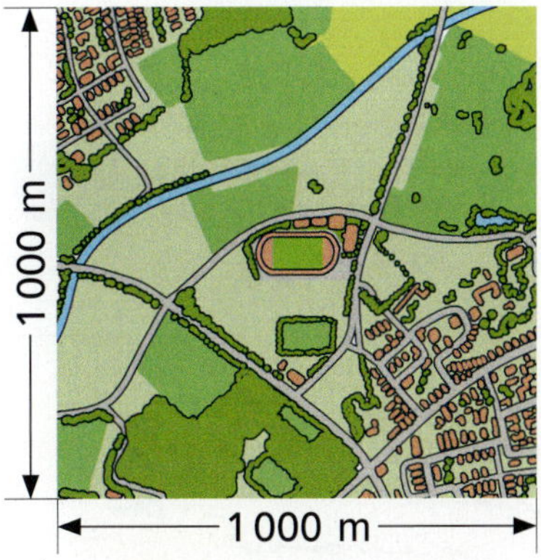

1 Quadratkilometer

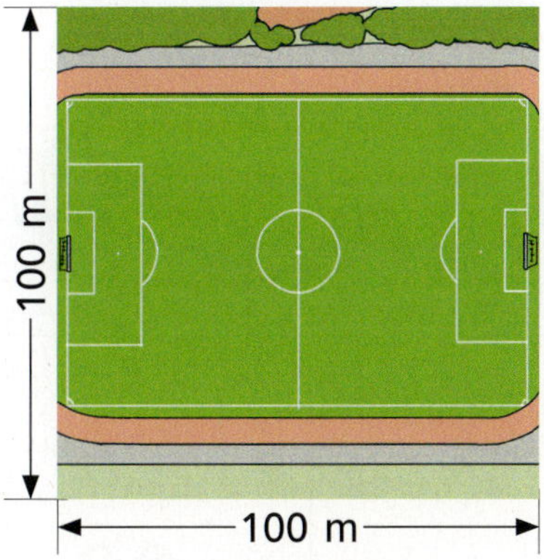

1 Hektar

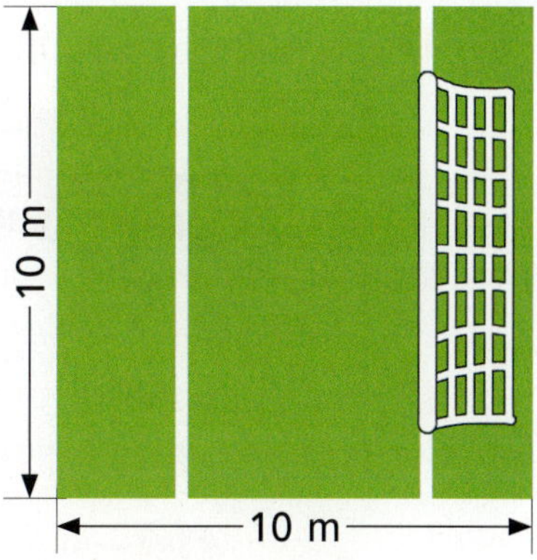

1 Ar

Merke

Sehr große Flächen werden in **Quadratkilometer**, **Hektar** und **Ar** angegeben.

1 **a)** Wie oft passt ein Quadratmeter in ein Ar?
b) Prüfe die Aussagen. Entscheide, ob sie wahr oder falsch sind.

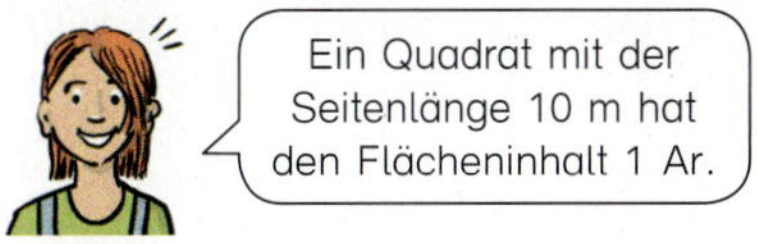

Sina

Paul

Kaya

Merke

Quadratkilometer (km^2)	$1\ km^2 = 100\ ha$
Hektar (ha)	$1\ ha = 100\ a$
Ar (a)	$1\ a = 100\ m^2$
Quadratmeter (m^2)	$1\ m^2$

2 Ordne zu.

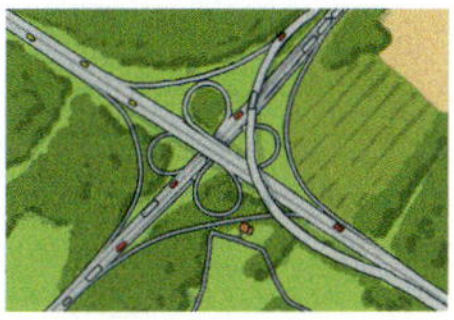

1 m^2	1 a	1 ha	1 km^2

3 Wandle um.
a) In die nächstkleinere Einheit: 6 ha, 7 a, 5 km^2, 12 a, 10 ha, 18 km^2, 13 ha
b) In die nächstgrößere Einheit: 200 m^2, 400 ha, 900 a, 1000 m^2, 400 ha

4 Kleiner, größer oder gleich? Setze ein: <, > oder =

a) 6 a ■ 2 km^2	**b)** 4 ha ■ 500 a	**c)** 5 km^2 ■ 1000 m^2
4 ha ■ 4a	4 a ■ 4 m^2	3 ha ■ 500 a
3 m^2 ■ 7 dm^2	6 dm^2 ■ 600 mm^2	50 a ■ 550 m^2

Übungen zum Flächeninhalt

1 Berechne die Größe der Ladefläche.

a)

b)

c)

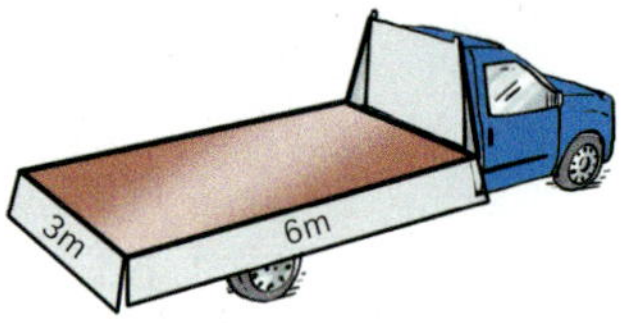

2 Berechne die Größe der Tiergehege.

3 Das Wohnzimmer und das Kinderzimmer werden mit Teppich ausgelegt.

a) Wie viel m² Teppichboden werden für jedes Zimmer benötigt?
b) Wie viel Euro kostet der Teppichboden für jedes Zimmer?

4 Ein rechteckiger Sportplatz ist 35 m lang und 22 m breit. Er wird mit Rollrasen ausgelegt. Ein Quadratmeter Rollrasen kostet 3 €.
Berechne den Flächeninhalt des Platzes und dann die Kosten für den Rollrasen.

☆ **5** Ein rechteckiger Garten hat einen Flächeninhalt von 90 m².
Die Seite a ist 10 m lang. Berechne die Länge der Seite b.

6 Übertrage in dein Heft. Berechne den fehlenden Wert für das Rechteck.

	a)	b)	c)	d)	☆ e)	☆ f)
Seite a	6 m	4 cm	7 m	6 cm	8 cm	6 cm
Seite b	4 m	4 cm	6 m	9 cm	■	■
Flächeninhalt	■	■	■	■	40 cm²	36 cm²

Umfang und Flächeninhalt am Geobrett

1 Wer hat Recht? Begründet.

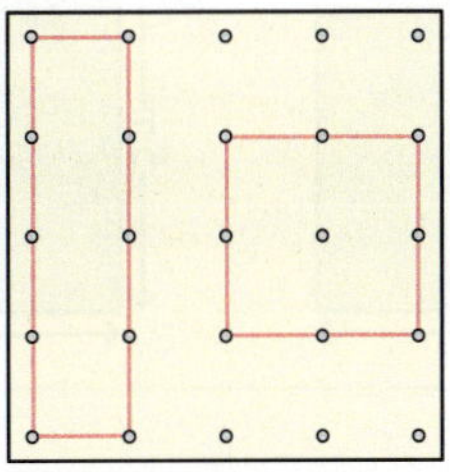

2 Spanne zu jeder Figur ein Rechteck mit dem gleichen Umfang.
Zeichne die Lösung in dein Heft.

A

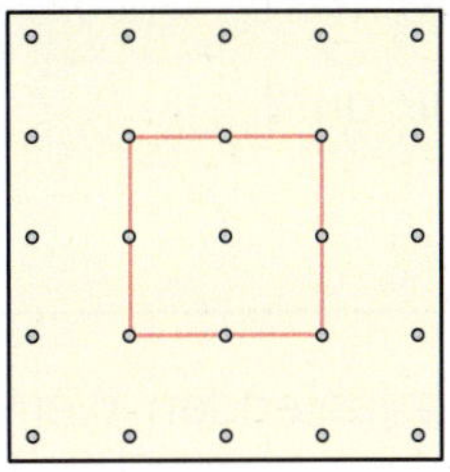

B

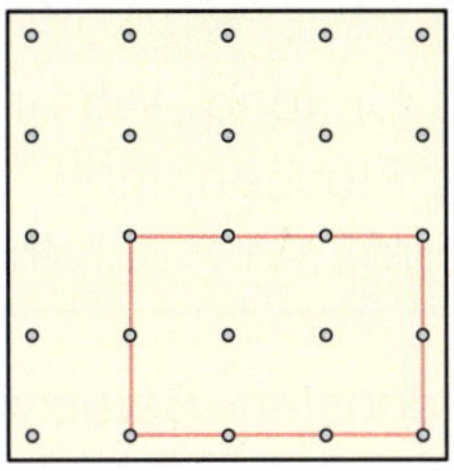

C

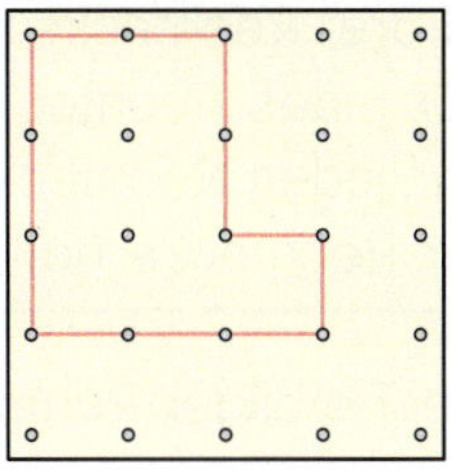

D

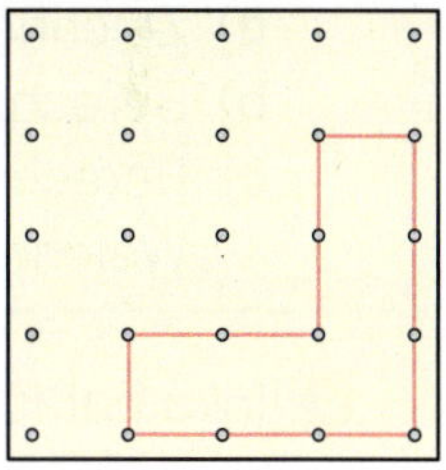

3 Spanne zu jeder Figur ein Rechteck mit dem gleichen Flächeninhalt.
Zeichne die Lösung in dein Heft.

A

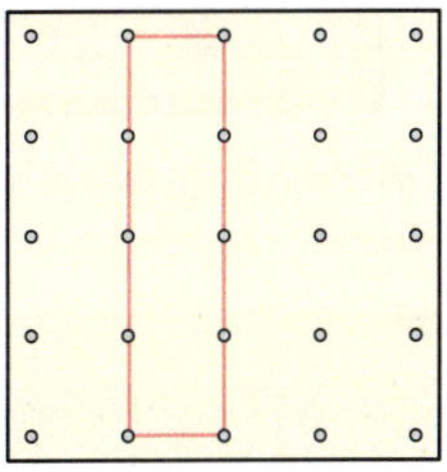

B

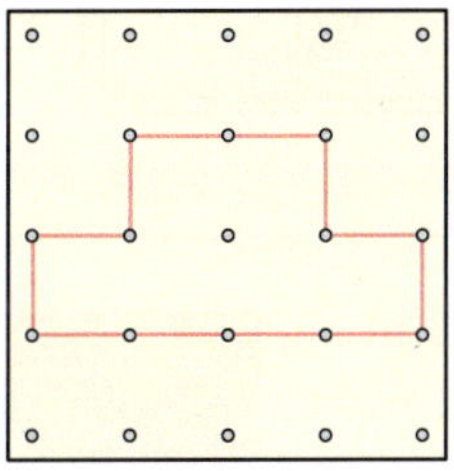

C

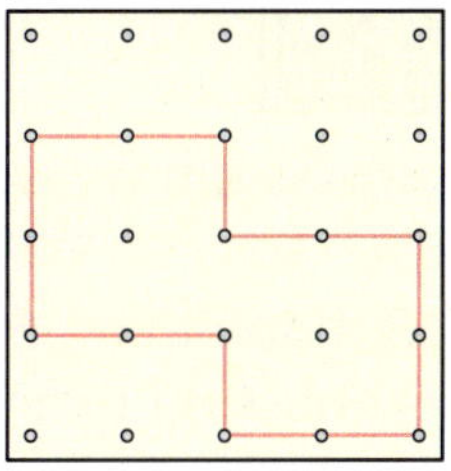

D

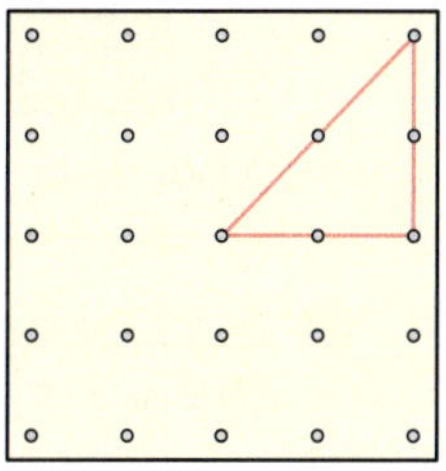

4 Spanne zu jeder Figur eine Figur mit dem halben Flächeninhalt.
Findest du mehrere Möglichkeiten? Zeichne in dein Heft.

A

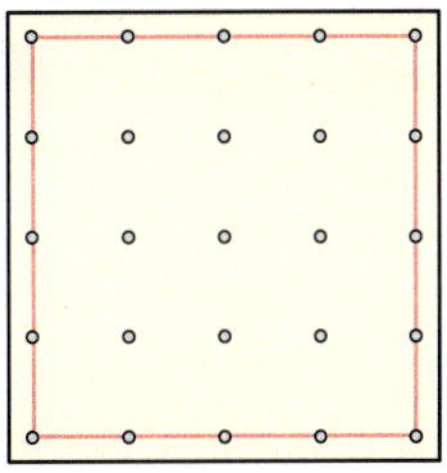

B

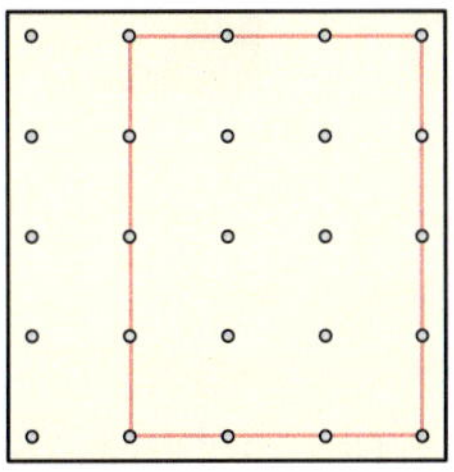

C

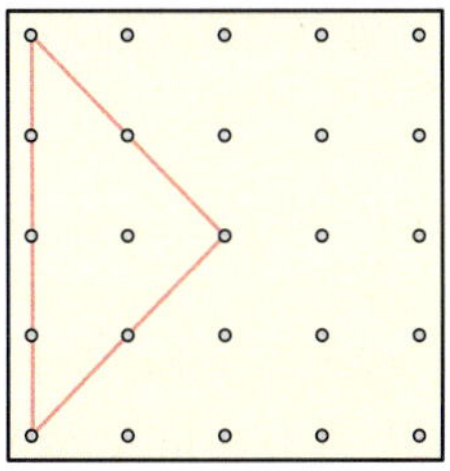

D

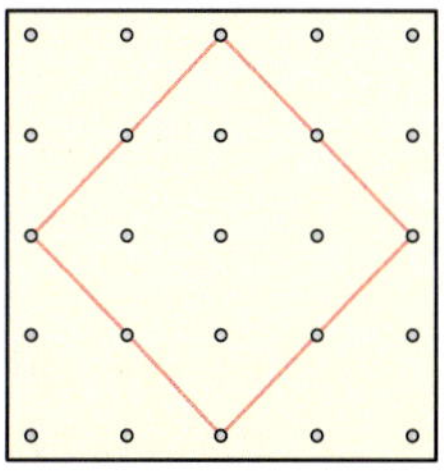

Umfang und Flächeninhalt

1 Berechne den Umfang und den Flächeninhalt der Rasenfläche.

a)
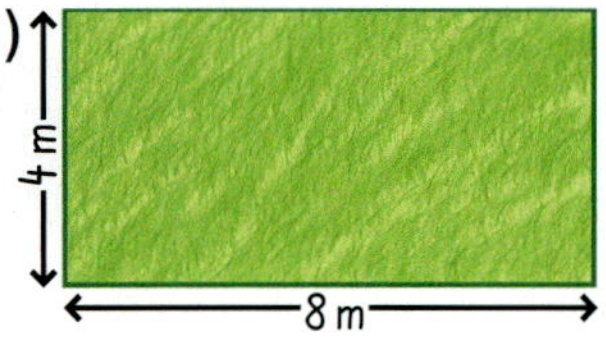

b)
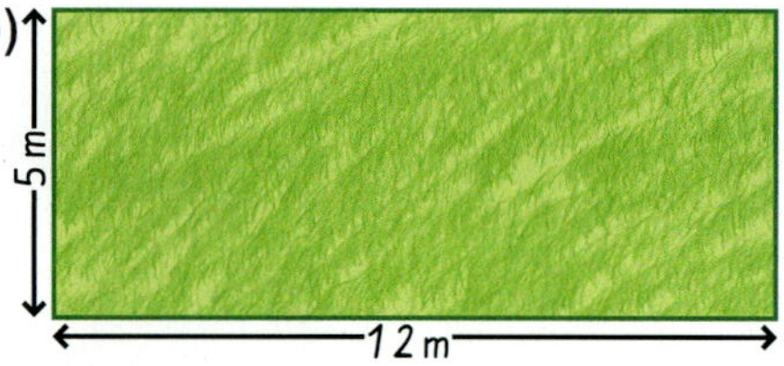

c)
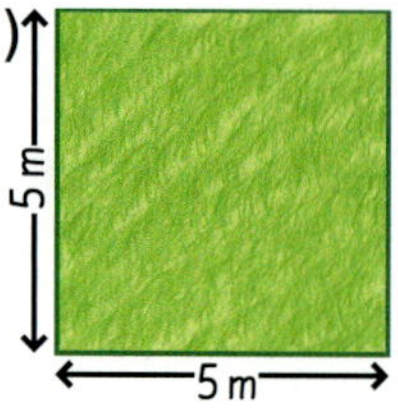

2 Was ist gesucht? Umfang oder Flächeninhalt?

a) Das Foto wird eingerahmt.
b) Die Wand wird gestrichen.
c) Der Küchenboden wird gefliest.
d) Der Teich wird eingezäunt.
e) Um das Beet werden Steine gelegt.
f) Rollrasen wird verlegt.

3

Rechteck 1	Rechteck 2	Rechteck 3
a = 4 cm; b = 4 cm	a = 3 cm; b = 5 cm	a = 2 cm; b = 6 cm

a) Zeichne die drei Rechtecke.
b) Berechne für jedes Rechteck den Umfang. Was fällt dir auf?
c) Berechne für jedes Rechteck den Flächeninhalt.
Welches der Rechtecke hat den größten Flächeninhalt?

4 Inka hat für ihre Tierbilder Rahmen gebastelt. Berechne die fehlenden Werte.

a) a = 7 dm, b = 6 dm **b)** a = 72 cm, b = 50 cm ☆ **c)** a = 8 dm, b = ■ cm

A = ■ dm², u = ■ dm

A = ■ cm², u = ■ cm

A = 40 dm², u = ■ cm

5 Ein Gehege ist 8 m lang und 6 m breit.
Welche Fragen kannst du beantworten?
Rechne. Schreibe einen Antwortsatz.

Wie groß ist der Flächeninhalt?

Reichen 25 m Zaun?

Wie teuer wird der Zaun?

6 Tim baut ein 4 m langes und 5 m breites Gehege mit Maschendraht.
a) Wie viel Meter Maschendraht benötigt er?
b) Wie groß ist der Flächeninhalt des Geheges?
☆ **c)** Gib zwei andere Möglichkeiten für ein Gehege mit dem gleichen Umfang an.
Berechne jeweils den Flächeninhalt.

1 Landwirt Harms möchte die Zäune um die Wiesen erneuern.

a) Wie viel Meter Maschendraht benötigt Herr Harms für jede Wiese?
b) Welche Wiese ist am größten? Schätzt zuerst, berechnet dann den Flächeninhalt für jede Wiese.
c) Vergleicht Flächeninhalt und Umfang der Wiesen. Was fällt euch auf?

2 **a)** Berechnet den Flächeninhalt und den Umfang des Gemüsebeetes.
b) Das Kartoffelbeet ist doppelt so lang und doppelt so breit wie das Gemüsebeet.
Leo meint: „Das Kartoffelbeet ist doppelt so groß wie das Gemüsebeet." Hat Leo Recht? Begründet.

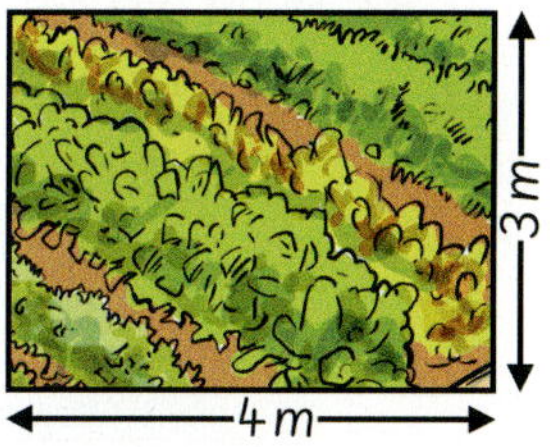

3 Das Dach der Scheune muss neu mit Ziegeln eingedeckt werden.
a) Berechne die Größe der gesamten Dachfläche.
b) Wie viel Euro kosten die Ziegel für die gesamte Dachfläche?

Flächeninhalt des rechtwinkligen Dreiecks

1 Enno verbindet die Punkte A und C eines Rechtecks. Dann zerschneidet er das Rechteck entlang der Linie. Es entstehen zwei Dreiecke.

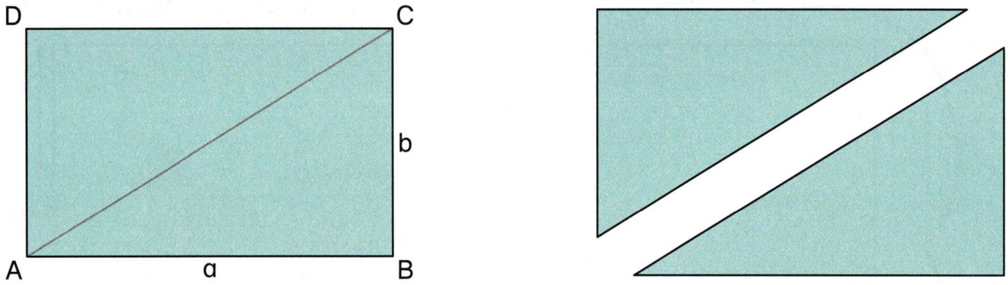

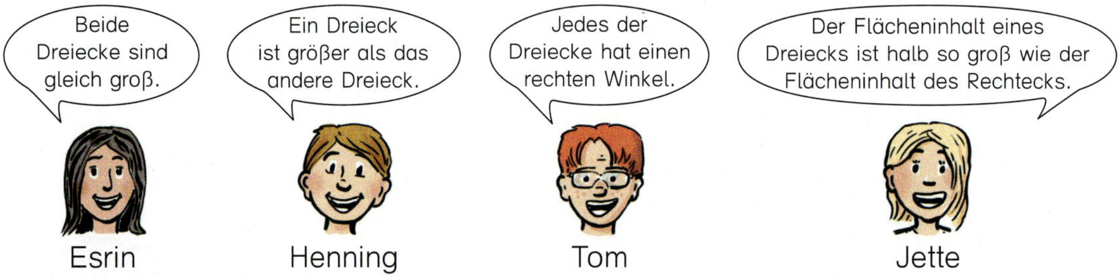
Beide Dreiecke sind gleich groß.
Ein Dreieck ist größer als das andere Dreieck.
Jedes der Dreiecke hat einen rechten Winkel.
Der Flächeninhalt eines Dreiecks ist halb so groß wie der Flächeninhalt des Rechtecks.
Esrin
Henning
Tom
Jette

a) Prüft die Aussagen. Entscheidet, ob sie wahr oder falsch sind.

b) Jan behauptet: „Um den Flächeninhalt des Dreiecks mit rechtem Winkel zu bestimmen, rechne ich $a \cdot b : 2$."
Hat Jan Recht? Begründet.

Merke

Flächeninhalt eines rechtwinkligen Dreiecks:

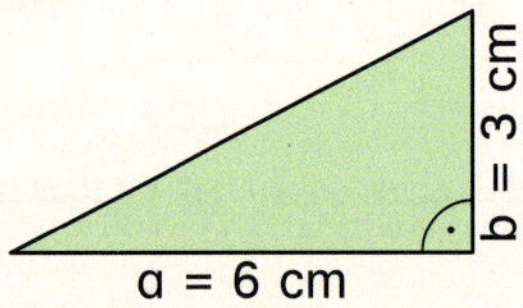
b = 3 cm
a = 6 cm

$A = a \cdot b : 2$

$A = 6 \cdot 3 : 2$

$A = 9\ cm^2$

2 Miss die Seiten a und b und berechne den Flächeninhalt des Dreiecks.

a)

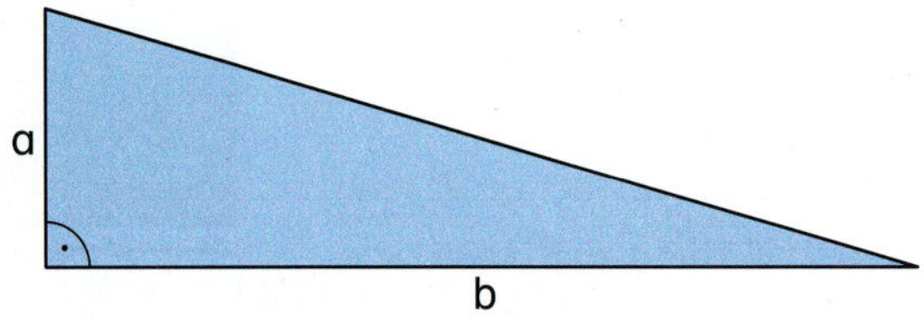

b)

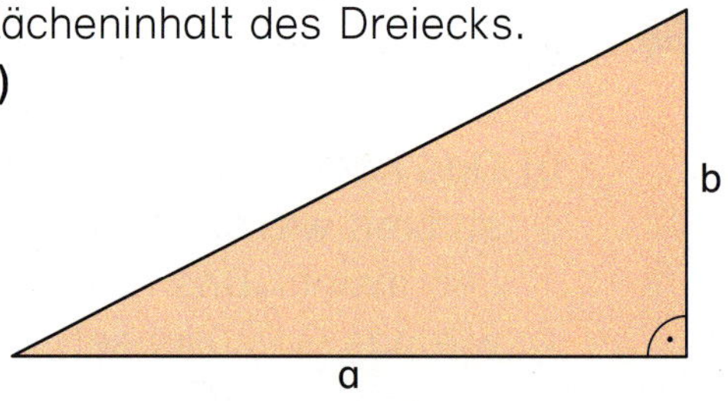

3 Berechne, wie viel Quadratzentimeter Glas für das Fenster benötigt werden.

a)

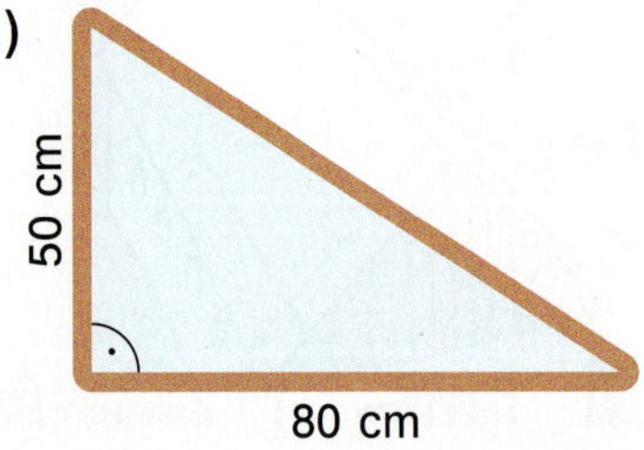
50 cm
80 cm

b)

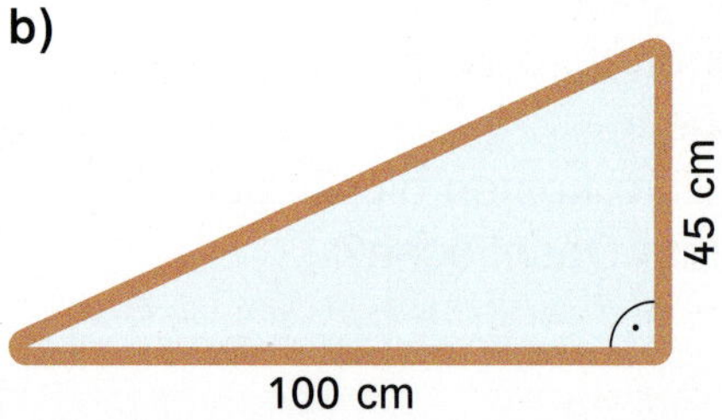
45 cm
100 cm

c)

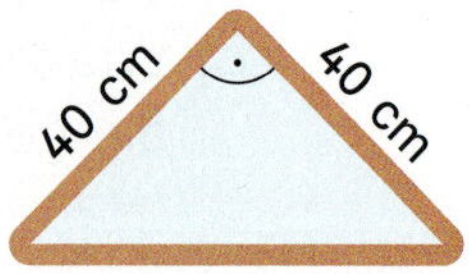
40 cm
40 cm

1 Hanna, Yasin und Timo haben die Größe des Klassenzimmers berechnet. Wie sind sie zu den Ergebnissen gekommen?

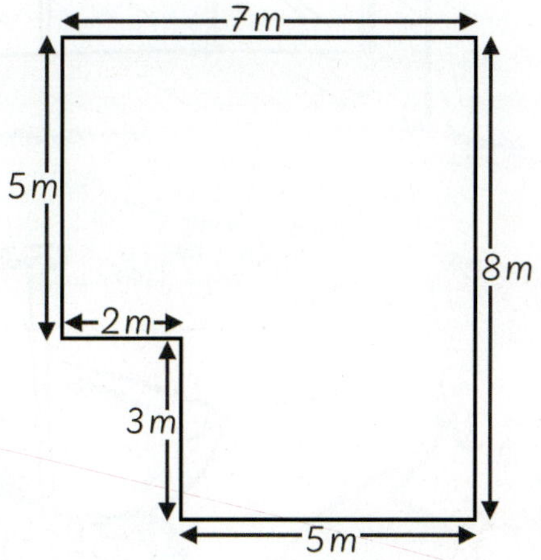

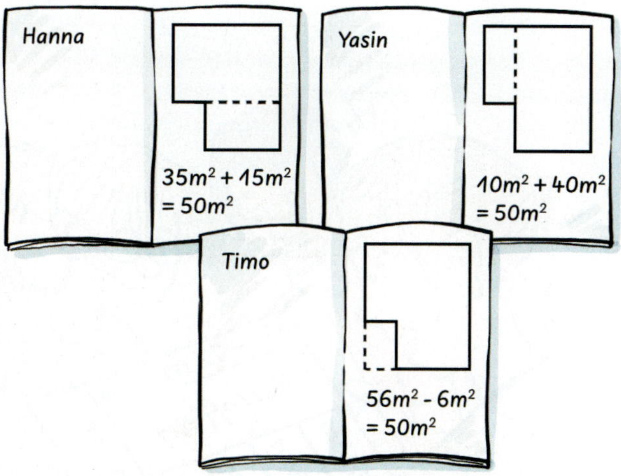

2

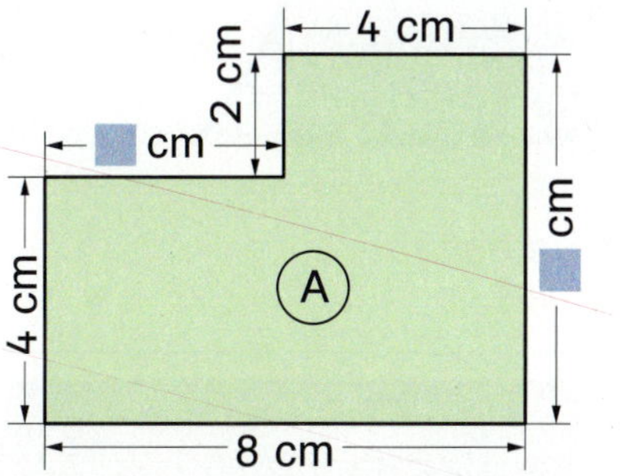

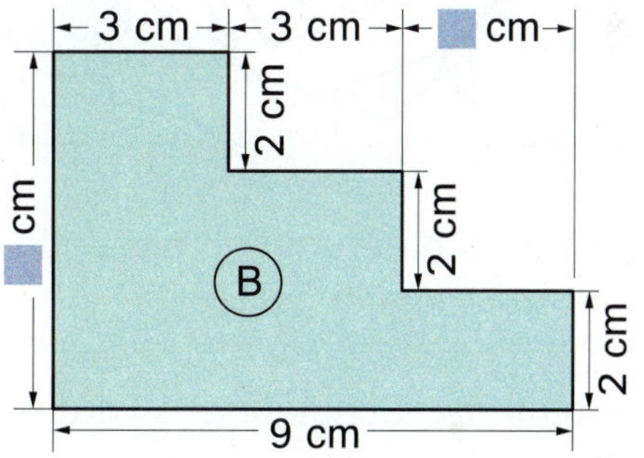

a) Zeichne die Figuren in dein Heft und unterteile sie in Rechtecke. Ergänze die fehlenden Maße.

b) Berechne den Flächeninhalt jeder Figur.

c) Berechne den Umfang jeder Figur.

d) Hat die Figur mit dem größeren Umfang auch den größeren Flächeninhalt?

3 Im Neubaugebiet werden zwei Grundstücke verkauft. 1 m^2 Bauland kostet 130 €.

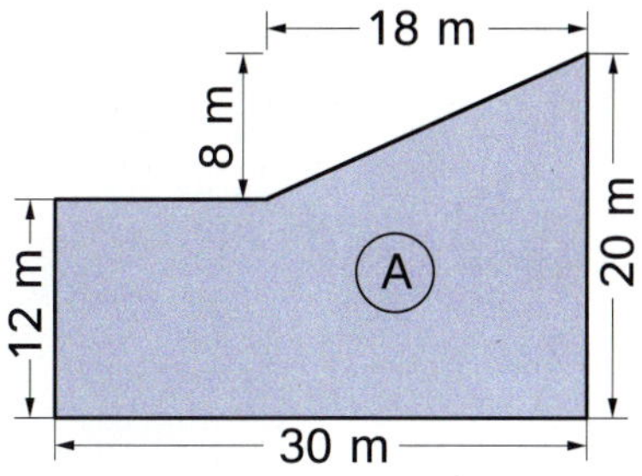

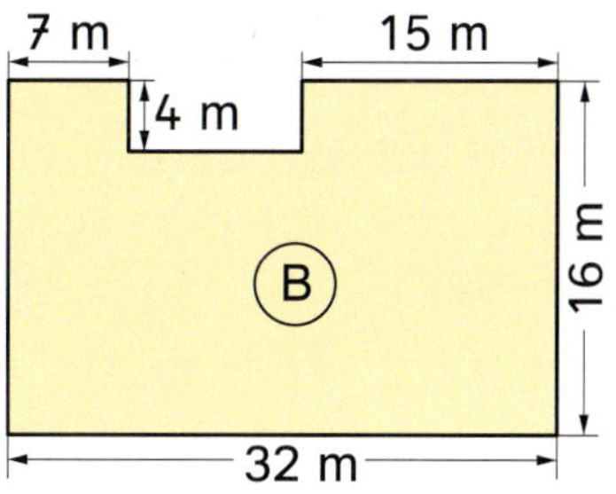

a) Welches Grundstück ist größer?

b) Wie viel Euro kostet jedes Grundstück?

Projekt Schulgarten

Auf dem Gelände der Schule soll ein Schulgarten angelegt werden.
Die Schülerinnen und Schüler planen die notwendigen Arbeiten.

1 Um den Garten herum soll ein Zaun gesetzt werden.
Wie viel Euro kostet der Zaun?

2 Eine Hälfte des Schulgartens wird mit Kartoffeln bepflanzt. Die andere Hälfte wird in 4 gleich große Gemüsebeete aufgeteilt.
Berechnet die Größe der Beete.

3 Pro m^2 werden 6 Saatkartoffeln gepflanzt.
Wie viele Saatkartoffeln werden für das Kartoffelbeet benötigt?

4 In das Tomatenbeet werden 9 Pflanzen gesetzt.

a) Wie teuer sind die Pflanzen?

b) Wie viel Kilogramm Tomaten können geerntet werden?

Preis pro Pflanze: 1,10 €
Ertrag pro Pflanze: 3 kg

5 Wie würdet ihr den Schulgarten aufteilen?
Zeichnet selbst einen Plan mit verschiedenen Beeten.

1 Schreibe in dein Heft und setze passend in die Lücken ein: cm, m, cm^2, m^2, km

a) Ein Fußballfeld hat einen Umfang von 350 ■.
b) Das Tor ist 7,32 ■ lang und 244 ■ hoch.
c) Das Spielfeld hat den Flächeninhalt 7 140 ■.
d) Die Laufbahn um das Feld herum ist ungefähr 0,4 ■ lang.
e) Die rote Karte des Schiedsrichters ist 88 ■ groß.
f) Die Eckfahnen haben eine Höhe von mindestens 1,5 ■.
g) Jeder Strafraum hat den Flächeninhalt 665 ■.
h) Die Bundesliga-Tabelle in der Zeitung ist 80 ■ groß.

2 Wandle um.

4 cm^2 25 mm^2	■	■	8 dm^2 70 cm^2	■	10 m^2 50 dm^2
4,25 cm^2	7,85 cm^2	■	■	1,77 dm^2	■
425 mm^2	■	709 mm^2	■	■	■

3 Wandle in die kleinere Einheit um und berechne Umfang und Flächeninhalt. Gib den Umfang in Meter und den Flächeninhalt in Quadratmeter an.

a) Billard

Länge: 2,5 m
Breite: 120 cm

b) Tischfussball

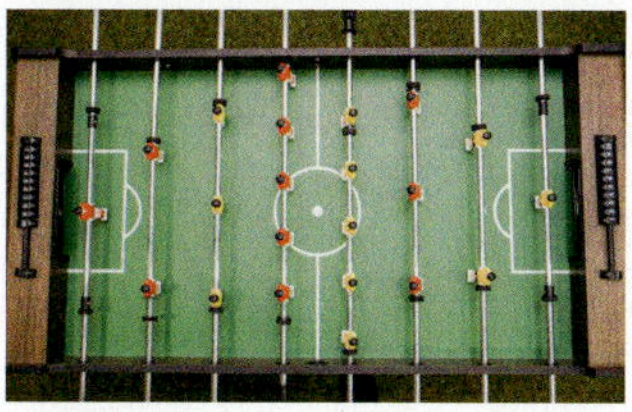

Länge: 1,1 m
Breite: 7 dm

c) Basketball

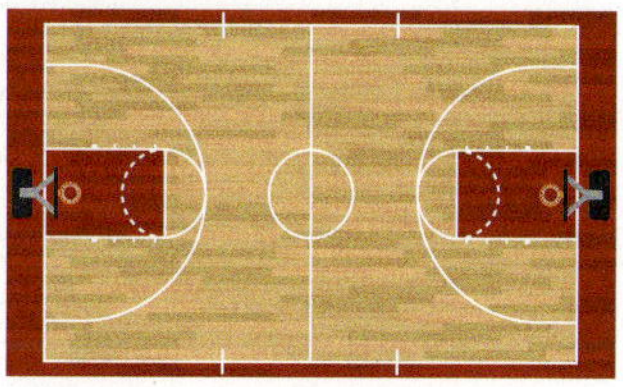

Länge: 28 m
Breite: 150 dm

4 Übertrage in dein Heft. Berechne den fehlenden Wert für das Rechteck.

	a)	b)	c)	d)	e)
Seite a	5 dm	7 m	■	20 cm	■
Seite b	6 dm	■	20 dm	■	6 m
Flächeninhalt	■	49 m^2	1 400 dm^2	■	■
Umfang	■	■	■	100 cm	20 m

5 Das Spielfeld für Beachvolleyball besteht aus 2 quadratischen Feldern. Die Seiten der Quadrate sind 8 m lang.

a) Zeichne eine Skizze des Spielfeldes.
b) Berechne den Flächeninhalt des Spielfeldes.
c) Berechne die Länge des Markierungsbandes um das Spielfeld.

6 Ein Rechteck hat 6 m^2 Flächeninhalt und 10 m Umfang. Wie lang sind die Seiten?

☆ EXTRAstark

1 Berechne den Flächeninhalt der gefärbten Figur.

a)

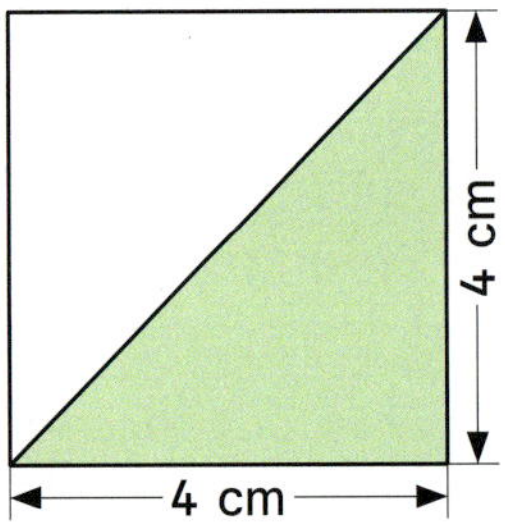

b)

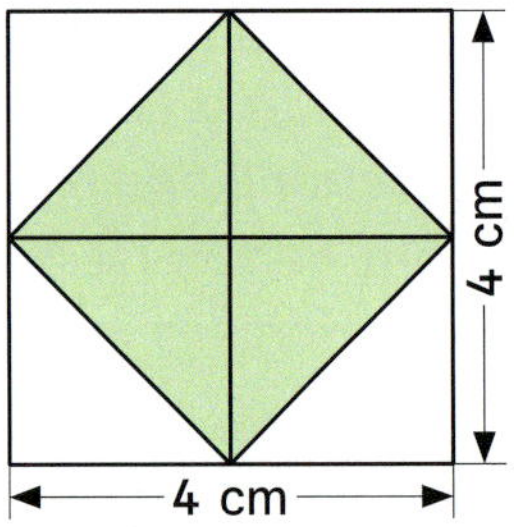

c)

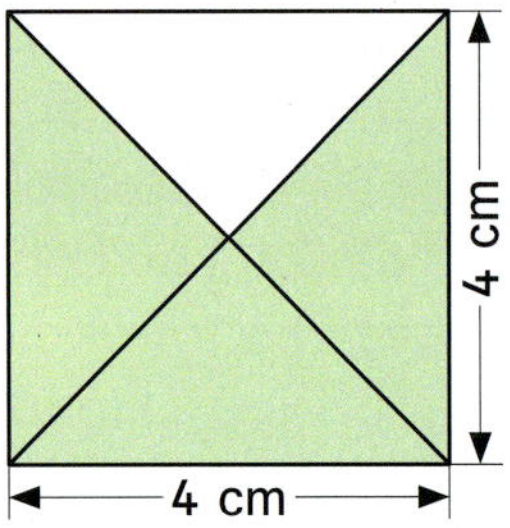

2 Die Seiten eines Rechtecks sind 8 cm und 2 cm lang.
a) Zeichne ein Quadrat mit dem gleichen Umfang.
b) Zeichne ein Quadrat mit dem gleichen Flächeninhalt.

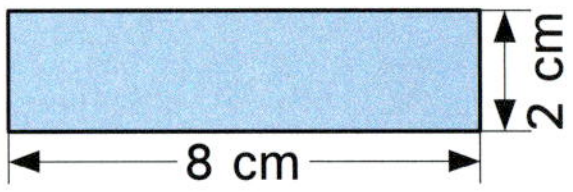

3 Ein Rechteck hat den Flächeninhalt 12 cm².
Man kann das Rechteck vollständig mit drei gleichen Quadraten auslegen.
a) Wie groß ist der Flächeninhalt eines Quadrats?
b) Wie lang sind die Seiten eines Quadrats?
c) Wie lang sind die Seiten des Rechtecks?

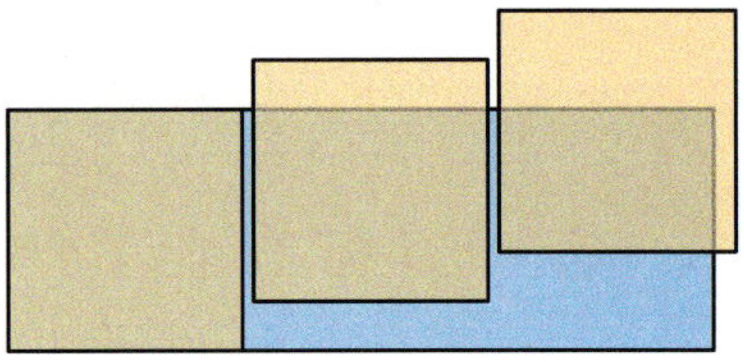

A = 12 cm²

4 Eine Baustelle wird eingezäunt. Das rechteckige Grundstück ist 15 m breit und doppelt so lang. Für die Einfahrt der Baufahrzeuge werden 4 m frei gelassen. Die Grundfläche des Hauses ist halb so groß wie das Grundstück.
a) Wie viel Meter Zaun werden benötigt?
b) Wie groß ist die Grundfläche des Hauses?

5 Ein Quadrat hat die Seitenlänge 3 cm.
Wahr oder falsch? Überprüfe die Behauptung.

a)

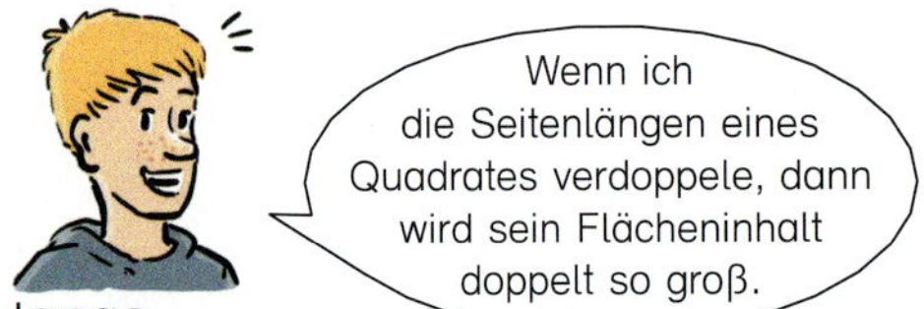

Wenn ich die Seitenlängen eines Quadrates verdoppele, dann wird sein Flächeninhalt doppelt so groß.

Jonas

b)

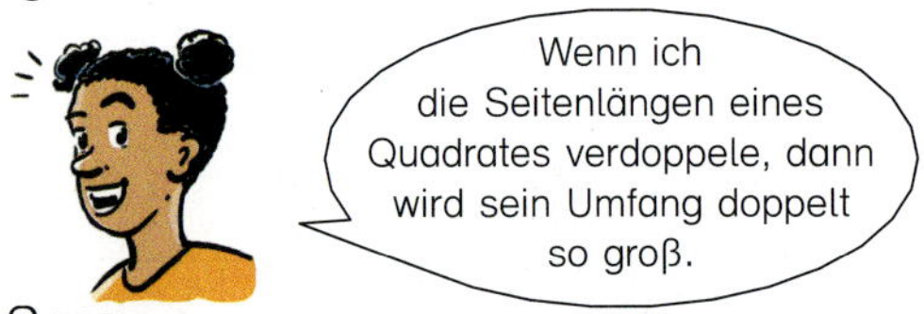

Wenn ich die Seitenlängen eines Quadrates verdoppele, dann wird sein Umfang doppelt so groß.

Sara

6 **a)** Wie lang ist der abgebildete Gegenstand? Schätze.
b) Wie groß ist die rechteckige Fläche?

A

B

C

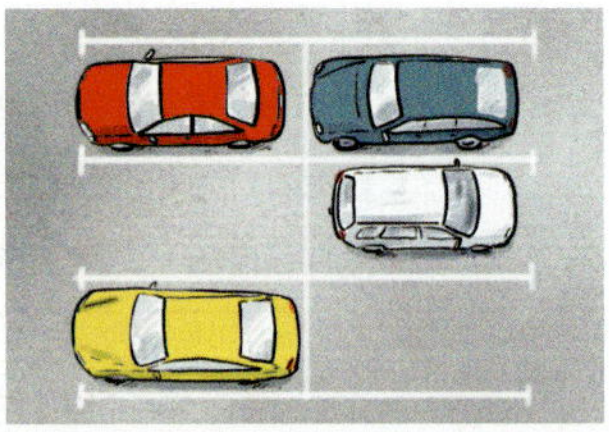

1 Berechne den Umfang.

a) 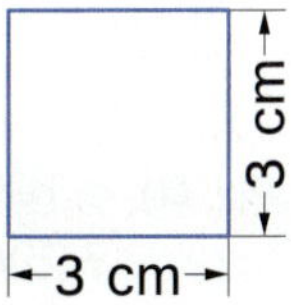

b) 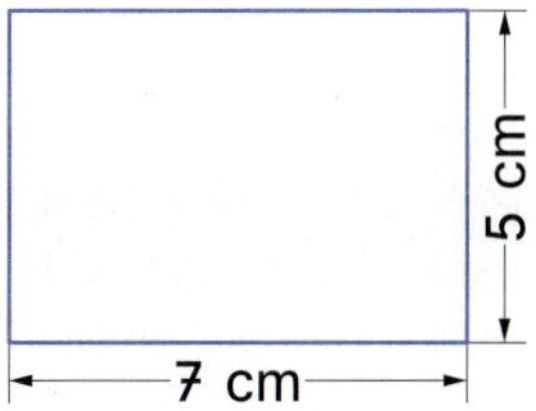

c) 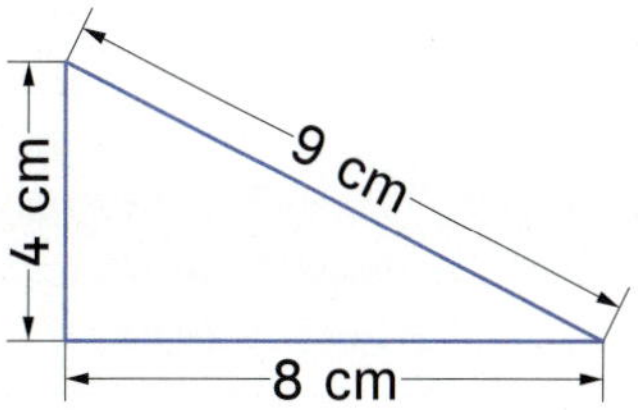

2 Was ist gesucht? Umfang oder Flächeninhalt?

a) Die Hauswand wird gestrichen. **b)** Das Gehege wird umzäunt.
c) Das Bad wird gefliest. **d)** Das Bild wird eingerahmt.

3 Berechne den Umfang und den Flächeninhalt des Beetes.

a) 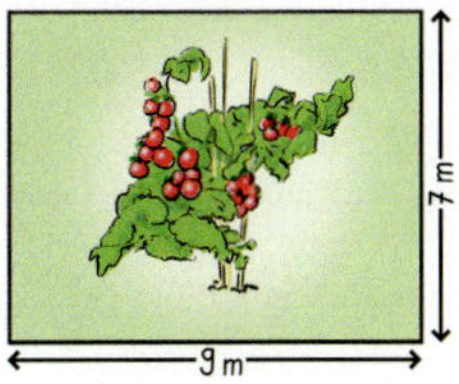

b) 

c) 

d) 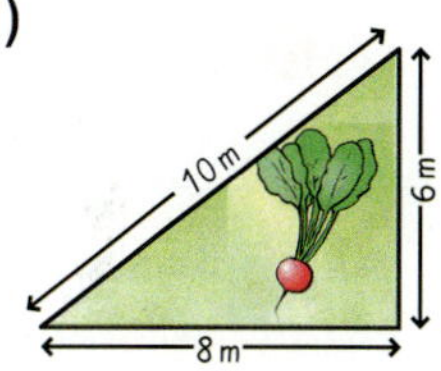

4 Wie groß sind die Flächen ungefähr? Ordne zu. Ein Kärtchen bleibt übrig.

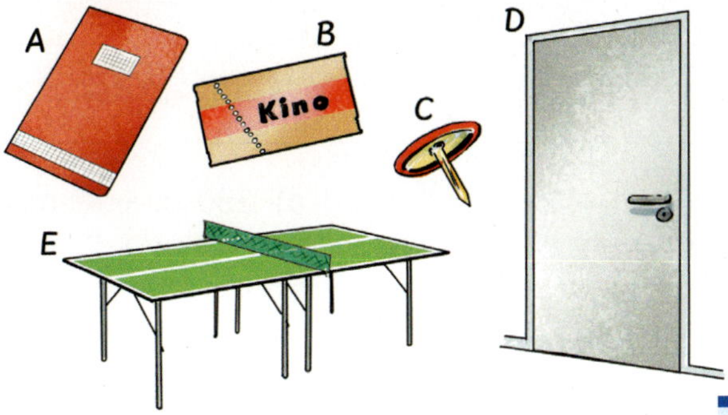

20 cm²

600 cm²

1 cm²

4 m²

2 m²

40 m²

5 Wandle um.

a) $7\ dm^2 = ▢\ cm^2$ **b)** $300\ mm^2 = ▢\ cm^2$
$8\ cm^2 = ▢\ mm^2$ $1\,000\ m^2 = ▢\ a$
$5\ ha = ▢\ a$ $1\,200\ ha = ▢\ km^2$

6 Berechne die Kosten für den Bodenbelag.

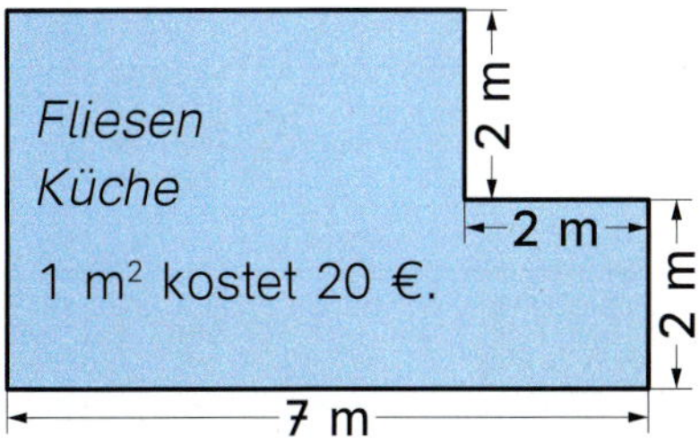

Alles klar?

Flächen

Ich kann…

… erkennen, ob der Umfang oder der Flächeninhalt gesucht ist.

… den Umfang von Dreiecken und Rechtecken berechnen.

… den Flächeninhalt von Rechtecken berechnen.

… den Umfang und den Flächeninhalt zusammengesetzter Flächen berechnen.

… den Flächeninhalt von rechtwinkligen Dreiecken berechnen.

… Sachaufgaben zu Umfang und Flächeninhalt lösen.

… Flächenmaße umrechnen.

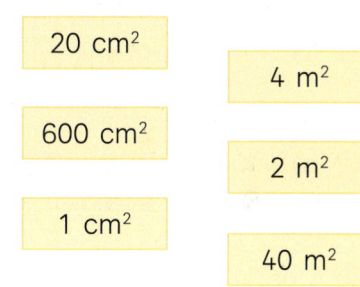

Bleib fit!

1 **a)** Runde die Zahlen auf Hunderter. 9374 6708 5065 6245
b) Runde die Zahlen auf Tausender. 4551 2343 1801 5490

2

a)	b)	c)	d)
4600 + 300	3700 + 800	5700 − 200	8100 − 400
1400 + 500	2500 + 700	9600 − 500	7200 − 900
8200 + 600	4800 + 800	8500 − 300	6500 − 700

3

a)	b)	c)	d)
4998 + 5	5993 + 9	6000 − 3	7002 − 6
7995 + 7	3998 + 8	8000 − 7	1005 − 8
1997 + 6	6999 + 3	9000 − 6	2004 − 7

4 **a)** 10 · 100 **b)** 10 · 10 **c)** 100 · 100 **d)** 10 · 1000 **e)** 1 · 10000

5

a)	b)	c)	d)	e)
4 · 700	500 · 8	9 · 900	800 · 7	4 · 2000
3 · 600	300 · 7	6 · 700	900 · 4	3 · 3000

6 **a)** 100 : 10 **b)** 100 : 100 **c)** 1000 : 10 **d)** 1000 : 100 **e)** 10000 : 100

7

a)	b)	c)	d)	e)
150 : 3	360 : 60	2800 : 7	2100 : 3	720 : 8
240 : 4	250 : 50	4200 : 6	120 : 4	1600 : 2

8 **a)**

124	190	703	691	2465	·	3

b)

536	580	724	972	5368	:	4

9

a)	b)	c)
400 m + ■ m = 1 km	740 m + ■ m = 1 km	290 m + ■ m = 1 km
900 m + ■ m = 1 km	590 m + ■ m = 1 km	70 m + ■ m = 1 km

10 Übertrage die Tabelle in dein Heft und vervollständige sie.

2 m 18 cm	4 m 32 cm	■	■	■	■
2,18 m	■	1,65 m	0,74 m	■	■
218 cm	■	■	■	225 cm	308 cm

11 Welche Längen sind größer als 50 cm? Schreibe sie auf.
a) 0,48 m 0,61 m 0,07 m **b)** 0,70 m 0,38 m 0,83 m

12 Ordne nach der Größe. Beginne mit der kleinsten Länge.
47 mm 4 cm 4 cm 5 mm 4,1 cm 4 cm 2 mm

13 Übertrage die Figur in dein Heft.
a) Welche Linien sind zueinander parallel? Färbe diese Linien blau.
b) Welche Linien sind orthogonal? Färbe diese Linien rot.

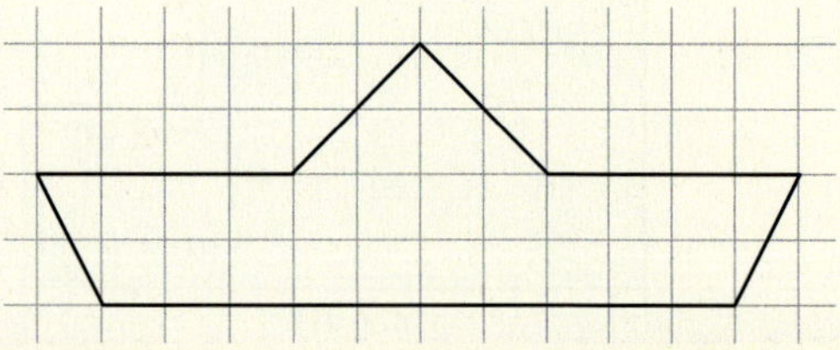

Brüche

In diesem Kapitel ...

... lernst du, was ein Bruch ist.

... berechnest du Bruchteile von Anzahlen, Strecken und Größen.

... addierst und subtrahierst du Brüche mit gleichem Nenner.

1 Wo wurde gerecht geteilt? Wenn du richtig zuordnest, entsteht ein Lösungswort.

2 Wie viel Pizza ist übrig? Ordne den Angaben die Bilder zu.

die Hälfte | mehr als die Hälfte | weniger als die Hälfte | ein Viertel

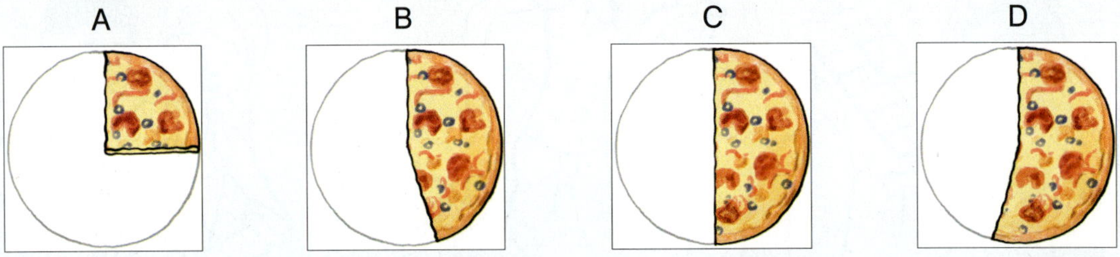

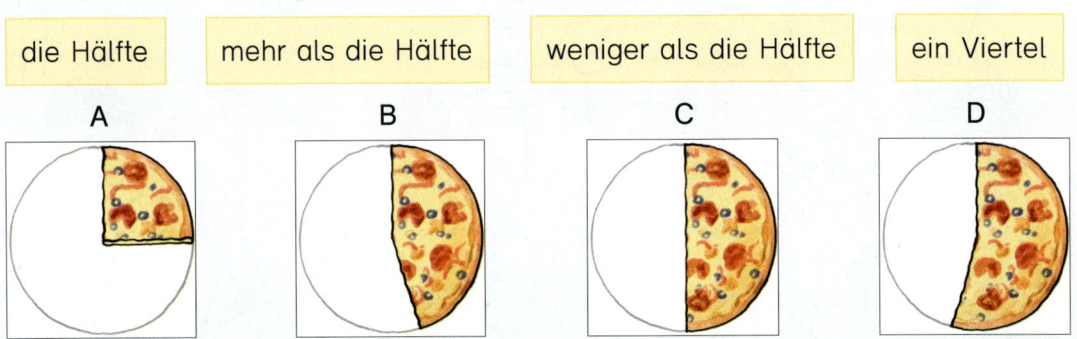

3 Wie viel Zeit ist vergangen? Ordne zu.

eine Dreiviertelstunde | eine halbe Stunde | eine Viertelstunde

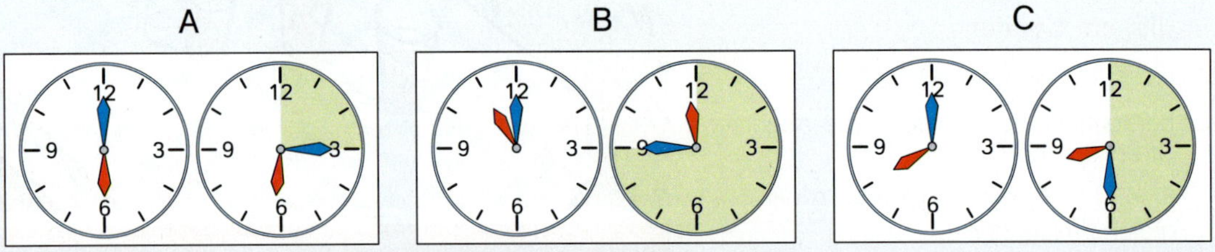

Halbieren

1 Nimm verschiedene Figuren und teile sie in zwei gleich große Teile.
Du erhältst zwei Hälften.

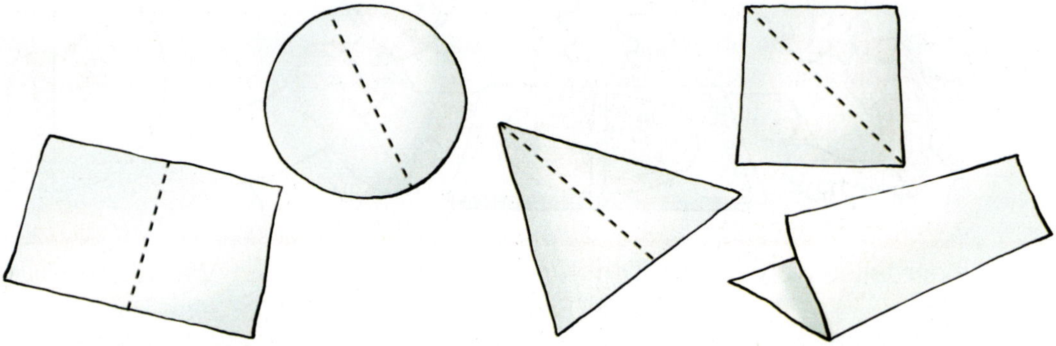

2 Zeichne das Rechteck auf Tonpapier.
Schneide es aus und halbiere es durch Falten.

a) a = 8 cm
b = 12 cm

b) a = 10 cm
b = 13 cm

c) a = 6 cm
b = 10 cm

d) a = 4 cm
b = 8 cm

3 Welche Figuren sind in gleich große Teile geteilt? Erkläre, wie du das prüfst.

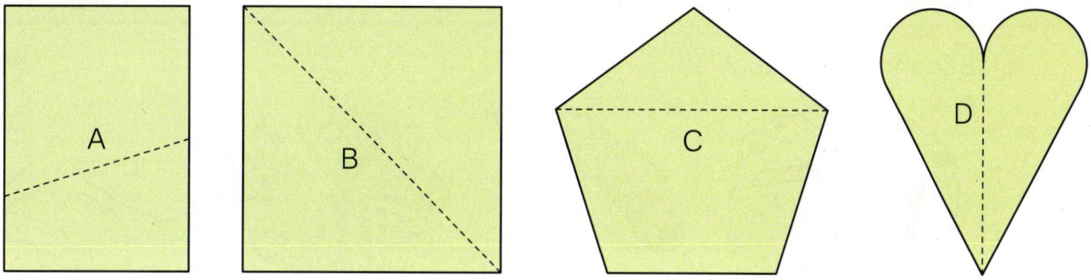

4 Zeichne die Figur in dein Heft. Halbiere die Figur.
Findest du mehrere Möglichkeiten? Vergleiche mit deinem Partner.

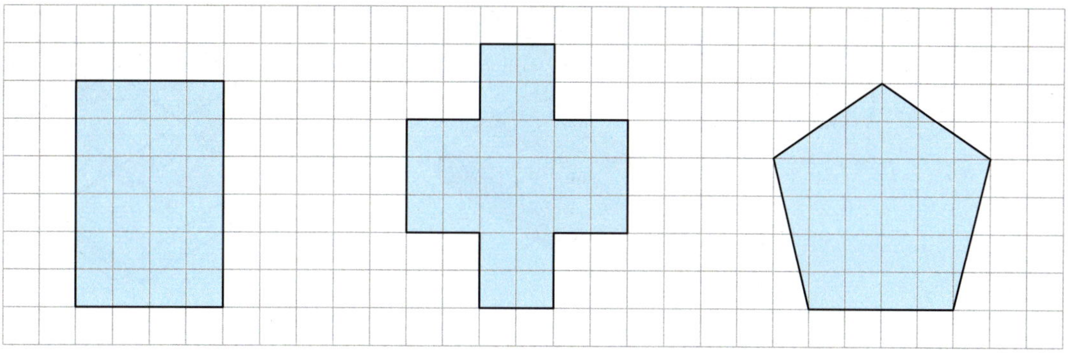

Wortspeicher

Halbieren 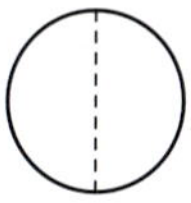

Hälfte 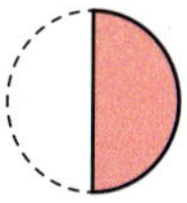

Stammbrüche

Tabea und Jonas teilen sich eine Pizza. Jedes Kind erhält eine halbe Pizza.

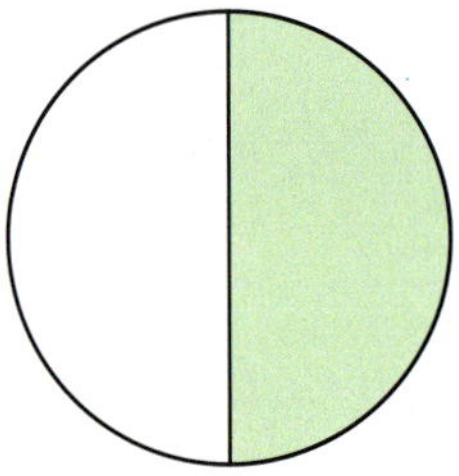

$\frac{1}{2}$

Merke

Zwei Kinder teilen sich eine Pizza. Jedes Kind erhält **eine halbe** Pizza.

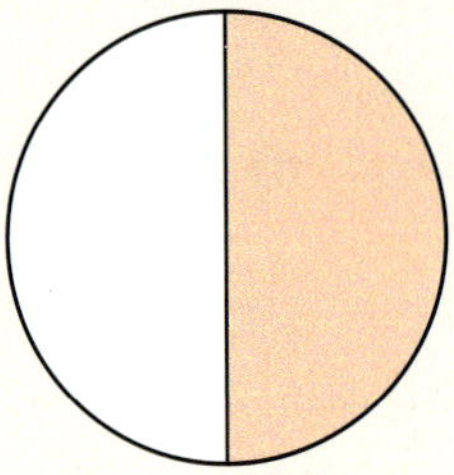

$\frac{1}{2}$

Drei Kinder teilen sich eine Pizza. Jedes Kind erhält **ein Drittel** der Pizza.

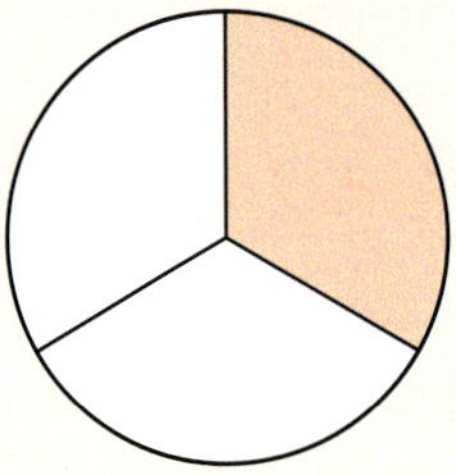

$\frac{1}{3}$

Vier Kinder teilen sich eine Pizza. Jedes Kind erhält **ein Viertel** der Pizza.

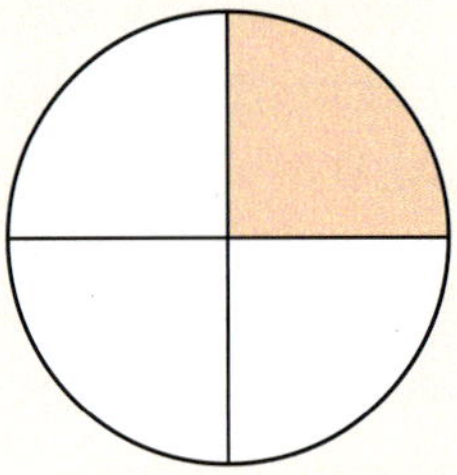

$\frac{1}{4}$

1 Benenne den Bruchteil.

Beispiel
A: $\frac{1}{8}$

A

B
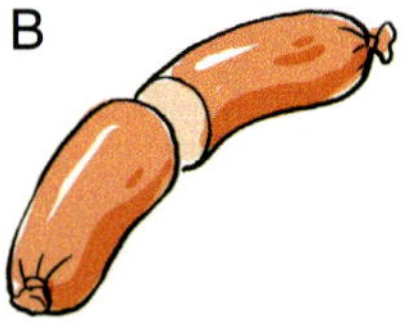

C

D
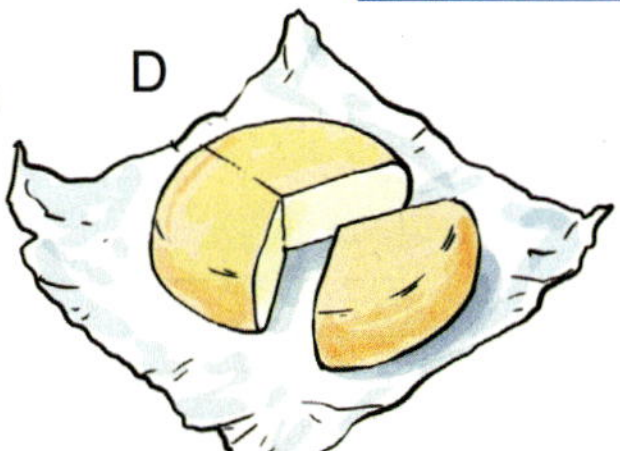

E
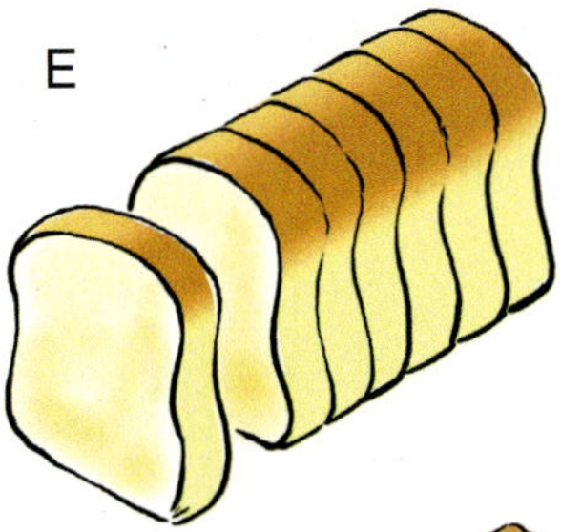

F

G

H

I

Wortspeicher

$\frac{1}{2}$ ein **Halb**
$\frac{1}{3}$ ein **Drittel**
$\frac{1}{4}$ ein **Viertel**
$\frac{1}{5}$ ein **Fünftel**
$\frac{1}{6}$ ein **Sechstel**
$\frac{1}{7}$ ein **Siebtel**
$\frac{1}{8}$ ein **Achtel**
$\frac{1}{9}$ ein **Neuntel**
$\frac{1}{10}$ ein **Zehntel**

Stammbrüche herstellen und erkennen

1 Teile Rechtecke und Kreise durch Falten in vier gleiche Teile.
Ziehe die Faltlinien mit dem Bleistift nach.
Klebe die Rechtecke und Kreise in dein Heft.

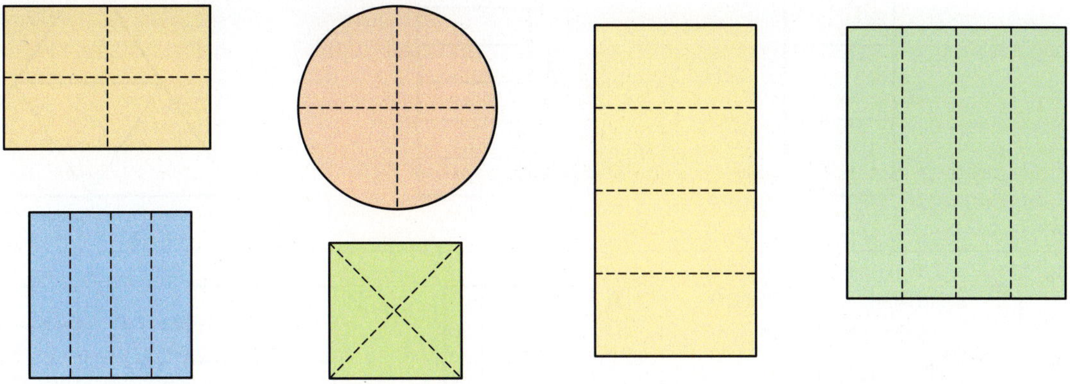

2 Teile ein Blatt Papier in acht gleiche Teile. Finde mehrere Möglichkeiten.
Vergleiche mit deinem Partner.

Beispiel
a) $\frac{1}{5}$

3 Welcher Bruchteil ist gefärbt?

a) 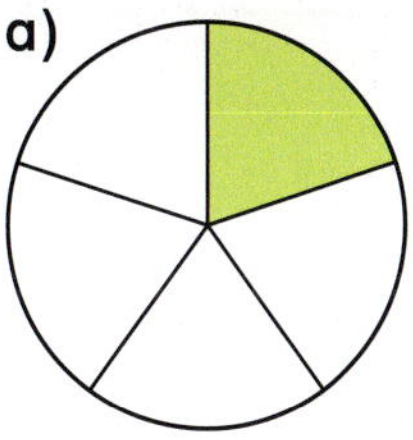

b) 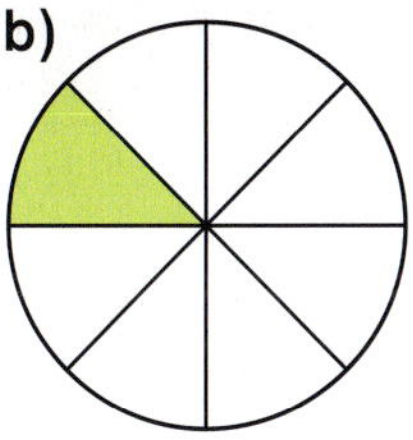

c) 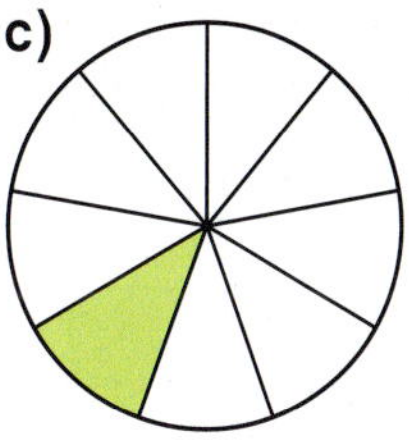

d) 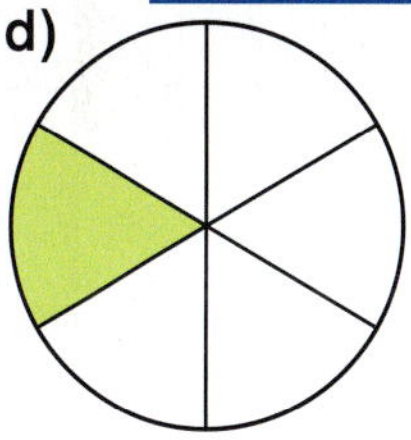

4 Welcher Bruchteil ist gefärbt?

a) 

b) 

c) 

d) 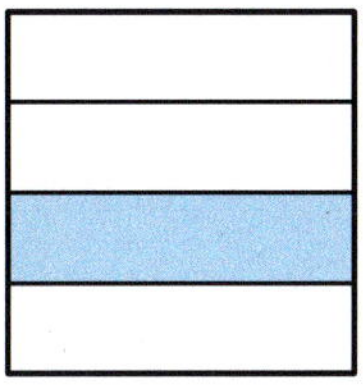

e) 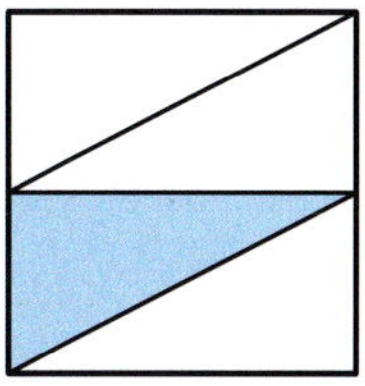

f) 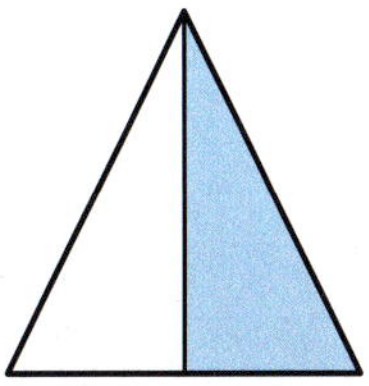

g) 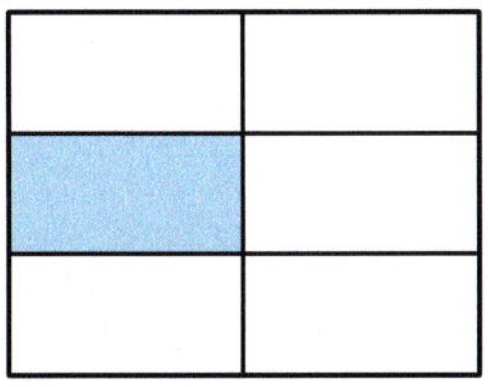

h) 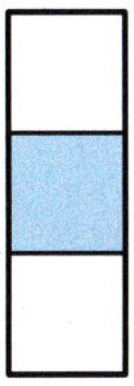

i) 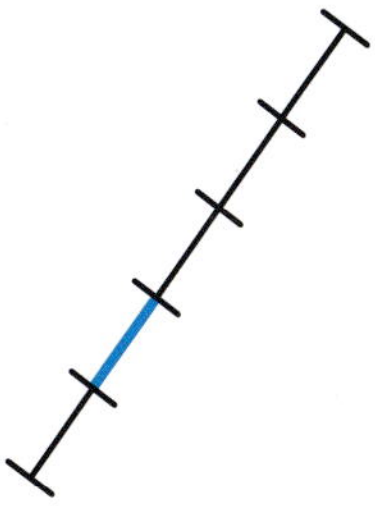

j) 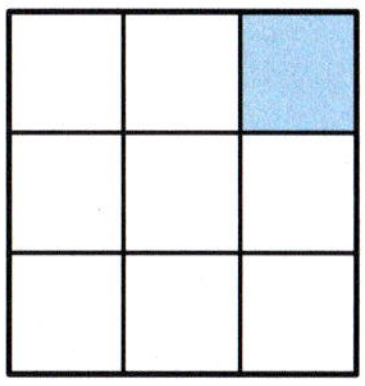

Stammbrüche herstellen und erkennen

1 Zeichne die Figur in dein Heft. Färbe den angegebenen Bruchteil.

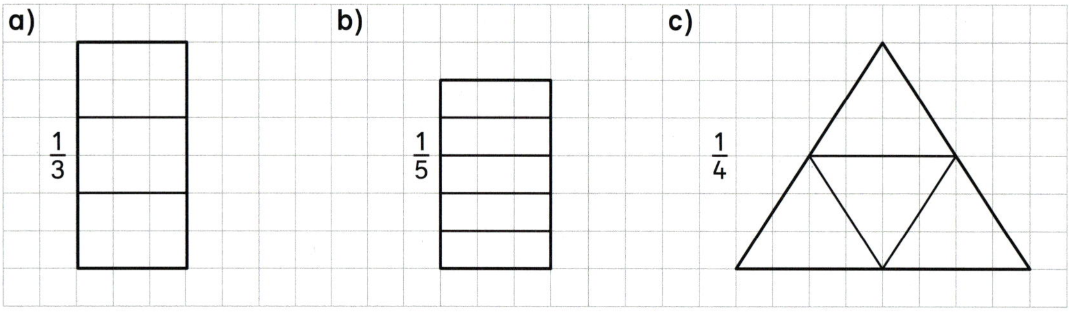

2 Zeichne die Figuren in dein Heft und färbe immer $\frac{1}{4}$.

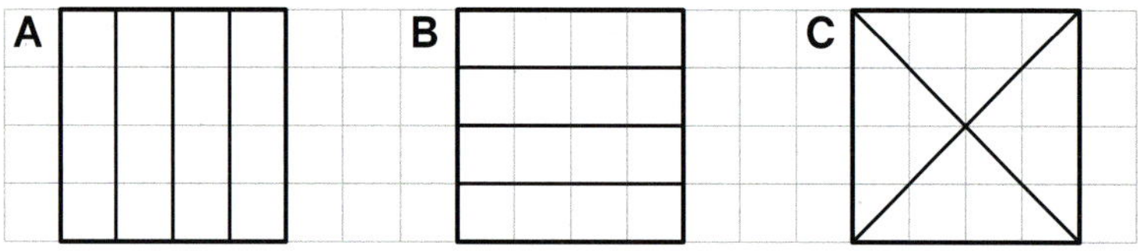

3 Zeichne die Figur in dein Heft. Färbe den angegebenen Bruchteil.

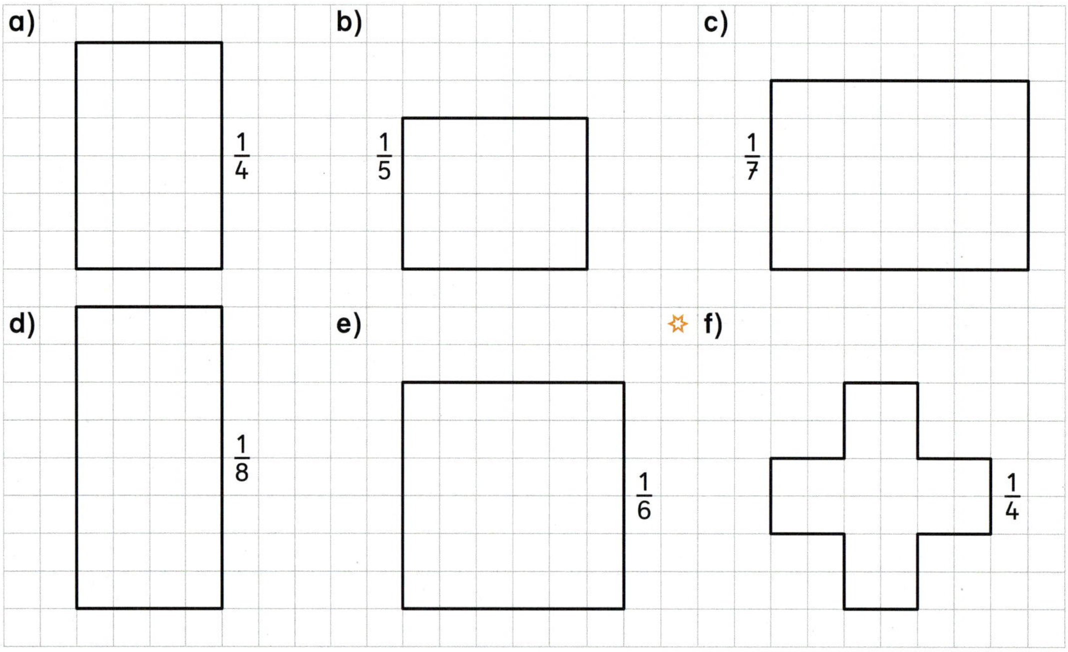

4 Zeichne ein Rechteck (a = 9 cm, b = 3 cm). Färbe $\frac{1}{3}$ des Rechtecks. Findest du mehrere Möglichkeiten? Stelle sie deiner Lerngruppe vor.

5 Für das Schulfest haben die Schüler Pizza gebacken. $\frac{1}{4}$ Pizza soll 2 € kosten. Vergleicht die Pizza-Teile von Emma und Vadim.

Abgeleitete Brüche

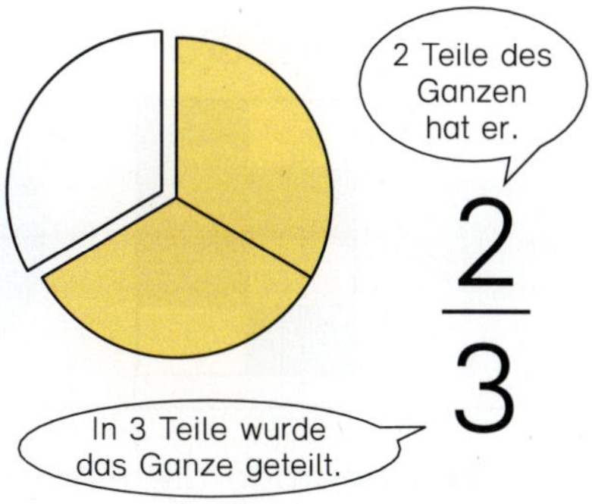

1 Welcher Bruchteil ist gefärbt?

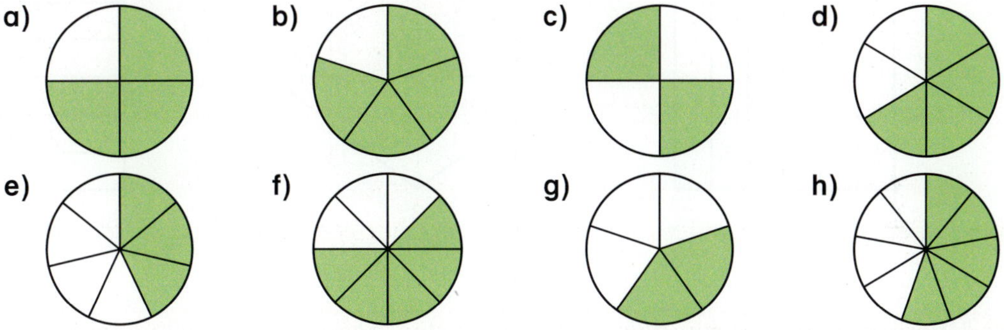

Merke

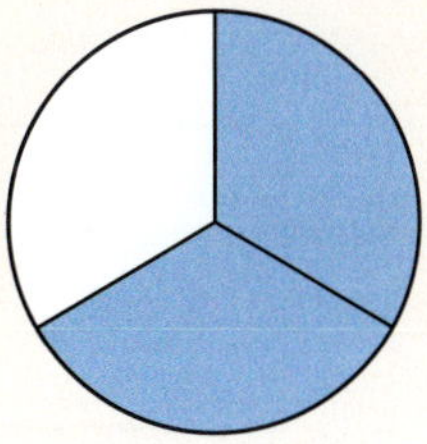

$\frac{2}{3}$ → **Zähler** (2), **Bruchstrich**, **Nenner** (3)

Der **Zähler** zählt die Teile, die vom Ganzen genommen werden.

Der **Nenner** gibt an, in wie viele Teile das Ganze geteilt wurde.

2 Gib an, in wie viele Teile das Ganze geteilt wurde.
Wie viele Teile werden genommen?

a) $\frac{3}{4}$ **b)** $\frac{6}{8}$ **c)** $\frac{2}{4}$ **d)** $\frac{7}{9}$ **e)** $\frac{3}{7}$ **f)** $\frac{1}{5}$

3 Welcher Bruchteil ist gefärbt? Welcher Bruchteil ist nicht gefärbt?

☆ **4** Notiere einen Bruch zum Text.

a) Jan teilt eine Pizza in 4 gleiche Teile. Er isst 3 der Teile gleich auf.

b) Lea teilt eine Tafel Schokolade in 8 gleiche Teile. Sie gibt Fatime 3 Teile ab.

Abgeleitete Brüche herstellen und erkennen

1 Welcher Bruchteil ist gefärbt? Was fällt dir auf?

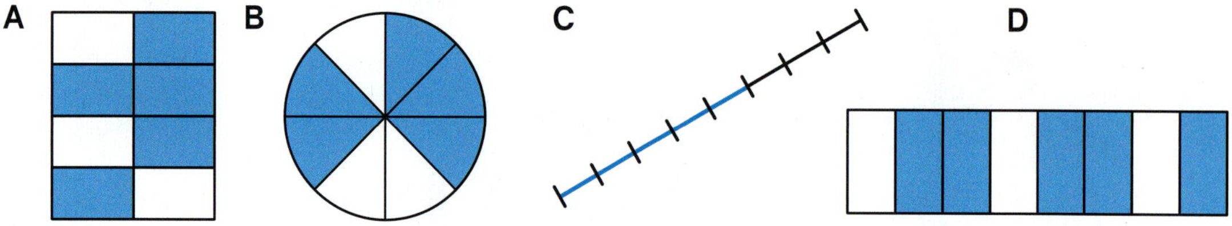

2 Übertrage die Figur in dein Heft. Färbe den angegebenen Bruchteil blau.

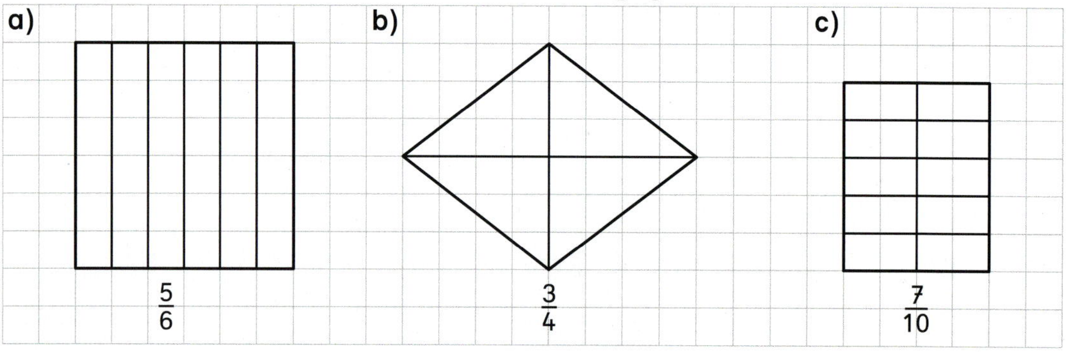

3 Übertrage die Figur in dein Heft. Färbe den angegebenen Bruchteil.

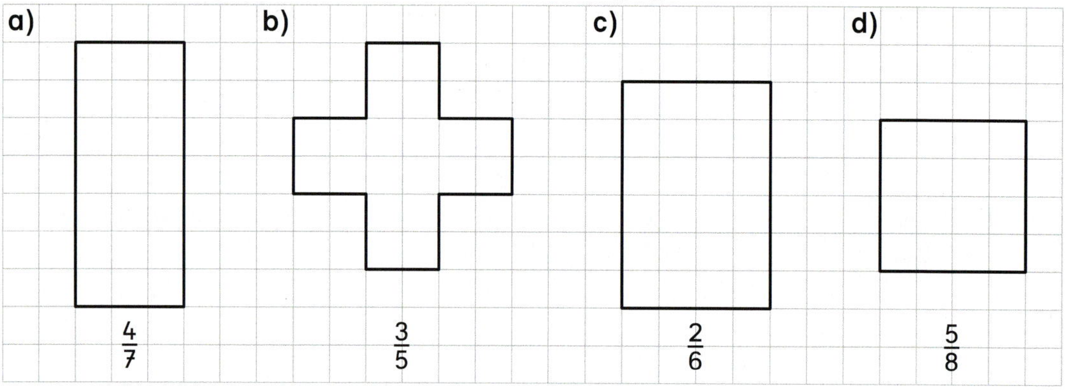

☆ **4** **a)** In 4 der Figuren ist der gleiche Bruchteil gefärbt. Welche Figuren sind es?

b) Welcher Bruchteil ist in diesen 4 Figuren gefärbt?

c) Vergleicht eure Ergebnisse und begründet sie.

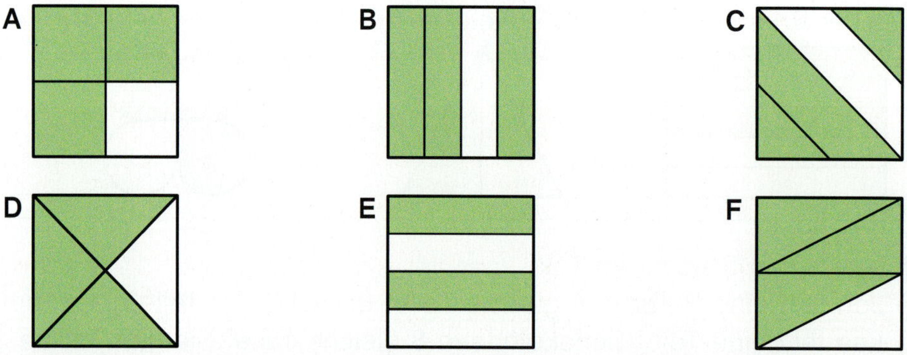

Bruchteile von Anzahlen

1 Wie viele von Paulas Losen sind Gewinne?

2 Bei Oliver haben $\frac{1}{3}$ von 9 Losen gewonnen.
Wie viele Gewinne hat Oliver?
Löse mit Hilfe einer Zeichnung.

3 Tobias hat seinen Pechtag. Nur $\frac{1}{5}$ von 10 Losen sind Gewinne.
Wie viele Gewinne hat Tobias?

4 **a)** Kemal trifft mit seinen Pfeilen $\frac{1}{6}$ der Luftballons. Wie viele Ballons trifft er?

b) Die Pfeile von Tatjana bringen $\frac{1}{3}$ der Luftballons zum Platzen.
Wie viele Ballons trifft sie?

5

Wie viele Kerzen löschen die Kinder?

a) Anja: $\frac{1}{6}$ der Kerzen

b) Sven: $\frac{1}{8}$ der Kerzen

c) Pedro: $\frac{1}{2}$ der Kerzen

d) Jenny: $\frac{1}{4}$ der Kerzen

6 Zum Dosenwerfen sind 15 Dosen aufgestellt.

a) Bei Stefans Wurf fällt $\frac{1}{3}$ der Dosen um. Wie viele Dosen fallen um?

b) Bei Annas Wurf fällt $\frac{1}{5}$ der Dosen um.

Bruchteile von Strecken

1 Beim Staffellauf der Ameisen ist die gesamte Strecke in 4 gleiche Abschnitte eingeteilt. Zeichne die Strecke von 12 cm in dein Heft.
Setze die Fähnchen an die Übergabepunkte.

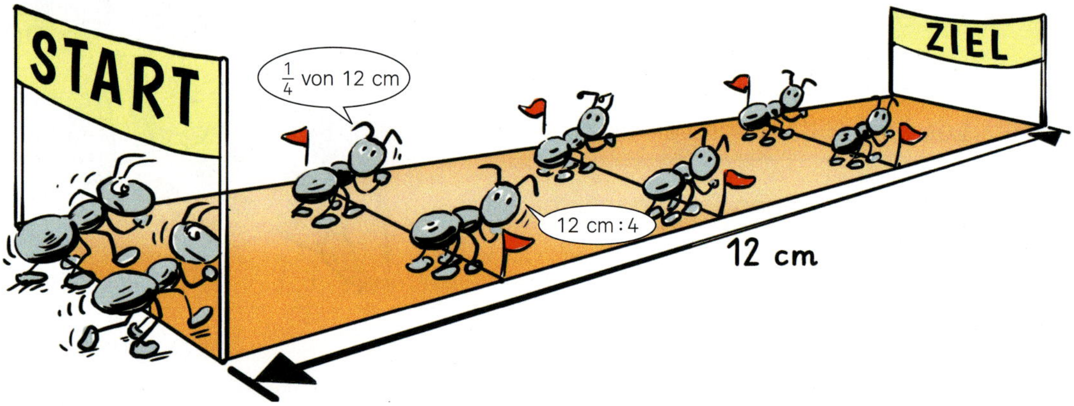

2 Welchen Bruchteil der Strecke hat hier jede Ameise zurückgelegt?
Wie viel Zentimeter sind es?

Beispiel
Waldemar
$\frac{1}{3}$ von 15 cm
15 cm : 3 = 5 cm

Waldemar

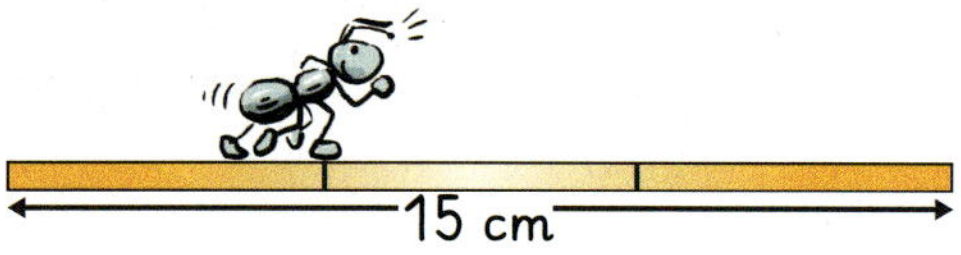

Frieda

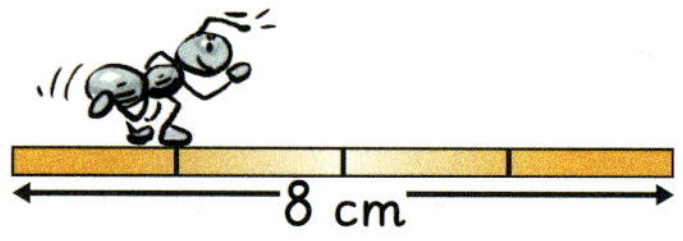

Anna

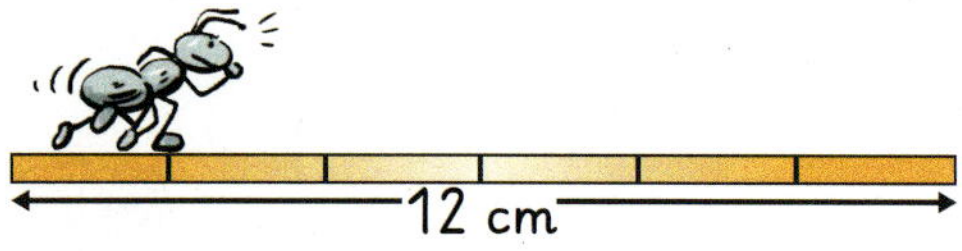

Jonas

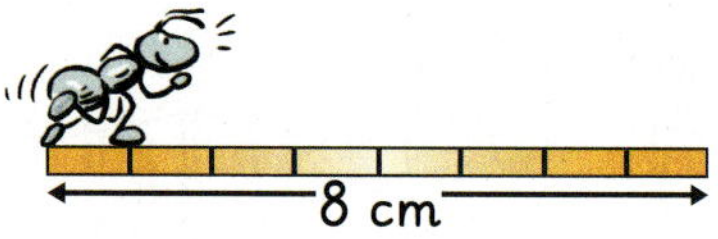

3 Zeichne die Strecke und färbe den angegebenen Bruchteil.

a) $\frac{1}{5}$ von 5 cm
$\frac{1}{4}$ von 8 cm

b) $\frac{1}{2}$ von 6 cm
$\frac{1}{7}$ von 14 cm

c) $\frac{1}{5}$ von 15 cm
$\frac{1}{8}$ von 16 cm

d) $\frac{1}{3}$ von 15 cm
$\frac{1}{5}$ von 10 cm

4 Zeichne die Strecke und färbe den angegebenen Bruchteil.

a) $\frac{1}{3}$ von 3 cm **b)** $\frac{1}{2}$ von 5 cm **c)** $\frac{1}{2}$ von 9 cm **d)** $\frac{1}{4}$ von 10 cm

5 **a)** Zeichne immer eine Strecke von 12 cm.
Färbe den angegebenen Bruchteil.

Ⓐ $\frac{1}{4}$ von 12 cm Ⓑ $\frac{1}{2}$ von 12 cm Ⓒ $\frac{1}{3}$ von 12 cm Ⓓ $\frac{1}{6}$ von 12 cm

b) Bei welcher Zeichnung ist der gefärbte Bruchteil am größten?

Bruchteile von Größen

1 **a)** Herr Schuh hat 900 g Trauben.
$\frac{1}{3}$ davon kommen in den Obstsalat.
Wie viel Gramm sind das?

b) Frau Scheible hat 600 g Nüsse. $\frac{1}{3}$ davon kommen in den Kuchen.
Wie viel Gramm sind das?

Beispiel
a) 900 g : 3 = ■ g
$\frac{1}{3}$ von 900 g = ■ g

---

2 **a)** $\frac{1}{4}$ von 800 g **b)** $\frac{1}{5}$ von 1 000 g **c)** $\frac{1}{2}$ von 600 g **d)** $\frac{1}{3}$ von 150 g

---

3

Beispiel
a) 1 kg = 1 000 g
1 000 g : 2 = ■ g
$\frac{1}{2}$ kg = ■ g

a) Wie viel Gramm Äpfel kauft Lena?
b) Florian möchte $\frac{1}{4}$ kg Kirschen.
Wie viel Gramm sind es?

---

4 Wie viel Gramm sind es?

a) $\frac{1}{2}$ von 2 kg **b)** $\frac{1}{4}$ von 2 kg **c)** $\frac{1}{8}$ von 4 kg **d)** $\frac{1}{5}$ von 3 kg

---

5

Beispiel
a) 800 m : 4 = ■ m
$\frac{1}{4}$ von 800 m = ■ m

a) Wie viel Meter ist Jonas schon gelaufen?
b) Rabea ist $\frac{1}{2}$ von 800 m gelaufen.
Wie viel Meter sind es?

---

6 **a)** $\frac{1}{3}$ von 60 m **b)** $\frac{1}{5}$ von 100 m **c)** $\frac{1}{7}$ von 350 m **d)** $\frac{1}{4}$ von 160 m

---

7

Beispiel
a) 1 km = 1 000 m
1 000 m : 2 = ■ m
$\frac{1}{2}$ km = ■ m

a) Wie viel Meter sind die Wanderer noch von der Quelle entfernt?
b) Berechne die Entfernungen zu den anderen Zielen in Meter.

---

8 Wie viel Meter sind es?

a) $\frac{1}{2}$ von 2 km **b)** $\frac{1}{4}$ von 4 km **c)** $\frac{1}{8}$ von 4 km **d)** $\frac{1}{4}$ von 2 km

Bruchmaterial

Bruchmaterial kannst du selbst herstellen. Für Bruchkreise benötigst du zwei Vorlagen. Schneide aus Papier 2 Kreise mit einem Radius von 6 cm aus.

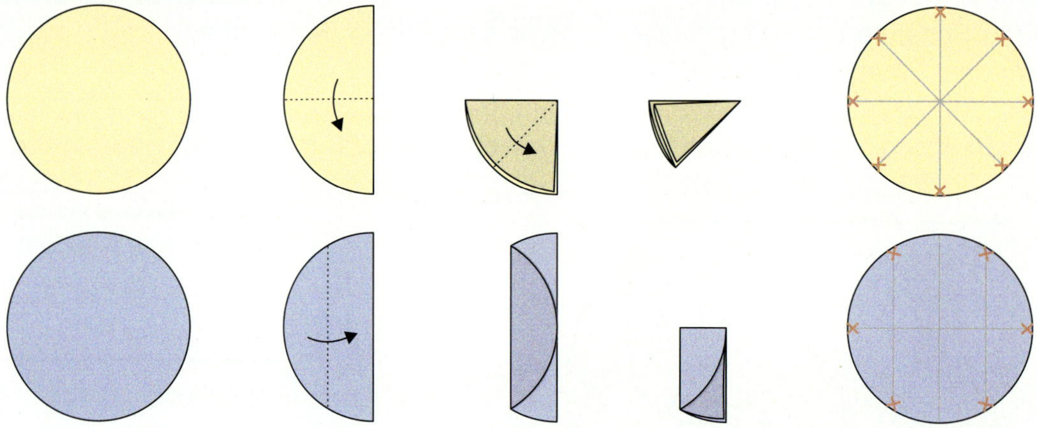

Zeichne auf zweifarbigen Tonkarton 6 Kreise mit r = 6 cm.
Übertrage mit Hilfe der Vorlagen die Schnittlinien für die Kreisausschnitte und beschrifte.

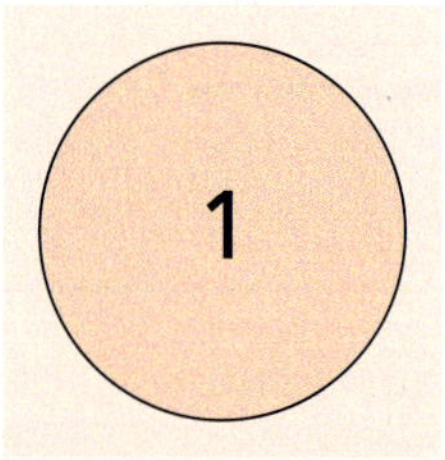

Mit Stecknadeln verbindest du zuerst Vorlage und Tonkarton im Mittelpunkt. Übertrage dann die Punkte für die Schnittstellen.

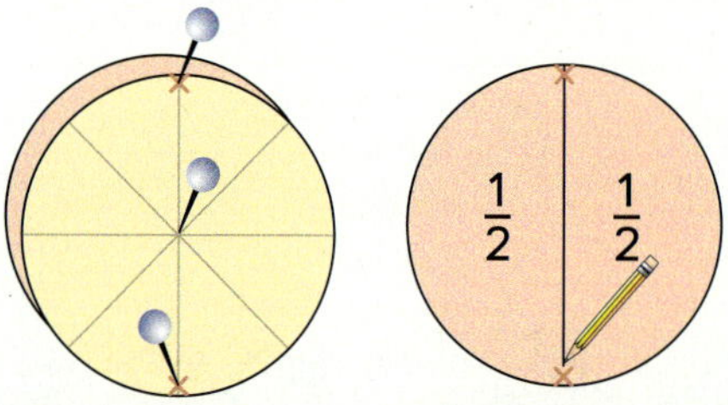

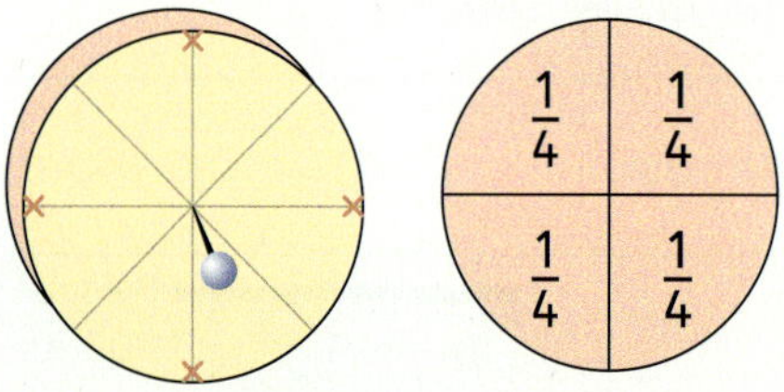

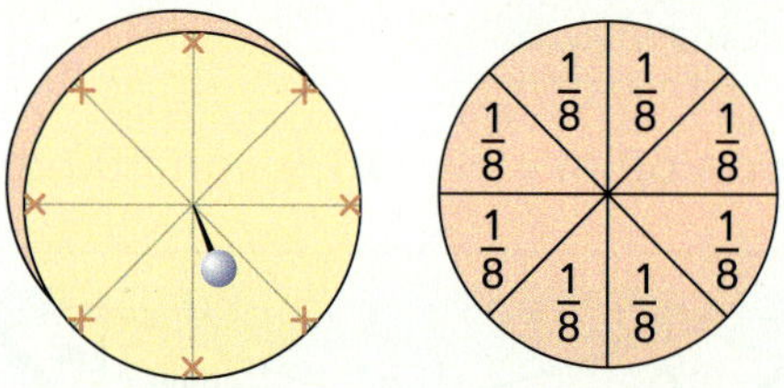

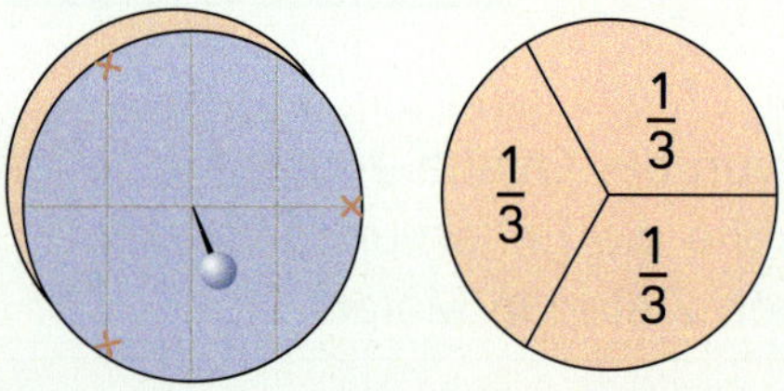

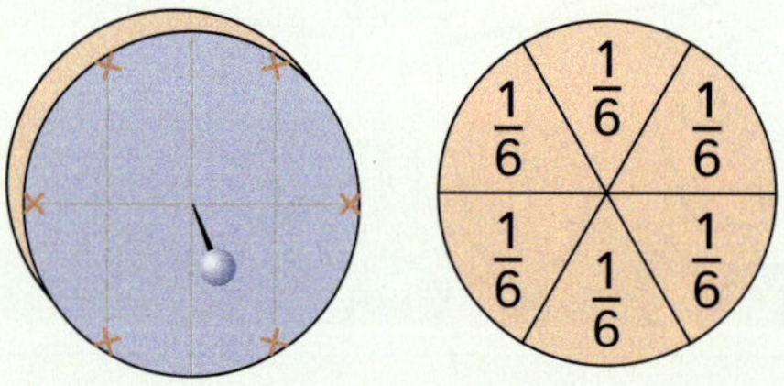

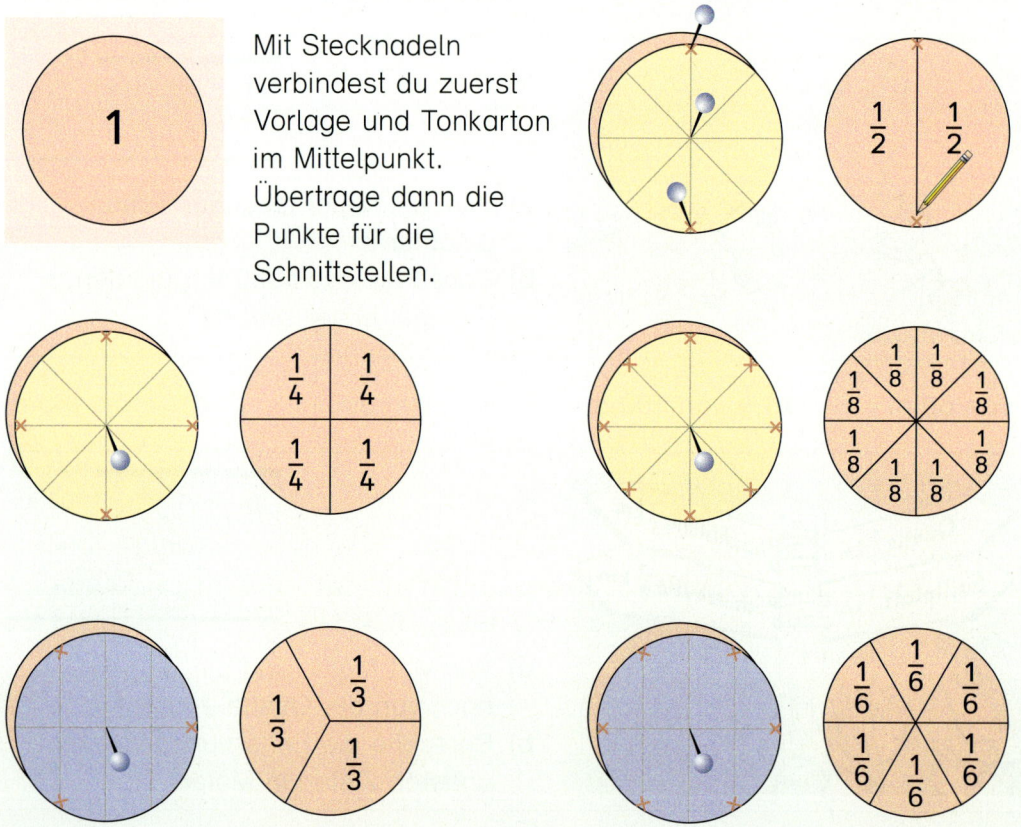

✂ Jetzt kannst du die Bruchteile auseinanderschneiden.

Arbeiten mit dem Bruchmaterial

1 Lege mit den Vierteln des Bruchmaterials ein Ganzes.
Wie heißt der fehlende Zähler des Bruches?

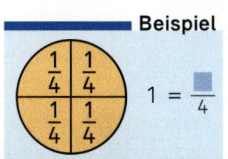

Beispiel

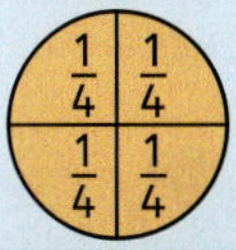

$1 = \frac{\square}{4}$

2 Lege ein Ganzes mit Vierteln. Dann nimm Teile weg.
Welcher Bruch entsteht?

Beispiel
a) $1 - \frac{1}{4} = \frac{\square}{4}$

a) $1 - \frac{1}{4}$ **b)** $1 - \frac{3}{4}$ **c)** $1 - \frac{2}{4}$ **d)** $1 - \frac{4}{4}$

3 Lege mit dem Bruchmaterial.
Ergänze mit Vierteln zu einem Ganzen.
Schreibe wie im Beispiel.

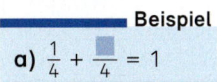

Beispiel
a) $\frac{1}{4} + \frac{\square}{4} = 1$

a)
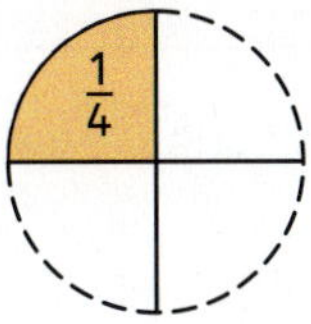

b)
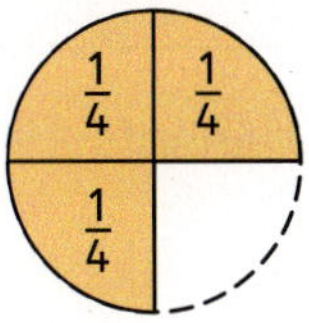

c)
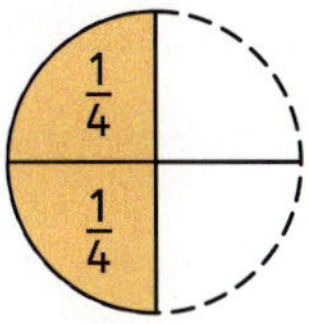

d)
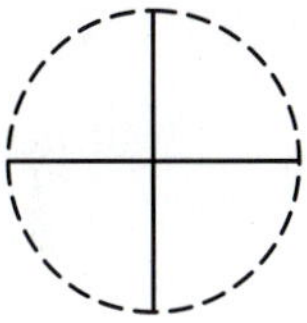

4 Lege mit dem Bruchmaterial. Ergänze den fehlenden Zähler.

a) Lege mit Dritteln. $1 = \frac{\square}{3}$ **b)** Lege mit Halben. $1 = \frac{\square}{2}$

c) Lege mit Sechsteln. $1 = \frac{\square}{6}$ **d)** Lege mit Achteln. $1 = \frac{\square}{8}$

5 Lege mit dem Bruchmaterial. Dann nimm Teile weg. Welcher Bruch entsteht?

a) Lege mit Halben. $1 - \frac{1}{2} = \frac{\square}{2}$ **b)** Lege mit Dritteln. $1 - \frac{1}{3} = \frac{\square}{3}$

c) Lege mit Sechsteln. $1 - \frac{1}{6} = \frac{\square}{6}$ **d)** Lege mit Achteln. $1 - \frac{1}{8} = \frac{\square}{8}$

6 Lege mit dem Bruchmaterial.
Ergänze zu einem Ganzen.

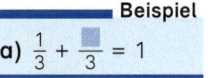

Beispiel
a) $\frac{1}{3} + \frac{\square}{3} = 1$

a)
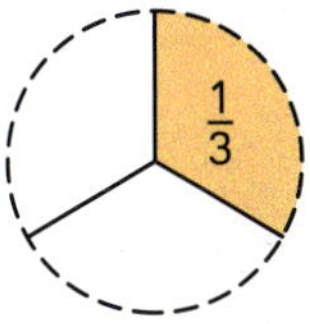

b)
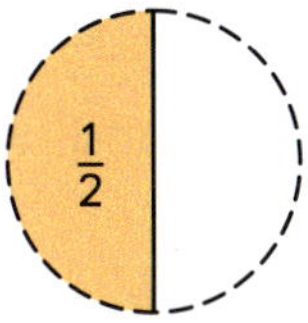

c)
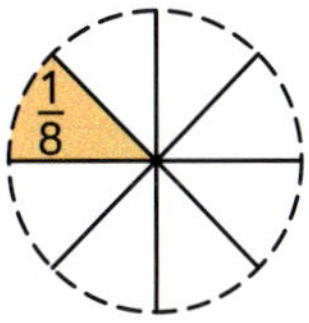

d)
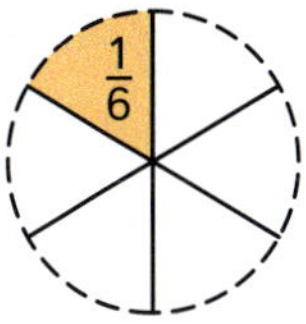

e)

f)
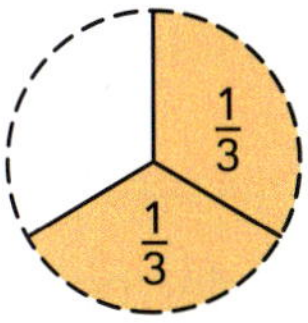

g)
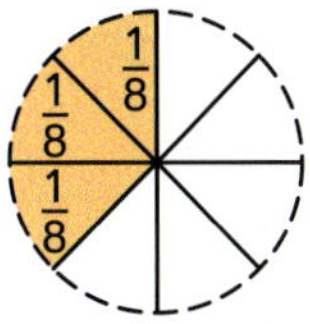

h)
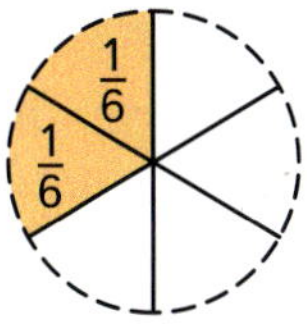

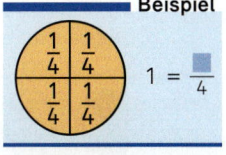

Addieren und Subtrahieren mit gleichem Nenner

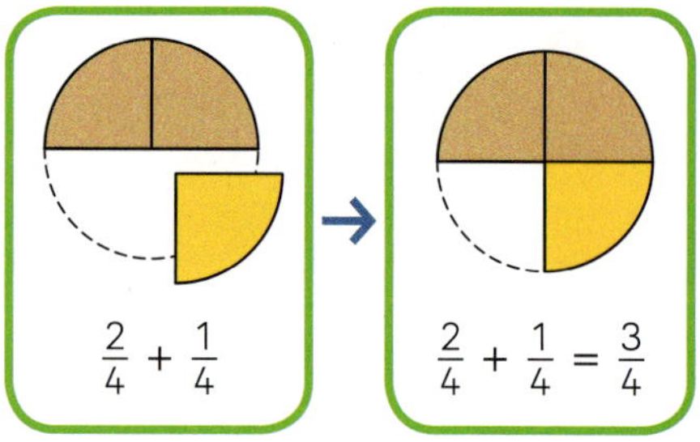

1 Addiere.

a) $\frac{1}{4} + \frac{2}{4}$ $\quad \frac{1}{3} + \frac{1}{3}$ $\quad \frac{2}{6} + \frac{2}{6}$

b) $\frac{2}{6} + \frac{3}{6}$ $\quad \frac{3}{8} + \frac{2}{8}$ $\quad \frac{5}{7} + \frac{1}{7}$

c) $\frac{7}{12} + \frac{4}{12}$ $\quad \frac{5}{10} + \frac{2}{10}$ $\quad \frac{9}{20} + \frac{8}{20}$

d) $\frac{12}{25} + \frac{6}{25}$ $\quad \frac{12}{25} + \frac{8}{25}$ $\quad \frac{19}{50} + \frac{5}{50}$

e) $\frac{20}{100} + \frac{47}{100}$ $\quad \frac{16}{100} + \frac{25}{100}$ $\quad \frac{18}{100} + \frac{19}{100}$

2 Asil kauft am Getränkestand $\frac{1}{8}$ ℓ Orangensaft.
Ihr Bruder kauft $\frac{2}{8}$ ℓ.
Wie viel Liter Orangensaft kaufen sie zusammen?

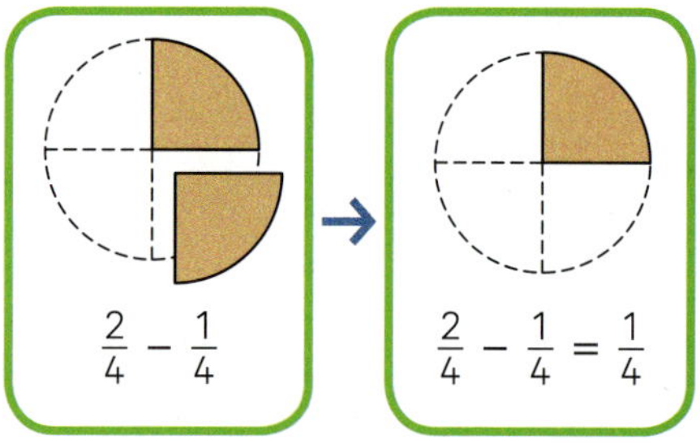

3 Subtrahiere.

a) $\frac{2}{4} - \frac{1}{4}$ $\quad \frac{4}{6} - \frac{3}{6}$ $\quad \frac{5}{8} - \frac{2}{8}$

b) $\frac{4}{5} - \frac{2}{5}$ $\quad \frac{6}{9} - \frac{2}{9}$ $\quad \frac{7}{10} - \frac{4}{10}$

c) $\frac{8}{10} - \frac{5}{10}$ $\quad \frac{15}{20} - \frac{10}{20}$ $\quad \frac{18}{20} - \frac{7}{20}$

d) $\frac{7}{50} - \frac{4}{50}$ $\quad \frac{18}{50} - \frac{7}{50}$ $\quad \frac{33}{50} - \frac{8}{50}$

e) $\frac{16}{100} - \frac{6}{100}$ $\quad \frac{27}{100} - \frac{8}{100}$ $\quad \frac{42}{100} - \frac{18}{100}$

4 Oskar schenkt Orangensaft am Getränkestand aus.
In seinem Krug sind noch $\frac{7}{8}$ ℓ Orangensaft.
Gülbahar möchte ein Glas mit $\frac{2}{8}$ ℓ haben.
Wie viel Liter Orangensaft hat Oskar anschließend noch in seinem Krug?

5 Berechne die Summe und die Differenz der beiden Brüche.

a) $\frac{2}{5}$; $\frac{1}{5}$ $\qquad$ b) $\frac{7}{10}$; $\frac{1}{10}$ $\qquad$ c) $\frac{7}{8}$; $\frac{1}{8}$ $\qquad$ d) $\frac{5}{6}$; $\frac{1}{6}$ $\qquad$ e) $\frac{6}{9}$; $\frac{3}{9}$

1 Hier wurden Fehler gemacht. Übertrage die Figuren in dein Heft und berichtige.

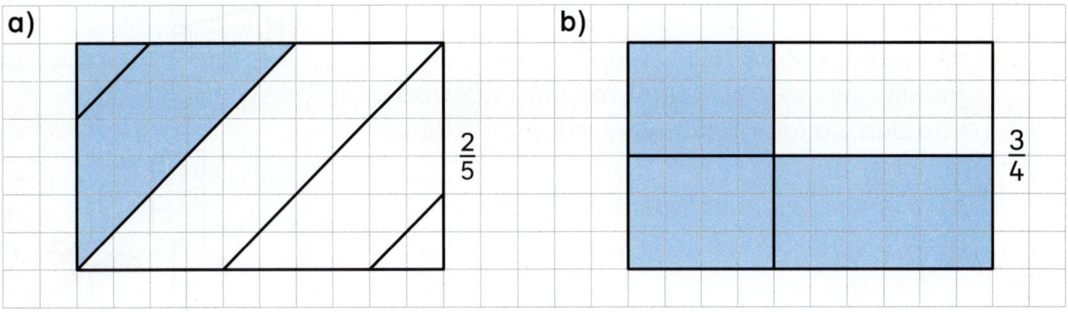

2 a) Welcher Bruchteil ist in Figur A gefärbt?
b) Welcher Bruchteil ist in Figur B gefärbt?
c) Setze die Reihe fort und zeichne die nächste Figur in dein Heft.
d) Welcher Bruchteil ist in Figur C gefärbt?

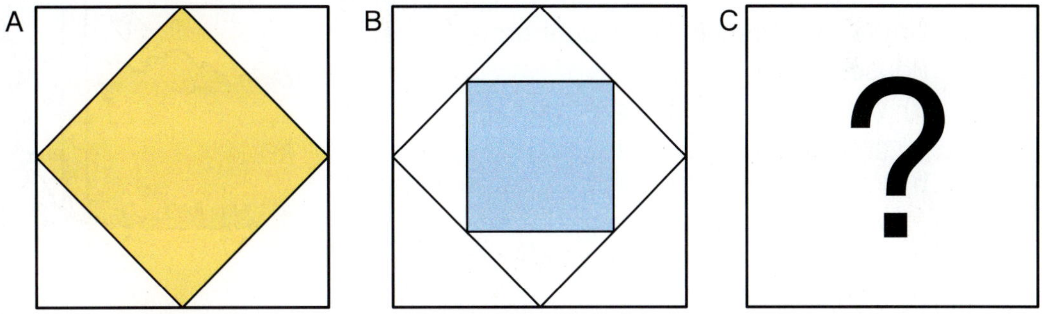

3 Der Bruchteil ist dargestellt. Zeichne das Ganze in dein Heft.

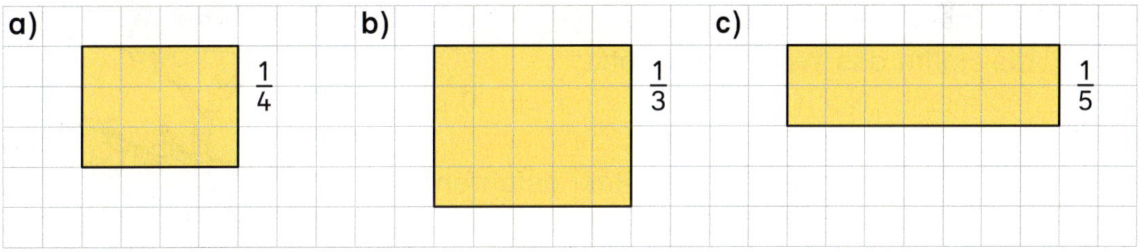

4 Ein Viertel einer gezeichneten Fläche ist 2 cm^2 groß.
Zeichne die gesamte Fläche in dein Heft und färbe das Viertel rot.

5 a) Aus wie viel Würfeln besteht die Figur?
b) Welcher Bruchteil der Würfel ist mindestens gefärbt?
c) Welcher Bruchteil der Würfel ist höchstens gefärbt?

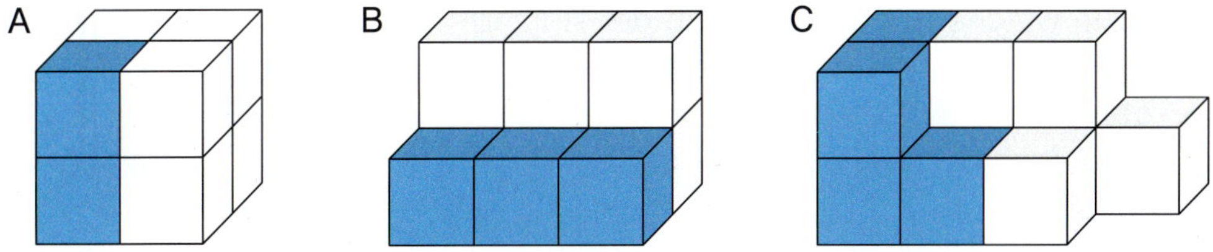

❶ In der Klasse 5 sind 24 Schülerinnen und Schüler.
Ein Drittel der Schüler kommt zu Fuß zur Schule, ein Viertel kommt mit dem Fahrrad. Von den übrigen Schülern kommt die Hälfte mit dem Bus.

a) Wie viele Schüler kommen zu Fuß?
b) Wie viele Schüler kommen mit dem Fahrrad?
c) Wie viele Schüler kommen mit dem Bus?

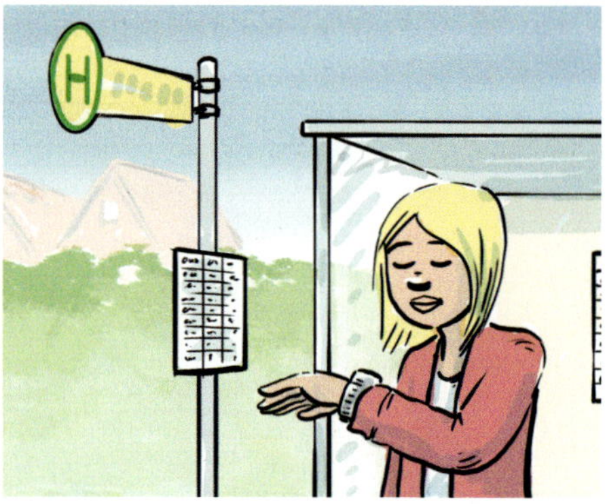

❷ Paul wandert vom Baggersee zum Wildkopf. Das sind genau 12 km.
Zunächst geht er die Hälfte der Strecke und macht dort eine Pause. Danach geht er ein Drittel der Strecke und macht erneut eine Pause.

a) Wie viel Kilometer ist er bisher gewandert?
b) Wie viel Kilometer sind es noch bis zum Wildkopf?
c) Welchen Bruchteil der Strecke muss er jetzt noch gehen?

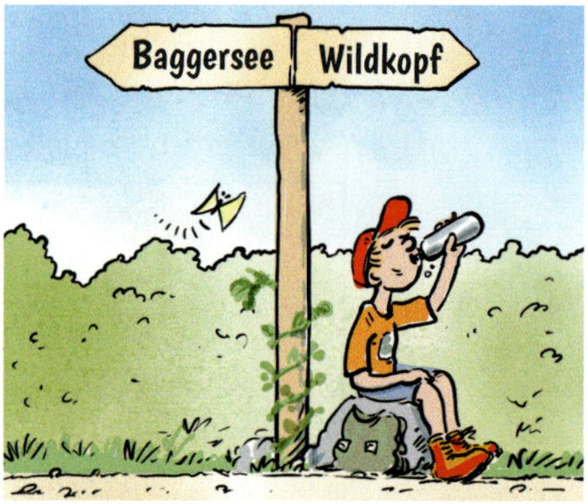

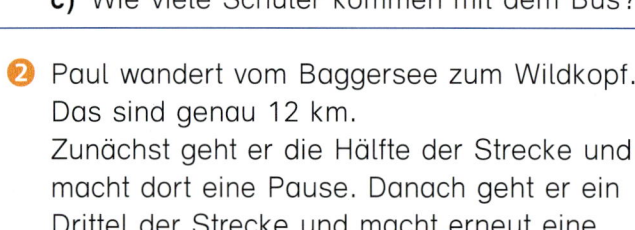

❸ Ina und Kübra fahren zur Jugendherberge.
Bei einer Rast sagt Kübra: „Wir haben schon die Hälfte des Weges geschafft."
Ina meint: „Noch 2 km, dann sind wir 20 km gefahren."

a) Wie weit sind sie bis zur Rast gefahren?
b) Wie lang ist der gesamte Weg?

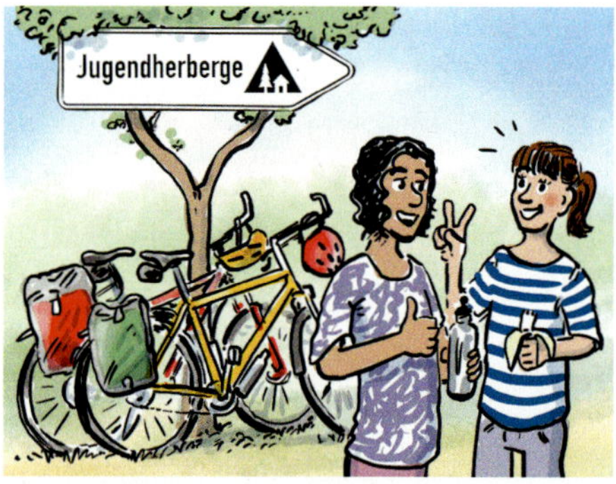

❹ Ein Hochhaus ist 120 m hoch.
Jedes Stockwerk hat eine Höhe von 3 m.

a) In welchem Stockwerk hält der Aufzug, wenn er $\frac{1}{10}$ der Strecke gefahren ist?
b) In welchem Stockwerk hält der Aufzug, wenn er $\frac{1}{5}$ der Strecke gefahren ist?
c) Welchen Bruchteil der Strecke ist der Aufzug gefahren, wenn er im 10. Stock ist?

1 Welcher Bruchteil ist gefärbt?

a) 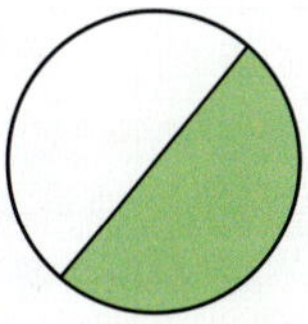

b) 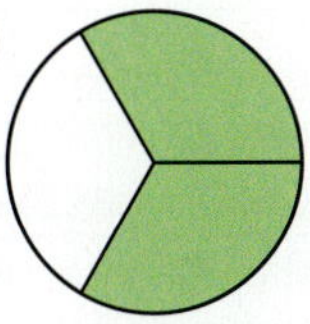

c) 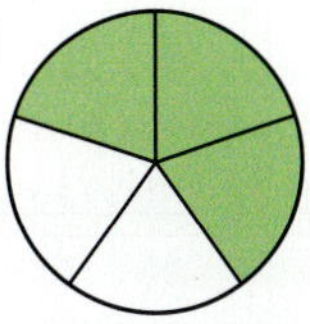

d) 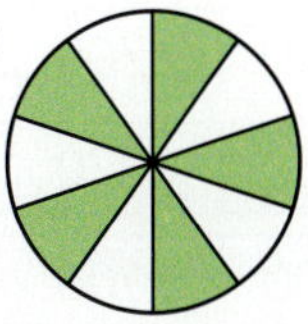

e) 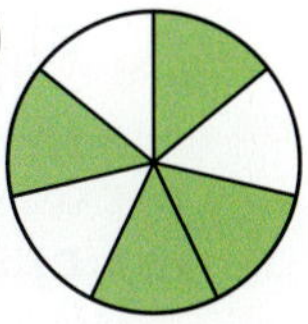

2 Übertrage die Figur in dein Heft. Färbe den angegebenen Bruchteil.

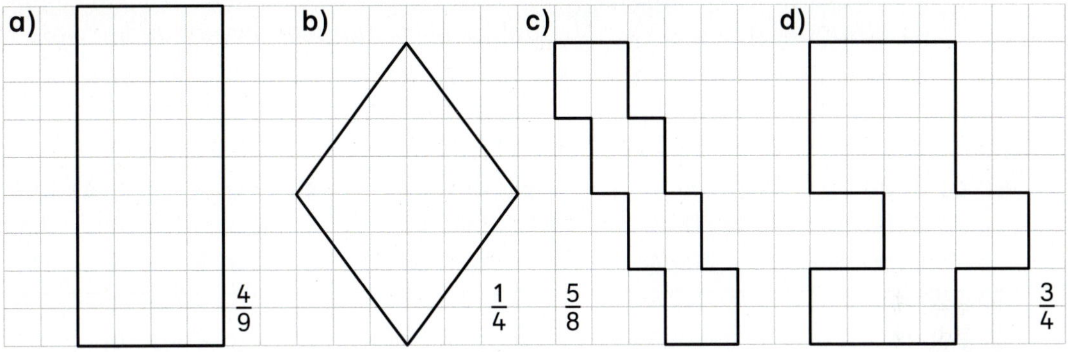
a)
4/9
b)
1/4
c)
5/8
d)
3/4

3 In einem Kasten sind 12 Flaschen. $\frac{1}{3}$ der Flaschen sind leer.
Wie viele Flaschen sind leer?

4 a) $\frac{1}{3}$ von 18 b) $\frac{1}{6}$ von 54 c) $\frac{1}{5}$ von 500 d) $\frac{1}{2}$ von 10 e) $\frac{1}{4}$ von 20

5 a) $\frac{1}{5}$ von 1 kg b) $\frac{1}{4}$ von 2 kg c) $\frac{1}{2}$ von 5 kg d) $\frac{1}{8}$ von 4 kg e) $\frac{1}{5}$ von 3 kg

6 Elvira wohnt 1 200 m von der Bushaltestelle entfernt.
Nach $\frac{1}{3}$ der Strecke kommt sie an der Bäckerei vorbei.
a) Wie weit ist die Bäckerei von Elviras Wohnung entfernt?
b) Wie weit ist es von der Bäckerei bis zur Bushaltestelle?

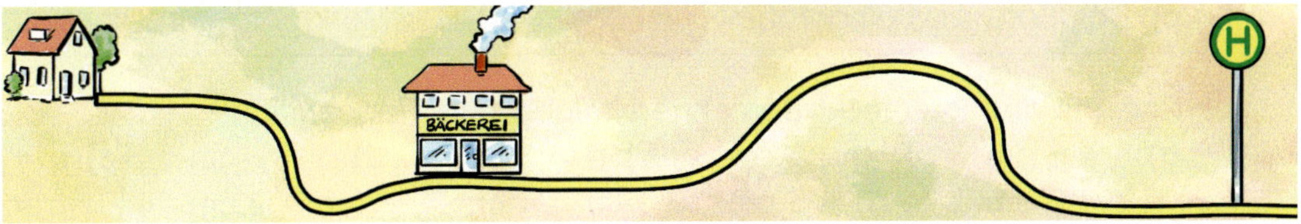
BÄCKEREI
H

7 a)
$\frac{4}{8} + \frac{3}{8}$
$\frac{2}{6} + \frac{2}{6}$
$\frac{3}{7} + \frac{2}{7}$
$\frac{2}{9} + \frac{4}{9}$
$\frac{1}{5} + \frac{3}{5}$

b)
$\frac{2}{4} - \frac{1}{4}$
$\frac{4}{6} - \frac{3}{6}$
$\frac{2}{3} - \frac{1}{3}$
$\frac{5}{8} - \frac{2}{8}$
$\frac{4}{5} - \frac{2}{5}$

c)
$\frac{7}{10} + \frac{2}{10}$
$\frac{2}{8} + \frac{5}{8}$
$\frac{6}{7} - \frac{2}{7}$
$\frac{7}{10} - \frac{4}{10}$
$\frac{3}{8} - \frac{2}{8}$

Alles klar?

Brüche

Ich kann …
- … Bruchteile benennen und in Zeichnungen darstellen.
- … Bruchteile von Anzahlen und Größen berechnen.
- … Brüche mit gleichem Nenner addieren und subtrahieren.

Bleib fit!

1 Setze die Zahlenreihe fort.

a)	2650	2700	■	■	■	■	■	■	■	3100
b)	4960	4970	■	■	■	■	■	■	■	5050
c)	9200	9100	■	■	■	■	■	■	■	8300

2 Schreibe die Zahlen mit Ziffern.

a) vierhundertneunzig

zweitausendachtzig

b) fünfundsiebzigtausendneunhundertvier

zwei Millionen dreihunderttausendfünfundvierzig

3

a)	**b)**	**c)**	**d)**	**e)**
6 · 30	57 · 4	153 · 6	320 : 4	640 : 80
2 · 80	76 · 8	214 · 4	420 : 6	360 : 40
4 · 50	39 · 7	193 · 5	490 : 7	140 : 70

4 Jonas hat 270 € gespart. Er möchte ein Fahrrad für 415 € kaufen. Wie viel Euro fehlen ihm noch?

5 Ein Händler bietet Fahrräder zum Sonderpreis von 295 € an. Wie viel Euro bekommt der Händler für 3 Fahrräder?

6 Wandle um.

a) in g:	3 kg	2,300 kg	4,325 kg	2,305 kg	0,420 kg	1,5 kg
b) in kg:	1000 g	4000 g	3200 g	4385 g	1605 g	500 g
c) in kg:	1 t	3 t	1,750 t	2,075 t	0,850 t	1,5 t
d) in t:	2000 kg	6000 kg	1400 kg	6500 kg	2300 kg	1750 kg

7 Was ist gesucht? Umfang oder Flächeninhalt?

a) Die Wand wird gestrichen.
b) Das Blumenbeet wird umzäunt.
c) Das Foto wird eingerahmt.
d) Der Marktplatz wird gepflastert.

8 Zeichne das Rechteck. Berechne Umfang und Flächeninhalt.

a) a = 6 cm, b = 3 cm
b) a = 4 cm, b = 5 cm
c) a = 3 cm, b = 4 cm
d) a = 7 cm, b = 2 cm
e) a = 8 cm, b = 4 cm

9 Welcher Bruchteil ist gefärbt?

Beispiel
a) $\frac{1}{4}$

a) 
b) 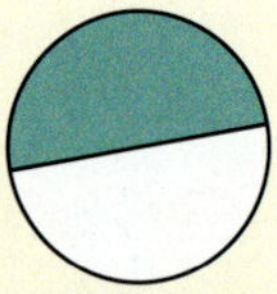
c) 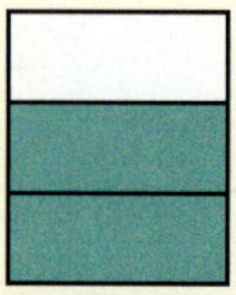
d) 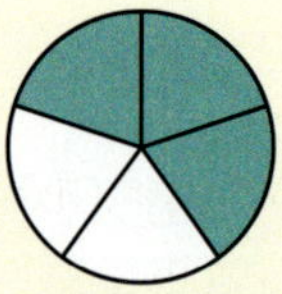
e) 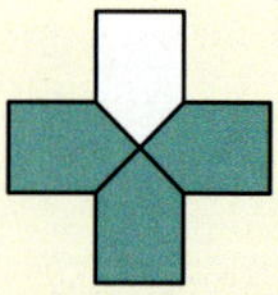

10 Zeichne die Strecke und färbe den angegebenen Bruchteil.

a) $\frac{1}{3}$ von 6 cm
b) $\frac{1}{5}$ von 10 cm
c) $\frac{1}{6}$ von 12 cm
d) $\frac{1}{2}$ von 5 cm

Daten und Zufall

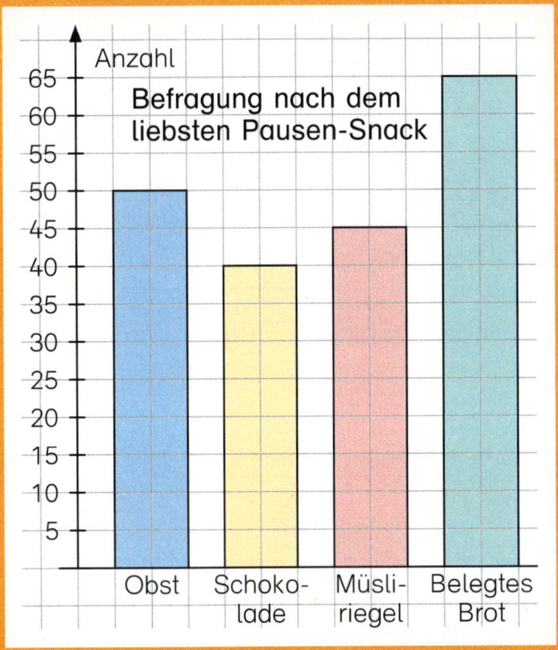

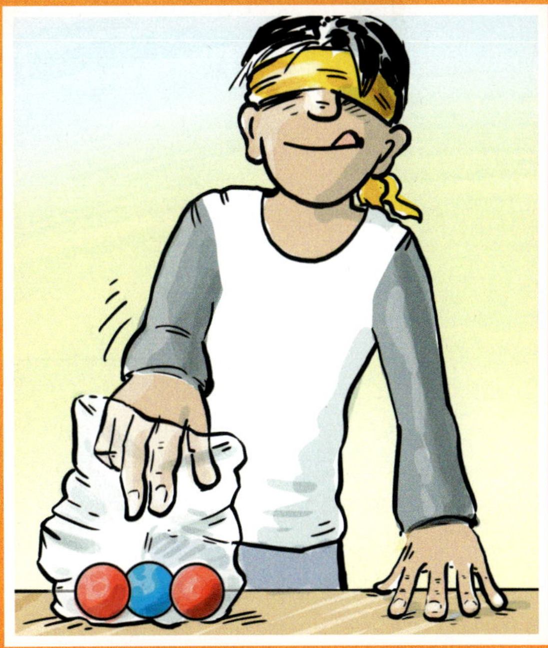

In diesem Kapitel ...

... stellst du Daten in Tabellen und Diagrammen dar.

... machst du Versuche zum Zufall.

... triffst du Aussagen zur Wahrscheinlichkeit.

... bestimmst du Wahrscheinlichkeiten.

❶ In einer Jugendbücherei wurde gefragt: „Was liest du am liebsten?“
Das Ergebnis findest du in der Tabelle.

Comic	Krimi	Fantasy	Science Fiction
10	4	8	6

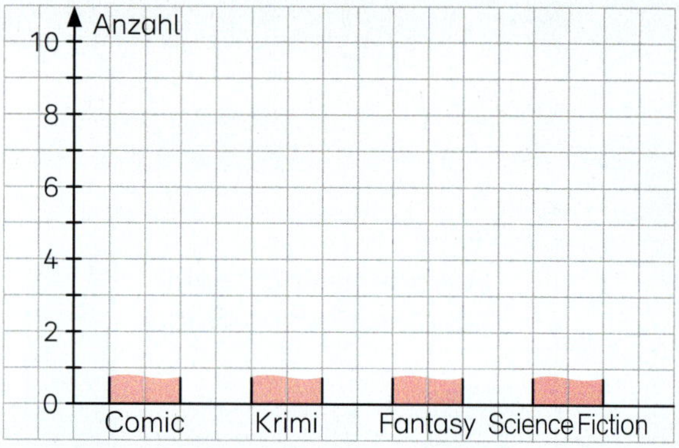

Stelle das Ergebnis der Umfrage in einem Säulendiagramm dar.

❷ Die Besucherinnen und Besucher eines Jugendzentrums wurden nach ihrer liebsten Freizeitbeschäftigung gefragt.

	Freunde treffen	Musik hören / fernsehen	Zeitschriften und Bücher lesen	Sport treiben	am PC spielen / im Internet surfen
Mädchen	■	■	19	18	17
Jungen	■	■	11	22	23

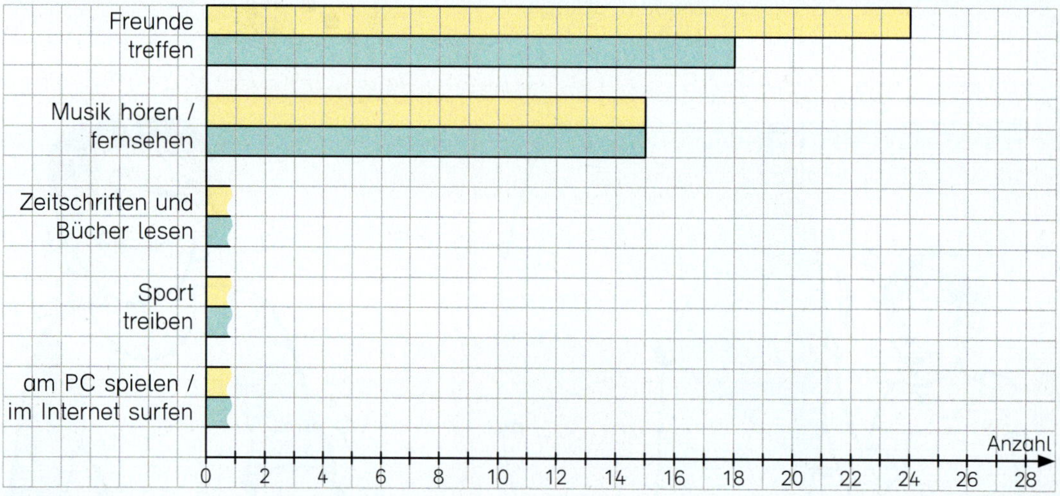

a) Übertrage die Tabelle in dein Heft.
b) Lies die im Balkendiagramm dargestellten Werte ab. Trage sie in die Tabelle ein.
c) Übertrage das angefangene Balkendiagramm in dein Heft und zeichne die fehlenden Balken zu den Werten in der Tabelle ein.
d) Welche Freizeitbeschäftigungen sind bei den Mädchen beliebter als bei den Jungen?
e) Gibt es Freizeitbeschäftigungen, die bei den Mädchen und bei den Jungen gleich häufig genannt wurden?

Mädchen und Jungen wurden nach ihrer liebsten Sportart gefragt.
Zu den Antworten wurde die Tabelle erstellt.

Fußball	M	𝍸 𝍸 𝍸 III
	J	𝍸 𝍸 𝍸 𝍸 IIII
Schwimmen	M	𝍸 𝍸 𝍸 𝍸 I
	J	𝍸 𝍸 𝍸 𝍸
Turnen	M	𝍸 𝍸 𝍸 IIII
	J	𝍸 𝍸 𝍸 𝍸 II
Jazztanz	M	𝍸 𝍸 𝍸 𝍸 II
	J	𝍸 𝍸 IIII

Fußball	M	18
	J	■
Schwimmen	M	■
	J	■
Turnen	M	■
	J	■
Jazztanz	M	■
	J	■

1 **a)** Übertrage die Tabelle in dein Heft und vervollständige sie.
b) Wie viele Mädchen wurden befragt?
c) Wie viele Jungen waren es?
d) Wie viele Jugendliche nahmen insgesamt an der Befragung teil?

2 Findet eigene Fragen zur Tabelle und schreibt sie auf Karten. Notiert die Antwort auf der Rückseite. Tauscht die Karten untereinander aus.

> Welche Sportarten waren bei den Mädchen beliebter als Turnen?

3 Hier sind Zahlen aus der Tabelle in einem Balkendiagramm dargestellt. Gehört die Darstellung zu den Jungen oder zu den Mädchen? Woran erkennt ihr das?

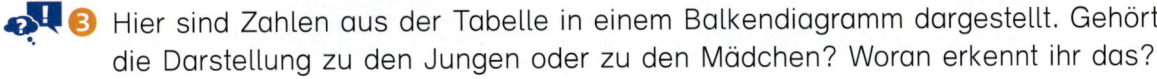

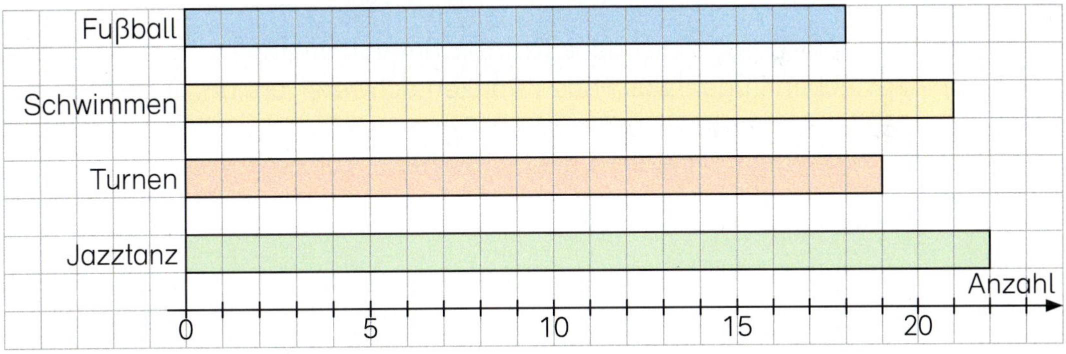

4 Zeichne ein Balkendiagramm zu den anderen Zahlen der Tabelle.

5 Sandra hat die Ergebnisse für Jungen und Mädchen in Streifendiagrammen dargestellt. Welche Darstellung gehört zu den Jungen? Begründet eure Antwort.

A
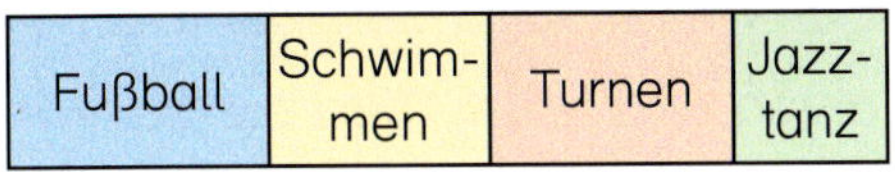

B
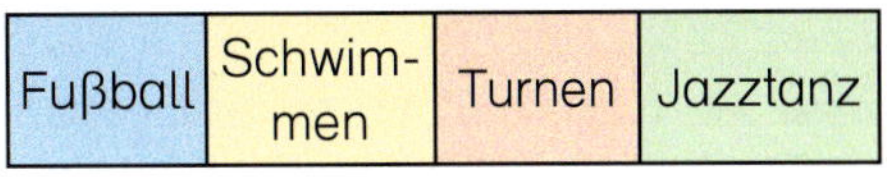

6 **a)** Karim sagt: „Mehr als die Hälfte der Jungen nannte Fußball oder Schwimmen als liebste Sportart.“ Prüfe nach.
☆ **b)** Welche Sportarten wurden von mehr als einem Viertel der Mädchen genannt?

Projekt Gewicht von Schulranzen

Einige Schüler der Klasse 5 haben eine Woche lang ihre Schulranzen gewogen.

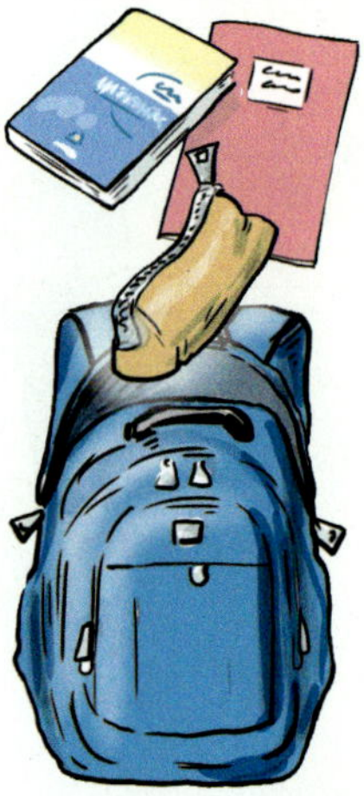

Name	Mo	Di	Mi	Do	Fr
Ali	4,7 kg	4,9 kg	5,2 kg	5,9 kg	5,1 kg
Anna	4,9 kg	5,1 kg	5,3 kg	5,8 kg	5,2 kg
Daniel	5,0 kg	4,8 kg	4,5 kg	6,4 kg	4,6 kg
Dennis	5,9 kg	5,9 kg	5,9 kg	5,9 kg	5,9 kg
Frido	5,1 kg	4,8 kg	5,2 kg	5,7 kg	4,7 kg
Jan	4,8 kg	5,7 kg	5,0 kg	6,3 kg	5,4 kg
Jennifer	4,8 kg	5,1 kg	5,9 kg	6,7 kg	5,0 kg
Kenan	4,9 kg	5,0 kg	5,5 kg	6,4 kg	5,3 kg
Leila	5,1 kg	4,8 kg	4,7 kg	5,9 kg	4,9 kg
Mikaela	5,0 kg	4,9 kg	5,6 kg	6,5 kg	5,4 kg
Mirko	5,3 kg	5,3 kg	4,5 kg	6,1 kg	5,4 kg
Sadaf	4,9 kg	5,0 kg	6,1 kg	6,6 kg	6,8 kg

1 **a)** Wie schwer war Fridos Schulranzen am Montag?
b) An welchem Tag war Fridos Ranzen am leichtesten?
c) An welchen Tagen war Fridos Ranzen schwerer als am Dienstag?

2 **a)** Wer hatte am Donnerstag den schwersten Ranzen? Wie schwer war er?
b) Wer hatte am Freitag den leichtesten Ranzen? Wie schwer war dieser Ranzen?

3 **a)** An welchem Tag wog Annas Schulranzen genau 5,1 kg?
b) An welchen Tagen musste Anna mehr als 5,1 kg tragen?

4 **a)** Ein Ranzen wog am Mittwoch genau 4,7 kg. Wer hat diesen Ranzen getragen?
b) Wer hat am Mittwoch weniger als 4,7 kg getragen?

5 **a)** Wie schwer war in der ganzen Woche der schwerste Schulranzen?
b) Wer hat ihn getragen? An welchem Wochentag war das?

6 Sammelt zu einem eigenen Thema Zahlen und präsentiert sie der Klasse. Auf den Karten stehen mögliche Fragen.

Wie lang ist dein Schulweg?
– weniger als 1 km
– zwischen 1 km und 2 km
– mehr als 2 km

Wie viel Stunden in der Woche nutzt du den Computer?
– weniger als 1 Stunde
– zwischen 1 Stunde und 3 Stunden
– mehr als 3 Stunden

Unmöglich – möglich – sicher

1 Zufall oder kein Zufall? Begründet eure Antwort.

a) Nino und sein Zwillingsbruder haben am gleichen Tag Geburtstag.
b) Alle Ampeln, an die Herr Brink heute kommt, zeigen grün.
c) Cordula hat am gleichen Tag Geburtstag wie ihre Lehrerin.
d) Zwei gleiche Eisenkugeln wiegen doppelt so viel wie eine dieser Kugeln.
e) Auf dem Weg zur Schule läuft Lisa eine Katze über den Weg.
f) Der Rückweg vom Bäcker nach Hause ist genauso lang wie der Hinweg.

2 Ist das Ereignis unmöglich, möglich oder sicher?

Beispiel
a) unmöglich

a)

Mein Geburtstag ist der 32. April.

b)

Alle Kinder der Klasse haben am selben Tag Geburtstag.

c)

Mein Geburtstag ist der 31. Dezember.

d)

Kein Kind unserer Klasse hat im März Geburtstag.

e)

Zwei Kinder der Klasse haben im Mai Geburtstag.

f)

Mein Geburtstag ist nach dem 30. Juni, aber vor dem 1. Juli.

g)

Ich habe am selben Tag Geburtstag wie meine Mutter und mein Vater.

h)

Der früheste Geburtstag im Jahr ist der 1. Januar.

3 Unmöglich, möglich oder sicher? In welche Kiste gehört jeder Zettel? Begründe.

A	Die Augenzahl ist kleiner als 7.
B	Die Augenzahl ist 6.
C	Die Augenzahl ist größer als 8.
D	Die Augenzahl ist größer als 0.
E	Dreimal nacheinander wird eine 6 gewürfelt.
F	Zuerst wird eine 3 gewürfelt und dann eine 7.
G	Zehnmal nacheinander wird keine 6 gewürfelt.
H	Zuerst wird eine 1 gewürfelt, dann eine 2 und dann eine 3.

Die Augenzahl ist 9.
unmöglich

Die Augenzahl ist 3.
möglich

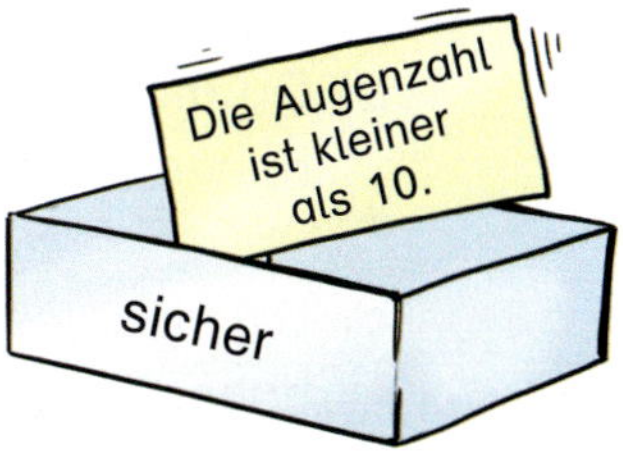
Die Augenzahl ist kleiner als 10.
sicher

Wahrscheinlichkeit

1 Ihr dürft einen Beutel wählen und dann mit geschlossenen Augen eine Kugel aus dem Beutel nehmen. Welchen Beutel wählt ihr? Begründet.

a) Ihr gewinnt, wenn ihr eine rote Kugel zieht.

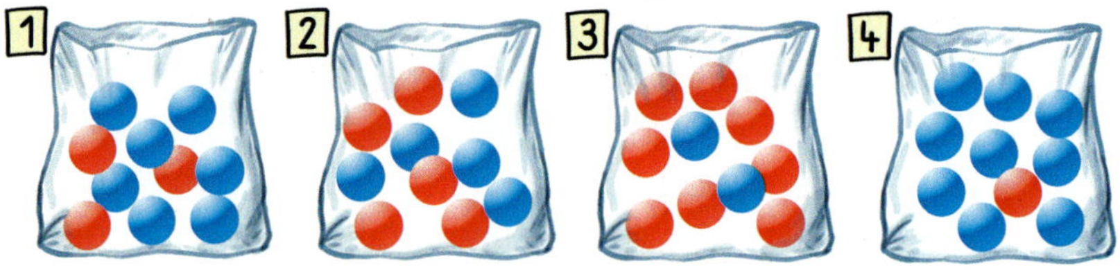

b) Ihr gewinnt, wenn ihr eine grüne Kugel zieht.

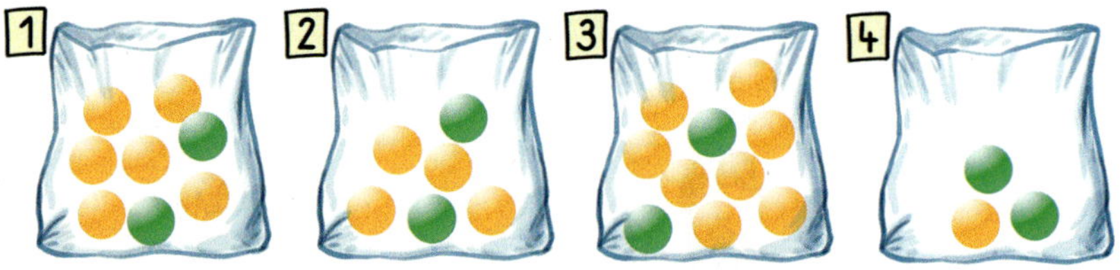

2 Die Kinder nehmen mit geschlossenen Augen Kugeln aus dem Beutel. Ist das Ergebnis unmöglich, möglich oder sicher?

a) Ich nehme zwei Kugeln. Beide haben dieselbe Farbe.

b) Ich nehme zwei Kugeln. Beide haben verschiedene Farben.

c) Ich nehme drei Kugeln. Alle sind blau.

d) Ich nehme drei Kugeln. Alle sind rot.

e) Ich nehme vier Kugeln. Es sind verschiedene Farben dabei.

3 Wie viele Kugeln musst du mit geschlossenen Augen aus dem Beutel nehmen, damit das Ereignis sicher eintritt?

Beispiel
a) 3 Kugeln

a) Du möchtest eine blaue Kugel haben.

b) Du möchtest zwei Kugeln mit verschiedenen Farben haben.

c) Du möchtest eine gelbe Kugel haben.

d) Du möchtest zwei Kugeln mit der gleichen Farbe haben.

1 Alle Felder des Glücksrades sind gleich groß.
Sara dreht das Glücksrad. Dann bleibt das Glücksrad stehen und der Zeiger zeigt auf ein Feld.
Ist das Ergebnis unmöglich, möglich oder sicher?
Begründet eure Antwort.

a) Das Feld ist blau.

b) Auf dem Feld steht eine 3.

c) Das Feld ist blau und darauf steht eine gerade Zahl.

d) Das Feld ist gelb und darauf steht eine 2.

e) Das Feld ist blau und darauf steht eine 4.

f) Auf dem Feld steht eine Zahl kleiner als 10.

---

2 Verschiedene Glücksräder – verschiedene Gewinnregeln.
Du gewinnst, wenn der Zeiger auf ein Feld mit der angegebenen Farbe zeigt.
Für welches der drei Glücksräder entscheidest du dich jeweils? Begründe.

a) Blau gewinnt.

A
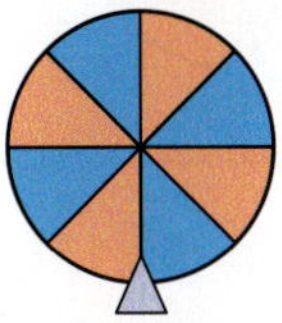
B

C

b) Rot gewinnt.

A
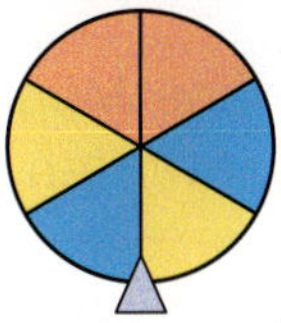
B
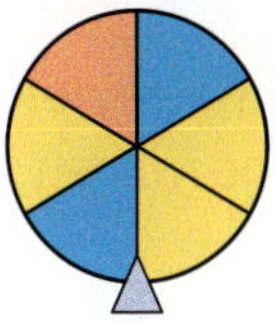
C
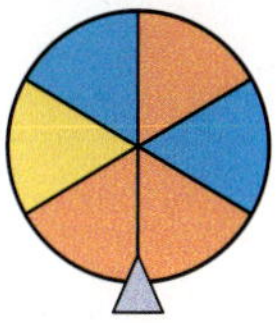

c) Gelb gewinnt.

A

B
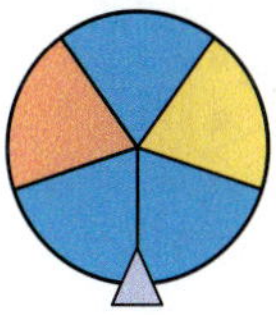
C

☆ **3** Rot gewinnt. Bei welchem Glücksrad hast du die gleiche Gewinnchance wie bei Glücksrad A? Begründe deine Antwort.

A
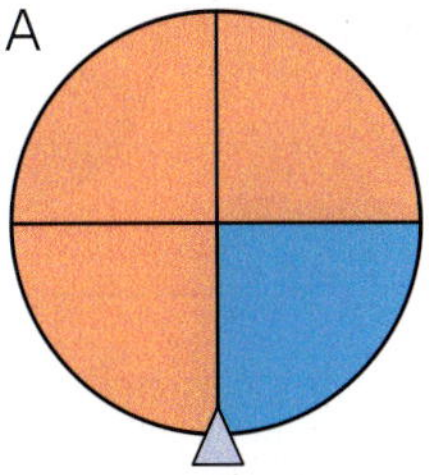
B
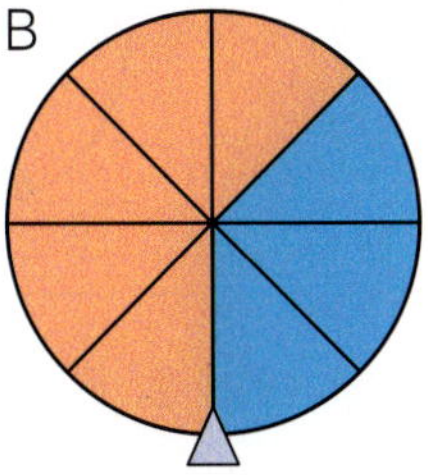
C
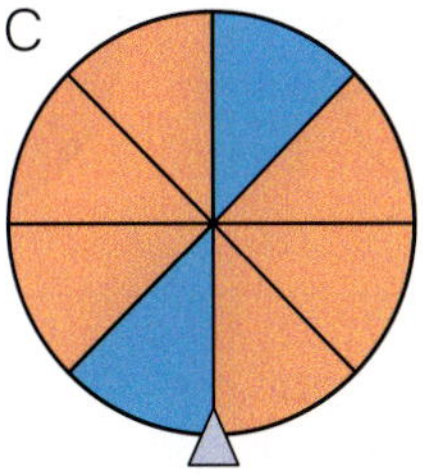
D
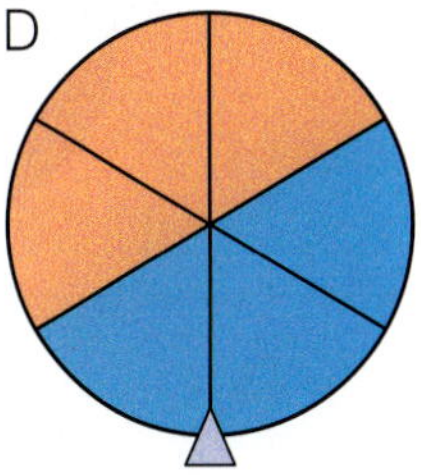

Wahrscheinlichkeit bestimmen

1 Bei diesem Glücksrad ist die Wahrscheinlichkeit für das Ergebnis *blau* so groß wie die Wahrscheinlichkeit für das Ergebnis *rot*.
Die Wahrscheinlichkeit für das Ergebnis *blau* ist $\frac{1}{2}$.
Wie groß ist die Wahrscheinlichkeit für das Ergebnis *rot?*

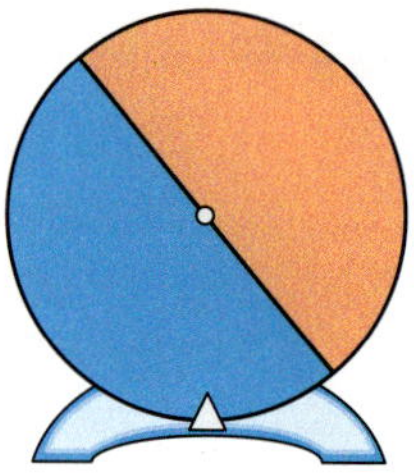

Merke

Sind alle Ergebnisse eines Zufallsversuches gleich wahrscheinlich, gilt:

$$\text{Wahrscheinlichkeit eines Ergebnisses} = \frac{1}{\text{Anzahl aller Ergebnisse}}$$

2 Wie groß ist die Wahrscheinlichkeit für das Ergebnis *gelb*?

Beispiel
a) $\frac{1}{4}$

a) 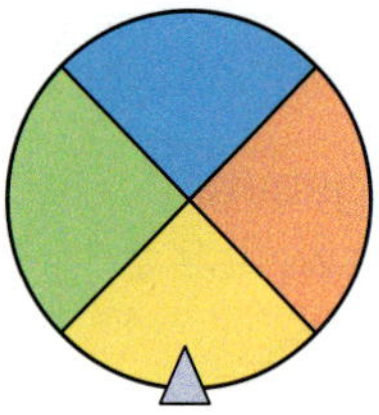

b) 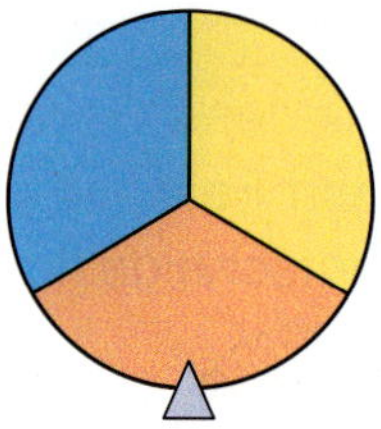

c) 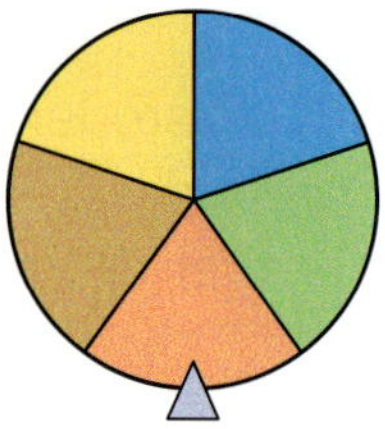

d) 

3 Bei diesen Zufallsversuchen sind die Ergebnisse gleich wahrscheinlich.
Wie groß ist die Wahrscheinlichkeit für jedes Ergebnis?

A Es wird mit einem Würfel gewürfelt.

B Eine Münze wird geworfen.

C Aus dem Beutel wird eine Kugel gezogen.

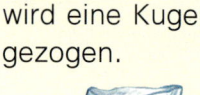

☆ **4** Nur bei einem Glücksrad sind die Ergebnisse *blau* und *rot* gleich wahrscheinlich.
Welches Glücksrad ist es?

A 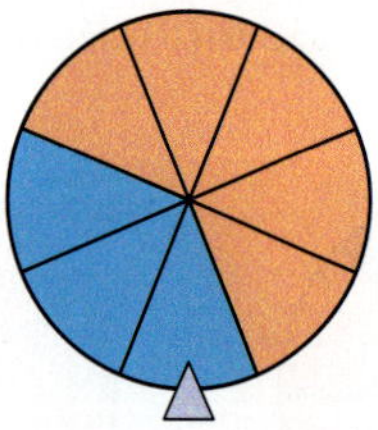

B 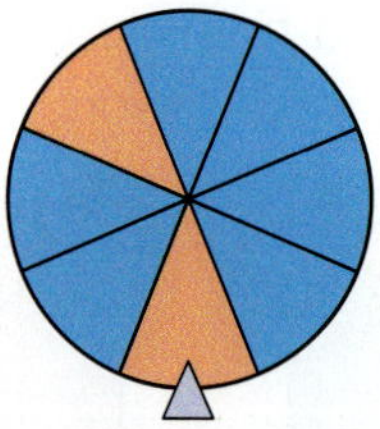

C 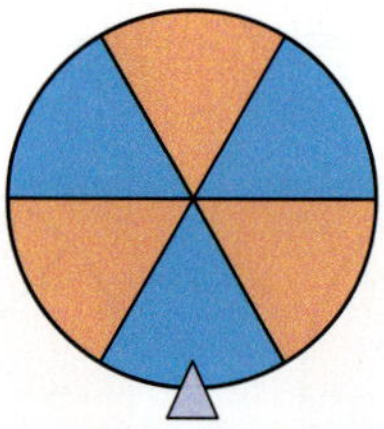

D 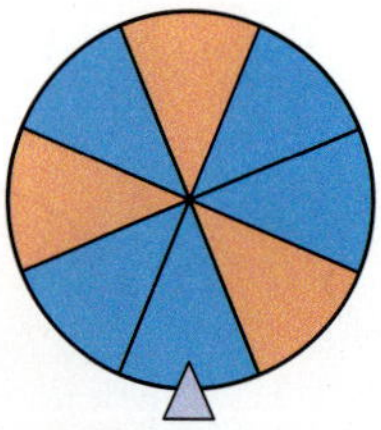

☆ **5** Ein Würfel trägt nur die Augenzahlen 1 und 2. Beide Ergebnisse sind gleich wahrscheinlich. Wie viele Flächen des Würfels tragen die Augenzahl 1?

1 Die Birnbaumschule hat die Schülervertretung gewählt. Vier Kandidaten und Kandidatinnen standen zur Wahl.
Das Streifendiagramm zeigt die Verteilung der 240 abgegebenen Stimmen.

a) Wer hat die Wahl gewonnen?
b) Hat jemand mehr als die Hälfte der Stimmen erhalten?
c) 1 cm im Streifen entspricht 20 Stimmen. Wie viele Stimmen hat jeder erhalten?

2 Auch in der Haldenschule wurde gewählt.
Die Ergebnisse stehen in der Tabelle.
Erstelle dazu ein Streifendiagramm.

	Stimmen
Jakob	90
Lara	40
Jule	70
Moritz	80

3 Vladimir, Kora und Tim zählen die Kraftfahrzeuge, die an der Schule vorbeifahren.
Die Ergebnisse stellen sie in Säulendiagrammen vor.

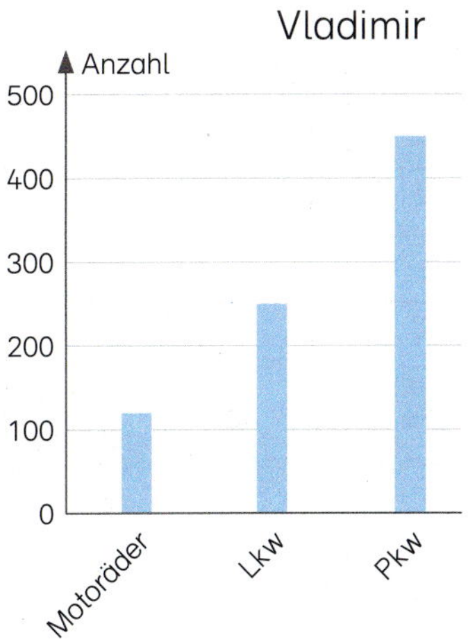

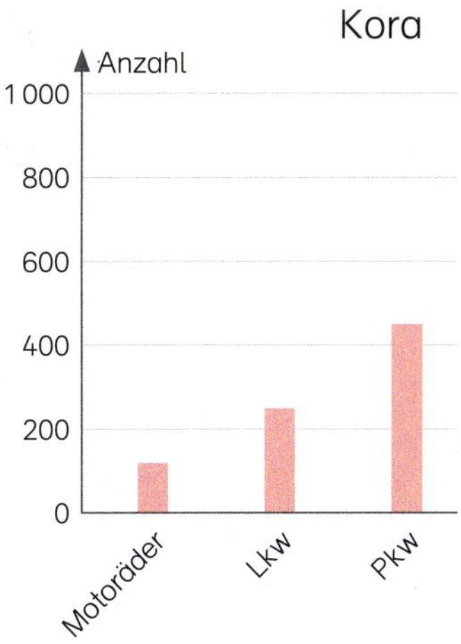

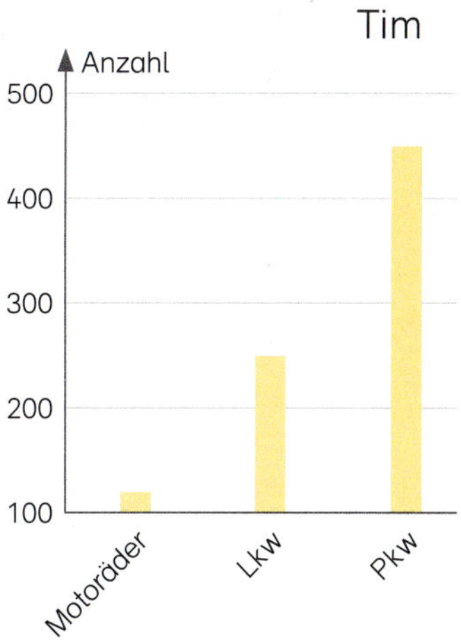

a) Warum erscheint die Anzahl der Pkw bei Vladimir so groß?
b) Warum ist die Säule für die Motorräder bei Tim so klein?
c) In welchem Diagramm kannst du die Ergebnisse der Zählung am besten ablesen?

☆ EXTRAstark

1 Mit geschlossenen Augen wird aus dem Beutel eine Kugel gezogen.
Welche Kugeln müssen noch in den Beutel gelegt werden, damit die Ergebnisse *rot*, *blau* und *gelb* gleich wahrscheinlich sind?

a) 

b) 

2 Du darfst einen Beutel wählen und dann mit geschlossenen Augen zwei Kugeln aus dem Beutel ziehen. Du gewinnst, wenn du eine gelbe und eine blaue Kugel ziehst. Welchen Beutel wählst du?

1 

2 

3 

4 

3 Merle färbt ein Glücksrad mit acht gleichen Feldern.

> Die Ergebnisse *rot* und *gelb* sollen gleich wahrscheinlich sein.

> Die Wahrscheinlichkeit für *blau* soll doppelt so groß sein wie die Wahrscheinlichkeit für *gelb*.

Zeichne das Glücksrad in dein Heft und färbe die Felder entsprechend.

4 Mirko dreht das Glücksrad zweimal nacheinander und addiert die angezeigten Zahlen.

a) Welche Summen sind möglich? Erstelle eine Tabelle.

b) Welche Summen haben die kleinste Wahrscheinlichkeit?

c) Welche Summe hat die größte Wahrscheinlichkeit?

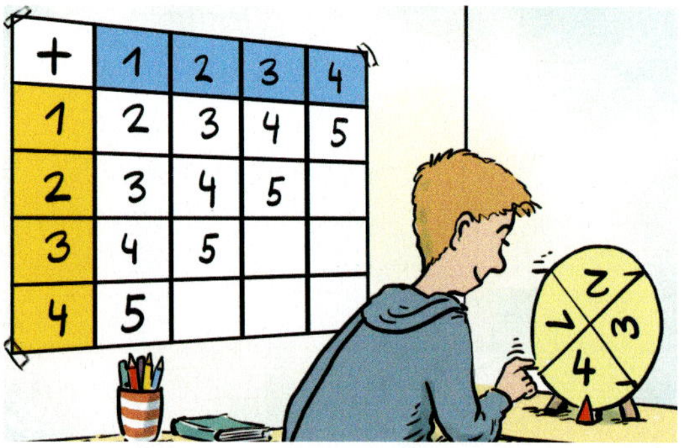

5 Ein Glücksrad hat 6 Felder mit den Zahlen 1 bis 6. Das Glücksrad wird zweimal nacheinander gedreht und die angezeigten Zahlen werden addiert.

a) Welche Summen sind möglich? Erstelle eine Tabelle.

b) Welche Summen haben die kleinste Wahrscheinlichkeit?

c) Welche Summe hat die größte Wahrscheinlichkeit? Begründe.

Wiederholen und Üben

1 Schülerinnen und Schüler wurden nach ihrem liebsten Schulfach gefragt. Dazu wurde die Tabelle erstellt. Zeichne das vollständige Balkendiagramm zur Tabelle in dein Heft.

Deutsch	17
Mathematik	23
Sport	24
Kunst	16

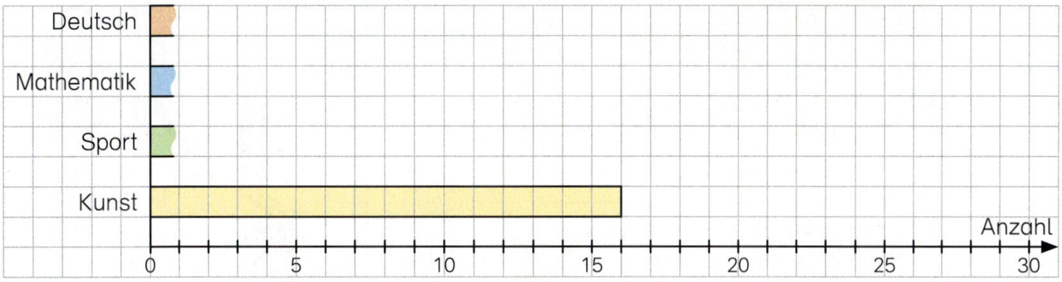

2 Du darfst einen Beutel wählen und dann mit geschlossenen Augen eine Kugel aus dem Beutel ziehen. Welchen Beutel wählst du?

Du gewinnst, wenn du eine gelbe Kugel ziehst.

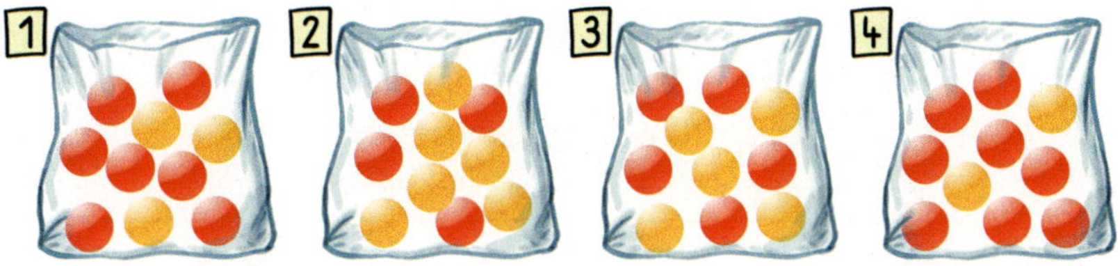

3 Der Zeiger zeigt auf ein Feld des Glücksrades. Ist das Ergebnis unmöglich, möglich oder sicher?

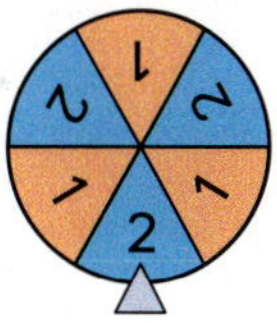

a) Das Feld ist rot.

b) Die Zahl auf dem Feld ist < 3.

c) Das Feld ist blau mit einer 1.

4 Du gewinnst, wenn der Zeiger auf ein blaues Feld zeigt. Für welches Glücksrad entscheidest du dich?

A

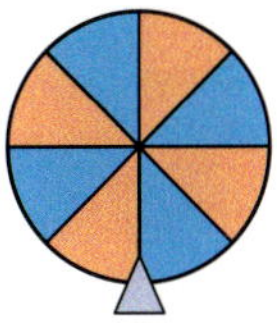

B

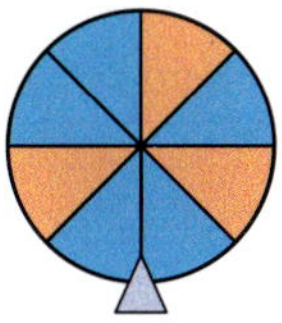

5 Wie groß ist bei diesem Glücksrad die Wahrscheinlichkeit für das Ergebnis *gelb*?

a)

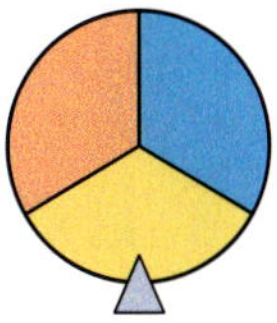

b)

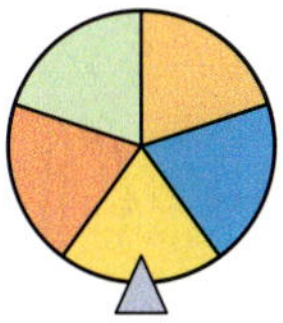

Alles klar?

Daten und Zufall

Ich kann …

… Daten in Tabellen und Diagrammen darstellen.

… erklären, was ein Zufallsversuch ist.

… die Begriffe *unmöglich, möglich, sicher* anwenden.

… die Wahrscheinlichkeit eines Ergebnisses als Bruch schreiben.

Knobelecke

1 Welche drei Goldklumpen ergeben zusammen 1 kg?

2 Uhren im Spiegel

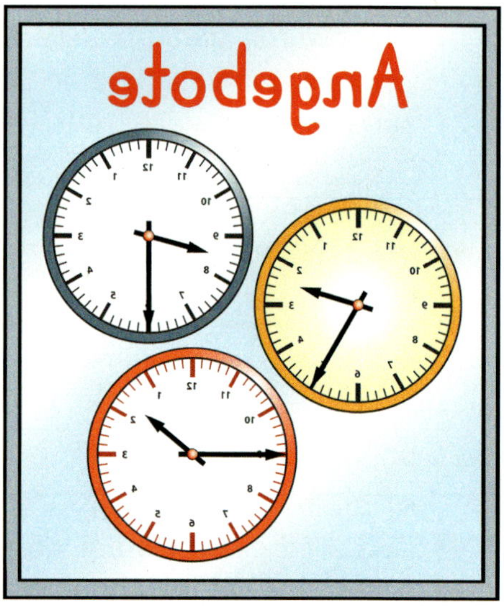

Welche Uhrzeit zeigt jede Uhr?

3

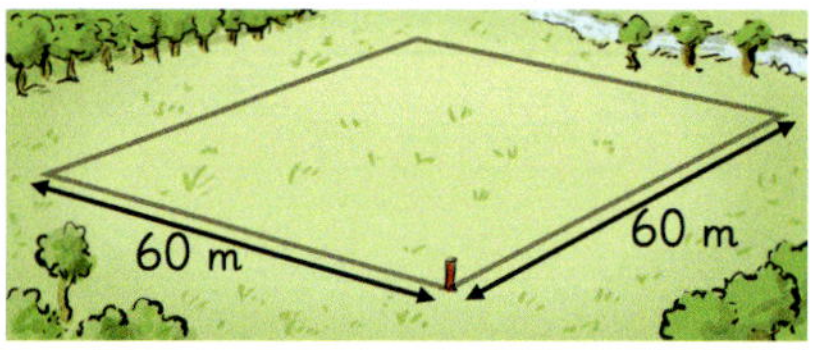

Die Wiese wird eingezäunt.
Alle 10 m soll ein Pfahl stehen.
Wie viele Pfähle werden benötigt?

4

Zusammen wiegen wir 58 kg. Ich wiege 50 kg mehr als Lulu.

5

	zusammen	**12,00 €**
	zusammen	**21,50 €**
	zusammen	**24,00 €**

Bestimme die Einzelpreise.

6 Wie viele Personen stehen in der Reihe?

Ich bin der 10. von hinten.
Ich bin der 12. von vorne.

1 Wie heißen die Zahlen bei den Fahnen?

Beispiel
A = 500

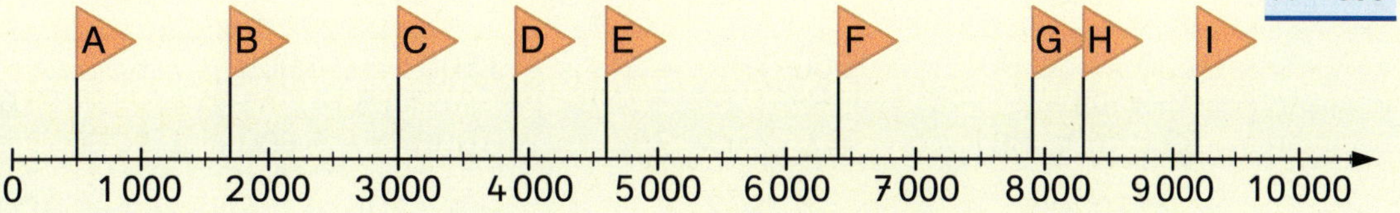

2 Vervollständige die Zahlenreihen.

a) 3500 3600 ■ ■ ■ ■ 4100
5450 5500 ■ ■ ■ ■ 5750
4250 4500 ■ ■ ■ ■ 5750

b) 5200 5100 ■ ■ ■ ■ 4600
8150 8100 ■ ■ ■ ■ 7850
6520 6510 ■ ■ ■ ■ 6460

3 Runde die Zahlen auf Hunderter.

a) 5439 2789 3145 8662
b) 2680 3333 9065 7254

4 Runde die Zahlen auf Tausender.

a) 4099 3369 5901 7316
b) 6809 8009 2566 3499

5

a)

1400	+	500	3000	90	350	4200	600	2400	80

b)

7600	–	300	4000	10	500	5100	200	1500	90

6 Im Kopf oder schriftlich?

a) 1365 + 2768
468 + 6100
2365 + 4999

b) 7653 + 2001
4378 + 2857
3005 + 2060

c) 8793 – 2147
7540 – 2500
8897 – 3001

d) 8000 – 2999
7000 – 3500
8500 – 6487

7 Bilde die kleinste und die größte Zahl. Rechne die Additionsaufgabe und die Subtraktionsaufgabe.

a)

b)

c)

d)

8 Bilde mindestens drei Aufgaben (+ oder –). Das Ergebnis soll kleiner als 4000 sein.

a)
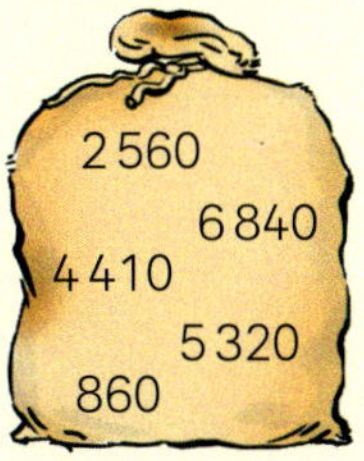

b)
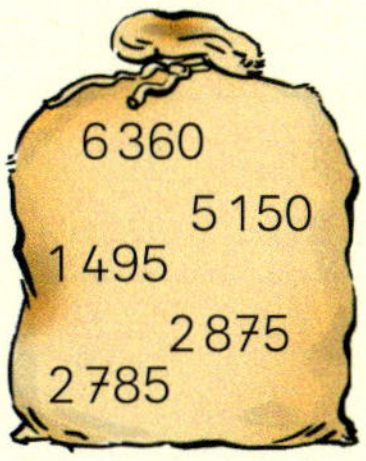

c)
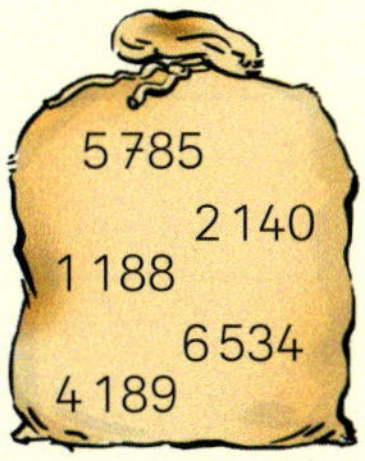

d)
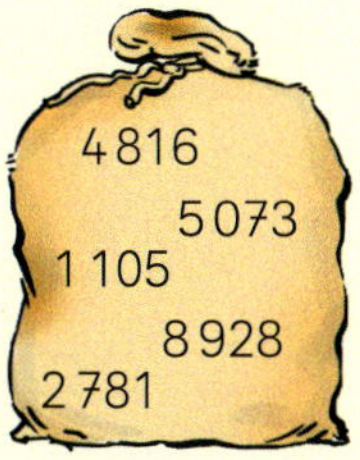

Alles paletti

1

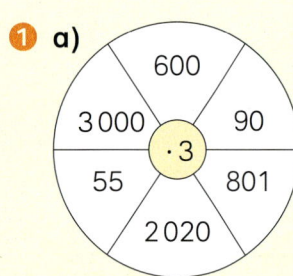

a) · 3: 600, 90, 801, 2020, 55, 3 000

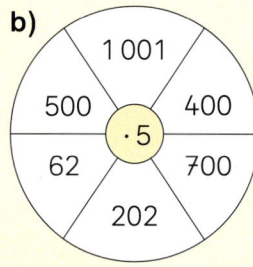

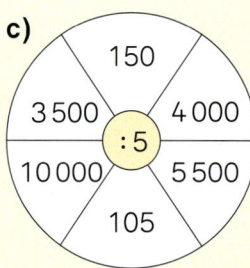

b) · 5: 1 001, 400, 700, 202, 62, 500

c) : 5: 150, 4 000, 5 500, 105, 10 000, 3 500

d) : 6: 18 000, 240, 606, 3 006, 1 260, 6 000

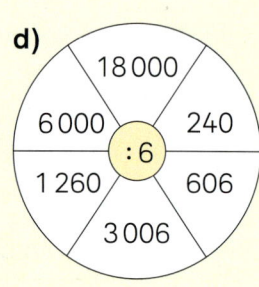

2 Im Kopf oder schriftlich?

a)	b)	c)	d)
1 020 · 4	3 · 2 300	4 725 : 5	4 500 : 9
550 · 7	5 · 1 376	3 050 : 5	5 406 : 6
4 967 · 2	6 · 1 007	8 400 : 4	7 007 : 7

3 Wie viel Kilometer fährt der Lkw an 5 Tagen?

a)

b)

c)

d)

4 Bei einigen Aufgaben bleibt ein Rest.

a)	b)	c)	d)	e)
43 : 5	652 : 4	847 : 9	5 256 : 8	9 782 : 4
67 : 7	756 : 6	444 : 3	8 321 : 7	5 511 : 3

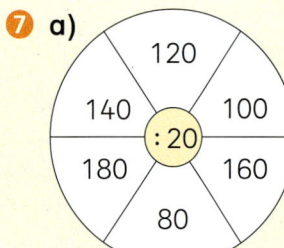

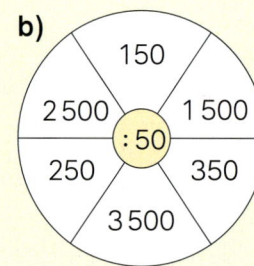

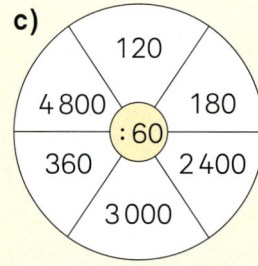

5

a)	b)	c)	d)	e)
10 · 20	50 · 10	10 · 700	10 · 900	500 · 10
10 · 80	60 · 10	10 · 800	10 · 400	300 · 10

6

a)	b)	c)	d)	e)
56 · 70	84 · 30	18 · 90	43 · 40	76 · 20
89 · 60	37 · 20	27 · 50	24 · 80	37 · 90

7

a) : 20: 120, 100, 160, 80, 180, 140

b) : 50: 150, 1 500, 350, 3 500, 250, 2 500

c) : 60: 120, 180, 2 400, 3 000, 360, 4 800

d) : 90: 810, 9 000, 2 700, 360, 720, 4 500

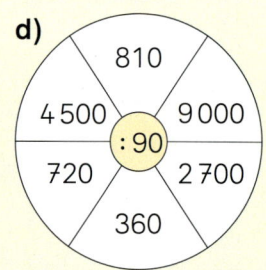

8 Welcher Term passt zum Text? Rechne aus. Schreibe einen Antwortsatz.

In einer Gärtnerei werden 225 Nelken zu Sträußen gebunden. In jedem Strauß sind 9 Nelken. Wie viele Sträuße werden gebunden?

225 · 9	225 – 9	225 : 9	225 + 9

1 Im Kopf oder schriftlich?

a) 3,20 € + 2,05 €
4,93 € + 3,15 €

b) 7,46 € – 3,20 €
9,60 € – 2,05 €

c) 3,49 € + 1,06 €
6,41 € – 2,27 €

---

2 Wie viel Euro müssen Kemal und Manuela bezahlen?

Kemal
2 Brote
8 Brezeln
7 Hörnchen
4 Brötchen

Manuela
3 Brote
6 Hörnchen
9 Brezeln
8 Brötchen

---

3 **a)** 1,4 cm = ■ mm
0,8 cm = ■ mm

b) 1,750 km = ■ m
0,650 km = ■ m

c) 1 250 m = ■ km
950 m = ■ km

---

4 Ordne die Massen nach der Größe. Beginne mit der kleinsten Masse.

a) 2,642 kg
2 462 g
2 kg 246 g

b) 5,366 kg
5 636 g
5 kg 663 g

c) 0,485 kg
458 g
488 g

d) 2,507 t
2 t 570 kg
2 057 kg

---

5 Ein Transporter darf 1,3 t laden.
Dürfen zwei Kisten von je 700 kg aufgeladen werden?

---

6 Welcher Bruchteil ist gefärbt?

a)
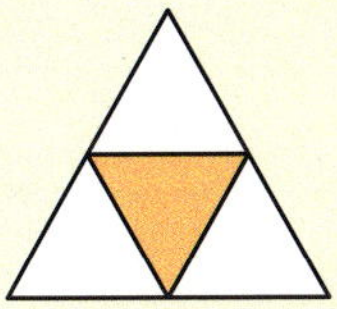

b)
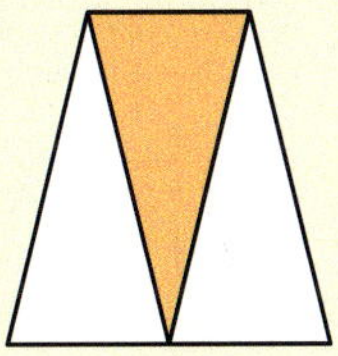

c)
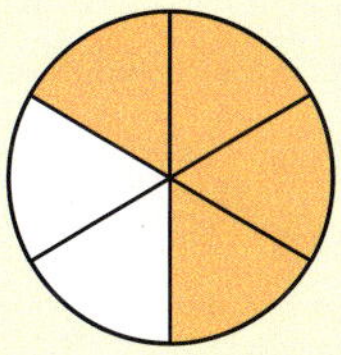

d)
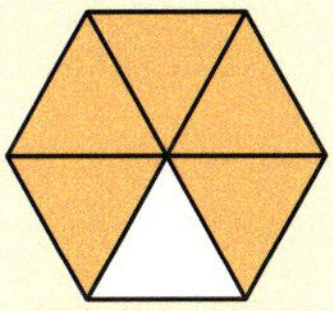

e)

---

7 **a)** Frau El Masiri kauft $\frac{1}{2}$ kg Erdbeeren.
Wie viel Gramm Erdbeeren sind es?

b) Herr Kersting kauft $\frac{1}{4}$ kg Himbeeren für einen Kuchen.
Wie viel Gramm Himbeeren kauft Herr Kersting?

Beispiel
a) 1 kg = 1 000 g
$\frac{1}{2}$ kg = ■ g

---

8 **a)** $\frac{1}{4}$ von 400 g **b)** $\frac{1}{5}$ von 100 m **c)** $\frac{1}{2}$ von 60 min **d)** $\frac{1}{3}$ von 15 kg

---

9 **a)** $\frac{2}{5} + \frac{1}{5}$
$\frac{3}{8} + \frac{2}{8}$

b) $\frac{3}{4} + \frac{1}{4}$
$\frac{5}{9} + \frac{3}{9}$

c) $\frac{3}{10} + \frac{4}{10}$
$\frac{1}{10} + \frac{8}{10}$

d) $\frac{4}{5} - \frac{2}{5}$
$\frac{6}{7} - \frac{5}{7}$

e) $\frac{7}{10} - \frac{4}{10}$
$\frac{8}{10} - \frac{7}{10}$

Alles paletti

1 Schreibe immer zwei Uhrzeiten auf.

a)

b)
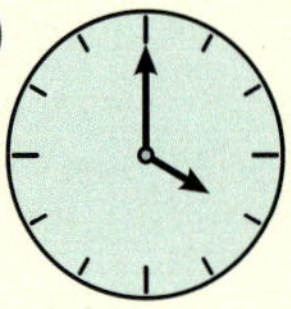
c)
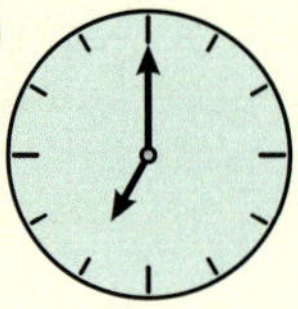
d)
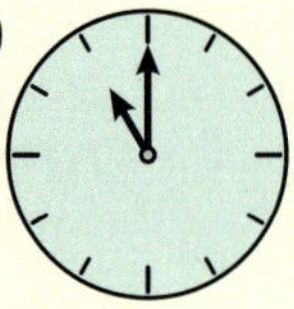
e)
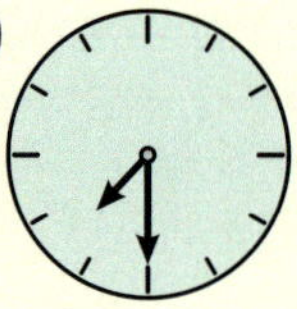
f)
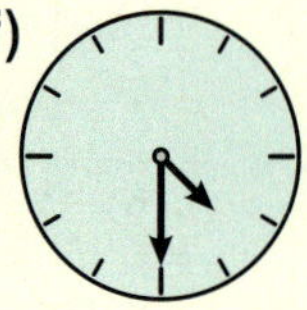

2 Wann kommt der Zug an?

Abfahrt	**a)** 6:00 Uhr	**b)** 7:30 Uhr	**c)** 11:10 Uhr	**d)** 15:20 Uhr	**e)** 18:15 Uhr
Fahrzeit	30 min	20 min	40 min	25 min	30 min
Ankunft	■	■	■	■	■

3 Zeichne das Rechteck oder Quadrat. Berechne Umfang und Flächeninhalt.

a) a = 6 cm, b = 3 cm **b)** a = 5 cm, b = 3 cm **c)** a = 5 cm, b = 6 cm **d)** a = 3 cm **e)** a = 4 cm

4 **a)** Welche Linien sind zueinander parallel?
b) Welche Linien sind zueinander senkrecht (orthogonal)?

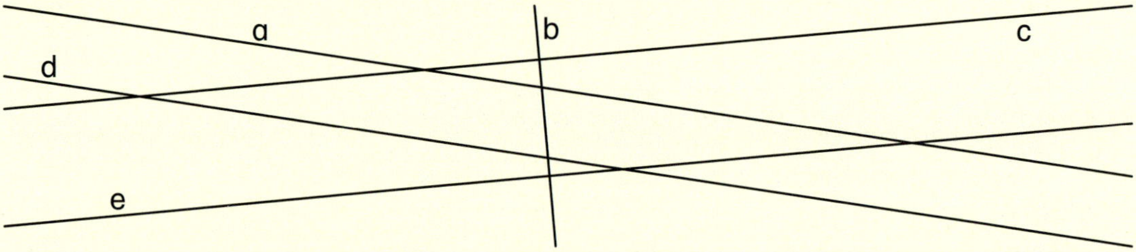

5 Notiere die Koordinaten der Eckpunkte.

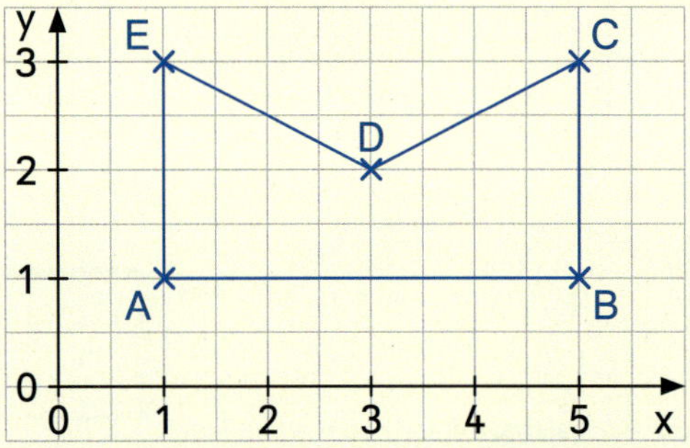

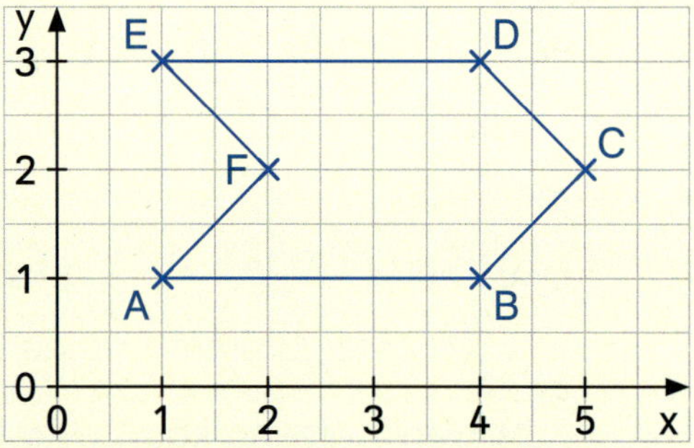

6 Wie groß ist die Wahrscheinlichkeit für das Ergebnis *rot*?

a)

b)

c)
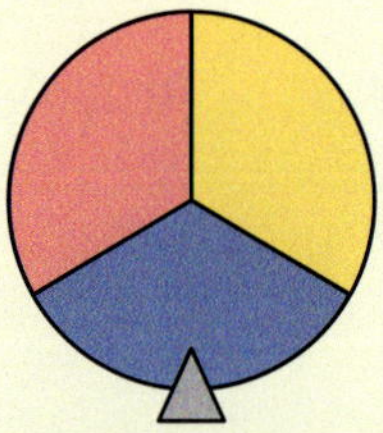
d)
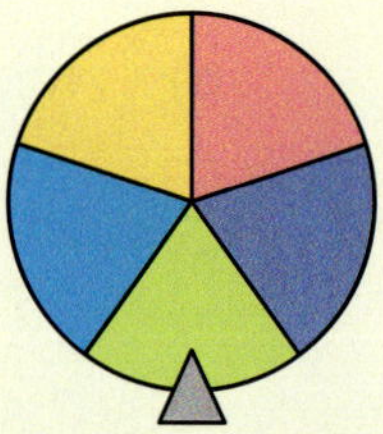

In der neuen Klasse

29 Wiederholen und Üben

1 A = 425 B = 436 C = 446 D = 452 E = 461 F = 469 G = 477 H = 488

2 **a)** 70 100 120 570 710 900 900 980 **b)** 100 300 300 600 600 800 800 900

3

a)	**b)**	**c)**	**d)**	**e)**
43	34	42	59	28
71	81	81	28	29
47	71	99	68	37

4

a)	**b)**	**c)**	**d)**
210 + 40 = 250	450 + 90 = 540	680 − 60 = 620	500 − 350 = 150
220 + 50 = 270	460 + 80 = 540	670 − 50 = 620	500 − 300 = 200
230 + 60 = 290	470 + 70 = 540	660 − 40 = 620	500 − 250 = 250
240 + 70 = 310	480 + 60 = 540	650 − 30 = 620	500 − 200 = 300
250 + 80 = 330	490 + 50 = 540	640 − 20 = 620	500 − 150 = 350

5

a)
850
470 | **380**
240 | **230** | 150

b)
810
250 | **560**
160 | 90 | **470**

c)
900
710 | **190**
560 | 150 | **40**

6

a)	**b)**	**c)**	**d)**	**e)**
280	210	48	96	390
300	720	26	78	680
400	120	99	371	440

7

a)	**b)**	**c)**	**d)**	**e)**
30	70	22	14	33
60	30	12	12	66
60	50	11	12	88

8 R: 408 : 4 = 102 A: Ein Ticket hat 102 € gekostet.

30 Bleib fit!

1

a)	**b)**	**c)**	**d)**	**e)**
18	51	37	41	92
97	62	89	61	94
49	85	69	71	91

2

a)	**b)**	**c)**	**d)**	**e)**
13	45	54	34	53
92	39	57	18	27
22	86	52	28	24

3

a)	530 | 536 | 540	810 | 814 | 820	430 | 431 | 440	960 | 967 | 970
	540 | 546 | 550	350 | 354 | 360	740 | 743 | 750	
b)	300 | 307 | 310	560 | 563 | 570	630 | 636 | 640	420 | 428 | 430
	770 | 777 | 780	600 | 601 | 610	290 | 299 | 300	

4

a)	**b)**	**c)**	**d)**	**e)**
206	339	672	995	442
107	596	585	249	864
701	788	794	196	768

5

a)	**b)**	**c)**	**d)**	**e)**
299	947	535	214	728
495	125	393	133	238
697	517	342	532	338

6 **a)** 370 | 375 | 380 | 385 | 390 | 395 | 400 | 405 | 410 | 415 | 420
b) 793 | 796 | 799 | 802 | 805 | 808 | 811 | 814 | 817 | 820 | 823
c) 425 | 420 | 415 | 410 | 405 | 400 | 395 | 390 | 385 | 380 | 375

7 **a)** 14, 20, 12 **b)** 35, 16, 0 **c)** 24, 25, 24 **d)** 54, 56, 63 **e)** 36, 42, 64

a)	b)	c)	d)	e)
14	35	24	54	36
20	16	25	56	42
12	0	24	63	64

8

a)	b)	c)	d)	e)
5	4	4	5	7
9	5	8	9	2
4	3	5	4	5

9

a)	b)	c)	d)
3	7	9	6
7	9	7	6

10 **a)** F: Wie viele Autos stehen am Abend auf dem Parkplatz?
R: 46 + 9 = 55
A: Am Abend stehen 55 Autos auf dem Parkplatz.

b) F: Wie viele Autos können noch vor dem Kino parken?
R: 35 − 27 = 8
A: 8 Autos können noch vor dem Kino parken.

c) F: Wie viele Autos stehen noch vor dem Supermarkt?
R: 53 − 7 = 46
A: Es stehen noch 46 Autos vor dem Supermarkt.

Große Zahlen

32 Startklar

1 **a)** 243 **b)** 161 **c)** 256 **d)** 362

2

a)	b)	c)	d)	e)
241	553	870	92	202
189	735	306	401	220

3

a)	b)	c)	d)
571 = 500 + 70 + 1	132 = 100 + 30 + 2	205 = 200 + 5	858 = 800 + 50 + 8
239 = 200 + 30 + 9	864 = 800 + 60 + 4	170 = 100 + 70	109 = 100 + 9
447 = 400 + 40 + 7	359 = 300 + 50 + 9	604 = 600 + 4	220 = 200 + 20

4 **a)**

	H	Z	E
416	4	1	6
278	2	7	8
199	1	9	9
353	3	5	3
881	8	8	1

b)

	H	Z	E
305	3	0	5
909	9	0	9
520	5	2	0
67	0	6	7
410	4	1	0

5 **a)** 523 **b)** 68 **c)** 704

6 **a)**

H	Z	E	Zahl
3	0	7	307
0	7	3	73
7	3	0	730
3	7	0	370
7	0	3	703
0	3	7	37

b)

H	Z	E	Zahl
9	5	4	954
9	4	5	945
5	9	4	594
5	4	9	549
4	9	5	495
4	5	9	459

7

a)	b)	c)	d)
60 > 52	300 > 230	153 > 135	118 < 181
26 < 60	430 = 430	300 > 30	670 > 607
39 < 93	381 > 375	234 < 240	926 < 960
70 > 17	402 < 422	899 = 899	430 > 423

8 **a)** 250 < 300 < 350 < 450 < 500 **b)** 168 < 183 < 186 < 247 < 274 < 318

33 Startklar

1 A = 127 B = 134 C = 142 D = 149 E = 155 F = 171 G = 178

2 a) 34 | 35 | 36 43 | 44 | 45 15 | 16 | 17 72 | 73 | 74
b) 58 | 59 | 60 10 | 11 | 12 69 | 70 | 71 98 | 99 | 100

3 a) 300 | 350 | 400 400 | 430 | 500 800 | 860 | 900 600 | 650 | 700
b) 100 | 117 | 200 300 | 321 | 400 0 | 33 | 100 800 | 819 | 900

4 a) 50 | 58 | 60 30 | 39 | 40 70 | 77 | 80 90 | 92 | 100
b) 150 | 158 | 160 170 | 176 | 180 260 | 269 | 270 310 | 311 | 320

5 a) 150 b) 450 c) 400

6 a) 310 | 320 | 330 | 340 | 350 | 360 | 370 | 380 | 390 | 400 | 410
b) 350 | 400 | 450 | 500 | 550 | 600 | 650 | 700 | 750 | 800 | 850
c) 120 | 140 | 160 | 180 | 200 | 220 | 240 | 260 | 280 | 300 | 320
d) 265 | 270 | 275 | 280 | 285 | 290 | 295 | 300 | 305 | 310 | 315

7 a) sinnvoll b) nicht sinnvoll c) sinnvoll

8 a) 30 50 40 80 b) 70 40 240 130

9 a) 600 400 200 800 b) 400 900 600 600

47 Wiederholen und Üben

1 a) 243 546 b) 415 432
c) 520 852 d) 790 054

2 Zum Beispiel:
a) 234 579 < 234 597 < 234 759 < 254 379 < 432 579 < 723 594 < 975 234 < 975 432
b) 123 459 < 234 591 < 345 912 < 459 123 < 591 234 < 912 345 < 915 243 < 954 321
c) 103 467 < 130 467 < 134 067 < 134 607 < 134 670 < 670 134 < 706 143 < 764 310
d) 304 577 < 403 577 < 503 477 < 503 747 < 507 347 < 577 430 < 703 457 < 775 430

3 a) 370 000 | 380 000 | 390 000 | 400 000 | 410 000 | 420 000 | 430 000 | 440 000 | 450 000 | 460 000
b) 250 000 | 300 000 | 350 000 | 400 000 | 450 000 | 500 000 | 550 000 | 600 000 | 650 000 | 700 000
c) 960 000 | 950 000 | 940 000 | 930 000 | 920 000 | 910 000 | 900 000 | 890 000 | 880 000 | 870 000
d) 830 000 | 810 000 | 790 000 | 770 000 | 750 000 | 730 000 | 710 000 | 690 000 | 670 000 | 650 000

4 a) 450 000 b) 280 000 c) 465 000

5 a) 120 000 < 130 000
250 000 < 290 000
630 000 > 360 000

b) 432 345 > 426 579
500 678 = 500 678
323 456 < 323 465

c) 418 920 > 418 902
452 116 > 425 116
600 607 = 600 607

6 a) 600 000 500 000 500 000 700 000 200 000
b) 10 000 400 000 320 000 540 000 100 000

7 Es sind ungefähr 300 Autos.

48 Bleib fit!

1

a)	b)	c)	d)	e)
59	74	41	18	72
67	44	73	16	36
69	4	91	6	72

2
a) 420 | 426 | 430 — 710 | 712 | 720 — 730 | 731 | 740 — 860 | 867 | 870
540 | 549 | 550 — 250 | 254 | 260 — 790 | 793 | 800
b) 200 | 208 | 210 — 460 | 462 | 470 — 730 | 737 | 740 — 920 | 926 | 930
800 | 801 | 810 — 490 | 499 | 500 — 660 | 666 | 670

3

a)	b)	c)	d)	e)
633	785	285	427	775
783	508	497	229	423

4
a) 296 + 4 = 300 — 791 + 9 = 800 — 494 + 6 = 500 — 580 + 20 = 600
640 + 60 = 700 — 350 + 50 = 400 — 710 + 90 = 800
b) 385 + 15 = 400 — 465 + 35 = 500 — 245 + 55 = 300 — 775 + 25 = 800
805 + 95 = 900 — 635 + 65 = 700 — 515 + 85 = 600

5
a) 276 | 296 | 316 | 336 | 356 | 376 | 396 | 416 | 436 | 456 | 476
b) 915 | 905 | 895 | 885 | 875 | 865 | 855 | 845 | 835 | 825 | 815
c) 430 | 480 | 530 | 580 | 630 | 680 | 730 | 780 | 830 | 880 | 930
d) 810 | 760 | 710 | 660 | 610 | 560 | 510 | 460 | 410 | 360 | 310
e) 170 | 210 | 250 | 290 | 330 | 370 | 410 | 450 | 490 | 530 | 570

6

a)	b)	c)	d)	e)
21	24	49	54	16
56	81	30	35	36
25	32	64	18	16

7

a)	b)	c)	d)	e)
3	3	6	9	8
9	6	9	6	6
6	7	6	9	9

8
a) R: $7 \cdot 2 = 14$ A: Es sind 14 Plätze.
b) R: $3 \cdot 6 = 18$ A: Es sind 18 Hefte.

9
a) $3 \cdot 40 = 120$ — $3 \cdot 60 = 180$ — $3 \cdot 50 = 150$ — $3 \cdot 90 = 270$
b) $5 \cdot 50 = 250$ — $5 \cdot 80 = 400$ — $5 \cdot 80 = 100$ — $5 \cdot 70 = 350$
c) $7 \cdot 20 = 140$ — $7 \cdot 50 = 350$ — $7 \cdot 40 = 280$ — $7 \cdot 80 = 560$
d) $8 \cdot 30 = 240$ — $8 \cdot 90 = 720$ — $8 \cdot 40 = 320$ — $8 \cdot 60 = 480$

10

a)	b)	c)	d)	e)
60	60	60	90	90
50	30	50	70	70
30	70	70	70	80

Addieren und Subtrahieren

50 Startklar

1

a)	b)	c)	d)
50 + 40 = 90	70 + 30 = 100	500 + 320 = 820	200 + 250 = 450
150 + 40 = 190	170 + 30 = 200	500 + 340 = 840	300 + 240 = 540
250 + 40 = 290	270 + 30 = 300	500 + 360 = 860	400 + 230 = 630
350 + 40 = 390	370 + 30 = 400	500 + 380 = 880	500 + 220 = 720
450 + 40 = 490	470 + 30 = 500	500 + 400 = 900	600 + 210 = 810

2 Zum Beispiel:

a)	b)	c)	d)
200 + 250 = 450	350 + 420 = 770	110 + 210 = 320	130 + 310 = 440
200 + 300 = 500	350 + 450 = 800	110 + 290 = 400	240 + 310 = 550
250 + 700 = 950	500 + 450 = 950	290 + 700 = 990	310 + 620 = 930

3 a)

600	
200	**400**
100	500
300	**300**

b)

700	
680	**20**
50	650
10	690

c)

550	
350	200
150	**400**
510	40

d)

860	
20	**840**
160	700
300	560

4 a) 50 − 20 = 30
150 − 20 = 130
250 − 20 = 230
350 − 20 = 330
450 − 20 = 430

b) 800 − 40 = 760
800 − 50 = 750
800 − 60 = 740
800 − 70 = 730
800 − 80 = 720

c) 650 − 20 = 630
650 − 30 = 620
650 − 40 = 610
650 − 50 = 600
650 − 60 = 590

d) 500 − 110 = 390
500 − 120 = 380
500 − 130 = 370
500 − 140 = 360
500 − 150 = 350

5 a)

	1 000	
600		**400**
300	**300**	**100**

b)

	3 500	
2 000		**1 500**
700	**1 300**	200

c)

	2 200	
800		1 400
300	500	**900**

6 R: 350 + 200 = 550 A: Frau Leu bezahlt 550 € für die Stühle und den Tisch.

70 Wiederholen und Üben

1 a)

600	
400	**200**
400	200
500	**100**
0	600
300	**300**

b)

700	
650	**50**
10	690
630	**70**
20	680
660	**40**

c)

500	
80	420
450	50
430	**70**
10	**490**
15	485

d)

400	
10	**390**
20	380
330	70
95	**305**
398	2

2 a) 560 + 270 = **830**
560 + 200 = **760**
760 + 70 = **830**

b) 290 + 430 = **720**
290 + 400 = **690**
690 + 30 = **720**

c) 720 − 560 = **160**
720 − 500 = **220**
220 − 60 = **160**

d) 410 − 180 = **230**
410 − 100 = **310**
310 − 80 = **230**

3 a) 1 200 + 300 = 1 500
1 300 + 400 = 1 700
1 400 + 500 = 1 900
1 500 + 600 = 2 100
1 600 + 700 = 2 300

b) 5 000 + 1 100 = 6 100
5 100 + 1 200 = 6 300
5 200 + 1 300 = 6 500
5 300 + 1 400 = 6 700
5 400 + 1 500 = 6 900

c) 6 000 − 1 000 = 5 000
6 000 − 1 500 = 4 500
6 000 − 2 000 = 4 000
6 000 − 2 500 = 3 500
6 000 − 3 000 = 3 000

d) 1 500 − 200 = 1 300
2 500 − 300 = 2 200
3 500 − 400 = 3 100
4 500 − 500 = 4 000
5 500 − 600 = 4 900

4 R: 400 − 380 = 20 A: Herr Göwert bekommt 20 € von der Kassiererin zurück.

5 a) 1 200 + 500 = 1 700
1 200 + 70 = 1 270
1 200 + 2 300 = 3 500
1 200 + 3 200 = 4 400
1 200 + 4 000 = 5 200
1 200 + 250 = 1 450
1 200 + 800 = 2 000
1 200 + 50 = 1 250

b) 3 600 − 300 = 3 300
3 600 − 600 = 3 000
3 600 − 1 600 = 2 000
3 600 − 1 200 = 2 400
3 600 − 2 000 = 1 600
3 600 − 50 = 3 550
3 600 − 500 = 3 100
3 600 − 20 = 3 580

6 a)

	8 000	
5 000		3 000
4 000	1 000	**2 000**

b)

	5 800	
3 000		**2 800**
600	**2 400**	400

c)

	3 550	
1 250		2 300
450	800	**1 500**

7 a) 7 721 + 1 277 = 8 998
7 721 − 1 277 = 6 444

b) 9 440 + 4 049 = 13 489
9 440 − 4 049 = 5 391

c) 54 431 + 13 445 = 67 876
54 431 − 13 445 = 40 986

d) 96 630 + 30 669 = 127 299
96 630 − 30 669 = 65 961

71 Wiederholen und Üben

1 a) 81 km b) 314 km c) 114 km

2 a)
4589 + 400 = 4989
4589 + 1298 = 5887
4589 + 5000 = 9589
4589 + 8010 = 12599
4589 + 675 = 5264
4589 + 3720 = 8309
4589 + 5911 = 10500

b)
8450 − 398 = 8052
8450 − 2345 = 6105
8450 − 4973 = 3477
8450 − 5555 = 2895
8450 − 900 = 7550
8450 − 4000 = 4450
8450 − 5450 = 3000

3 a)
1394 + 1427 = 2821
1171 + 1188 = 2359
1486 + 1923 = 3409

b)
5906 − 2497 = 3409
5078 − 2719 = 2359
6112 − 3291 = 2821

4
a)	b)	c)	d)
3698	3877	500	1134
8035	9814	3110	41
9000	8199	8806	6800
8628	8400	2867	2187

5 a) Am Montag besuchten 1089 Personen das Museum.
b) An beiden Tagen besuchten 2696 Personen das Museum.

6
a)	b)	c)
4415	3330	4768
6137	4005	3058
8961	1327	1070

7 Zum Beispiel:

a)
1087 + 530 = 1617
2158 − 530 = 1628
4147 − 1195 = 2952

b)
1234 + 999 = 2233
3450 − 999 = 2451
1234 − 1009 = 225

72 Bleib fit!

1 a) 378 | 398 | 418 | 438 | 458 | 478 | 498 | 518 | 538 | 558 | 578
b) 690 | 705 | 720 | 735 | 750 | 765 | 780 | 795 | 810 | 825 | 840
c) 910 | 880 | 850 | 820 | 790 | 760 | 730 | 700 | 670 | 640 | 610

2
a)	80	260	900	810	600	190	220
b)	100	400	800	800	700	700	500

3 a)
960 + 40 = 1000
330 + 670 = 1000
840 + 160 = 1000
110 + 890 = 1000
620 + 380 = 1000
50 + 950 = 1000
570 + 430 = 1000

b)
997 + 3 = 1000
593 + 407 = 1000
895 + 105 = 1000
296 + 704 = 1000
798 + 202 = 1000
92 + 908 = 1000
691 + 309 = 1000

4
a)	b)	c)	d)	e)
225	393	864	774	625
444	596	115	538	925
275	491	345	171	815

5
a)	b)	c)	d)
293	475	598	824
320	520	580	770
590	970	400	230

6
a) $30 \cdot 5 = 150$ $70 \cdot 5 = 350$ $90 \cdot 5 = 450$ $60 \cdot 5 = 300$ $80 \cdot 5 = 400$
b) $70 \cdot 9 = 630$ $40 \cdot 9 = 360$ $30 \cdot 9 = 270$ $20 \cdot 9 = 180$ $80 \cdot 9 = 810$
c) $40 \cdot 6 = 240$ $30 \cdot 6 = 180$ $90 \cdot 6 = 540$ $50 \cdot 6 = 300$ $80 \cdot 6 = 480$
d) $20 \cdot 7 = 140$ $80 \cdot 7 = 560$ $60 \cdot 7 = 420$ $70 \cdot 7 = 490$ $30 \cdot 7 = 210$

7

a)	120 : 2 = 60	180 : 2 = 90	60 : 2 = 30	100 : 2 = 50	160 : 2 = 80	140 : 2 = 70
b)	90 : 3 = 30	150 : 3 = 50	120 : 3 = 40	270 : 3 = 90	180 : 3 = 60	210 : 3 = 70
c)	200 : 4 = 50	120 : 4 = 30	280 : 4 = 70	360 : 4 = 90	80 : 4 = 20	320 : 4 = 80
d)	360 : 6 = 60	480 : 6 = 80	540 : 6 = 90	180 : 6 = 30	300 : 6 = 50	120 : 6 = 20

8 **a)** 36, 28 **b)** 55, 66 **c)** 240, 630 **d)** 606, 404 **e)** 840, 880

9 **a)** 498 + 50 = 548 **b)** 703 − 15 = 688 **c)** 580 + 32 = 612
d) 40 · 5 = 200 **e)** 320 : 8 = 40 **f)** 11 · 7 = 77

Größen

74 Startklar

1 **a)** 329 € **b)** 173 € **c)** 508 €

2 **a)** 200 € + 50 € + 10 €
200 € + 100 € + 20 € + 20 €
100 € + 50 € + 1 €

b) 100 € + 2 €
200 € + 200 € + 5 € + 2 € + 1 €
200 € + 100 € + 5 € + 2 €

3 **a)** 126 € **b)** 100 € + 20 € + 5 € + 1 €

4 **A:** Länge **B:** Gewicht **C:** Zeitspanne **D:** Gewicht

5 **A:** 1,65 **m** **B:** 10 **cm** **C:** 7 **km** **D:** 35 **m**

6 Paul misst richtig, da er den Gegenstand bei 0 cm am Lineal anlegt.

75 Startklar

1 **a)** **A:** 40 kg **B:** 1 kg **C:** 5 kg **D:** 250 kg **E:** 80 kg
b) **A:** 80 g **B:** 15 g **C:** 600 g **D:** 250 g **E:** 100 g

2 **a)** **A:** 10 Uhr **B:** 20 Uhr **C:** 5 Uhr **D:** 7 Uhr **E:** 17 Uhr **F:** 14 Uhr

96 Wiederholen und Üben

1 **a)** 4,76 € > 467 ct
3,05 € < 350 ct
3,35 € = 335 ct

b) 15 € 7 ct < 1 570 ct
12 € 30 ct = 1 230 ct
9 € 45 ct < 954 ct

c) 17,08 € < 17 € 80 ct
2,05 € = 2 € 5 ct
21,90 € > 21 € 9 ct

2 **a)** 648 ct < 6 € 80 ct < 6,84 € **b)** 20 € 5 ct < 20,50 € < 2 055 ct
c) 11,40 € < 14,01 € 1 410 ct **d)** 34,50 € < 3 505 ct < 35 € 50 ct

3 Heidi: 1,60 € Rana: 15,30 € Ali: 7,40 € Jan: 4,20 €

4 **a)** 47,80 €, 18,87 €, 9,70 € **b)** 18,70 €, 9,22 €, 10 € **c)** 32,35 €, 25,45 €, 24 €

5

a)	170 cm	545 cm	1 235 cm	8 cm	2 030 cm
b)	50 mm	67 mm	180 mm	6 mm	307 mm
c)	20 cm	35 cm	74 cm	140 cm	190 cm

6 **a)** 3,750 km, 2,235 km, 5,055 km, 1,307 km
b) 2 160 m, 5 455 m, 16 m, 350 m
c) 4,760 km, 1,509 km, 0,710 km, 0,045 km

7 **a)** 40 m
720 m
880 m **b)** 270 m
830 m
960 m **c)** 390 m
760 m
920 m

8

2 m 57 cm	**1 m 24 cm**	6 m 30 cm	**2 m 35 cm**	4 m 6 cm	**0 m 57 cm**
2,57 m	**1,24 m**	**6,30 m**	2,35 m	**4,06 m**	0,57 m
257 cm	124 cm	**630 cm**	**235 cm**	**406 cm**	**57 cm**

9 **a)** 217 cm < 2 m 37 cm < 2,73 m **b)** 0,58 m < 85 cm < 5 m 80 cm

97 Wiederholen und Üben

1 **A:** 250 g **B:** 1 g **C:** 1 kg **D:** 100 g **E:** 3 g **F:** 710 mg

2 **a)** 3 kg < 3050 g
2,505 kg = 2505 g **b)** 9,6 kg = 9600 g
3,005 kg < 3050 g **c)** 2220 g > 2,1 kg
7005 g < 7,5 kg

3 **a)** 4000 g 3100 g 7205 g 360 g 1500 g
b) 2 kg 6,3 kg 3,845 kg 2,708 kg 5,067 kg
c) 2000 kg 1250 kg 3075 kg 750 kg 2500 kg
d) 1 t 5 t 7,5 t 5,3 t 6,45 t

4 **a)** Es sind 60 min vergangen. **b)** Es sind 90 min vergangen.

5 Bis zum Spiel sind es noch 20 min.

6 **a)** 30 min
15 min **b)** 40 min
35 min **c)** 55 min
59 min

7 **a)** Frau Bender muss spätestens um 8:50 Uhr in Simm abfahren.
b) Frau Benders Fahrt dauert 30 min.
c) Herr Tarp steigt in Stuhr ein.
d) Herr Tarp fährt 15 min bis nach Tann.

98 Knobelecke

1 140 + 32 + 28 = 200

2 24:24 06:60

3 Lisa ist 13 Jahre alt.

4 Es sind 11 Laternen.

5 Lenas Pullover ist grün.

99 Alles paletti

1 **a)** A = 9000 B = 15000 C = 26000 D = 47000 E = 52000 F = 68000 G = 83000 H = 94000

b) A = 300 B = 900 C = 1500 D = 2400 E = 3300
F = 4500 G = 5700 H = 7300 I = 9200 J = 10700

2 **a)** 3140 < 3410
5270 > 2750
1083 < 1380 **b)** 5780 < 5870
4320 > 3240
7253 = 7253 **c)** 71500 > 70510
23095 < 23509
49631 > 49613

3 3499 | 3500 | 3501 4099 | 4100 | 4101 7889 | 7890 | 7891 8999 | 9000 | 9001
37235 | 37236 | 37237 55306 | 55307 | 55308 46998 | 46999 | 47000

4 6000 9000 20000 26000 33000 72000 84000 90000

5 10 000 10 000 20 000 20 000 40 000 60 000 80 000 90 000

6 **a)** fünftausendsechshundert
siebentausenddreihundertacht
b) siebzehntausendvierhundertsechs
fünfundzwanzigtausendneunhundertdreißig
c) zweihundertsiebenundvierzigtausenddreihunderteins
vierhunderttausendneun
d) vier Millionen siebenunddreißigtausendreihunderteinunddreißig
eine Million fünfhundertfünftausendzweihundertzehn
e) fünf Milliarden zweihundertdreißig Millionen
vier Milliarden sechshunderttausend

7

a)	b)	c)	d)
5 387	8 833	3 428	2 713
8 036	4 154	218	6 652
2 444	5 061	5 768	4 100
7 600	7 270	4 600	6 560

8 **a)** Gesamtpreis Sport-Topp (Bianca): R: 128,75 € + 24,80 € = 153,55 €
Gesamtpreis Müllers-Sportshop (Sadaf): R: 119,50 € + 28,20 € = 147,70 €
A: Sadaf bezahlt weniger.
b) R: 153,55 € – 147,70 € = 5,85 €. A: Der Unterschied beträgt 5,85 €.

100 Alles paletti

1

a)	b)	c)	d)	e)
120	400	240	420	800
160	200	420	140	900
360	210	150	150	800

2

a)	b)	c)	d)	e)
30	40	80	5	8
20	90	30	9	9
30	30	80	3	9

3

a)	b)	c)	d)	e)
48	88	51	690	780
46	105	72	600	840
96	128	90	880	960

4 R: $40 \cdot 8 = 320$ A: Insgesamt sind es 320 Rosen.

5 **a)** Addiere 50 und 77. $50 + 77 = 127$
b) Dividiere 100 durch 10. $100 : 10 = 10$
c) Subtrahiere 15 von 92. $92 - 15 = 77$
d) Multipliziere 2 und 35. $2 \cdot 35 = 70$
e) Bilde die Summe von 12, 39 und 8. $12 + 39 + 8 = 59$

6

a)	b)	c)	d)
600 cm	3 m	160 cm	2,5 m
400 cm	8 m	375 cm	3,7 m

7

2 cm 6 mm	4 cm 8 mm	**3 cm 7 mm**	**0 cm 9 mm**	10 cm 4 cm	**11 cm 2 mm**
2,6 cm	**4,8 cm**	**3,7 cm**	0,9 cm	**10,4 cm**	**11,2 cm**
26 mm	**48 mm**	37 mm	**9 mm**	**104 mm**	112 mm

8 **a)** 180 cm + 20 cm = 2 m 1,65 m + 0,35 m = 2 m 1 m 40 cm + 60 cm = 2 m
b) 1,79 m + 0,21 m = 2 m 1 m 48 cm + 52 cm = 2 m 0,85 m + 1,15 m = 2 m

9

a)	b)	c)
120 min	3 h	190 min
300 min	4 h	85 min

10 Leo muss noch 25 min warten.

Zeichnen und Konstruieren

102 Startklar

1. **a)** Dreieck **b)** Kreis **c)** Rechteck **d)** Quadrat

2. **a)** Der Kreis (3. Figur) passt nicht zu den Dreiecken, weil er keine Ecken besitzt.
   b) Das Dreieck (2. Figur) passt nicht zu den Rechtecken, weil es nur 3 Seiten hat.
   c) Das Rechteck (1. Figur) passt nicht zu den Dreiecken, weil es 4 Seiten hat.

3. **a)** Dreiecke und ein Quadrat
   b) Dreiecke, Rechtecke und ein Quadrat
   c) Dreiecke und ein Kreis

4. Hier ohne Zeichnung.

118 Wiederholen und Üben

1. **a)** kein rechter Winkel **b)** rechter Winkel **c)** kein rechter Winkel

2. **a)** $a \parallel b$ $e \parallel g$
   b) $a \perp d$ $b \perp d$ $c \perp f$

3. Zum Beispiel:

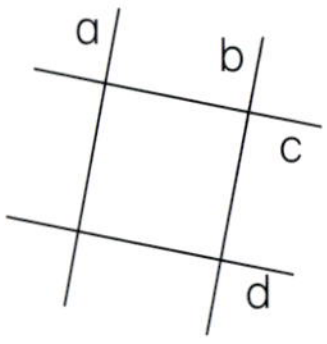

$a \perp d$

4. Hier ohne Zeichnung.

5. Hier ohne Zeichnung.

6. Hier ohne Zeichnung.

119 Wiederholen und Üben

1. Hier ohne Zeichnung.

2. **a)** Abstand von P zu g: 1,5 cm Abstand von Q zu g: 1 cm
   b) Abstand von g zu h: 2,5 cm

3. **a)** A(2|1) B(5|1) C(5|5) D(2|5) E(1|3)
   b) A(1|2) B(2|1) C(4|1) D(5|2) E(3|5)

4.

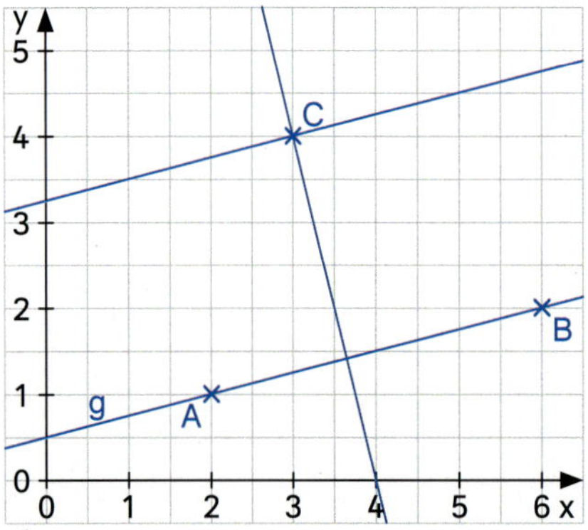

5

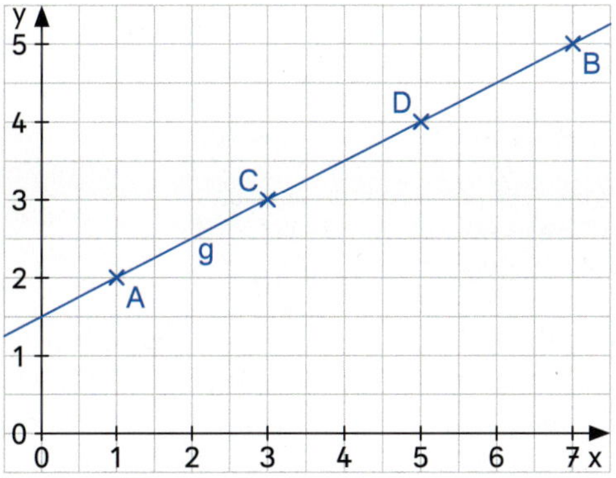

C(3|3) D(5|4)

120 Bleib fit!

1 **a)** 604, 804, 402 **b)** 404, 507, 708 **c)** 698, 797, 199 **d)** 792, 292, 890 **e)** 610, 840, 480

2 **a)** 799 + 15 = 814 **b)** 901 − 14 = 887 **c)** 502 − 41 = 461

3 **a)** 802, 824, 796 **b)** 746, 907, 900 **c)** 651, 361, 813 **d)** 311, 467, 316

4 Zum Beispiel:

a) 275 + 113 = 388
275 − 113 = 162
728 − 634 = 94

b) 168 + 209 = 377
576 − 209 = 367
607 − 576 = 31

c) 934 − 612 = 322
508 − 176 = 332
612 − 508 = 104

d) 237 + 88 = 325
237 − 88 = 149
379 − 237 = 142

e) 135 + 264 = 399
409 − 135 = 274
264 − 135 = 129

5 **a)** 350, 240, 540 **b)** 150, 720, 180 **c)** 560, 480, 240 **d)** 50, 60, 50 **e)** 9, 4, 7

6

1 kg 673 g	2 kg 308 g	**0 kg 675 g**	**1 kg 9 g**	3 kg 75 g	**4 kg 800 g**
1,673 kg	**2,308 kg**	0,675 kg	**1,009 kg**	**3,075 kg**	4,8 kg
1673 g	**2308 g**	**675 g**	1009 g	**3075 g**	**4800 g**

7 **a)** 400 mg, 800 mg, 250 mg **b)** 700 g, 400 g, 260 g **c)** 150 kg, 510 kg, 850 kg

8 **a)** R: 4 · 9 = 36 A: Zusammen kosten die Karten 36 €.
b) R: 50 − 36 = 14 A: Sabine bekommt 14 € zurück.

Multiplizieren und Dividieren

122 Startklar

1

a)	b)	c)	d)	e)
12	35	40	27	42
120	350	400	270	420

2

a)	b)	c)	d)	e)
60	80	100	80	90
600	800	1 000	800	900

3

a)	b)	c)	d)
30	20	30	20
300	200	300	200

4

a)	b)	c)	d)	e)
240	300	210	450	640
140	360	160	560	280

5

a)	b)	c)	d)	e)
63	186	93	255	390
104	39	48	84	480

6

a)	b)	c)	d)
$50 \cdot 3 = 150$	$80 \cdot 4 = 320$	$70 \cdot 7 = 490$	$32 \cdot 3 = 96$
$70 \cdot 3 = 210$	$30 \cdot 4 = 120$	$30 \cdot 7 = 210$	$41 \cdot 3 = 123$
$90 \cdot 3 = 270$	$90 \cdot 4 = 360$	$80 \cdot 7 = 560$	$22 \cdot 3 = 66$
$40 \cdot 3 = 120$	$40 \cdot 4 = 160$	$20 \cdot 7 = 140$	$51 \cdot 3 = 153$
$80 \cdot 3 = 240$	$60 \cdot 4 = 240$	$50 \cdot 7 = 350$	$12 \cdot 3 = 36$
$60 \cdot 3 = 180$	$50 \cdot 4 = 200$	$40 \cdot 7 = 280$	$81 \cdot 3 = 243$

7

a)	b)	c)	d)	e)
4	3	4	9	6
40	30	40	90	60

8

a)	b)	c)	d)	e)
20	50	80	70	90
2	5	8	7	9

9

a)	b)	c)	d)	e)
60	40	30	7	4
30	80	50	8	7
70	40	90	6	3

10

a)	b)
$160 : 4 = 40$	$240 : 80 = 3$
$240 : 4 = 60$	$400 : 80 = 5$
$360 : 4 = 90$	$160 : 80 = 2$
$120 : 4 = 30$	$640 : 80 = 8$
$200 : 4 = 50$	$560 : 80 = 7$

11
a) R: $40 \cdot 6 = 240$ A: Herr Kramp kauft 240 Trinkpäckchen Orangensaft.
b) R: $50 \cdot 4 = 200$ A: Herr Kramp kauft 200 Trinkpäckchen Apfelsaft.

139 Wiederholen und Üben

1

a)	b)	c)	d)
$5000 \cdot 3 = 15000$	$10000 \cdot 5 = 50000$	$60000 : 2 = 30000$	$800 : 4 = 200$
$8000 \cdot 3 = 24000$	$7000 \cdot 5 = 35000$	$12000 : 2 = 6000$	$2000 : 4 = 500$
$3000 \cdot 3 = 9000$	$11000 \cdot 5 = 55000$	$600 : 2 = 300$	$8000 : 4 = 2000$
$20000 \cdot 3 = 60000$	$9000 \cdot 5 = 45000$	$500 : 2 = 250$	$40000 : 4 = 10000$
$10000 \cdot 3 = 30000$	$500 \cdot 5 = 2500$	$8000 : 2 = 4000$	$12000 : 4 = 3000$
$400 \cdot 3 = 1200$	$6000 \cdot 5 = 30000$	$1000 : 2 = 500$	$44000 : 4 = 11000$

2

a)	b)	c)
richtig	$44 \cdot 70 = 3080$	$19 \cdot 20 = 380$
$30 \cdot 60 = 1800$	richtig	richtig
richtig	richtig	$63 \cdot 50 = 3150$
$80 \cdot 20 = 1600$	$57 \cdot 40 = 2280$	richtig

3 **a)** 32812
45730

b) 79284
76406

c) 53000
75090

d) 59412
91980

4 **a)** Ü: 20000 : 5 = 4000
20895 : 5 = 4179

b) Ü: 21000 : 3 = 7000
21654 : 3 = 7218

c) Ü: 32000 : 4 = 8000
31896 : 4 = 7974

5 **a)** 4 R 2
6 R 1

b) 8 R 2
5

c) 188 R 2
152

d) 865
880 R 1

e) 1810
936 R 1

6 **a)**
4325 · 6 = 25950
8209 · 6 = 49254
26541 · 6 = 159246
31723 · 6 = 190338

b)
2584 : 8 = 323
9888 : 8 = 1236
19784 : 8 = 2473
57704 : 8 = 7213

7

	Für 20 Waffeln benötigt man
125 · 4 = 500	500 g Butter
100 · 4 = 400	400 g Zucker
2 · 4 = 8	8 Eier
250 · 4 = 1000	1000 g Mehl
2 · 4 = 8	8 TL Backpulver
250 · 4 = 1000	1000 g Quark

140 Bleib fit!

1 **a)**
2400 + 50 = 2450 2400 + 300 = 2700 2400 + 7000 = 9400 2400 + 90 = 2490
2400 + 800 = 3200 2400 + 5200 = 7600 2400 + 6700 = 9100 2400 + 900 = 3300

b)
8700 − 40 = 8660 8700 − 400 = 8300 8700 − 5000 = 3700 8700 − 8 = 8692
8700 − 900 = 7800 8700 − 4600 = 4100 8700 − 1800 = 6900 8700 − 7 = 8693

2 **a)** 4708
8043

b) 9716
5481

c) 6419
2631

d) 1175
5531

3
a) 6 · 3 = 18 50 · 3 = 150 300 · 3 = 900 80 · 3 = 240
b) 7 · 100 = 700 7 · 8 = 56 7 · 90 = 630 7 · 70 = 490
c) 40 · 4 = 160 200 · 4 = 800 90 · 4 = 360 80 · 4 = 320
d) 9 · 60 = 540 9 · 10 = 90 9 · 8 = 72 9 · 30 = 270

4 **a)** 30
30
90

b) 3
8
9

c) 30
60
40

d) 7
8
7

e) 6
5
4

5 **a)** 3,45 €
8,83 €
5,40 €

b) 3,17 €
5,55 €
3,51 €

c) 3,72 €
1,99 €
0,55 €

6 **a)** 2,40 €
1,50 €
1,40 €

b) 4,00 €
2,40 €
2,10 €

c) 8,10 €
1,20 €
1,60 €

d) 4,90 €
1,00 €
0,90 €

e) 5,40 €
3,20 €
4,00 €

7 **a)** R: 3,00 € = 300 ct 300 : 6 = 50 A: Eine Frucht kostet 50 ct.
b) R: 30 · 6 = 180 180 ct = 1,80 € A: Amira muss 1,80 € bezahlen.

8 **a)** 208 € **b)** 168 € **c)** 844 € **d)** 1530 €

9 Hier ohne Zeichnung.

10 Hier ohne Zeichnung.

Flächen

142 Startklar

1. **A:** Rechteck **B:** Kreis **C:** Dreieck **D:** Quadrat
2. **a)** –
   b) vier rechte Winkel
   Die gegenüberliegenden Seiten sind gleich lang.
   vier Seiten
   c) Alle vier Seiten sind gleich lang.
3. Rechtecke: A, C, E, F Quadrate: A, F
4. Hier ohne Zeichnung.

---

163 Wiederholen und Üben

1. **a)** u = 12 cm **b)** u = 24 cm **c)** u = 21 cm
2. **a)** Flächeninhalt **b)** Umfang **c)** Flächeninhalt **d)** Umfang
3. **a)** u = 32 m, A = 63 m^2 **b)** u = 24 m, A = 36 m^2 **c)** u = 30 m, A = 56 m^2 **d)** u = 24 m, A = 24 m^2
4. A: 600 cm^2 B: 20 cm^2 C: 1 cm^2 D: 2 m^2 E: 4 m^2 Übrig: 40 m^2
5. **a)** 7 dm^2 = **700** cm^2
   8 cm^2 = **800** mm^2
   5 ha = **500** a
   b) 300 mm^2 = **3** cm^2
   1 000 m^2 = **10** a
   1 200 ha = **12** km^2
6. A = 24 m^2 Kosten: 480 €

---

164 Bleib fit!

1. **a)** 9 400 6 700 5 100 6 200 **b)** 5 000 2 000 2 000 5 000
2. **a)** 4 900, 1 900, 8 800 **b)** 4 500, 3 200, 5 600 **c)** 5 500, 9 100, 8 200 **d)** 7 700, 6 300, 5 800
3. **a)** 5 003, 8 002, 2 003 **b)** 6 002, 4 006, 7 002 **c)** 5 997, 7 993, 8 994 **d)** 6 996, 997, 1 997
4. **a)** 1 000 **b)** 100 **c)** 10 000 **d)** 10 000 **e)** 10 000
5. **a)** 2 800, 1 800 **b)** 4 000, 2 100 **c)** 8 100, 4 200 **d)** 5 600, 3 600 **e)** 8 000, 9 000
6. **a)** 10 **b)** 1 **c)** 100 **d)** 10 **e)** 100
7. **a)** 50, 60 **b)** 6, 5 **c)** 400, 700 **d)** 700, 30 **e)** 90, 800
8. **a)** $124 \cdot 3 = 372$ $190 \cdot 3 = 570$ $703 \cdot 3 = 2109$ $691 \cdot 3 = 2073$ $2465 \cdot 3 = 7395$
   b) $536 : 4 = 134$ $580 : 4 = 145$ $724 : 4 = 181$ $972 : 4 = 243$ $5368 : 4 = 1342$
9. **a)** 600 m, 100 m **b)** 260 m, 410 m **c)** 710 m, 930 m

Lösungen

⑩

2 m 18 cm	4 m 32 cm	**1 m 65 cm**	**0 m 74 cm**	**2 m 25 cm**	**3 m 8 cm**
2,18 m	**4,32 m**	1,65 m	0,74 m	**2,25 m**	**3,08 m**
218 cm	**432 cm**	**165 cm**	**74 cm**	225 cm	308 cm

⑪ **a)** 0,61 m **b)** 0,70 m 0,83 m

⑫ 4 cm < 4,1 cm < 4 cm 2 mm < 4 cm 5 mm < 47 mm

⑬ **a)**
b)

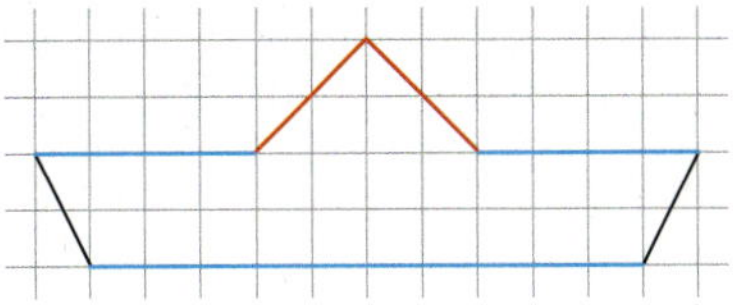

Brüche

166 Startklar

❶ Apfel: Z Schokolade: A Saft: H Pizza: L Lösungswort: ZAHL

❷ A: ein Viertel B: weniger als die Hälfte C: die Hälfte D: mehr als die Hälfte

❸ A: eine Viertelstunde B: eine Dreiviertelstunde C: eine halbe Stunde

181 Wiederholen und Üben

❶ **a)** $\frac{1}{2}$ **b)** $\frac{2}{3}$ **c)** $\frac{3}{5}$ **d)** $\frac{5}{10}$ **e)** $\frac{4}{7}$

❷

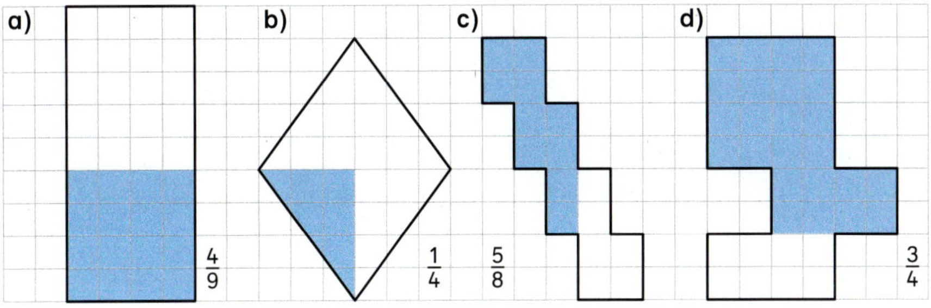

❸ Es sind 4 Flaschen leer.

❹ **a)** 6 **b)** 9 **c)** 100 **d)** 5 **e)** 5

❺ **a)** 200 g **b)** 500 g **c)** 2500 g **d)** 500 g **e)** 600 g

❻ **a)** Die Bäckerei ist 400 m von Elviras Wohnung entfernt.
b) Von der Bäckerei bis zur Bushaltestelle sind es 800 m.

❼

a)	**b)**	**c)**
$\frac{7}{8}$	$\frac{1}{4}$	$\frac{9}{10}$
$\frac{4}{6}$	$\frac{1}{6}$	$\frac{7}{8}$
$\frac{5}{7}$	$\frac{1}{3}$	$\frac{4}{7}$
$\frac{6}{9}$	$\frac{3}{8}$	$\frac{3}{10}$
$\frac{4}{5}$	$\frac{2}{5}$	$\frac{1}{8}$

Lösungen

182 Bleib fit!

1 **a)** 2650 | 2700 | 2750 | 2800 | 2850 | 2900 | 2950 | 3000 | 3050 | 3100
b) 4960 | 4970 | 4980 | 4990 | 5000 | 5010 | 5020 | 5030 | 5040 | 5050
c) 9200 | 9100 | 9000 | 8900 | 8800 | 8700 | 8600 | 8500 | 8400 | 8300

2 **a)** 490
2080
b) 75904
2300045

3 **a)** 180, 160, 200
b) 228, 608, 273
c) 918, 856, 965
d) 80, 70, 70
e) 8, 9, 2

4 R: 415 − 270 = 145
A: Jonas fehlen noch 145 €.

5 R: 3 · 295 = 885
A: Der Händler bekommt 885 €.

6

a)	3000 g	2300 g	4325 g	2305 g	420 g	1500 g
b)	1 kg	4 kg	3,2 kg	4,385 kg	1,605 kg	0,5 kg
c)	1000 kg	3000 kg	1750 kg	2075 kg	850 kg	1500 kg
d)	2 t	6 t	1,4 t	6,5 t	2,3 t	1,75 t

7 **a)** Flächeninhalt **b)** Umfang **c)** Umfang **d)** Flächeninhalt

8 Hier ohne Zeichnung.
a) u = 18 cm, A = 18 cm²
b) u = 18 cm, A = 20 cm²
c) u = 14 cm, A = 12 cm²
d) u = 18 cm, A = 14 cm²
e) u = 24 cm, A = 32 cm²

9 **a)** $\frac{1}{4}$ **b)** $\frac{1}{2}$ **c)** $\frac{2}{3}$ **d)** $\frac{3}{5}$ **e)** $\frac{3}{4}$

10 Hier ohne Zeichnung. Die Länge des gefärbten Bruchteils ist angegeben.
a) 2 cm **b)** 2 cm **c)** 2 cm **d)** 2,5 cm

Daten und Zufall

184 Startklar

1

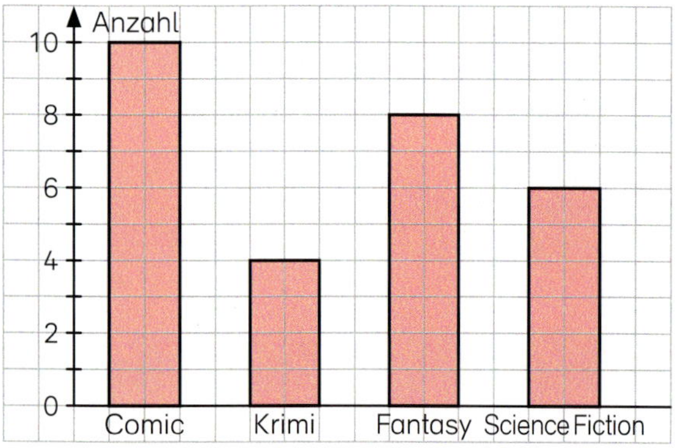

2 **a)** **b)**

	Freunde treffen	Musik hören / fernsehen	Zeitschriften und Bücher lesen	Sport treiben	am PC spielen / im Internet surfen
Mädchen	**24**	**15**	19	18	17
Jungen	**18**	**15**	11	22	23

c)

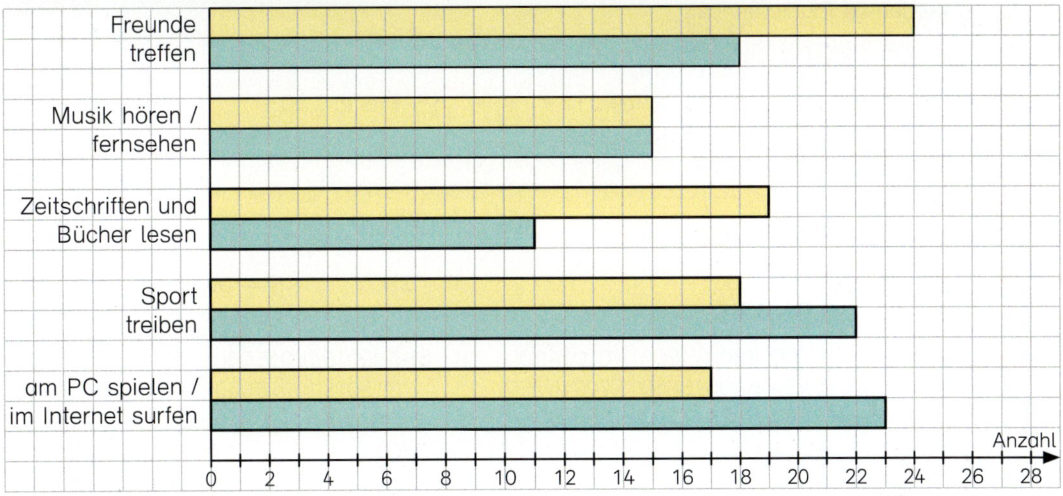

d) Freunde treffen, Zeitschriften und Bücher lesen

e) Musik hören / fernsehen

193 Wiederholen und Üben

1

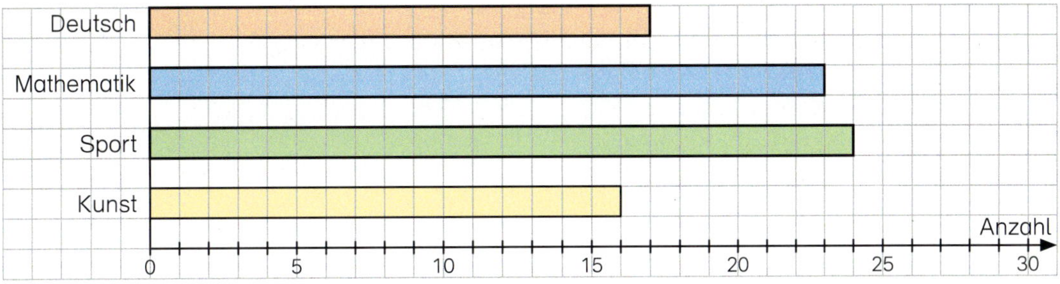

2 Von allen vier Beuteln hat Beutel 2 die höchste Wahrscheinlichkeit für eine gelbe Kugel.

3 **a)** möglich **b)** sicher **c)** unmöglich

4 Von den beiden Glücksrädern hat Glücksrad B die höchste Wahrscheinlich für eine blaues Feld.

5 **a)** $\frac{1}{3}$ **b)** $\frac{1}{5}$

194 Knobelecke

1. 700 g + 160 g + 140 g = 1000 g = 1 kg
2. blaue Uhr: 8:30 Uhr gelbe Uhr: 2:25 Uhr rote Uhr: 1:45 Uhr
3. Es werden 24 Pfähle benötigt.
4. Lulu wiegt 4 kg. Der Junge wiegt 54 kg.
5. Ball: 9,50 € Schläger: 12 € Pfeife: 2,50 €
6. Es stehen 18 Personen in der Reihe.

195 Alles paletti

1. A = 500 B = 1700 C = 3000 D = 3900 E = 4600
   F = 6400 G = 7900 H = 8300 I = 9200

2. **a)** 3500 | 3600 | 3700 | 3800 | 3900 | 4000 | 4100
   5450 | 5500 | 5550 | 5600 | 5650 | 5700 | 5750
   4250 | 4500 | 4750 | 5000 | 5250 | 5500 | 5750
   b) 5200 | 5100 | 5000 | 4900 | 4800 | 4700 | 4600
   8150 | 8100 | 8050 | 8000 | 7950 | 7900 | 7850
   6520 | 6510 | 6500 | 6490 | 6480 | 6470 | 6460

3. **a)** 5400 2800 3100 8700 **b)** 2700 3300 9100 7300

4. **a)** 4000 3000 6000 7000 **b)** 7000 8000 3000 3000

5. **a)** 1400 + 500 = 1900 1400 + 3000 = 4400
   1400 + 90 = 1490 1400 + 350 = 1750
   1400 + 4200 = 5600 1400 + 600 = 2000
   1400 + 2400 = 3800 1400 + 80 = 1480
   b) 7600 – 300 = 7300 7600 – 4000 = 3600
   7600 – 10 = 7590 7600 – 500 = 7100
   7600 – 5100 = 2500 7600 – 200 = 7400
   7600 – 1500 = 6100 7600 – 90 = 7510

6. **a)** 4133 **b)** 9654 **c)** 6646 **d)** 5001
   6568 7235 5040 3500
   7364 5065 5896 2013

7. **a)** 8543 + 3458 = 12001 **b)** 9631 + 1369 = 11000
   8543 – 3458 = 5085 9631 – 1369 = 8262
   c) 8442 + 2448 = 10890 **d)** 7433 + 3347 = 10780
   8442 – 2448 = 5994 7433 – 3347 = 4086

8. Zum Beispiel:
   a) 2560 + 860 = 3420 **b)** 6360 – 5150 = 1210
   2560 – 860 = 1700 6360 – 2875 = 3485
   6840 – 4410 = 2430 2875 – 2785 = 90
   c) 2140 + 1188 = 3328 **d)** 1105 + 2781 = 3886
   5785 – 2140 = 3645 8928 – 5073 = 3855
   6534 – 5785 = 749 5073 – 4816 = 257

196 Alles paletti

1 **a)** 600 · 3 = 1800; 90 · 3 = 270; 801 · 3 = 2403; 2020 · 3 = 6060; 55 · 3 = 165; 3000 · 3 = 9000
b) 1001 · 5 = 5005; 400 · 5 = 2000; 700 · 5 = 3500; 202 · 5 = 1010; 62 · 5 = 310; 500 · 5 = 2500
c) 150 : 5 = 30; 4000 : 5 = 800; 5500 : 5 = 1100; 105 : 5 = 21; 10000 : 5 = 2000; 3500 : 5 = 700
d) 18000 : 6 = 3000; 240 : 6 = 40; 606 : 6 = 101; 3006 : 6 = 501; 1260 : 6 = 210; 6000 : 6 = 1000

2 **a)** 4080; 3850; 9934
b) 6900; 6880; 6042
c) 945; 610; 2100
d) 500; 901; 1001

3 **a)** 5 · 243 km = 1215 km
b) 5 · 186 km = 930 km
c) 5 · 374 km = 1870 km
d) 5 · 306 km = 1530 km

4 **a)** 8 R 3; 9 R 4
b) 163; 126
c) 94 R 1; 148
d) 657; 1188 R 5
e) 2445 R 2; 1837

5 **a)** 200; 800
b) 500; 600
c) 7000; 8000
d) 9000; 4000
e) 5000; 3000

6 **a)** 3920; 5340
b) 2520; 740
c) 1620; 1350
d) 1720; 1920
e) 1520; 3330

7 **a)** 120 : 20 = 6; 100 : 20 = 5; 160 : 20 = 8; 80 : 20 = 4; 180 : 20 = 9; 140 : 20 = 7
b) 150 : 50 = 3; 1500 : 50 = 30; 350 : 50 = 7; 3500 : 50 = 70; 250 : 50 = 5; 2500 : 50 = 50
c) 120 : 60 = 2; 180 : 60 = 3; 2400 : 60 = 40; 3000 : 60 = 50; 360 : 60 = 6; 4800 : 60 = 80
d) 810 : 90 = 9; 9000 : 90 = 100; 2700 : 90 = 30; 360 : 90 = 4; 720 : 90 = 8; 4500 : 90 = 50

8 R: 225 : 9 = 25
A: Es werden 25 Sträuße gebunden.

197 Alles paletti

1. a) 5,25 € b) 4,26 € c) 4,55 €
   8,08 € 7,55 € 4,14 €

2. Kemal: R: 2 · 3,40 € + 8 · 0,70 € + 7 · 0,80 € + 4 · 0,40 € = 19,60 €
   Manuela: R: 3 · 3,40 € + 6 · 0,80 € + 9 · 0,70 € + 8 · 0,40 € = 24,50 €
   A: Kemal muss 19,60 € bezahlen, Manuela muss 24,50 € bezahlen.

3. a) 14 mm b) 1 750 m c) 1,250 km
   8 mm 650 m 0,950 km

4. a) 2 kg 246 g < 2462 g < 2,642 kg b) 5,366 kg < 5636 g < 5 kg 663 g
   c) 458 g < 0,485 kg < 488 g d) 2057 kg < 2,507 t < 2 t 570 kg

5. R: 2 · 700 kg = 1400 kg 1 400 kg > 1,3 t.
   A: Nein, zwei Kisten mit je 700 kg dürfen nicht aufgeladen werden.

6. a) $\frac{1}{4}$ b) $\frac{1}{3}$ c) $\frac{4}{6}$ d) $\frac{5}{6}$ e) $\frac{3}{4}$

7. a) 1 kg = 1000 g $\frac{1}{2}$ kg = 500 g b) 1 kg = 1000 g $\frac{1}{4}$ kg = 250 g

8. a) 100 g b) 20 m c) 30 min d) 5 kg

9. a) $\frac{3}{5}$ b) $\frac{4}{4}$ c) $\frac{7}{10}$ d) $\frac{2}{5}$ e) $\frac{3}{10}$
   $\frac{5}{8}$ $\frac{8}{9}$ $\frac{9}{10}$ $\frac{1}{7}$ $\frac{1}{10}$

198 Alles paletti

1. a) 2:00 Uhr b) 4:00 Uhr c) 7:00 Uhr d) 11:00 Uhr e) 7:30 Uhr f) 4:30 Uhr
   14:00 Uhr 16:00 Uhr 19:00 Uhr 23:00 Uhr 19:30 Uhr 16:30 Uhr

2.

Abfahrt	**a)** 6:00 Uhr	**b)** 7:30 Uhr	**c)** 11:10 Uhr	**d)** 15:20 Uhr	**e)** 18:15 Uhr
Fahrzeit	30 min	20 min	40 min	25 min	30 min
Ankunft	**6:30 Uhr**	**7:50 Uhr**	**11:50 Uhr**	**15:45 Uhr**	**18:45 Uhr**

3. Hier ohne Zeichnung
   a) u = 18 cm b) u = 16 cm c) u = 22 cm d) u = 12 cm e) u = 16 cm
   A = 18 cm² A = 15 cm² A = 30 cm² A = 9 cm² A = 16 cm²

4. a) $a \parallel d$ $c \parallel e$ b) $b \perp c$ $b \perp e$

5. a) A(1|1) B(5|1) C(5|3) D(3|2) E(1|3) b) A(1|1) B(4|1) C(5|2) D(4|3) E(1|3) F(2|2)

6. a) $\frac{1}{4}$ b) $\frac{1}{6}$ c) $\frac{1}{3}$ d) $\frac{1}{5}$

Zeichen und Grundrechenarten

Zeichen	Bedeutung	Beispiel	Zeichen	Bedeutung	Beispiel
=	gleich	$4 + 3 = 7$	<	kleiner als	$2 < 5$
≈	rund	$219 \approx 200$	>	größer als	$6 > 3$

Addieren	5	+	4	=	9	Die Summe von 5 und 4 ist 9.
	Summand	+	Summand	=	Summe	
Subtrahieren	8	−	2	=	6	Die Differenz von 8 und 2 ist 6.
	Minuend	−	Subtrahend	=	Differenz	
Multiplizieren	5	·	4	=	20	Das Produkt von 5 und 4 ist 20.
	Faktor	·	Faktor	=	Produkt	
Dividieren	12	:	2	=	6	Der Quotient von 12 und 2 ist 6.
	Dividend	:	Divisor	=	Quotient	

Rechenregeln

$3 + 4 \cdot 5 = 3 + 20$
$8 - 6 : 2 = 8 - 3$
Punktrechnung (· und :) geht vor Strichrechnung (+ und −).

$(3 + 4) \cdot 5 = 7 \cdot 5$
$(8 - 6) : 2 = 2 : 2$
Was in Klammern steht, wird zuerst berechnet.

Rundungsregel

	Abrunden bei 0, 1, 2, 3, 4	Aufrunden bei 5, 6, 7, 8, 9
Runden auf Tausender:	4236 ≈ 4000	6872 ≈ 7000
Runden auf Hunderter:	4236 ≈ 4200	6872 ≈ 6900

Zahlen schreiben und lesen

Milliarden	Millionen	Tausender	H Z E	schreiben	lesen
			7 3 5	735	siebenhundertfünfunddreißig
		2	3 0 4	2304	zweitausenddreihundertvier
		8 2 0	0 0 0	820 000	achthundertzwanzigtausend
	3 4	0 0 0	0 0 0	34 000 000	vierunddreißig Millionen
5	0 1 2	0 0 0	0 0 0	5 012 000 000	fünf Milliarden zwölf Millionen

1 Million = 1 000 000
1 Milliarde = 1 000 000 000

1 Mio. = 1 000 Tsd.
1 Mrd. = 1 000 Mio.

Größen

Geld

Euro (€) Cent (ct) 1 € = 100 ct

246 ct = 2,46 € 107 ct = 1,07 € 35 ct = 0,35 € 6 ct = 0,06 €
2 € 46 ct = 2,46 € 1 € 7 ct = 1,07 €

Längenmaße

Kilometer (km)	1 km = 1 000 m
Meter (m)	1 m = 10 dm = 100 cm = 1 000 mm
Dezimeter (dm)	1 dm = 10 cm = 100 mm
Zentimeter (cm)	1 cm = 10 mm
Millimeter (mm)	1 mm

1 m = 0,001 km 1 cm = 0,01 m 1 mm = 0,1 cm

1 275 m = 1,275 km 108 cm = 1,08 m 27 mm = 2,7 cm
1 km 275 m = 1,275 km 1 m 8 cm = 1,08 m 2 cm 7 mm = 2,7 cm

Flächenmaße

Quadratkilometer (km^2)	1 km^2 = 100 ha
Hektar (ha)	1 ha = 100 a
Ar (a)	1 a = 100 m^2
Quadratmeter (m^2)	1 m^2 = 100 dm^2
Quadratdezimeter (dm^2)	1 dm^2 = 100 cm^2
Quadratzentimeter (cm^2)	1 cm^2 = 100 mm^2
Quadratmillimeter (mm^2)	1 mm^2

500 dm^2 = 5 m^2 800 cm^2 = 8 dm^2 300 mm^2 = 3 cm^2

Massen (Gewichte)

Tonne (t)	1 t = 1 000 kg
Kilogramm (kg)	1 kg = 1 000 g
Gramm (g)	1 g = 1 000 mg
Milligramm (g)	1 mg

1 kg = 0,001 t 1 g = 0,001 kg 1 mg = 0,001 g

4 376 kg = 4,376 t 2 075 g = 2,075 kg 2,345 g = 2 345 mg
4 t 376 kg = 4,376 t 2 kg 75 g = 2,075 kg 2 g 345 mg = 2 345 mg

---

Zeit

1 Jahr = 12 Monate
1 Woche = 7 Tage

1 Tag = 24 Stunden (h)
1 Stunde (h) = 60 Minuten (min)
1 Minute (min) = 60 Sekunden (s)

Bruchrechnung

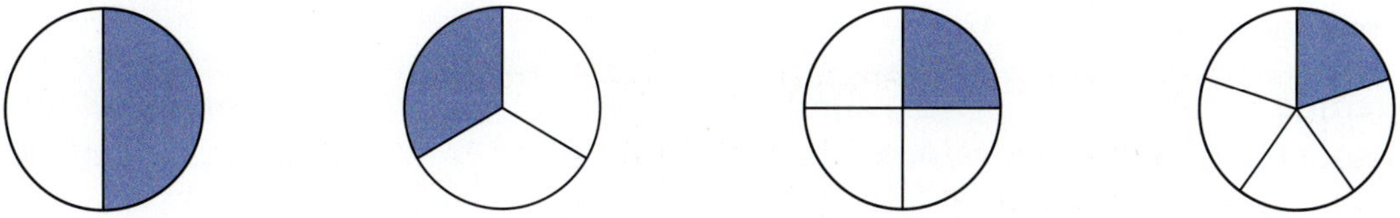

$\frac{1}{2}$ ein Halb — $\frac{1}{3}$ ein Drittel — $\frac{1}{4}$ ein Viertel — $\frac{1}{5}$ ein Fünftel

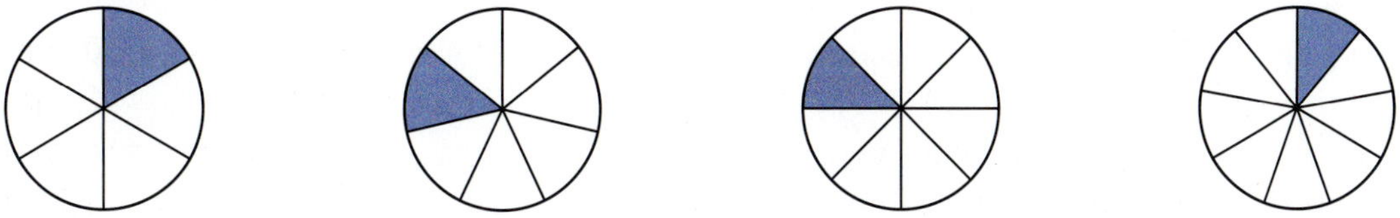

$\frac{1}{6}$ ein Sechstel — $\frac{1}{7}$ ein Siebtel — $\frac{1}{8}$ ein Achtel — $\frac{1}{9}$ ein Neuntel

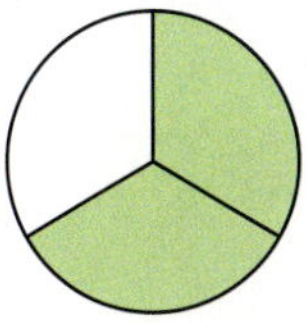

$\frac{2}{3}$ → Zähler (2), Bruchstrich, Nenner (3)

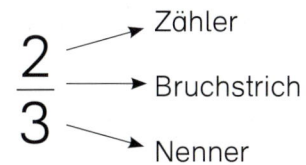

Der Zähler zählt die Teile, die vom Ganzen genommen werden.

Der Nenner gibt an, in wie viele Teile das Ganze geteilt wurde.

Addieren und Subtrahieren von Brüchen mit gleichem Nenner

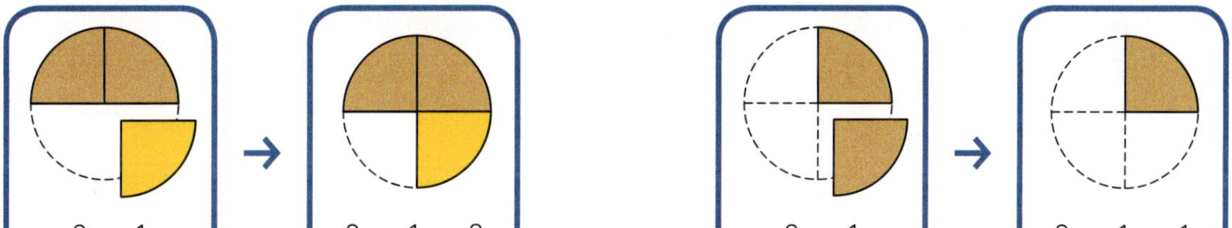

$\frac{2}{4} + \frac{1}{4}$ → $\frac{2}{4} + \frac{1}{4} = \frac{3}{4}$

$\frac{2}{4} - \frac{1}{4}$ → $\frac{2}{4} - \frac{1}{4} = \frac{1}{4}$

Bruchteile von Größen

$\frac{1}{2}$ km = 500 m — $\frac{1}{4}$ km = 250 m — $\frac{3}{4}$ km = 750 m

$\frac{1}{2}$ kg = 500 g — $\frac{1}{4}$ kg = 250 g — $\frac{3}{4}$ kg = 750 g

Wahrscheinlichkeit

Sind alle Ergebnisse eines Zufallsversuches gleich wahrscheinlich, gilt:

$$\text{Wahrscheinlichkeit eines Ergebnisses} = \frac{1}{\text{Anzahl aller Ergebnisse}}$$

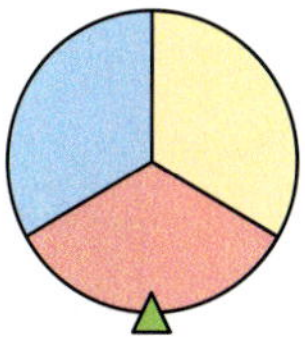

Wahrscheinlichkeit für *rot*: $\frac{1}{3}$

Geometrie

Bezeichnungen

Eine **Gerade** hat keinen Anfangspunkt und keinen Endpunkt.

Ein **Strahl** hat einen Anfangspunkt und keinen Endpunkt.

Eine **Strecke** hat einen Anfangspunkt und einen Endpunkt.

rechter Winkel

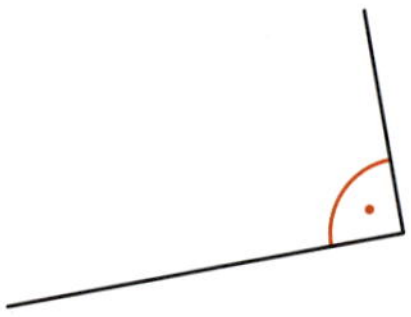

zueinander senkrechte (orthgonale) Geraden

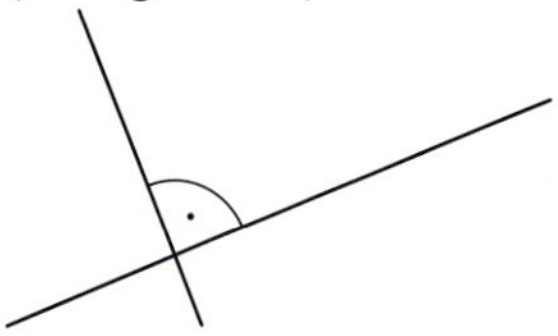

zueinander parallele Geraden

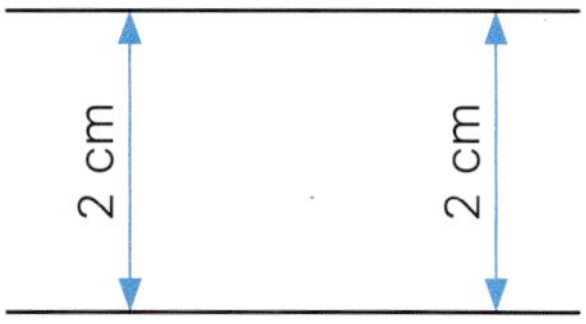

Rechteck

Quadrat

Dreieck

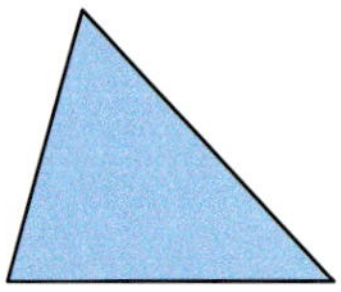

Kreis

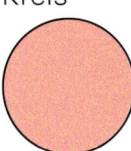

Berechnungen

Rechteck

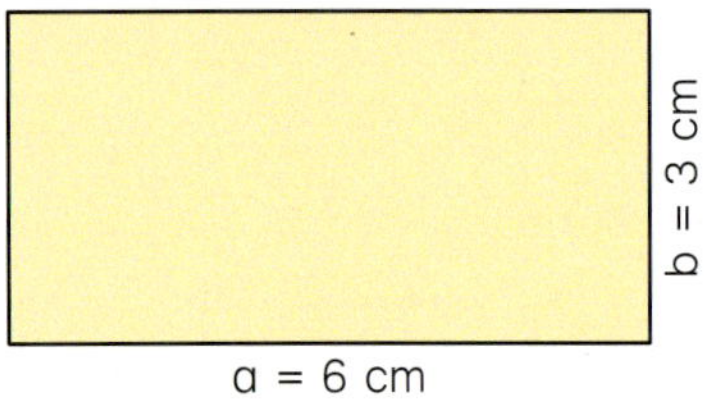

$A = a \cdot b$ $\quad u = 2 \cdot a + 2 \cdot b$

$A = 6 \cdot 3$ $\quad u = 2 \cdot 6 + 2 \cdot 3$

$A = 18\ \text{cm}^2$ $\quad u = 18\ \text{cm}$

Quadrat

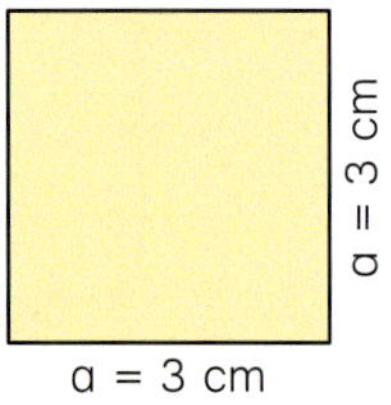

$A = a \cdot a$ $\quad u = 4 \cdot a$

$A = 3 \cdot 3$ $\quad u = 4 \cdot 3$

$A = 9\ \text{cm}^2$ $\quad u = 12\ \text{cm}$

rechtwinkliges Dreieck

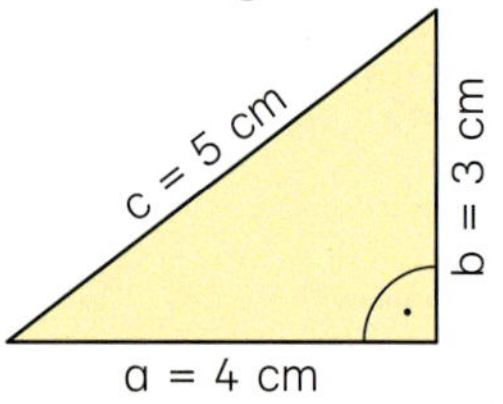

$A = a \cdot b : 2$ $\quad u = a + b + c$

$A = 4 \cdot 3 : 2$ $\quad u = 4 + 3 + 5$

$A = 6\ \text{cm}^2$ $\quad u = 12\ \text{cm}$

Darstellen von Daten

Säulendiagramm

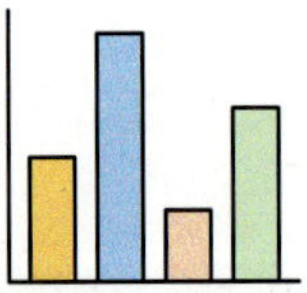

Balkendiagramm

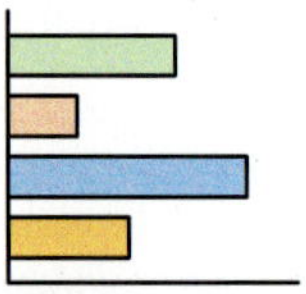

Streifendiagramm

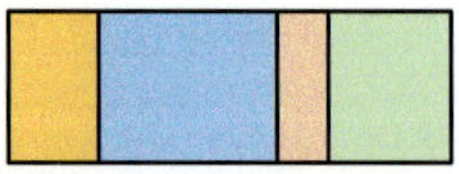

Piktogramm

Bildquellenverzeichnis

Bildquellennachweis

|Alamy Stock Photo, Abingdon/Oxfordshire: Bower, Steven 92.1; imageBROKER 47.1; Kieslich, Udo 35.4; MBI 43.1, 74.26; Panther Media GmbH 35.1; Schneider, Robert 35.2. |Breiter, Sybille, Hannover: "Ohne Titel 5" 101.1. |Bundesministerium der Finanzen, Berlin: 20.4, 20.5, 20.6, 20.7, 20.11, 20.12, 20.13, 20.14, 20.18, 20.19, 20.20, 20.21, 34.6, 34.7, 34.8, 34.9, 34.10, 34.11, 34.12, 34.13, 34.14, 34.15, 34.16, 34.17, 34.18, 34.19, 34.20, 34.21, 34.22, 34.23, 34.24, 34.25, 34.26, 34.27, 34.28, 34.29, 34.30, 34.31, 34.32, 34.33, 34.34, 34.35, 34.36, 34.37, 34.38, 34.39, 34.40, 34.41, 34.42, 34.43, 34.44, 34.45, 34.46, 34.47, 34.48, 34.49, 34.50, 34.51, 34.52, 34.53, 34.54, 34.55, 34.56, 34.57, 34.58, 34.59, 34.60, 34.61, 34.62, 34.63, 34.64, 34.65, 34.66, 34.67, 34.68, 34.69, 34.70, 34.71, 34.72, 34.73, 34.74, 34.75, 34.76, 34.77, 34.78, 34.79, 34.80, 34.81, 34.82, 34.83, 34.84, 34.85, 34.86, 34.87, 34.88, 34.89, 34.90, 34.91, 34.92, 34.93, 34.94, 34.95, 34.96, 34.97, 34.98, 34.99, 34.100, 34.101, 34.102, 34.103, 34.104, 34.105, 34.106, 34.107, 34.108, 34.109, 34.110, 34.111, 34.112, 34.113, 34.114, 34.115, 34.116, 34.117, 34.118, 34.119, 34.120, 34.121, 34.122, 34.123, 34.124, 34.125, 34.126, 34.127, 34.128, 34.129, 34.130, 34.131, 34.132, 34.133, 34.134, 34.135, 34.136, 34.137, 34.138, 34.139, 34.140, 34.141, 34.142, 34.143, 34.144, 34.145, 34.146, 34.147, 34.148, 34.149, 34.150, 34.151, 34.152, 34.153, 34.154, 34.155, 34.156, 34.157, 56.1, 56.4, 56.5, 56.9, 56.10, 56.12, 57.1, 57.2, 57.5, 57.6, 57.8, 57.9, 57.10, 57.11, 57.12, 57.13, 57.16, 57.18, 57.19, 60.1, 60.2, 60.5, 60.7, 60.8, 60.9, 60.11, 60.13, 60.14, 61.1, 61.2, 61.3, 61.7, 61.8, 61.9, 61.10, 61.12, 61.13, 61.15, 61.16, 61.18, 61.19, 74.7, 74.13, 74.14, 74.15, 74.16, 74.18, 74.22, 74.23, 74.24, 74.25, 76.3, 76.6, 77.3, 126.5, 126.6, 126.11, 126.12, 126.17, 126.18, 132.3, 132.4, 132.7, 132.8, 132.11, 132.12, 132.15, 132.18, 132.21, 132.22, 132.23, 132.24. |Europäische Zentralbank, Frankfurt am Main: 17.1, 17.2, 17.3, 17.4, 17.5, 17.6, 19.1, 19.2, 19.3, 19.4, 19.5, 19.6, 19.7, 19.8, 20.1, 20.2, 20.3, 20.8, 20.9, 20.10, 20.15, 20.16, 20.17, 56.2, 56.3, 56.6, 56.7, 56.8, 56.11, 57.3, 57.4, 57.7, 57.14, 57.15, 57.17, 60.3, 60.4, 60.6, 60.10, 60.12, 61.4, 61.5, 61.6, 61.11, 61.14, 61.17, 74.1, 74.2, 74.3, 74.4, 74.5, 74.6, 74.8, 74.9, 74.10, 74.11, 74.12, 74.17, 74.19, 74.20, 74.21, 76.1, 76.2, 76.4, 76.5, 77.1, 77.2, 77.4, 77.5, 97.1, 126.1, 126.2, 126.3, 126.4, 126.7, 126.8, 126.9, 126.10, 126.13, 126.14, 126.15, 126.16, 132.1, 132.2, 132.5, 132.6, 132.9, 132.10, 132.13, 132.14, 132.16, 132.17, 132.19, 132.20. |Feldhaus, Hans-Jürgen, Münster: 28.1. |fotolia.com, New York: Balog, Daniel 93.1; Kroener, Udo 74.28; manushot 66.2; photocrew 160.2; sunt 54.2, 54.3, 54.4, 54.5, 54.6, 54.7; ZR 93.6. |Imago, Berlin: Schulze, Werner 82.2; UPI Photo 82.1. |iStockphoto.com, Calgary: AGD Beukhof 35.3; Blackburn, Bradley 92.3; DonNichols 74.29; elinedesignservices 161.3; EvgeniiAnd Titel; KeithSzafranski 95.1; Nunes, R.M. 45.1. |mauritius images GmbH, Mittenwald: AGE 93.3; Bourrier, Pierre 74.27; Photononstop 31.1; Rosenfeld 123.1. |OKAPIA KG - Michael Grzimek & Co., Frankfurt/M.: Holt Studios/Cattlin, Nigel 160.1. |PantherMedia GmbH (panthermedia.net), München: cosmln 92.2. |Picture-Alliance GmbH, Frankfurt a.M.: KEYSTONE 82.3. |PresseBild von Graefe, Helmstedt: 54.1. |Shutterstock.com, New York: Roop_Dey 93.5; Skudre, Valdis 93.4. |stock.adobe.com, Dublin: Alice_D 10.1; Andronov, Leonid 124.1; Fröhlich, Daniel 95.2; Grebeshkov, Maxim 44.1, 44.2, 44.3, 44.4, 44.5, 44.6, 44.7, 44.8, 44.9, 44.10, 44.11, 44.12, 44.13, 44.14, 44.15, 44.16; Kolesnikov, Aleksandr 161.2; padma inguva/EyeEm 45.2; refresh(PIX) 93.2; Scanrail 161.1; Schubbel, Carola 66.1. |Streiflicht Fotografie, Schwäbisch Gmünd: 34.1, 34.2, 34.3, 34.4, 34.5, 35.5, 35.6, 35.7, 103.1, 103.2, 103.3, 103.4, 103.5, 106.1, 106.2, 106.3, 110.1, 110.2, 151.1, 151.2, 155.1.